普通高等教育一流本科专业建设成果教材

# 化工设备机械基础

石腊梅　李立威　主编　　张伟军　副主编

# Mechanical Fundamentals of Chemical Equipment

化学工业出版社
·北京·

## 内容简介

全书共分三篇。第 1 篇为力学基础，包括物体的受力分析及平衡条件，拉伸压缩、剪切、弯曲、扭转四大变形的受力特点，应力分析和强度、刚度计算；第 2 篇为化工设备设计基础，包括化工设备概述、化工设备材料、压力容器设计基础、圆筒与封头设计、常用零部件设计，重点说明了压力容器设计的基本概念和基本方法；第 3 篇为典型化工设备设计，包括储存设备、换热器、塔设备和反应釜，重点说明了设备的结构设计和强度设计方法。本书应用大量实例，依托 SW6 辅助软件进行强度设计和稳定性校核。

本书适用 32～48 学时，可作为高等学校化学工程与工艺专业及相近专业（石化、生化、制药、环保、材料、能源等）本科生教材，也可供相关行业生产单位的工程技术人员学习使用。

**图书在版编目（CIP）数据**

化工设备机械基础 / 石腊梅，李立威主编；张伟军副主编. -- 北京：化学工业出版社，2024.8. -- ISBN 978-7-122-45853-7

Ⅰ. TQ05

中国国家版本馆 CIP 数据核字第 20242JF775 号

责任编辑：丁文璇　　文字编辑：孙月蓉
责任校对：田睿涵　　装帧设计：张　辉

出版发行：化学工业出版社
(北京市东城区青年湖南街 13 号　邮政编码 100011)
印　　刷：三河市航远印刷有限公司
装　　订：三河市宇新装订厂
787mm×1092mm　1/16　印张 16¼　字数 418 千字
2024 年 8 月北京第 1 版第 1 次印刷

购书咨询：010-64518888　　售后服务：010-64518899
网　　址：http://www.cip.com.cn
凡购买本书，如有缺损质量问题，本社销售中心负责调换。

定　　价：49.00 元

# >>> 前 言

本书是为高等工科院校化工类专业“化工设备机械基础”课程编写的教材，同时亦是省级一流本科专业化学工程与工艺的建设成果之一。为了适应培养高级化工专业人才的需要，基于“新工科建设”和“工程教育理念”教育宗旨，培养造就卓越的应用型化工技术人才，本教材注重规范设计，突出应用性，妥善处理了学时少、内容多的矛盾。本教材内容具有以下特点：

1. 教学体系完整。本书分为三大篇，基本概括了化工设备设计所必备的力学基础、材料基础、压力容器设计基础和典型化工设备设计方法，为理解化工设备设计和进一步学习及应用提供了条件。

2. 在化学工程和机械工程的相关理论之间建立了桥梁和纽带，依据具体的设计条件进行设计，区分了工艺设计人员和设备设计人员的设计内容，强调了机械设计的基本理论和实际应用，面对复杂的强度计算则采用 SW6 软件辅助设计。

3. 注重规范设计，采用国家及行业现行标准进行设计，教材中提供了大量的图表，更适用于自主学习。

4. 考虑到高校学时数减少的趋势，缩减了力学推导分析过程，强调推导条件和分析结果的应用，使用 SW6 软件优化设计，凸显实用性。

5. 各章配有适量的例题和习题，在典型设备设计部分更提供了典型的工程案例，展示了设计计算的全过程，有利于培养学生的工程观念。

本教材由荆楚理工学院教师共同编写完成。其中石腊梅、李立威任主编，张伟军任副主编。第 1 章由张伟军副教授编写，第 2~8 章由石腊梅老师编写，第 9 章由李立威教授编写，第 10 章由王芬芬博士编写。全书由石腊梅老师统稿，第 1~6 章由石腊梅老师审稿，第 7~10 章由李立威教授审稿。

由于编者水平有限，书中难免有疏漏之处，敬请广大读者批评指正。

**编　者**

**2023 年 12 月**

# >>> 目 录

## ▶ 第1篇 力学基础 ◀

### 1 构件的力学分析 2

## ▶ 第2篇　化工设备设计基础 ◀

### 2　化工设备概述　38



### 3　化工设备材料　47



### 4　压力容器设计基础　62

## 5 圆筒与封头设计 74



## 6 常用零部件设计 104

# 第1篇 力学基础

任何机器或设备在工作时，都要受到各种各样外力的作用，而机器或设备的构件在外力作用下都要产生一定程度的变形。如果构件材料选择不当或尺寸设计不合理，则在外力的作用下是不安全的。因此，化工生产中为了使用的机器设备能安全可靠地工作，从力学角度来看，在设计时必须使构件满足强度、刚度、稳定性等要求。

强度、刚度和稳定性问题，都属于本课程的力学基础。

本篇主要研究构件在外力作用下变形和破坏的规律，从而为构件设计选择适当的材料和尺寸，满足其强度、刚度和稳定性要求，确保设备能安全正常地工作。

本篇的主要内容有两个方面：一是研究构件受力的情况，进行受力大小的计算；二是研究材料的力学性能和构件受力变形与破坏的规律，对构件进行强度、刚度或稳定性计算。

# 1 构件的力学分析

## 1.1 受力分析及平衡条件

### 1.1.1 力与变形

力是物体之间的相互作用。在力的作用下，会引起物体运动状态的变化，也会导致物体的变形。力使物体的运动状态改变，称为力的外效应；力使物体发生变形，则称为力的内效应。

单个力作用于物体，不仅会改变物体的运动状态，而且会引起物体变形。当两个或两个以上的力作用于同一个物体时，则有可能只引起物体变形而不改变物体的运动状态，此时物体处于平衡状态，这表明作用于该物体上几个力的外效应彼此互相抵消。

力作用于物体上，总会引起物体发生变形。若外力不超过一定限度，物体的变形在外力解除后能恢复原状，则此变形为弹性变形；当外力大到超出一定限度，即便外力解除后也只能部分恢复而残留一部分不可恢复的变形，称为塑性变形。一般情况下，要求化工设备构件只能发生弹性变形，不能发生不可恢复的塑性变形。

通常情况下，化工设备中的构件在力的作用下变形都很小，这种微小的变形对力的外效应影响可以忽略。也就是说，把实际发生的变形的物体，当成是不发生变形的刚体，用变形前物体的原始尺寸进行分析计算。

力对物体作用的效果总是取决于三个因素：力的大小、力的方向和力的作用点。力的大小表明物体的机械作用的强度。力分为集中力和分布力两类。按照国际单位制，集中力单位为牛顿（N）、千牛顿（kN），分布力的单位为牛顿每米（N/m）或牛顿每平方米（$N/m^2$）。

力是具有大小和方向的向量，图示时可用一带箭头的有向线段来表示。线段的长度按一定的比例画出，表示力的大小，箭头的方向表示力的方向。线段的起点或终点表示力的作用点，过力的作用点沿力的方向的直线称为力的作用线。用符号表示力时，以黑体字 $\boldsymbol{F}$、$\boldsymbol{P}$ 或 $\vec{F}$、$\vec{P}$ 等表示矢量，用普通字 $F$、$P$ 等表示力的大小。

### 1.1.2 力的性质

（1）力作用点的可移动性

作用于刚体上的力，可以沿作用线移动到刚体上的任一点，而对刚体的外效应不会发生任何变化。如图 1-1(a)，作用在小车 $A$ 点的力 $\boldsymbol{F}$，沿其作用线上任取一点 $B$，设想在 $B$ 点沿力 $\boldsymbol{F}$ 的作用线增加一对大小相等、方向相反、在同一条作用线上的力 $\boldsymbol{F}_1$ 和 $\boldsymbol{F}_2$，如图 1-1(b)，使 $F_1=F_2=F$。$\boldsymbol{F}_1$ 与 $\boldsymbol{F}_2$ 对小车的外效应互相抵消，因此增加两个力 $\boldsymbol{F}_1$ 和 $\boldsymbol{F}_2$ 后，三个力的总效应与单个力 $\boldsymbol{F}$ 对小车作用的效应相同。考虑 $\boldsymbol{F}$ 和 $\boldsymbol{F}_2$ 大小相等、方向相反、在同一条作用线上，两个力的外效应可相互抵消，去掉两者并不会对小车外效应有任何影响，如图 1-1(c)。这样，就相当于将力 $\boldsymbol{F}$ 从 $A$ 点移到了 $B$ 点，而力对小车的外效应并没有改变。

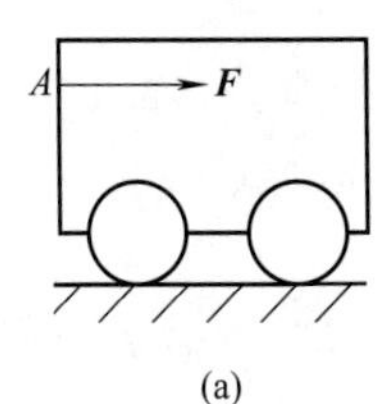


(a)

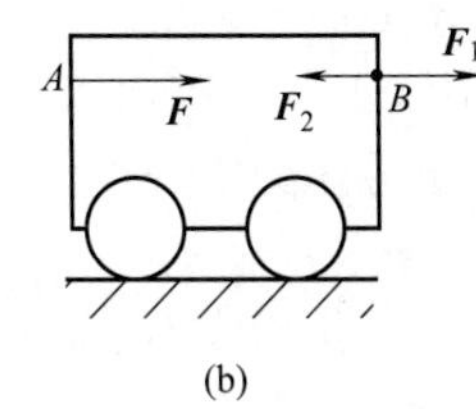


(b)

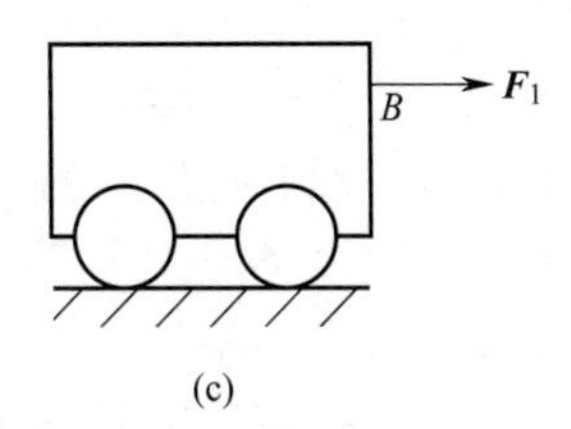


(c)

图 1-1 刚体上力的可移动性

这一性质只能用于刚体。因为把物体当成变形体且只讨论力对物体的内效应时，力作用点的移动可能会引起变形性质的变化。如图 1-2 所示，当二力发生移动后，受拉杆变成了受压杆。

（2）力的成对性

力是物体之间的相互作用，所以作用力和反作用力总是同时存在，二者大小相等、方向相反，沿着同一直线，分别作用在两个相互作用的物体上。

进行受力分析时，一定要注意作用力与反作用力分别作用在两个不同的物体上，因此它们对各自物体的作用效果是不能抵消的。

（3）力的可分性与可合性

两个力对物体的作用效果，可以用一个力来等效代替，称为力的合成。同理，一个力对物体的作用效果，可以用两个力来代替，称为力的分解。力的分解与合成，可采用平行四边形定则进行，合力的大小和方向由以两个分力的大小为边长的平行四边形的对角线确定，如图 1-3 所示。

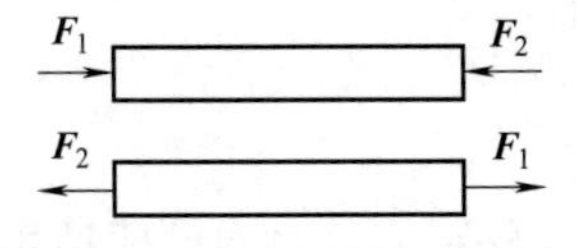


图 1-2 变形体上力的移动

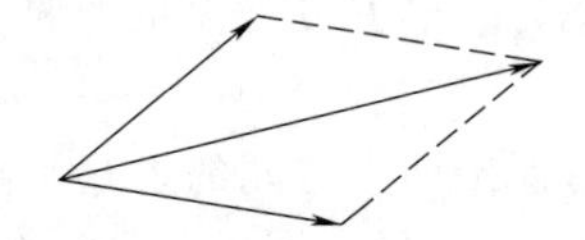

图 1-3 力的平行四边形定则

（4）力的可消性

一个力对物体作用的外效应，可以被另一个或几个作用于该物体上的力所产生的外效应所抵消，称为力的可消性。物体如果受到两个以上的外力作用，这些力对物体的外效应能相互抵消，则称物体处于平衡。若刚体只在两个力的作用下处于平衡状态，则其充分必要条件为：两力大小相等、方向相反，且作用在同一直线上。

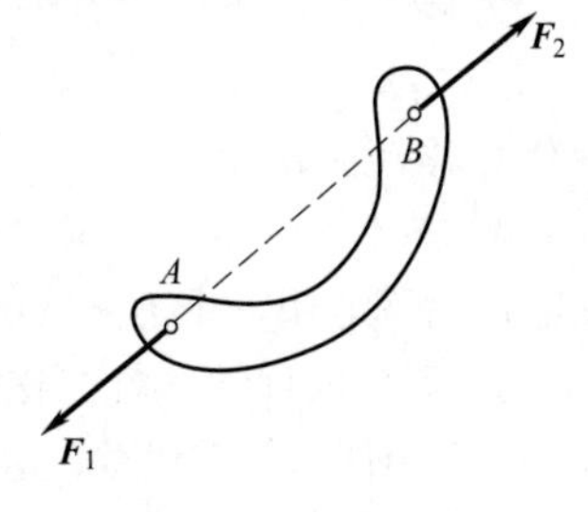


图 1-4 二力构件

如图 1-4，只受两个力作用而处于平衡的构件称二力构件。

由二力平衡条件可以确定，这两个力的作用线必与二力作用点的连线重合，且 $F_1=F_2$。

### 1.1.3　力矩与力偶

（1）力矩

利用杠杆如用扳手拧螺母、用撬杠撬动重物时，人们发现力作用于刚体除了可产生移动外，在一定条件下还可以产生转动。如图1-5所示，用扳手拧螺母时，扳手和螺母一起绕螺栓轴线转动。根据实践经验知道，力使物体转动的效果，不仅取决于力的大小，而且与力作用线到 $O$ 点的距离 $d$ 有关。因此，可用力的大小与力臂的乘积来度量力 $\boldsymbol{F}$ 使物体绕 $O$ 点的转动效应，称之为力 $\boldsymbol{F}$ 对 $O$ 点的矩，简称力矩。$O$ 点称为力矩中心，力作用线到 $O$ 点的垂直距离 $d$ 称为力臂。则力矩为

$$M_o(F)=\pm Fd \tag{1-1}$$

力矩是一个代数量，在式（1-1）中，正负号表示力矩的转动方向，一般规定逆时针转动的力矩取正号，顺时针转动的力矩取负号。力矩的单位为N·m或kN·m。

（2）力偶

力偶就是一对大小相等、方向相反、力作用线不重合的力。力偶并不需要固定转轴或支点等辅助条件，对物体产生的是纯转动效应。如图1-6所示，开车时用双手打方向盘，就在方向盘上作用了一对大小相等、方向相反且不共线的力。显然两力的合力为零，不会发生移动，但两力不共线使方向盘发生转动效应，这对力就构成了一个力偶，记作（$\boldsymbol{F}$，$\boldsymbol{F}'$），力偶中两力之间的垂直距离 $l$ 称为力偶臂。

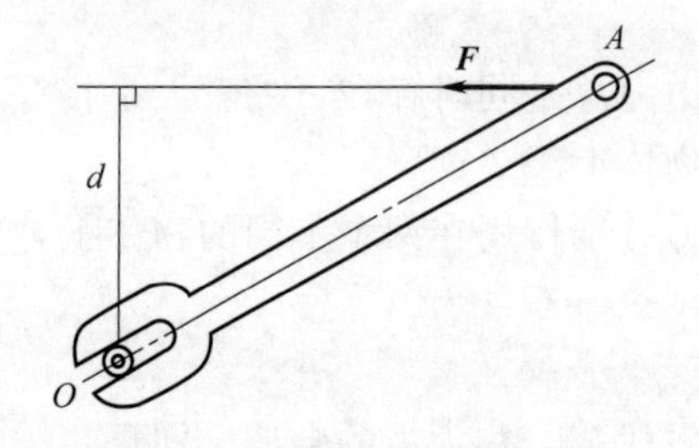


图1-5　扳手拧紧螺母

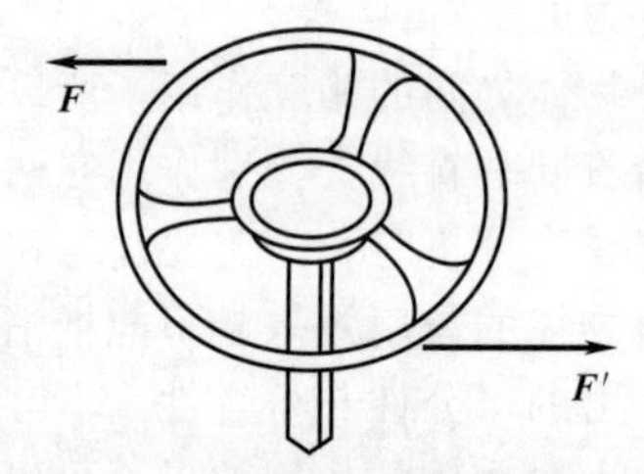


图1-6　转动方向盘受力图

力偶对物体产生的转动效应，应该用构成力偶的两个力对力偶作用平面内任一点之矩的代数和来度量，称这两个力对某点之矩的代数和为力偶矩。因此，力偶矩是力偶对物体转动效应的度量。若用 $m(\boldsymbol{F},\boldsymbol{F}')$ 表示力偶$(\boldsymbol{F},\boldsymbol{F}')$的力偶矩，则

$$m(F,F')=\pm Fl \tag{1-2}$$

式中　$l$——力偶中两力之间的垂直距离。

力偶矩和力矩一样，同样也是一个代数量，正负号分别表示力偶的两种相反转向，习惯规定逆时针转向为正，顺时针为负。

力偶具有以下主要性质：

① 等效变换性　只要保持力偶矩的大小及其转向不变，力偶的位置可以在其作用平面内任意移动或转动。

② 基本物理量　组成力偶的两个力既不能相互抵消，也不能合成为一个合力。因此，力偶的作用不能用一个力来代替，只能用与力偶矩相同的力偶来代替，力偶只能用力偶来平衡。

③ 等效取代性　若在物体的同一平面内有两个以上的力偶，则这些力偶对物体的作用可以一个合力偶来等效代替，这就是力偶的可合成性。合力偶的力偶矩就是它所等效的各力偶矩代数和，即 $m=\sum m_i$。如果静止的物体不发生转动，则力偶矩的代数和为零，即 $m=\sum m_i=0$。

（3）力与力偶

力和力偶都是基本物理量，力和力偶相互之间不能等效代替，也不能相互抵消各自的效应。但是，力和力偶之间是存在着一定的联系的，下面要讨论的力的平移定理揭示了它们的联系。

如图 1-7 所示，已有作用在 $A$ 点的力 $\boldsymbol{F}$，再在 $B$ 点加上一对大小相等、方向相反的力 $\boldsymbol{F}'$和 $\boldsymbol{F}''$，且 $F=F'=F''$，由于 $\boldsymbol{F}'$和 $\boldsymbol{F}''$满足平衡条件，因此对于整体而言，加上这对力，与力 $\boldsymbol{F}$ 单独作用效果是相等的。但从另一角度来分析，可以看成是把力 $\boldsymbol{F}$ 平移了距离 $d$ 成为了 $\boldsymbol{F}'$，与此同时附加了一个力偶$(\boldsymbol{F},\boldsymbol{F}'')$，其力偶矩 $M=m(\boldsymbol{F},\boldsymbol{F}'')$。

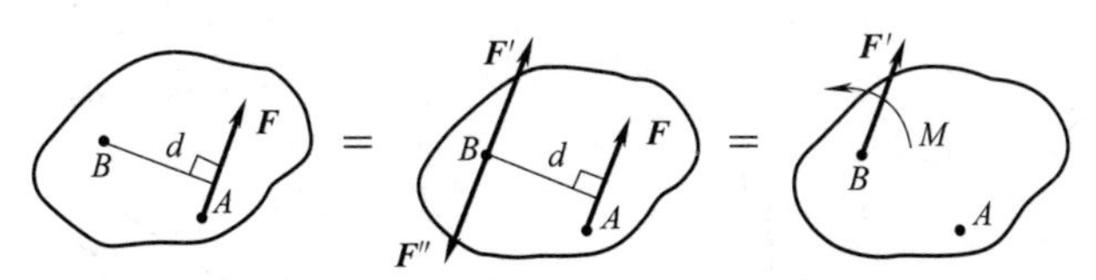


图 1-7 力的平移

从等效代替的观点，可以这样来理解力的平移定理：虽然力和力偶都是基本物理量，二者不能相互等效代替，但一个力可以用一个与之平行且相等的力和一个力偶来等效代替，同样，一个力和一个力偶也可以用另一个力来等效代替。

### 1.1.4 约束与约束反力

作用于物体上的外力大多分为两类，一类叫主动力，它能引起物体运动状态改变或使物体具有改变运动状态的趋势；另一类叫约束反力，阻碍物体改变运动状态的力都是约束反力。如果物体只受主动力作用，而且能沿空间任何方向完全自由地运动，则称该物体为自由体。反之，如果物体的运动在某些方向上受到了限制而不能完全自由地运动，则称该物体为非自由体。限制非自由体运动的物体称为约束。例如，塔设备被地脚螺栓固定在基础上，任何方向上都不能移动，地脚螺栓就是塔的约束。

由此可见，约束直接与被约束的非自由体接触，并限制其在某些方向的运动。非自由体的运动受到它的约束限制，在非自由体与其约束之间就要产生相互作用的力，此时约束作用在非自由体上的力就称为该约束的约束反力。

下面介绍工程中常见的几种约束及其约束反力的表达方法。

（1）柔性约束

这类约束是由柔性物体如绳索、链条、带等构成，其特点是只有当柔性体如绳索被拉直时才能起到约束作用，而且只能限制非自由体沿绳索伸直的方向朝外运动。例如用绳子悬挂一物体 $G$，绳子只能限制物体 $G$ 向下运动，这种约束产生的约束反力 $\boldsymbol{T}$，必然沿绳索向上，如图 1-8 所示。

（2）光滑接触面约束

这类约束是由光滑支承面构成，如滑槽、导轨等，支承面与非自由体之间的摩擦力可以略去不计。光滑接触面约束只能限制非自由体沿接触面公法线方向向着支承面内的运动，因而这种约束的约束反力方向是沿着接触面公法线方向指向非自由体，如图 1-9。

（3）铰链约束

这类约束通常是两个端部带有圆孔的构件通过一圆柱体如销钉连接而成，两个带圆孔的构件只能发生相对转动，不能产生相对移动。工程上常见的形式如下：

① 固定铰链支座约束　固定铰链支座约束的固定支座、杆之间用销钉连接而成，如图 1-10(a) 所示，被约束的杆只能绕销钉轴线转动，约束反力通过铰链中心，其方向随着主动力的变化而变化，可以用它的两个分力 $\boldsymbol{N}_x$ 与 $\boldsymbol{N}_y$ 来表示，如图 1-10(b)。

② 活动铰链支座约束　活动铰链支座下面由几个圆柱形滚子支承，支座可沿支承面滚动，如图 1-11 所示。其特点是只能限制物体沿支承面法线方向的运动，不能限制沿支承面的运动。所以约束反力 $\boldsymbol{N}$ 是垂直于支承面的。

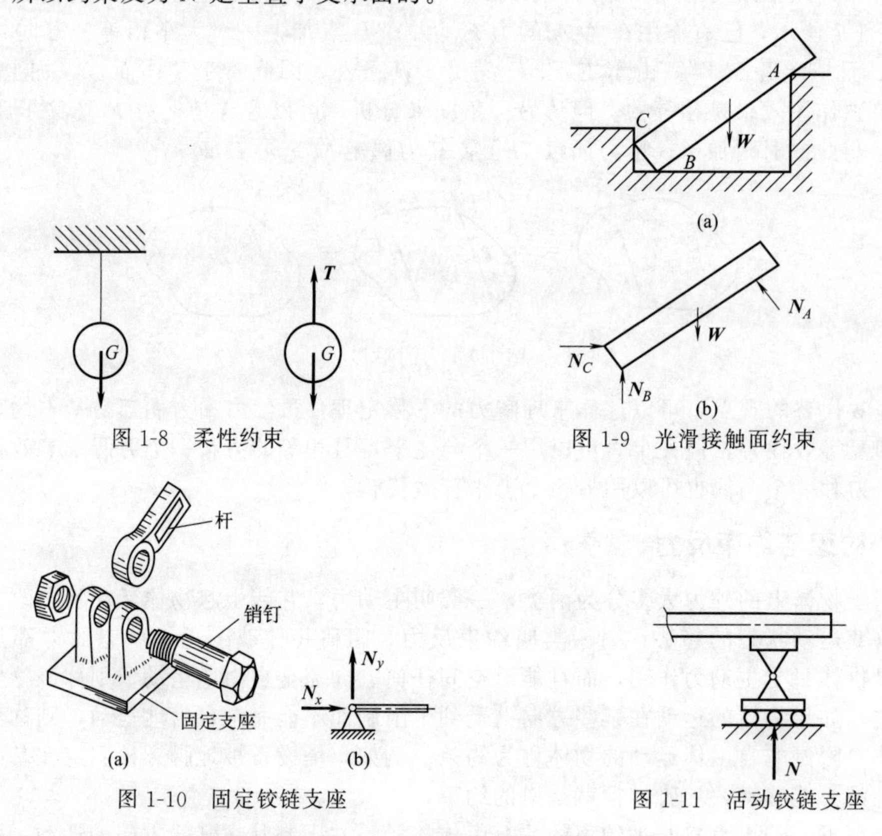


图 1-8　柔性约束

图 1-9　光滑接触面约束

图 1-10　固定铰链支座

图 1-11　活动铰链支座

化工厂卧式容器常用的鞍式支座，左端是固定的，右端可以沿支承面活动，如图 1-12 所示。右端活动支座可简化成活动铰链支座，其约束反力 $\boldsymbol{N}$ 的方向垂直于支承面，并通过铰链中心。

（4）固定端约束

固定端约束的特点是被约束物体一端完全固定，既不能移动，也不能转动。如图 1-13（a）所示，塔设备的基础对塔底座是固定端约束。因此，其除了受到约束反力 $\boldsymbol{N}_x$ 和 $\boldsymbol{N}_y$ 之外，还应有与均匀风载 $\boldsymbol{q}$ 平衡、阻止塔体倒倾的力偶矩 $m$。

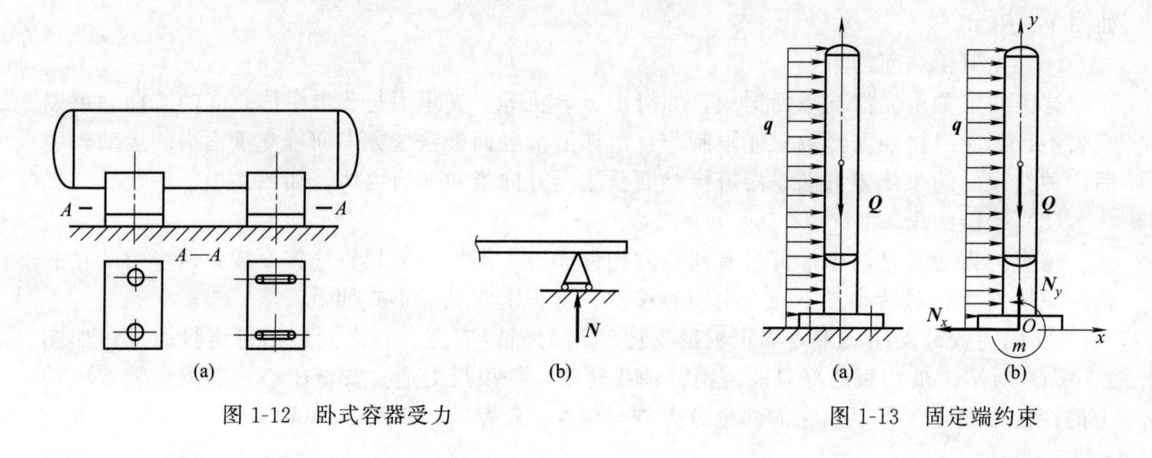


图 1-12　卧式容器受力

图 1-13　固定端约束

### 1.1.5 受力图与平面力系的平衡方程

(1) 受力图

为了能清晰地分析与表示物体受力情况，首先要确定研究对象，将其从周围的物体分离出来，把作用于其上的全部外力都表示出来，这样画出的表示物体的受力情况的简图，称为受力图。

**【例 1-1】** 某卧式容器如图 1-14(a) 所示，容器总重为 $\boldsymbol{Q}$，全长为 $L$，支座 $B$ 采用固定式鞍座，支座 $C$ 采用活动式鞍座，试画出容器的受力图。

**解：** ①首先将容器简化成结构简图，为一外伸梁。根据鞍座的结构，$B$ 端简化为固定铰链支座，$C$ 端简化为活动铰链支座。

② 以整个容器为研究对象，主动力为已知的总重力 $\boldsymbol{Q}$，沿梁均匀分布，因而梁上受均布载荷 $\boldsymbol{q}$，$q=Q/L$。

③ 按照约束的特性，分别绘出支座 $B$ 的约束反力 $\boldsymbol{N}_B$ 和支座 $C$ 的约束反力 $\boldsymbol{N}_C$，如图 1-14(b) 所示。

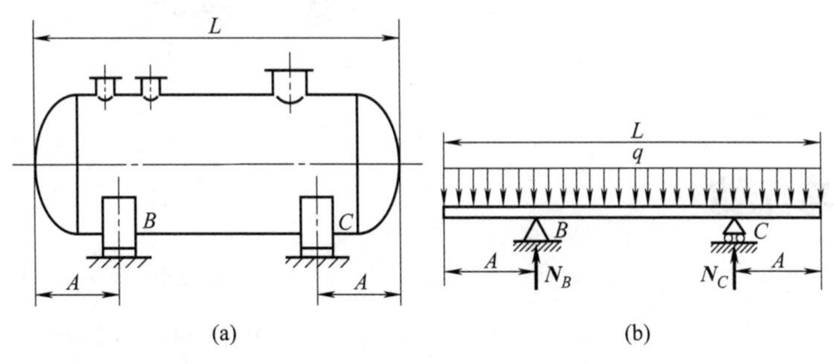


图 1-14 卧式容器及其受力图

(2) 平面力系的平衡方程

作用于一个物体上的各力作用线分布在同一平面内，或者可以简化到同一平面内的力系称为平面力系。同理，各力作用线分布在同一空间的叫作空间力系。工程实践中很多结构的受力情况都可以简化为平面力系。

物体在平面力系作用下处于平衡，也就意味着物体既不能移动，也不能转动。不能移动，就要求合外力为零，各力相互抵消，也就是所有力在水平方向和铅垂方向投影的代数和为零。不能转动，就要求所有力对任意点的力矩代数和为零。因此，平面力系平衡时必须满足下面三个代数方程，即

$$\begin{cases}\sum F_x=0\\ \sum F_y=0\\ \sum M_o(F)=0\end{cases} \tag{1-3}$$

式 (1-3) 前两个方程为力的投影方程，表示力系中所有力对任选的直角坐标系两轴投影代数和等于零。第三个方程为力矩方程，表示所有力对任一点 $O$ 的矩的代数和为零。

**【例 1-2】** 求例 1-1 中卧式容器在支座 $B$、$C$ 处所受支座反力。

**解：** ① 受力图见图 1-14(b)。在计算支座反力时，均布力 $\boldsymbol{q}$ 可用其合力表示，合力大小为 $qL$，合力的方向与均布力 $\boldsymbol{q}$ 方向相同，合力的作用线在梁中间，即 $L/2$ 处。

② 以 $B$ 为原点，沿 $BC$ 向右为 $x$ 轴正方向，过 $B$ 点垂直于 $BC$ 朝上为 $y$ 轴正方向建立坐标系。该力系为平面力系，其平衡方程式为

$$\sum M_B(F)=0 \quad qA\times A/2+N_C(L-2A)-q(L-A)(L-A)/2=0$$

$$\sum F_x=0$$

$$\sum F_y=0 \quad N_B+N_C-qL=0$$

可得：$N_B=N_C=qL/2$。

**【例 1-3】** 某塔设备如图 1-13(a) 所示，塔体自重 $\boldsymbol{Q}$，塔高 $h$，塔体所受风压简化为均布载荷 $\boldsymbol{q}$，求塔设备在支座处所受的约束反力和力偶矩。

**解：** ① 塔身与基础用地脚螺栓牢固连接，可将塔设备简化为具有固定端约束的悬臂梁。

② 以塔体为研究对象，塔受重力 $\boldsymbol{Q}$，风载荷 $\boldsymbol{q}$，固定端约束反力 $\boldsymbol{N}_x$、$\boldsymbol{N}_y$ 和力偶矩 $m$ 的作用，受力图如图 1-13(b) 所示。

③以固定端为坐标原点，建立平衡方程，其平衡方程式为

$$\sum F_x=0 \quad -N_x+qh=0$$

可得

$$N_x=qh$$

$$\sum F_y=0 \quad N_y-Q=0$$

可得

$$N_y=Q$$

$$\sum M_o(F)=0 \quad m-qh\times h/2=0$$

可得

$$m=q\,h^2/2$$

## 1.2 拉伸与压缩

在工程实际中，化工设备的构件形状是多样的。如果构件的长度比横向尺寸大得多，就称这样的构件为杆件。如果杆的轴线是直线，且各横截面都相等，就称为等截面直杆。如果构件的厚度比起它的长和宽方向的尺寸小得多，这样的构件就称为薄板或壳，如化工容器壳体。本节以等截面直杆为例，来研究应力分析、强度和变形计算等问题。

杆件在外力作用下，会产生各种不同的变形，杆件的基本变形形式有以下几种。

① 拉伸或压缩　杆件受到力作用线与杆轴线重合的大小相等、方向相反的两个拉力作用时，杆件将沿轴线方向伸长，称这种变形为拉伸变形。若这两个力为压力，杆件将沿轴线方向缩短，则称之为压缩变形。

② 弯曲　杆件受到与杆的轴线垂直的力作用，或在杆轴线平面内的力偶作用时，杆的轴线将变成曲线，称这种变形为弯曲变形。

③ 剪切　杆件受到与杆轴线垂直而又相距很近的大小相等、方向相反的两个力作用时，杆上两力中间部分的各截面将互相错开，称为剪切变形。

④ 扭转　杆件受到在垂直于杆轴线平面内的大小相等、转向相反的两个力偶作用时，杆件表面的纵线扭曲为螺旋线，称为扭转变形。

复杂的变形可以看成是以上几种变形的组合。以下几节讨论基本变形的强度、刚度和稳定问题，本节先讨论直杆的拉伸与压缩，这是一种最简单、最基本的变形形式。

### 1.2.1 内力

没有外力作用时，物体内各质点（分子）间存在相互吸引或排斥的分子作用力，各质点之间保持一定的相对位置，处于平衡状态，从而维持物体的一定形状。当物体受到外力作用后，物体内部各质点间的相对位置发生改变，产生了变形。这种由外力引起的物体内部相互

作用力的变化量称为内力。这里的内力，可以是一个力，也可以是一个力偶，取决于所受外力的情况。

显然，物体的变形与破坏情况与内力有着密切的联系，因而在分析构件的强度与刚度等问题时，要从分析内力入手。

如图 1-15(a) 所示杆件 $AB$，在一对大小为 $P$、方向相反、沿杆轴线方向的力作用下处于平衡状态。为计算内力，假想用一垂直于轴线的平面 $m—n$ 将杆分成两部分 $C$、$D$。取任一部分，如 $C$，作为研究对象进行受力分析。由于整个杆是平衡的，因此 $C$ 部分也是平衡的，在 $C$ 上，除外力 $\boldsymbol{P}$ 以外，在截面 $m—n$ 上必然还有作用力存在，这就是 $D$ 部分对 $C$ 部分的作用力，即截面 $m—n$ 上的内力，用 $\boldsymbol{N}$ 表示，如图 1-15(b) 所示。由平衡条件，可求出内力 $\boldsymbol{N}$ 的大小：

$$\sum F_y=0 \qquad P-N=0$$

即

$$N=P$$

图 1-15(b) 上，还分析了 $C$ 作用在 $D$ 上的作用力 $\boldsymbol{N}'$，显然 $N=N'$。如果取 $D$ 作为研究对象来求横截面 $m—n$ 上的内力 $\boldsymbol{N}'$，也可得到相同的结果。上述求内力的方法称为截面法，它是求内力的普遍方法。

一般把拉伸时产生的内力规定为正，而压缩时的内力规定为负。为区分杆件在拉伸、压缩、弯曲、剪切、扭转时所产生的内力，把因拉伸或压缩而产生的内力称为轴力。

**【例 1-4】** 如图 1-16(a) 所示，一个受到三个轴向力作用而处于平衡的杆，已知 $P_1=20\text{kN}$，$P_2=10\text{kN}$，$P_3=30\text{kN}$，试求 1—1 截面的轴力。

**解：** ① 假想用一平面将杆从 1—1 处截开。

② 任取一段作为研究对象，列出其平衡方程。如图 1-16(b)，取左半段，可得

$$N=P_1+P_2=30\text{kN}$$

如图 1-16(c)，取右半段，则有

$$N'=P_3=30\text{kN}$$

$N$ 和 $N'$ 是一对作用力与反作用力，取值完全相同。

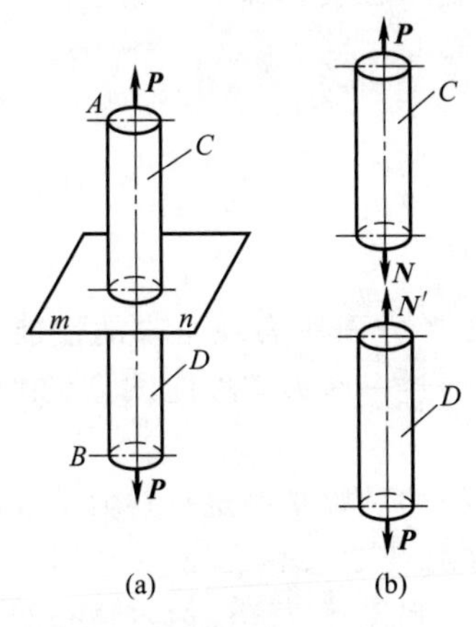


图 1-15 截面法求内力

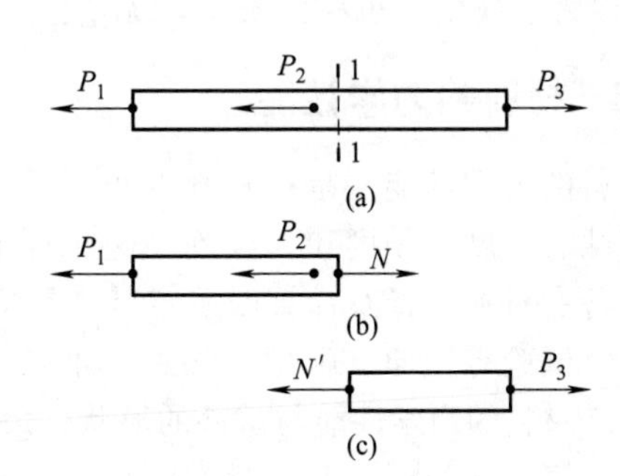


图 1-16 例 1-4 附图

上述结果表明，拉（压）杆任一截面上的轴力，数值上等于该截面任一侧所有外力的代数和。

## 1.2.2 应力与应变

用截面法求出杆件的轴力是横截面上内力的总和，还不能直接判断杆件是否会发生破

坏。例如用相同材料制成粗细不同的两杆件，在相同的拉力作用下细杆肯定比粗杆更容易断。这说明，杆件的变形与破坏不仅与内力大小有关，而且与杆件的横截面积大小及内力在横截面上的分布情况有关。

为描述内力在横截面上的分布情况，引入了应力的概念。作用在单位横截面上的内力称为应力。等直径直杆在受轴向拉力拉伸时，一般认为内力在横截面是均匀分布的。一等直径的直杆两端，在一对拉力 $P$ 的作用下，其横截面面积为 $A$，则其应力大小为

$$\sigma=\frac{P}{A} \tag{1-4}$$

横截面上任一点的应力，一般来说，不一定与横截面垂直。通常可以将之分解为垂直于横截面的分量 $\sigma$ 和平行于横截面的分量 $\tau$，$\sigma$ 称为正应力或法向应力，$\tau$ 称为剪切应力或切应力。不难分析，正应力是要把两个相邻的横截面拉开，而切应力却是使两个相邻截面产生相对错动的趋势。

应力单位为帕斯卡，简称帕（Pa），$1\text{Pa}=1\text{N/m}^2$，工程上常用单位为兆帕（MPa），$1\text{MPa}=10^6\text{Pa}$。应力是单位面积上的内力，反映了内力分布的密集程度。相同材料制成的粗细不同的杆件，在相同的拉力作用下，较细的杆容易拉断，是因为其横截面上正应力较大。

式（1-4）同样适用于杆件压缩时的情况，由轴力的正负可知，杆件受拉时的正应力称为拉应力，取正，杆件受压时的正应力称为压应力，取负。

当横截面尺寸有急剧变小时，如容器开孔处，则在开孔附近截面积急剧变小，应力数值也急剧增大，离开此区域稍远，应力则大为降低并趋于均匀。这种在截面突变处应力局部增大的现象，被人们形象地称为应力集中。由于应力集中处应力较大，构件更容易在此处开始发生破坏，在设计时必须采取某些补救措施，如对容器开孔处，要进行开孔补强。

杆件在拉伸或压缩时，其轴向长度也将发生改变。若杆件原长为 $L$，受轴向拉伸后其长度变化 $L+\Delta L$，$\Delta L$ 称为绝对伸长。绝对伸长只反映了杆件的总变形量，不能说明杆件的变形程度。为此，可以用单位长度的杆伸长量来度量杆的变形程度。即

$$\varepsilon=\frac{\Delta L}{L} \tag{1-5}$$

$\varepsilon$ 称为线应变，也称伸长率，无量纲。

### 1.2.3 材料的力学性能

材料的力学性能，是指材料在外力作用下在强度与变形方面所表现出来的性能，如弹性、塑性、强度、硬度和韧性等。这些性能指标通常都是通过一些力学性能试验获得的，是化工设备中材料选择及计算时确定其许用应力的依据。

力学试验有拉伸、压缩、弯曲、冲击、疲劳等，其中拉伸试验是测定材料力学性能的基本试验。材料的力学性能与试件的形状、尺寸有关，因此 GB/T 228.1—2021《金属材料 拉伸试验 第 1 部分：室温试验方法》规定了标准试件的形状和尺寸（详细内容请查阅相关标准），以便于比较和分析试验的结果。

（1）材料在拉伸时的力学性能

低碳钢是化工设备常用材料，低碳钢拉伸试验及由此得到的一系列力学性能指标的含义与用途，在使用中具有普遍意义。许多化工设备是在高温或低温下工作的，因而材料在高温和低温下的性能也要重点关注。

试件装在试验机上，试验过程中缓慢增加拉力 $P$ 直至试件断裂为止，通过计算机数据

采集载荷 $P$ 和相应的变形量 $\Delta L$ 值，在坐标纸上以 $\Delta L$ 为横坐标，以 $P$ 为纵坐标，画出试件的受力与变形关系的 $P$-$\Delta L$ 拉伸曲线，如图 1-17(a)。为排除试件尺寸的影响，将拉伸曲线的坐标进行变换，纵坐标 $P$ 变换为应力 $\sigma$，横坐标变换为应变 $\varepsilon$，这样，原有的 $P$-$\Delta L$ 曲线就变换为 $\sigma$-$\varepsilon$ 曲线，如图 1-17(b)。

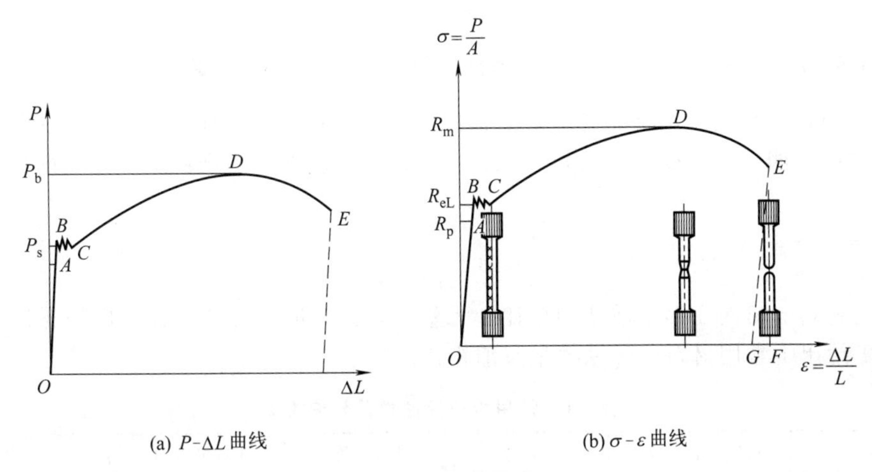


(a) $P$-$\Delta L$ 曲线　　(b) $\sigma$-$\varepsilon$ 曲线

图 1-17　拉伸曲线

由图 1-17(b) 可以看出，低碳钢拉伸得到的 $\sigma$-$\varepsilon$ 曲线可以分为以下四个阶段。

① 弹性阶段　在 $\sigma$-$\varepsilon$ 曲线上，$OA$ 段是弹性阶段，可以认为此阶段的变形是完全弹性变形。在实验过程中加载应力只要不超过 $A$ 点对应的应力，卸载后试件将完全恢复原样。故 $A$ 点所对应的应力是保证材料不发生不可恢复的变形的最高限值，而此阶段应力和应变成正比，因此称 $A$ 点对应的应力值为材料的比例极限，也可称为弹性极限（工程上并不区分两者的差别），用 $R_p$ 表示。常用低碳钢 Q235A 的 $R_p$ 大约为 200MPa。

在弹性阶段，应力与应变成正比，即

$$\sigma=E\varepsilon \tag{1-6}$$

式中，比例常数 $E$ 称为材料的弹性模量。由于 $\varepsilon$ 无量纲，$E$ 的单位与应力相同。想得到相同的变形程度 $\varepsilon$，显然，$E$ 值越大，需要的应力 $\sigma$ 也越大。由此可见，材料的弹性模量反映了材料抵抗弹性变形能力的高低。

将式（1-6）做一下变形，可得到式（1-7）：

$$\frac{P}{A}=E\,\frac{\Delta L}{L}$$

$$\Delta L=\frac{PL}{EA} \tag{1-7}$$

由式（1-7）可知，在拉力 $P$ 作用下直杆所产生的伸长量 $\Delta L$ 与 $EA$ 值成反比。显然 $EA$ 值越大，杆件越不容易产生变形，因而常称 $EA$ 为杆的抗拉刚度。

式（1-6）或式（1-7）是 1678 年由英国科学家胡克以公式形式提出的，所以称之为胡克定律。

胡克定律也同样适用于受压杆。此时，$\Delta L$ 表示纵向缩短量，$\varepsilon$ 表示压缩应变，$\sigma$ 表示压缩应力。对大多数材料来说，其压缩时的弹性模量与拉伸时的弹性模量大小是相同的。应注意，胡克定律中，拉伸应力和应变取正值，压缩应力和应变取负值。

以上讨论的变形都是指杆的轴向伸长或缩短。实际上，当杆沿轴向（纵向）伸长时，其横向尺寸将缩小；反之，当杆受压时，其横向尺寸将增大。设杆原直径为 $d$，受拉伸后直径

变为 $d_1$，则横向变形为

$$\Delta d=d_1-d$$

令：

$$\frac{\Delta d}{d}=\varepsilon' \tag{1-8}$$

式（1-8）中，$\varepsilon'$称为横向线应变。当杆拉伸时，其纵向线应变 $\varepsilon=\frac{\Delta L}{L}$ 为正值，其横向线应变 $\varepsilon'$为负值；反之，当杆压缩时，纵向线应变 $\varepsilon$ 为负值，横向线应变 $\varepsilon'$为正值。

大量试验证明，弹性变形阶段拉（压）杆的横向线应变与纵向线应变之比的绝对值是一个常量，即

$$\mu=\left|\frac{\varepsilon'}{\varepsilon}\right| \tag{1-9}$$

$\mu$ 称为材料的横向变形系数或泊松比，无量纲，其数值与材料有关，也是通过试验测定的。表 1-1 给出了常用材料的弹性模量及泊松比。

**表 1-1 常用材料弹性模量与泊松比**

| 材料名称 | 弹性模量 $E/10^5$MPa | 泊松比 $\mu$ | 材料名称 | 弹性模量 $E/10^5$MPa | 泊松比 $\mu$ |
|---|---|---|---|---|---|
| 碳钢 | 2.0～2.1 | 0.3 | 铝及其合金 | 0.72 | 0.33 |
| 合金钢 | 1.9～2.2 | 0.24～0.33 | 木材(顺纹) | 0.1～0.12 | |
| 铸铁 | 1.15～1.6 | 0.23～0.27 | 混凝土 | 0.146～0.16 | 0.16～0.17 |
| 球墨铸铁 | 1.6 | 0.25～0.29 | 橡胶 | 0.0008 | 0.47 |
| 铜及其合金 | 0.74～1.3 | 0.31～0.42 | | | |

② 屈服阶段　应力超过比例极限后，曲线上升坡度变缓，在 $B$ 点附近，试件的应变量在应力基本保持不变的情况下不断增长。这种现象说明，当试件内应力达到 $B$ 点所对应的应力值时，材料暂时失去了抵抗变形的能力，人们形象地称材料这时对外力“屈服”了。实验是在室温下进行的，因此称此时材料发生屈服的最低应力值为材料标准室温下的屈服强度，用 $R_{eL}$ 表示。如化工设备常用的钢材 Q345R，其 $R_{eL}=345$MPa。

试件内应力达到屈服强度后所发生的变形，经实验证明是不可恢复的变形，这时即便将外力撤除，试件也不会完全恢复原样。由于不可恢复的塑性变形总是出现在弹性变形之后，因此要使材料发生塑性变形，必须使试件内的应力达到屈服强度。这样看来，材料的屈服强度越高，材料抵抗屈服，或称抵抗塑性变形的能力越强。因此，材料的 $R_{eL}$ 是一个很重要的强度指标。一般设备构件不允许材料发生屈服，认为设备构件内部应力达到屈服强度是丧失工作能力的一个标准。因此，一般设备构件的实际工作应力，必须小于材料的屈服强度。

不少材料在拉伸试验中并没有明显的屈服现象。因此，工程上又一般用规定塑性延伸率为 0.2%时的应力值作为名义屈服强度，用 $R_{p0.2}$ 表示。

③ 强化阶段　过了屈服阶段，曲线又开始上升，但上升的坡度十分平缓，说明材料又具有了一定的抵抗变形的能力，称此阶段为强化阶段。强化阶段所发生的变形特点是大比例的塑性变形伴有少量的弹性变形。强化阶段的顶点 $D$ 所对应的应力是材料所能承受的最大应力，称为材料的抗拉强度，用 $R_m$ 表示。例如 Q345R 的 $R_m$ 大概为 470～510MPa（厚度不同，结果不同）。拉伸试验得到的抗拉强度，是反映材料性能的又一强度指标。

④ 颈缩阶段　在外力加到最大值时，会发现在试件的某个部位，其直径会突然变小，即发生了颈缩现象。当试件出现颈缩，就表明试件的断裂不可避免了，达到 $E$ 点时，试件

断裂。因此，材料的抗拉强度反映了材料抵抗断裂的能力。

试件拉断后，弹性变形消失，但塑性变形依旧保留，塑性变形的大小可以用来表明材料的塑性性能。若试件的原始长度为 $L$，把拉断后的试件对接起来，测得其长度为 $L_1$，则 $L_1-L$ 为保留下来的塑性变形，有

$$\delta=\frac{L_1-L}{L}\times 100\% \tag{1-10}$$

$\delta$ 称为材料的断后伸长率，$\delta$ 值越大，说明材料在断裂之前发生的塑性变形也越大，也就是材料的塑性越好，因此 $\delta$ 值是一个评价材料塑性好坏的指标。通常，将 $\delta \geqslant 5\%$ 的材料称为塑性材料，如钢、铜、铝等，而把 $\delta<5\%$ 的材料称为脆性材料，如铸铁、陶瓷、玻璃等。低碳钢的塑性很好，其断后伸长率 $\delta$ 可达 20%～30%，而铸铁是典型的脆性材料，其 $\delta$ 不到 1%。

试件在拉伸时，横截面也在缩小，所以也可以用断面收缩率 $\psi$ 表示材料的塑性好坏，其公式为

$$\psi=\frac{A-A_1}{A}\times 100\% \tag{1-11}$$

$A$ 为试件的初始横截面积，$A_1$ 为试件拉断后颈缩处测得的最小横截面积。断面收缩率 $\psi$ 越大，表示材料的塑性越好。低碳钢的 $\psi$ 值约为 60%。

（2）材料在压缩时的力学性能

① 低碳钢压缩时的力学性能　低碳钢压缩试验得到的 $\sigma$-$\varepsilon$ 曲线如图 1-18(a) 所示，低碳钢压缩时，在屈服阶段之前，其压缩曲线与拉伸曲线基本重合，而进入强化阶段后，两条曲线逐渐分离，压缩曲线一直上升。这是因为随着压力的不断增加，试件将越压越扁，横截面积越来越大，因而承受的压力也随之提高。试件仅仅产生很大的塑性变形而不断裂，因此，无法测得低碳钢压缩时的抗拉强度。由于其屈服前，拉伸压缩曲线基本重合，因此通常用低碳钢拉伸时的力学性能指标 $E$、$R_{eL}$ 作为压缩时的相应指标。

② 铸铁压缩时的力学性能　图 1-18(b) 所示为铸铁压缩时的 $\sigma$-$\varepsilon$ 曲线。与铸铁拉伸时的 $\sigma$-$\varepsilon$ 曲线相比，可以看出其抗压强度远远高于抗拉强度。

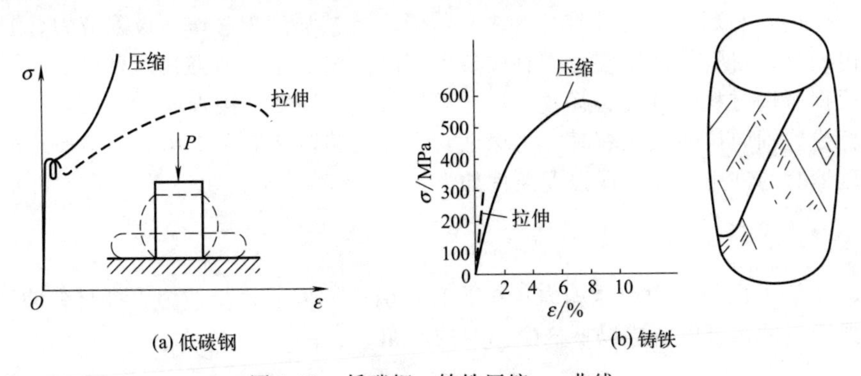


图 1-18　低碳钢、铸铁压缩 $\sigma$-$\varepsilon$ 曲线

低碳钢和铸铁在拉伸与压缩试验时的力学性能反映了塑性材料和脆性材料的力学性能。比较两者的拉伸与压缩试验结果，可以得到塑性材料和脆性材料力学性能的主要区别：

a. 塑性材料在断裂时有明显的塑性变形，而脆性材料在断裂时变形很小。

b. 塑性材料在拉伸和压缩时的弹性极限、屈服强度和弹性模量都相同，它的抗拉强度和抗压强度相同，而脆性材料的抗压强度远大于抗拉强度。因此，如铸铁之类的脆性材料，

常用来制造受压零件。

(3) 温度对材料力学性能的影响

高温条件下材料的屈服强度、抗拉强度及弹性模量等均会发生显著的变化。通常是随着温度的升高，金属材料的强度下降，塑性提高。低温对材料力学性能的影响主要表现为材料的塑性随着温度降低而降低，室温下塑性良好的钢材在低温时则表现出脆性行为。构件的低温脆断是使用材料时必须要注意的问题。低温容器在选材、设计、制造、检验等方面均有特殊要求与规定，切不可把常温以上容器转做低温容器使用。

金属材料在高温条件下还有一个重要特性，即蠕变。在高温时，在一定的应力下，随着时间的延续，材料的变形不断增加，而且这种变形是不可恢复的，这种现象称为蠕变。在生产实际中，由于材料发生蠕变而造成的破坏并不少见。例如因高温蠕变，高温高压蒸汽管道的管径会随时间的增加而不断增大，厚度随之减薄，最后可能导致管道破裂。显然，发生蠕变的前提是一定的高温环境和承受一定的应力，在满足这两个条件的情况下，提高温度或增大应力都会增加蠕变速度。所以，为保证构件的使用寿命，必须把蠕变速度控制在一定的限度内。由于温度是由工艺决定的，操作条件不能随意调整，因此只能限制应力值。工程中常把在一定工作温度下，为使试件在10万小时内的蠕变量不超过1%，而允许试件承受的最高应力值，称为材料在该温度 $t$ 下、该蠕变速度条件下的蠕变强度，记作 $R_{\mathrm{n}}^{t}$。

发生蠕变的试件，在经过一定时间后将断裂。蠕变速度越大，发生断裂的时间越早。把试件在某一高温下，在规定的时间内不断裂所允许试件承受的最大应力，称作材料在该温度下、该持续时间内的持久强度，记作 $R_{\mathrm{D}}^{t}$。$R_{\mathrm{n}}^{t}$、$R_{\mathrm{D}}^{t}$、$R_{\mathrm{eL}}^{t}$ 和 $R_{\mathrm{m}}^{t}$ 都是材料的强度指标。

## 1.2.4 受拉（压）直杆的强度计算

许用应力是以材料的极限应力 $\sigma_{\mathrm{lim}}$ 为基础，并选择合适的安全系数，即

$$[\sigma]=\frac{\text{极限应力}(\sigma_{\mathrm{lim}})}{\text{安全系数}(n)} \tag{1-12}$$

所谓材料的极限应力是指材料发生破坏时对应的应力。塑性材料一般以塑性变形破坏为主，常常以屈服强度 $R_{\mathrm{eL}}$ 或名义屈服强度 $R_{\mathrm{p0.2}}$ 作为确定许用应力的基础，安全系数一般取 $n=1.5$。对于脆性材料多以脆性破坏为主，习惯用抗拉强度 $R_{\mathrm{m}}$ 作为极限应力，取 $n=2.7$。

应指出的是，材料的许用应力，有关技术部门已按上述原则将其计算出来编辑成册，设计者可以根据所选材料的种类、牌号、尺寸规格及设计温度直接查取。

当直杆受到轴向拉伸或压缩时，为保证其强度足够，其最大工作应力不得超过直杆材料在拉伸或压缩时的许用应力，即强度条件如下：

$$\sigma_{\max}=\frac{N}{A}\leqslant[\sigma] \tag{1-13}$$

式中，$N$ 为轴向拉伸力或压缩力；$A$ 为直杆横截面面积；$[\sigma]$ 为直杆材料的许用应力。

利用强度条件，可以解决以下三个方向的问题。

(1) 校核强度

已知杆件材料、截面尺寸和所受外力，可利用式（1-13）校核杆件的强度是否足够。此时，只需分别计算不等式左右两边的值，验证不等式是否成立。如果不等式不成立，说明强度不够，解决的办法是改用强度更高的材料或增大杆件的截面。

(2) 设计截面尺寸

已知杆件材料和所受的外力，可以确定杆件横截面的尺寸，以确保杆件强度足够。此时，可将式（1-13）改写为

$$A \geqslant \frac{N}{[\sigma]} \tag{1-14}$$

可先求得杆件的截面面积，再根据截面形状进一步计算截面尺寸。

(3) 确定许可载荷

已知杆件的材料和截面尺寸，可以确定杆件所允许承受的最大载荷。此时可将式（1-13）改写成：

$$N \leqslant [\sigma]A \tag{1-15}$$

**【例 1-5】** 如图 1-19 所示压力容器的顶盖与筒体采用 8 个螺栓连接，已知筒体内径 $D=500\text{mm}$，容器内部压力 $p=1.2\text{MPa}$。若螺栓材料的许用应力 $[\sigma]=40\text{MPa}$，若使用直径 $d=24\text{mm}$ 的螺栓，强度足够吗？如果强度不够，试确定在满足强度要求的情况下，螺栓的直径 $d$。

**解：** ① 强度校核　由于承受接力的螺栓有 8 根，每根螺栓上的拉力为

$$N=\frac{1}{8}p \times \frac{\pi}{4}D^2$$

则有

$$\sigma=\frac{N}{A}=\frac{\frac{1}{8}p \times \frac{\pi}{4}D^2}{\frac{\pi}{4}d^2}=65.1\text{MPa}$$

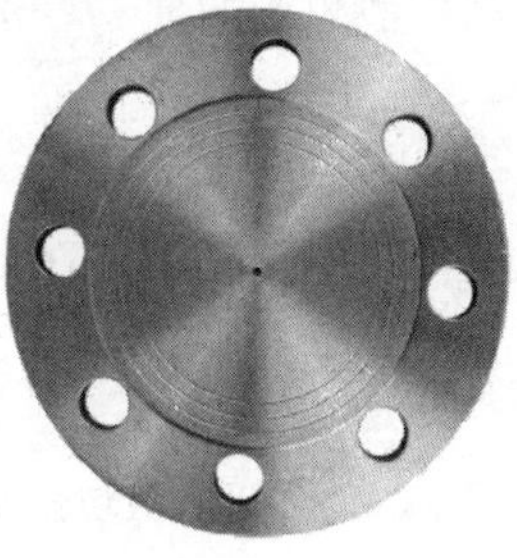

图 1-19　例 1-5 附图

显然，$\sigma>[\sigma]$。因此，采用 $d=24\text{mm}$ 的螺栓，强度是不足的。

② 确定螺栓直径　由 $A=\frac{\pi}{4}d^2$，$[\sigma]=40\text{MPa}$，代入式（1-14），得

$$d \geqslant \sqrt{\frac{4N}{\pi[\sigma]}}=\sqrt{\frac{4 \times \frac{1}{8}p \times \frac{\pi}{4}D^2}{\pi \times 40}}=30.6\text{mm}$$

因螺栓是标准件，直径已标准化，所以选择直径 $d=32\text{mm}$。

# 1.3 剪切

## 1.3.1 剪切与剪切变形

剪切也是一种基本的变形形式。如图 1-20(a) 所示，两块钢板通过铆钉连接成一个整体。当钢板两端受到拉力 $\boldsymbol{P}$ 的作用时，铆钉上也受到大小相等、方向相反、彼此平行且相距很近的两个力 $\boldsymbol{P}$ 的作用，受力分析如图 1-20(b) 所示。

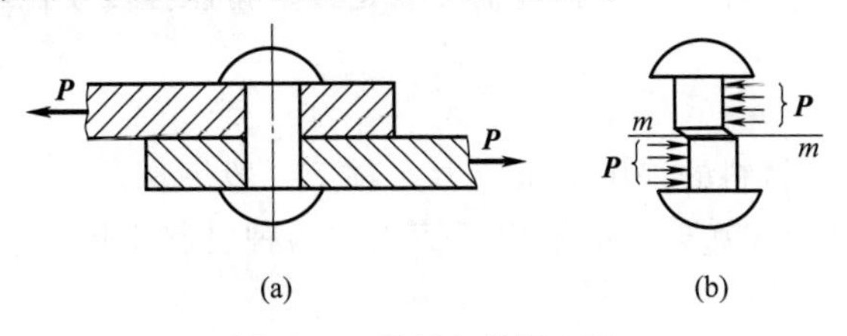


图 1-20　剪切与剪切变形

剪切的受力与变形特点如下：

① 构件上受到一对大小相等、方向相反的两个横向力，这两力的作用线相距很近。

② 在上述两横向力的作用下，两力的作用线之间将发生错动，在剪断前，两力作用线间的小矩形变成平行四边形。

在受剪切变形的构件上，发生相对错动的横截面称为剪切面。构件在受到剪切作用时，往往在受力的侧面受到挤压。因此在工程中，对受剪切的构件除进行剪切强度计算外，一般还要进行挤压强度的计算。

## 1.3.2 剪切的强度计算

构件承受剪切作用时，在两个外力作用线之间的各个截面上，也将产生内力。如图 1-21 所示，假想用截面 $m—m$ 将螺栓切成上下两部分，内力 $\boldsymbol{Q}$ 的方向与横截面平行，称为剪力，考虑任一部分的平衡条件，可得

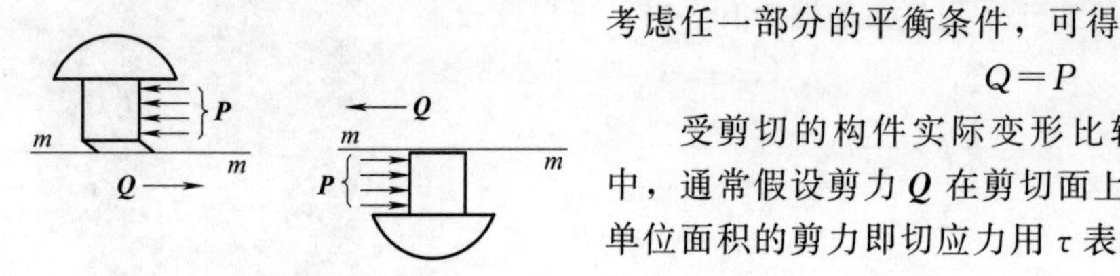

图 1-21 剪切强度计算

$$Q=P \tag{1-16}$$

受剪切的构件实际变形比较复杂，在工程计算中，通常假设剪力 $\boldsymbol{Q}$ 在剪切面上是均匀分布的。若把单位面积的剪力即切应力用 $\tau$ 表示，则有

$$\tau=\frac{Q}{A} \tag{1-17}$$

切应力 $\tau$ 与剪切面平行，$A$ 为剪切面面积。

为保证受剪切构件的安全可靠，必须使构件的工作切应力不超过材料的许用切应力，即

$$\tau=\frac{Q}{A}\leqslant[\tau] \tag{1-18}$$

式 (1-18) 为受剪切构件的强度条件。式中 $[\tau]$ 为材料的许用切应力，对于一般钢材，其值可由剪切破坏试验测定的极限切应力除以安全系数确定。一般，对塑性材料，$[\tau]=(0.6\sim0.8)[\sigma]$；对脆性材料，$[\tau]=(0.8\sim1.0)[\sigma]$。

## 1.3.3 挤压与挤压强度计算

从图 1-20 可看出，铆钉连接的两块钢板，在钢板与铆钉的接触面受到挤压，可能会发生局部塑性变形，这在工程中是不允许的。作用在接触面上的压力称为挤压力，记作 $\boldsymbol{P}_j$，挤压力作用的面称为挤压面，其面积为 $A_j$。

假设挤压应力在挤压面上是均匀分布的，则挤压应力 $\sigma_j$ 为

$$\sigma_j=\frac{P_j}{A_j} \tag{1-19}$$

当挤压面为平面时，挤压面积 $A_j$ 就是接触面面积；当挤压面为曲面时，为简化计算，采用接触面在垂直于外力方向的投影面积作为挤压面积 $A_j$。

要使构件安全可靠地工作，则构件还需要满足以下挤压强度条件：

$$\sigma_j=\frac{P_j}{A_j}\leqslant[\sigma]_j \tag{1-20}$$

式 (1-20) 中 $[\sigma]_j$ 为材料的许用挤压应力。对于一般钢材，其值与材料许用应力 $[\sigma]$ 有如下关系：$[\sigma]_j=(1.7\sim2.0)[\sigma]$。如果相互挤压的两种材料不同，$[\sigma]_j$ 应按抗挤压能力较弱的材料确定。

利用剪切和挤压强度条件，同样可以解决强度校核、求截面尺寸和求许可载荷等三类问题。

【例 1-6】如图 1-22(a)，某起重吊钩吊重物 $P=20\text{kN}$，销钉材料是 16Mn，其 $[\tau]=140\text{MPa}$。试问销钉的直径 $d$ 取多少才能保证安全起吊。

**解**：① 对销钉进行受力分析　根据此销钉受剪切的实际工作情况可知有两个受剪面 $m—m$ 和 $n—n$，如图 1-22(b)。利用截面法求出剪力 $Q$：

$$\sum F_y=0 \qquad Q-P/2=0$$

得 $$Q=P/2=10\text{kN}$$

② 求销钉的直径 $d$　由式（1-18），有 $A \geqslant Q/[\tau]$，又因为 $A=\pi d^2/4$，则

$$d \geqslant \sqrt{\frac{4Q}{\pi[\tau]}}=\sqrt{\frac{4\times 10000}{3.14\times 140\times 10^6}} \approx 9.54(\text{mm})$$

可取 $d=10\text{mm}$。

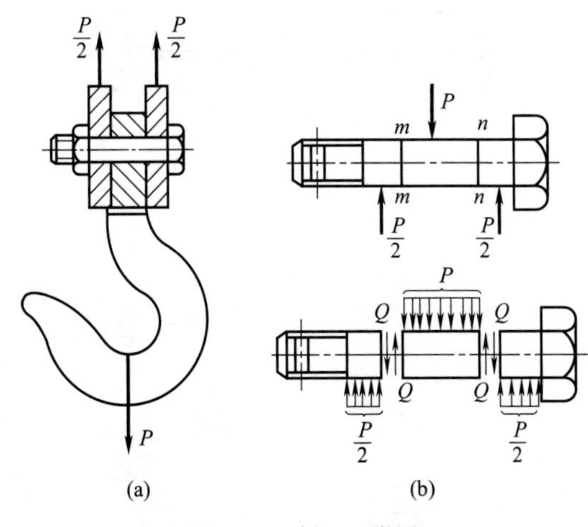


图 1-22　例 1-6 附图

### 1.3.4　切应变

在受剪切的构件上，两力之间的小矩形 $abcd$ 变成了平行四边形 $a'b'c'd'$，如图 1-23 所示，倾斜角度 $\gamma$ 称为切应变，用以度量剪切变形的大小。

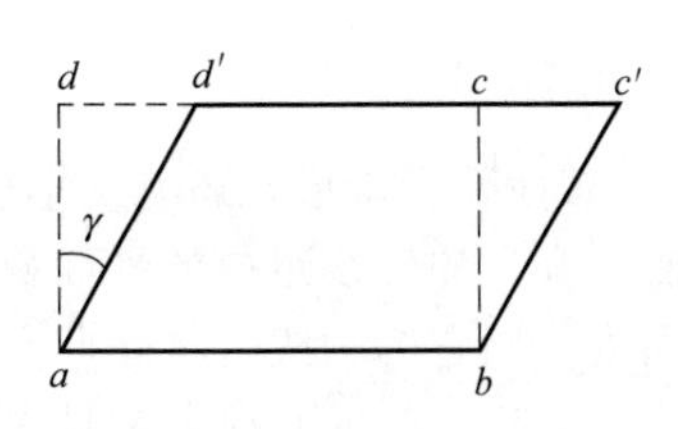


图 1-23　剪切变形与切应变

当剪切变形处于弹性变形范围内，切应力与切应变成如式（1-21）所示的正比关系，即

$$\tau=G\gamma \tag{1-21}$$

此为剪切胡克定律。式（1-21）中 $G$ 为剪切弹性模量，表示材料抵抗剪切变形的能力。

对于剪切弹性模量 $G$、弹性模量 $E$ 和泊松比 $\mu$ 这三个材料弹性常量，存在以下关系式：

$$G=\frac{E}{2(1+\mu)} \tag{1-22}$$

## 1.4　弯曲

### 1.4.1　弯曲与梁

工程中发生弯曲变形的实例很多。如起吊重物的桥式起重机（图 1-24）、充装介质的卧式容器（图 1-25）、受风载的塔设备（图 1-26）、受管道重力的管道托架（图 1-27）等，它们在所受的外力作用下均发生了弯曲变形，通常把这种构件称为杆件。从上述情况分析，简化后的杆件受到垂直于杆轴线的外力作用，杆的轴线由直线变成曲线。工程中把杆件受到垂直于杆轴线的外力或力偶作用时，杆轴线由直线变成曲线的变形称为弯曲变形。

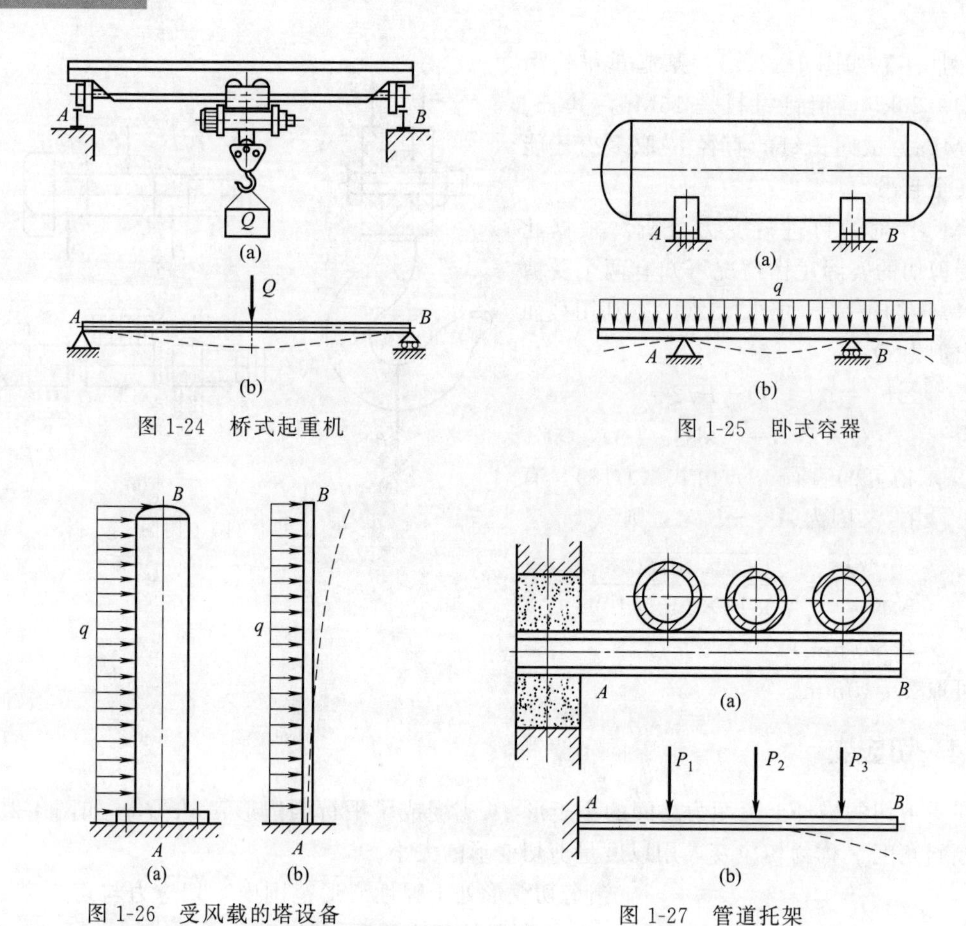


图 1-24　桥式起重机

图 1-25　卧式容器

图 1-26　受风载的塔设备

图 1-27　管道托架

发生弯曲变形的杆件称为梁。工程中的梁如图 1-28(a)，其横截面除了矩形，还有圆形、圆环形、工字形、T 字形等，它们都有一个对称轴 $y$。由对称轴 $y$ 和梁的轴线组成的平面称为纵向对称面。若梁上所有外力和外力偶均处于这个纵向对称面内，则它的轴线也将在此平面内弯曲成一条曲线，如图 1-28(b)，称这种弯曲变形为平面弯曲变形。它是工程中常见的也是最简单的一种弯曲变形，本节只限于等截面梁的平面弯曲变形问题。

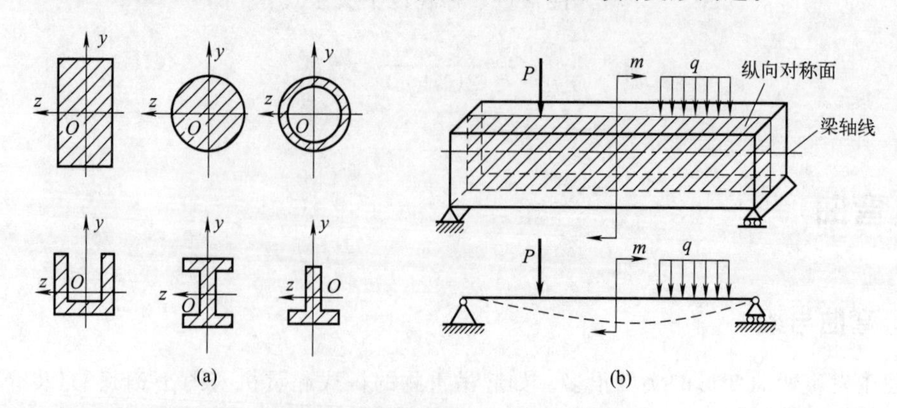


图 1-28　梁的截面形状和纵向对称面

根据约束情况，可以把梁简化为以下三种：

① 简支梁　例如图 1-24 所示的起重机梁，一端是固定铰链支座，另一端是活动铰链支座。

② 外伸梁　例如图 1-25 所示卧式容器，同样一端是固定铰链支座，另一端是活动铰链

支座，但有一端或两端伸出支座以外。

③ 悬臂梁 例如图 1-26 所示塔设备、图 1-27 所示管道托架，一端完全固定，另一端自由。

## 1.4.2 剪力与弯矩

（1）截面法求剪力与弯矩

外力或外力偶作用下发生弯曲变形的梁，梁的横截面上产生相应的内力，仍可用截面法求出。

以图 1-29(a) 所示简支梁为例，设有简支梁 $AB$，跨长为 $l$，在距支座 $A$ 为 $a$ 处有向下的集中载荷 $\boldsymbol{P}$。现求截面 1—1 和截面 2—2 上的内力。

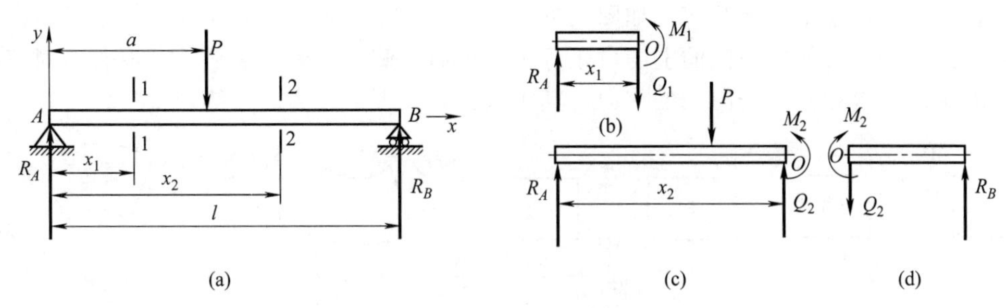


图 1-29 截面法求简支梁的内力

① 求支座反力 首先以整个梁为研究对象，先求出支座反力 $R_A$ 和 $R_B$。

$$\sum M_A(F)=0 \qquad R_B l-Pa=0$$

可得

$$R_B=P\frac{a}{l}$$

$$\sum F_y=0 \qquad R_A+R_B-P=0$$

可得

$$R_A=P-R_B=P\frac{l-a}{l}$$

② 求截面 1—1 内力 沿截面 1—1 将 $AB$ 梁截开，取左半部分，用内力代替右半部对左半部的作用，如图 1-29(b)。

$$\sum F_y=0 \qquad R_A-Q_1=0$$

可得

$$Q_1=R_A$$

$$\sum M_O(F)=0 \qquad M_1-R_A x_1=0$$

可得

$$M_1=R_A x_1$$

矩心 $O$ 点是横截面的形心，此内力偶矩为弯矩。

同理，截面 2—2 上也应有剪力 $Q_2$ 与弯矩 $M_2$ 存在，如图 1-29(c)，同样可利用平衡方程求出。

$$\sum F_y=0 \qquad R_A+Q_2-P=0$$

可得

$$Q_2=P-R_A$$

$$\sum M_O(F)=0 \qquad M_2-R_A x_2+P(x_2-a)=0$$

可得

$$M_2=R_A x_2-P(x_2-a)$$

可得出：剪力 $\boldsymbol{Q}$ 数值上等于截面一侧所有外力投影的代数和；弯矩 $M$ 数值上等于截面一侧所有外力对截面形心 $O$ 取矩的代数和。即

$$\begin{cases}Q=\sum F_y\\ M=\sum M_O(F)\end{cases} \tag{1-23}$$

（2）剪力和弯矩的正负规定

剪力和弯矩都是内力，其正负是依据变形，这一点与外力不同。因此，在借助外力和外力矩来计算内力时，不能根据外力的指向和外力矩的转向来决定剪力和弯矩取正还是取负。

剪力的正负规定应根据剪切变形，一般规定，如图1-30(a)，该截面的剪力使截面左侧梁向下错动时，取正；如图1-30(b)，该截面的剪力使截面左侧梁向上错动时，取负。于是可得到梁的任一截面剪力计算法则：梁的任一截面上的剪力等于截面一侧（左侧或右侧都可以）所有横向外力的代数和，截面左侧向上的外力、截面右侧向下的外力取正值，反之，截面左侧向下的外力、截面右侧向上的外力取负值。

弯矩的正负也是根据梁的变形来规定的。若弯矩使梁发生向上凹弯，如图1-30(c)，梁下侧受拉，取正；使梁向上凸弯，如图1-30(d)，梁上侧受拉，弯矩取负。因而梁的任一截面弯矩计算法则：梁的任一截面上的弯矩等于该截面一侧（左侧或右侧）所有外力对该截面中性轴取矩的代数和；凡是向上的外力，其矩取正，向下的外力，其矩取负。

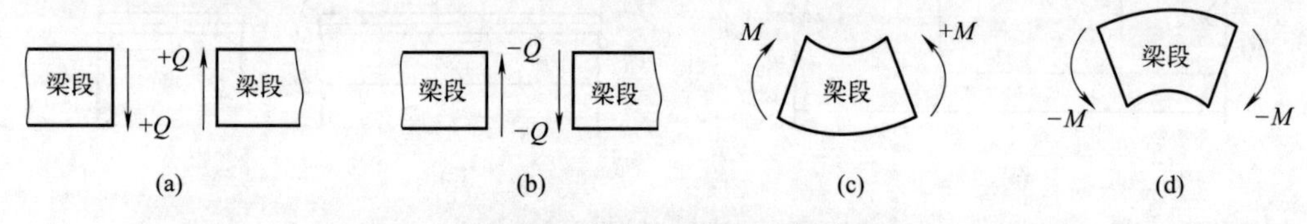


图1-30 剪力与弯矩正负规定

仍以图1-29中的梁截面2—2为例，求该截面上的弯矩。如图1-29(c)，如取梁的左半部，对$O$点取矩可得

$$M_2=R_Ax_2-P(x_2-a)$$

$R_A$ 向上，力矩为正，$P$ 向下，力矩为负。以 $R_A=P\frac{l-a}{l}$ 代入上式，可得

$$M_2=P\frac{l-a}{l}x_2-P(x_2-a)=P\frac{a(l-x_2)}{l}$$

若取右半部，对$O$点取矩，$R_B$ 的力矩为正，得

$$M_2=R_B(l-x_2)=P\frac{a(l-x_2)}{l}$$

可看出，无论取左侧还是取右侧，结果是一致的。

（3）剪力图与弯矩图

为了进行弯曲强度计算，必须了解梁各横截面的内力变化情况。一般情况下，梁横截面的剪力和弯矩与横截面位置有关。取梁的轴线为$x$轴，横坐标$x$表示横截面位置，则剪力和弯矩均可表示为$x$的函数，有

$$Q(x)=f(x)$$
$$M(x)=g(x)$$

根据上面两个方程，画出梁上各横截面的剪力$Q$和弯矩$M$的曲线图，这就是剪力图和弯矩图。

仍以图1-29所示简支梁为例，来了解剪力图和弯矩图的画法。如图1-31所示，建立直角坐标系，由前面分析可知，$AC$段的剪力方程和弯矩方程为

$$Q(x)=\frac{Pb}{l}\quad(0<x<a)$$

$$M(x)=\frac{Pb}{l}x\quad(0\leqslant x\leqslant a)$$

$CB$ 段的剪力方程和弯矩方程为

$$Q(x)=-\frac{Pa}{l} \quad (a<x<l)$$

$$M(x)=\frac{Pa}{l}(l-x) \quad (a\leqslant x\leqslant l)$$

分别绘制剪力图和弯矩图，如图 1-31(b)、(c)。

可知，$AC$ 段和 $CB$ 段的剪力图均为水平线。最大剪力有：$|Q_{\max}|=\begin{cases}\dfrac{Pb}{l} & (a\leqslant b)\\ \dfrac{Pa}{l} & (a>b)\end{cases}$。

而集中力 $\boldsymbol{P}$ 作用点所在截面承受最大弯矩，为危险截面，最大弯矩为 $M_{\max}=\dfrac{Pab}{l}$。

**【例 1-7】** 卧式容器长为 $L$，支座位置为 $a$，受均布载荷 $\boldsymbol{q}$ 作用，如图 1-32 所示，试写出弯矩方程，画出弯矩图，并讨论支座放在什么位置设备受力情况最好。

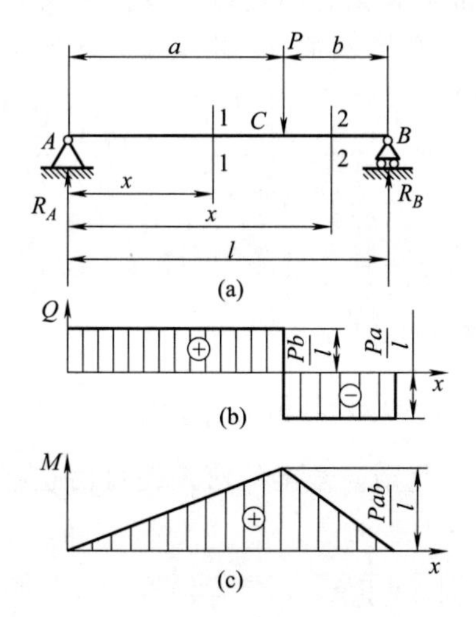


图 1-31 画简支梁的剪力图和弯矩图

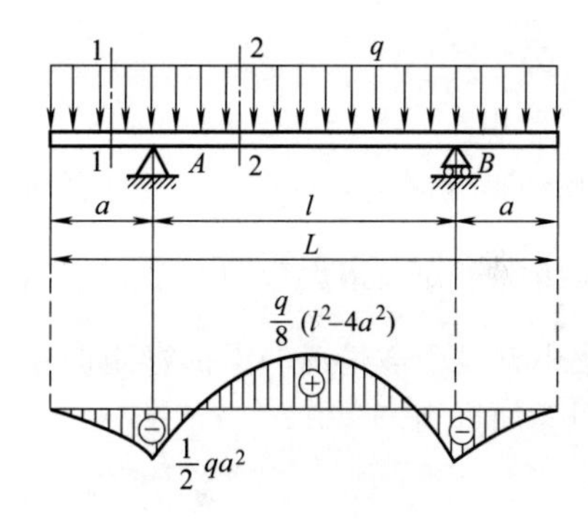


图 1-32 例 1-7 附图

**解：** 双鞍座卧式容器可以简化为受均布载荷的外伸梁。以梁的左端为原点，沿梁的中性轴向右，建立坐标系。

① 求支座反力 显然，有

$$R_A=R_B=\frac{q(l+2a)}{2}$$

② 写弯矩方程 左外伸段截面 1—1 的弯矩方程为

$$M(x)=-\frac{qx^2}{2} \quad (0\leqslant x\leqslant a)$$

当 $x=a$ 时，也就是支座 $A$ 所在截面，弯矩最大，其值为 $M_{\max}=-\dfrac{qa^2}{2}$。

中间段截面 2—2 的弯矩方程为

$$M(x)=R_A(x-a)-qx\ \frac{x}{2}=\frac{1}{2}q[(l+2a)(x-a)-x^2] \quad (a\leqslant x\leqslant l+a)$$

当 $\dfrac{1}{2}q[(l+2a)-2x]=0$，即 $x=\dfrac{1}{2}(l+2a)$ 时，也就是梁的中点处，弯矩最大，其值为

$$M_{\max}=\frac{1}{8}q(l^2-4a^2)$$

根据对称性，右外伸段弯矩曲线可由左外伸段弯矩曲线作出，最终的弯矩图如图 1-32。

③ 确定支座位置　欲使容器受力情况最好，就必须适当选择 $a$ 与 $L$ 的比例，使得外伸段和中间段的两个最大弯矩值相等，即

$$\frac{qa^2}{2}=\frac{1}{8}q(l^2-4a^2)$$

解得
$$a=\frac{l}{2\sqrt{2}}=\frac{L-2a}{2\sqrt{2}}$$

$$a=\frac{L}{2(1+\sqrt{2})}\approx 0.207L$$

因此，支座位置应满足 $a=0.2L$，保证卧式容器受力情况最好。

**【例 1-8】** 塔设备可简化为固定端为支座的悬臂梁。如图 1-33 所示，塔受均布风载荷 $\boldsymbol{q}$，塔高 $l$，试画出其弯矩图，并分析最大弯矩。

**解：** 取轴线为 $x$ 轴，以 $B$ 点为原点，可省去求支座反力，以 $x$ 轴向左为正。取任意截面 $n—n$ 右侧，有

$$M(x)=-qx\,\frac{x}{2}=-\frac{1}{2}qx^2\quad(0\leqslant x\leqslant l)$$

绘制弯矩图如图 1-33。

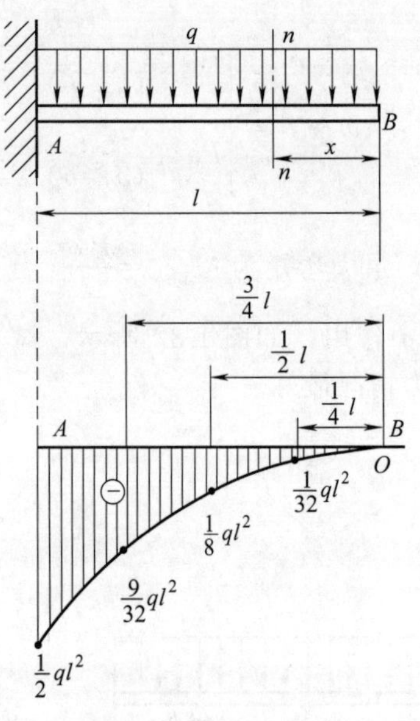


图 1-33　例 1-8 附图

由弯矩图可知，最大弯矩在塔底座 $A$ 点处截面（$x=l$），其值为$\frac{1}{2}ql^2$。

工程中常见受载情况的梁的弯矩图见表 1-2。某些复杂受载梁的弯矩图可由这些简单受载弯矩图叠加得到。

**表 1-2　常见受载梁情况及对应弯矩表**

| | | | |
|---|---|---|---|
| $P$; $l$; $Pl$ | $a$, $P$, $b$; $l$; $P\frac{ab}{l}$ | $P$; $\frac{l}{2}$, $\frac{l}{2}$; $\frac{Pl}{4}$ | $P$, $P$; $a$, $l$, $a$; $Pa$ |
| $q$; $l$; $\frac{ql^2}{2}$ | $q$; $l$; $\frac{ql^2}{8}$ | $P$; $l$, $a$; $Pa$ | $a$, $P$, $P$, $a$; $l$; $Pa$ |
| $m$; $l$; $m$ | $a$, $m$, $b$; $l$; $m$; $\frac{b}{l}m$; $\frac{a}{l}m$ | $m$; $l$, $a$; $m$ | $P_1$, $P_2$; $(P_2>P_1)$ |

### 1.4.3 弯曲强度计算

梁弯曲时，其横截面上既有弯矩引起的正应力，又有由剪力引起的切应力。梁的破坏总是从横截面上的某点开始，因此，了解危险截面上的内力分布情况是很有必要的。工程实践表明，当梁的跨度与横截面高度尺寸之比很大时，弯矩引起的正应力往往是梁破坏的主要因素。

如图 1-34 所示，简支梁两端等距离 $a$ 处，作用有集中力 $\boldsymbol{P}$，分别画出剪力图和弯矩图。不难看出，在 $AC$ 段和 $DB$ 段，梁横截面上既有弯矩又有剪力，这种弯曲称为剪切弯曲。而在 $CD$ 段内，梁横截面上的剪力为零，而弯矩为常量，因此只有正应力，切应力为 0，这种弯曲称为纯弯曲。现就比较简单的纯弯曲情况，导出其正应力的计算公式。

(1) 纯弯曲时梁横截面上的正应力

取一段矩形截面的梁在材料试验机上进行试验并观察其变形规律。在变形前的梁侧面上作纵向线 $aa$ 和 $bb$，并作与它们垂直的横向线 $mm$ 和 $nn$，如图 1-35(a)，然后使梁发生纯弯曲变形。观察到的实验现象如图 1-35(b)。

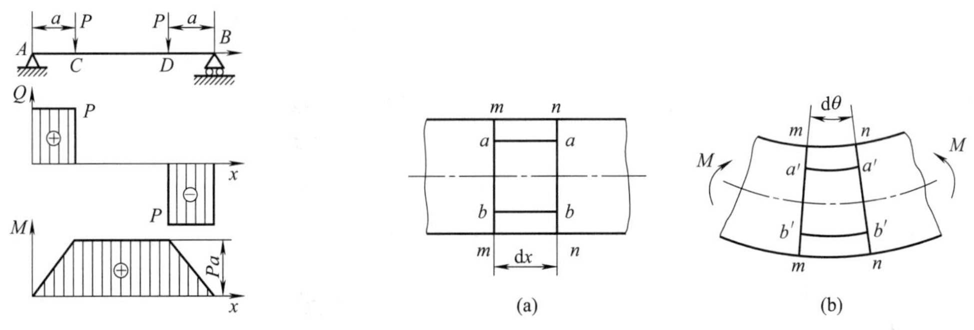


图 1-34 纯弯曲的梁

图 1-35 梁的平面纯弯曲

① 两条横向线 $mm$ 和 $nn$ 不再平行，而是相互倾斜，但仍是直线，且仍与梁的轴线垂直。由此可以假设变形前梁横截面是平面，变形后仍保持为平面，且依然垂直于变形后的梁轴线。此为弯曲变形的平面假设。

② 两条纵向线 $aa$ 和 $bb$ 弯成弧线，且内凹一侧的纵向线 $\overset{\frown}{a'a'}$ 缩短，外凸一侧的纵向线 $\overset{\frown}{b'b'}$ 伸长了。假想梁是由无数纵向纤维组成，由于纵向纤维变形是连续变化的，所以必有一层纵向纤维既不伸长也不缩短，此层称为中性层。中性层与横截面的交线称为中性轴，如图 1-36。在中性层上下两侧的纤维，如一侧伸长则另一侧必缩短，从而形成横截面绕中性轴的转动。由于梁上的载荷都处于梁的纵向对称面内，故梁的整体变形应对称于纵向对称面，因此中性轴与纵向对称面垂直。

另外还认为纵向纤维只受轴向拉伸或压缩，各层之间没有相互作用的正应力。纯弯曲时正应力研究都是基于平面假设和纵向纤维间无正应力这两个假设。

以梁的横截面的对称轴为 $y$ 轴，且向下为正。梁纯弯曲时，表示两个相邻横截面的横向线 $mm$ 和 $nn$ 绕各自的中性轴偏转，它们的延长线相交于 $K$ 点，如图 1-37。$K$ 点是梁轴线弯曲的曲率中心，$KO'$ 为中性层的曲率半径 $\rho$。

纵向纤维的线应变为

$$\varepsilon=\frac{\overset{\frown}{b'b'}-\overline{bb}}{\overline{bb}}=\frac{(\rho+y)\mathrm{d}\theta-\rho\mathrm{d}\theta}{\rho\mathrm{d}\theta}=\frac{y}{\rho}$$

可知，在横截面上任一点处的纵向纤维线应变 $\varepsilon$ 与该点到中性层的距离 $y$ 成正比。

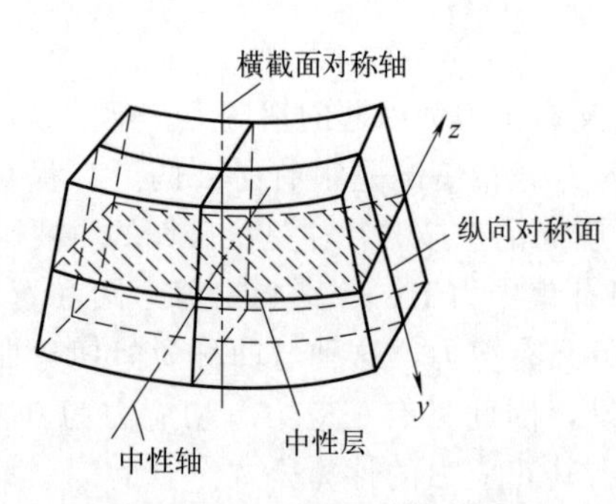

图 1-36　梁的中性层和中性轴

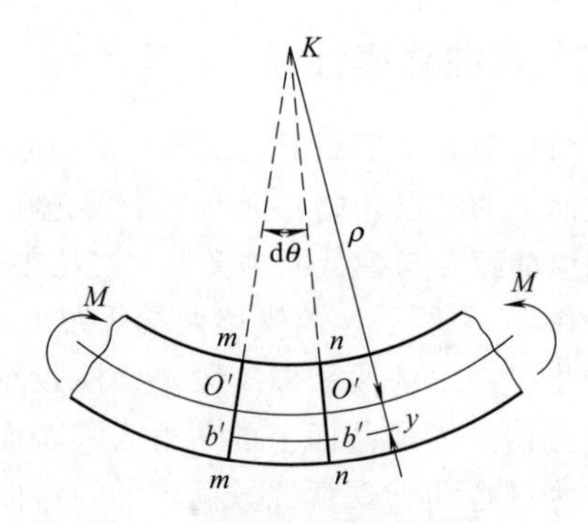

图 1-37　纵向纤维的应变分析

纵向纤维层间无正应力，梁弯曲时，其横截面上的正应力应满足胡克定律，有

$$\sigma=E\varepsilon=E\ \frac{y}{\rho}$$

这表明，在横截面上任一点的正应力$\sigma$与它到中性面的距离$y$成正比，且距中性轴等距的各点上的正应力相等，如图 1-38。

横截面上产生弯矩$M$，其值等于$\sigma \mathrm{d}A$对中性轴之矩的总和，如图 1-39 所示，即

$$M=\int_A \sigma \mathrm{d}A y=\int_A E\ \frac{y}{\rho}\mathrm{d}A y=\frac{E}{\rho}\int_A y^2 \mathrm{d}A$$

上式中，积分$\int_A y^2 \mathrm{d}A$是横截面对中性轴的惯性矩，定义为$I_z$，它的大小与横截面的几何形状和尺寸有关，其单位为$\mathrm{m}^4$或$\mathrm{mm}^4$。

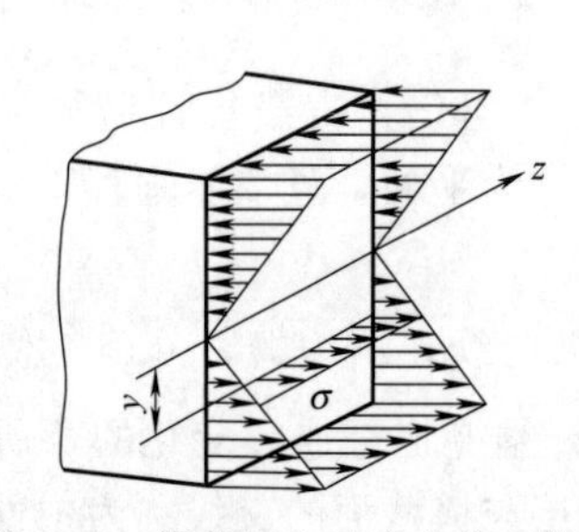

图 1-38　横截面上正应力分布规律

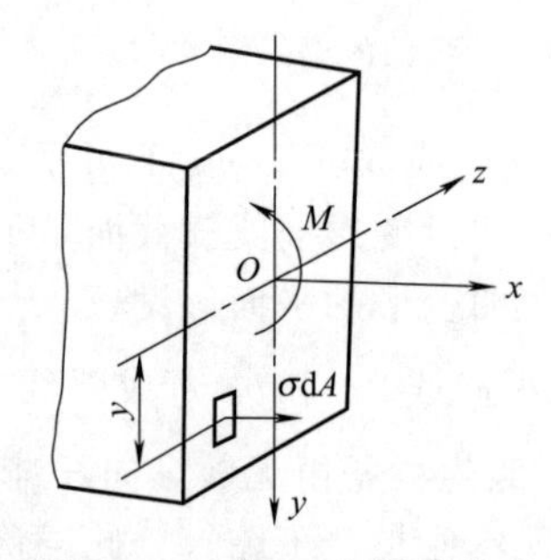

图 1-39　$\sigma$与$M$之间的关系

于是，上式可写成

$$\frac{1}{\rho}=\frac{M}{EI_z}$$

式中，$\frac{1}{\rho}$是梁轴线变形后的曲率。结果表明，$EI_z$越大，则曲率$\frac{1}{\rho}$越小，故$EI_z$称为梁的抗弯刚度。

可得到梁纯弯曲时，横截面上任一点正应力计算公式：

$$\sigma=\frac{My}{I_z} \tag{1-24}$$

它表示梁横截面上任一点正应力$\sigma$与它到中性层的距离$y$成正比，且距中性轴等距的各点上正应力相等，如图 1-38。同时，$\sigma$与同一截面上的弯矩$M$成正比，而与截面惯性矩$I_z$

成反比。在图 1-39 所示坐标系下，当弯矩 $M$、距离 $y$ 同正或同负时，$\sigma$ 为拉应力；当 $M$ 或 $y$ 一者为负时，$\sigma$ 为压应力。$\sigma$ 的正负可以通过弯曲变形直接判定。以中性层为界，梁在凸出的一侧受拉，$\sigma$ 为正值；在凹入的一侧受压，$\sigma$ 为负值。

进行弯曲强度计算时，需要确定横截面上最大应力所在点并计算相应值。由式（1-24）可知，在离中性轴最远的上下边缘处的正应力最大。对于常用的矩形截面、圆形截面和工字形截面等，如图 1-40 所示，其横截面对称于中性轴，用 $y_{max}$ 表示横截面上下边缘到中性轴的距离，则最大拉应力和最大压应力相等，为

$$\sigma_{max}=\frac{My_{max}}{I_z}$$

当梁的横截面形状、尺寸确定后，$y_{max}$、$I_z$ 都是常量，可以合并为一个常量，即

$$W_z=\frac{I_z}{y_{max}}$$

从而有

$$\sigma_{max}=\frac{M}{W_z} \tag{1-25}$$

从上式可知，在相同的弯矩作用下，$\sigma_{max}$ 与 $W_z$ 成反比，所以 $W_z$ 是一个衡量横截面抗弯强度的几何量，称为横截面对中性轴 $z$ 的抗弯截面模量，单位是 $m^3$ 或 $mm^3$，它与截面的几何形状、尺寸有关。

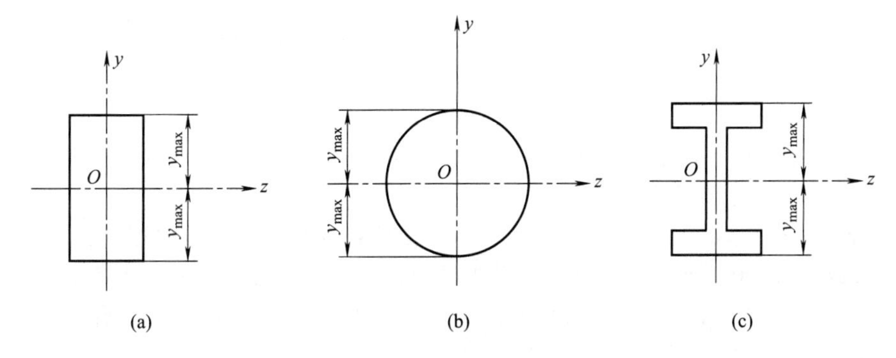


图 1-40 横截面上下边缘处的最大正应力

上述弯曲应力公式是在纯弯曲下，两个假设前提下推导得到的。而常见的弯曲多为横力弯曲。而理论分析表明，对工程中常见的梁，跨度与高度之比 $l/h>5$ 时，纯弯曲应力公式仍然可以应用。

一般情况下，最大正应力 $\sigma_{max}$ 发生在弯矩最大的截面上，且离中性轴最远处，由式（1-24）可得

$$\sigma_{max}=\frac{M_{max}y_{max}}{I_z} \tag{1-26}$$

说明最大正应力不仅与弯矩 $M_{max}$ 有关，还与 $I_z/y_{max}$ 有关，也即与截面的几何形状、尺寸有关。

惯性矩 $I_z$ 和抗弯截面模量 $W_z$ 只与横截面的几何形状和尺寸有关，反映了横截面的几何性质。常见几何形状截面的轴惯性矩、抗弯截面模量的计算公式见表 1-3。

对于各种型钢截面的轴惯性矩及其截面几何量，均可从有关国家标准或材料手册中查取。

表 1-3 常用截面的几何量

| 截面简图 | 面积 $A$ | 轴惯性矩 $I$ | 抗弯截面模量 $W$ |
|---|---|---|---|
| | $A=bh$ | $I_z=\frac{bh^3}{12}$<br>$I_y=\frac{hb^3}{12}$ | $W_z=\frac{bh^2}{6}$<br>$W_y=\frac{hb^2}{6}$ |
| | $A=\frac{\pi}{4}d^2$ | $I_z=I_y=\frac{\pi d^4}{64}$ | $W_z=W_y=\frac{\pi d^3}{32}$ |
| | $A=\frac{\pi}{4}(D^2-d^2)$ | $I_z=I_y=\frac{\pi}{64}(D^4-d^4)$<br>对薄壁($\delta$ 为壁厚)：<br>$I_z=I_y\approx\frac{\pi}{8}d^3\delta$ | $W_z=W_y=\frac{\pi}{32D}(D^4-d^4)$<br>对薄壁($\delta$ 为壁厚)：<br>$W_z=W_y\approx\frac{\pi}{4}d^2\delta$ |

(2) 梁的弯曲强度计算

为保证梁安全可靠地工作，必须满足最大工作应力不得超过材料的弯曲许用应力：

$$\sigma_{\max}=\frac{M_{\max}}{W_z}\leqslant[\sigma] \tag{1-27}$$

式 (1-27) 为梁的弯曲强度条件，利用此条件可以对梁进行强度校核、梁的截面形状和尺寸设计以及计算梁的许可载荷。

**【例 1-9】** 如图 1-41(a) 所示设备，四个耳座支承在四根长 2.4m 的工字钢梁的中点上，工字钢再由四根混凝土柱支承。容器包括物料重 110kN，工字钢为 16 号型钢，其弯曲许用应力$[\sigma]=120$MPa，16 号型钢的抗弯截面模量 $W_z=141\text{cm}^3$，试校核工字钢的强度。

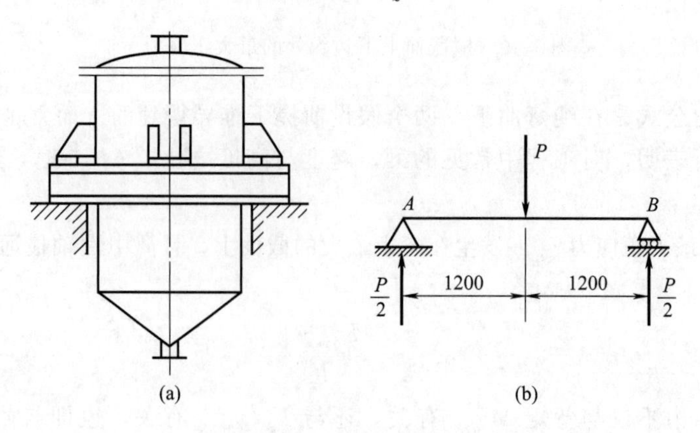


图 1-41 例 1-9 附图

**解：** ① 将每根钢梁简化为简支梁，如图 1-41(b)，则通过耳座施加给每根梁的力为

$$P=110/4=27.5\ (\text{kN})$$

② 简支梁在集中力的作用下，最大弯矩发生在集中力的作用处截面上，最大弯矩为

$$M_{max}=\frac{1}{4}PL=16500(\text{N}\cdot\text{m})$$

故钢梁的最大正应力为

$$\sigma_{max}=\frac{M_{max}}{W_z}=\frac{16500}{141\times10^{-6}}=117.02(\text{MPa})<[\sigma](120\text{MPa})$$

因此，此梁强度足够。

## 1.4.4 弯曲刚度计算

工程中对受弯的梁除了有强度要求外，有的时候还有刚度要求，其变形不能过大。如桥式起重机的横梁在起吊重物时，若其弯曲变形过大，将使梁上小车移动困难，还有可能导致梁严重振动。又如大直径精馏塔板，工作时塔板挠度过大，会使塔板上液层分布不均，从而降低塔板效率。

设一悬臂梁 $AB$，在其自由端受一集中力 **$P$**，如图 1-42，以梁的轴线 $AB$ 向右为 $x$ 轴，垂直向上为 $y$ 轴。梁受弯后，轴线 $AB$ 由直线变为光滑的曲线 $AB_1$，称为挠曲线，梁的变形可以用挠度和转角表示。

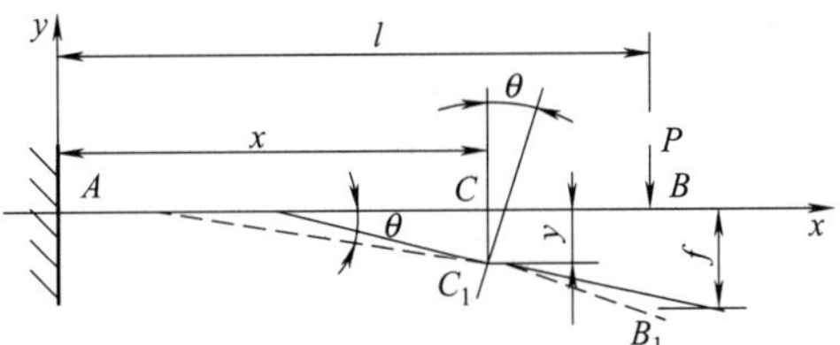


图 1-42　梁的挠度和转角

① 挠度 $y$　指挠曲线上横坐标为 $x$ 的任一点对应的纵坐标 $y$，代表了坐标为 $x$ 的横截面的形心沿 $y$ 方向的位移。挠曲线的方程为

$$y=f(x) \tag{1-28}$$

② 转角 $\theta$　指对应坐标为 $x$ 的横截面绕中性轴偏转的角度。根据平面假设，弯曲变形前垂直于轴线的横截面，在变形之后仍垂直于挠曲线。所以，转角 $\theta$ 就等于 $x$ 轴与挠曲线切线的夹角，故有

$$\tan\theta=\frac{\text{d}y}{\text{d}x}=y' \tag{1-29}$$

工程中梁的变形多为小变形，其挠度很小，转角也很小，所以 $\tan\theta\approx\theta$，由此得 $\theta=y'=f'(x)$，即挠曲线上任一点切线的斜率 $y'$ 等于该点处横截面的转角 $\theta$。

梁挠曲线的近似微分方程如下：

$$\frac{\text{d}^2y}{\text{d}x^2}=\frac{M(x)}{EI} \tag{1-30}$$

在小变形情况下，利用上式求解工程问题具有足够的精确性。通过对梁的挠曲线方程进行积分，可以求出简单载荷作用下梁的挠度和转角。对于复杂载荷作用，一般采用叠加法求梁的变形：分别求出各个载荷单独作用下所产生的变形，再进行叠加得到这些载荷共同作用时的总变形。几种常见载荷作用下梁的挠曲线方程、转角和挠度见表 1-4。

**表 1-4　常见载荷作用下梁的挠曲线、转角和挠度**

| 梁的类型及载荷作用 | 挠曲线方程 | 转角及挠度 |
|---|---|---|
| y, P, A, B, $\theta_B$, x, l | $y=-\frac{Px^2}{6EI}(3l-x)$ | $\theta_B=-\frac{Pl^2}{2EI}$<br>$y_{max}=f=-\frac{Pl^3}{3EI}$ |

续表

| 梁的类型及载荷作用 | 挠曲线方程 | 转角及挠度 |
| --- | --- | --- |
| 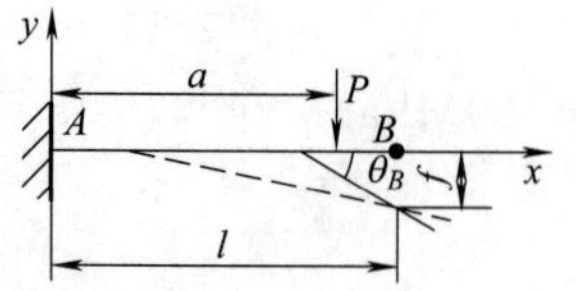 y, a, P, A, B, $\theta_B$, x, l | $y=-\frac{Px^2}{6EI}(3a-x),0\leqslant x\leqslant a$<br>$y=-\frac{Pa^2}{6EI}(3x-a),a\leqslant x\leqslant l$ | $\theta_B=-\frac{Pa^2}{2EI}$<br>$y_{\max}=f=-\frac{Pa^2}{6EI}(3l-a)$ |
| 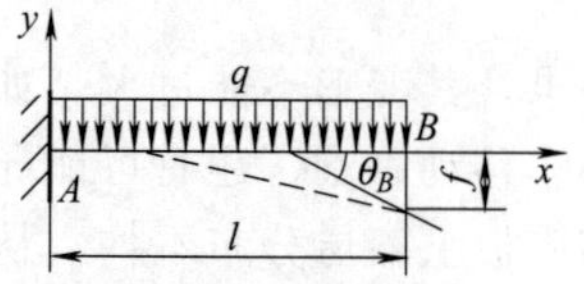 y, q, A, B, $\theta_B$, x, l | $y=-\frac{qx^2}{24EI}(x^2+6l^2-4lx)$ | $\theta_B=-\frac{ql^3}{6EI}$<br>$y_{\max}=f=-\frac{ql^4}{8EI}$ |
| 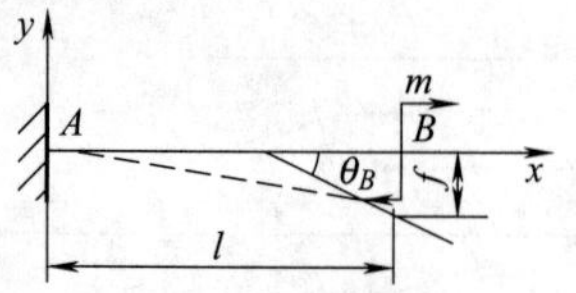 y, m, A, B, $\theta_B$, x, l | $y=-\frac{mx^2}{2EI}$ | $\theta_B=-\frac{ml}{EI}$<br>$y_{\max}=f=-\frac{ml^2}{2EI}$ |
| 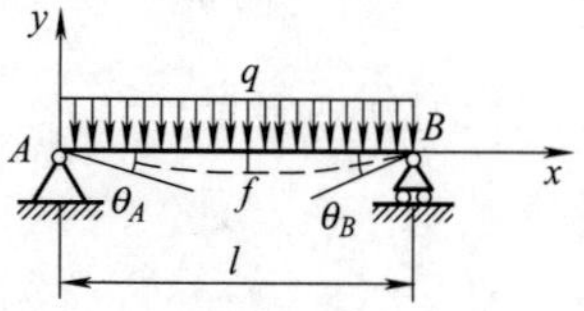 y, q, A, B, $\theta_A$, f, $\theta_B$, x, l | $y=-\frac{qx}{24EI}(l^3-2lx^2+x^3)$ | $\theta_A=-\theta_B=-\frac{ql^3}{24EI}$<br>$y_{\max}=f=-\frac{5ql^4}{384EI}$ |

在工程设计中，应控制梁的变形，使梁的最大挠度或最大转角不超过所规定的许可变形值。故梁的刚度条件为

$$y_{\max}\leqslant[y] \tag{1-31}$$

$$\theta_{\max}\leqslant[\theta] \tag{1-32}$$

上面两式中，$[y]$和$[\theta]$分别为规定的许可挠度和许可转角，其值可由具体工作条件确定。工程中构件许可变形量可从有关技术手册查到。常见的构件规定如下：吊车梁挠度不得超过其跨度的1/750～1/250，架空管道的挠度应小于其跨度的1/500。

# 1.5 扭转

## 1.5.1 圆轴扭转

(1) 圆轴扭转及特点

扭转是一种基本变形形式。在工程中常遇到扭转问题，如图1-43为化工设备中反应釜中的搅拌轴，轴的上端受到由减速机输出的转动力偶矩 $m$，下端搅拌桨叶受到物料的阻力 $\boldsymbol{P}$ 所形成的阻力偶矩。当轴匀速转动时，这两个力偶矩大小相等、方向相反，都作用在与轴线垂直的平面内。

由上可知，扭转有以下特点：

① 物体受到一对大小相等、方向相反，且作用平面垂直于杆件轴线的力偶；

② 杆件上每个横截面绕杆的轴线发生相对转动，这种变形称为扭转变形。如图 1-44 所示，$\varphi$ 是 $B$ 端面相对 $A$ 端面的转角，称为扭转角。

工程上，将以扭转变形为主要变形的直杆称为轴。同时，多数轴是等截面直轴。

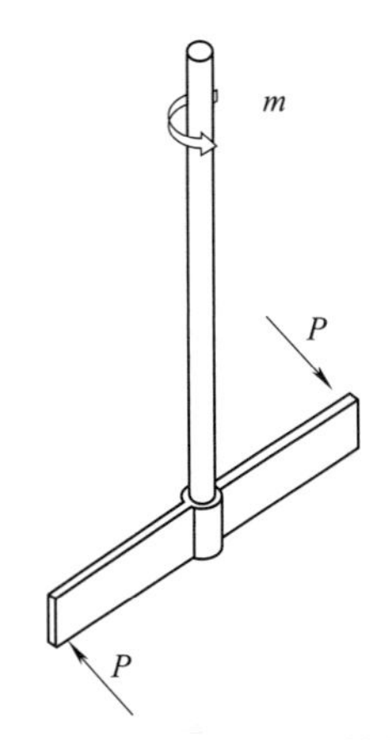


图 1-43 受扭转的搅拌轴

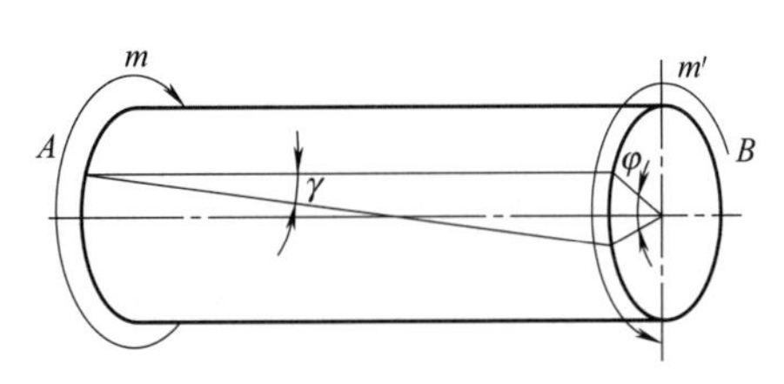


图 1-44 圆轴扭转

(2) 圆轴扭转时的外力与内力

图 1-43 中的搅拌轴在电机或减速机输出轴的带动下，带动搅拌桨叶一起做旋转运动，它将轴上端输入的驱动力偶传至轴下端，用以克服桨叶旋转时遇到的阻力偶，力偶通过轴传递时，其力偶矩称为扭矩。搅拌轴带动桨叶旋转时需要克服流体阻力做功，所需功率必然是由轴上端输入的。

当轴以转速 $n$（r/min）旋转工作时，$n$ 与通过轴所传递的扭矩 $m$（N・m）和功率 $N$（W）三者之间的关系可由力矩做功的公式导出。

由物理学知识可知，当轴在扭矩 $m$ 的驱动下以角速度 $\omega$（rad/s）旋转时，外力偶所做功的功率 $N$ 为

$$N=m\omega=m\frac{2\pi n}{60}$$

$$m=\frac{60N}{2\pi n}$$

功率 $N$ 的单位取 kW 时，有

$$m=\frac{60N\times 1000}{2\pi n}=9550\times\frac{N}{n} \tag{1-33}$$

由式（1-33）可知：

① 当轴传递的功率 $N$ 一定时，转速 $n$ 与扭矩 $m$ 成反比，转速越高，轴所受到的扭矩越小。因此，往往轴径较小的是高速轴，轴径较大的是低速轴。

② 当轴的转速 $n$ 一定时，轴所传递的功率将随轴所受到的扭矩 $m$ 增加而增大。因此，在选择减速机或在确定电机额定功率时，应考虑整个操作周期中的最大阻力矩。

③ 扭矩 $m$ 保持不变，增加转速 $n$ 往往会导致所传递功率增大，有可能使电机过载。

确定轴扭转时横截面上的内力，可用截面法求出。例如图 1-45 中受扭转的搅拌轴如果在做匀速转动，则上下两端受到一对大小为 $m$、方向相反的力偶矩的作用。假想用一平面沿 $n$—$n$ 横截面处将轴切分成上下两段，取上面那段作为研究对象，则由平衡条件可知：

$$-M_{\mathrm{T}}+m=0$$

$$M_{\mathrm{T}}=m \tag{1-34}$$

同样，如果取下面那段轴进行研究，也得到相同的结论。

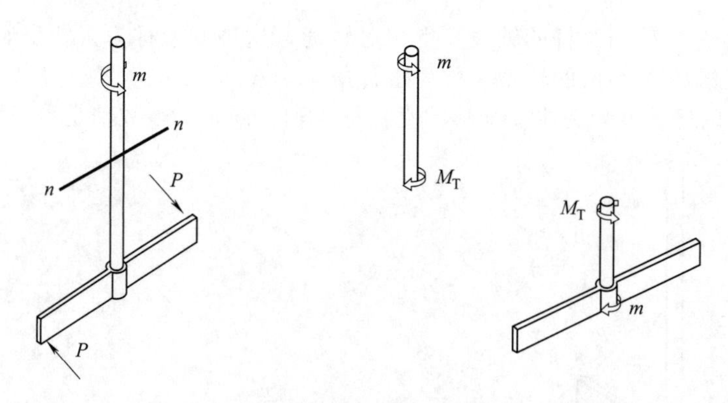


图 1-45　截面法求扭矩内力

扭矩的正负一般按右手螺旋法则确定，将右手四指沿着扭矩的旋转方向，若大拇指的指向与该所作用的横截面外法线一致，则扭矩为正，反之为负。可见，图 1-45 所示截面 $n—n$ 的扭矩为正。

**【例 1-10】** 如图 1-46 所示传动轴，转速为 $n=300$ r/min，主动轮 $A$ 输入功率 $N_A=20$kW，从动轮 $B$ 和 $C$ 输出功率分别为 $N_B=12$kW 和 $N_C=8$kW。试求 1—1 截面和 2—2 截面的扭矩。

**解：** ① 求外力偶矩

$$m_A=9550\frac{N_A}{n}=9550\times\frac{20}{300}=636.7(\text{N}\cdot\text{m})$$

$$m_B=9550\frac{N_B}{n}=9550\times\frac{12}{300}=382.0(\text{N}\cdot\text{m})$$

$$m_C=9550\frac{N_C}{n}=9550\times\frac{8}{300}=254.7(\text{N}\cdot\text{m})$$

② 利用截面法求扭矩

截面 2—2　　$m_2=m_C=254.7\text{N}\cdot\text{m}$

截面 1—1　　$m_1=m_A=636.7\text{N}\cdot\text{m}$

可见本例中截面 1—1 上的扭矩最大，为危险截面，决定轴直径大小应根据危险截面上的扭矩来进行计算。

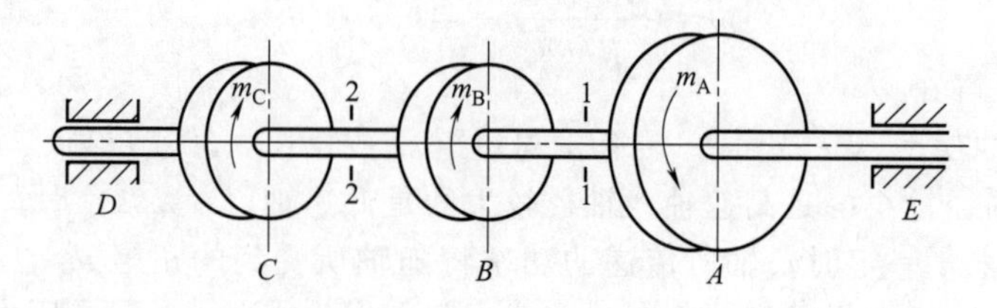


图 1-46　例 1-10 附图

（3）圆轴扭转时横截面上的应力

仅得出圆轴上各截面的扭矩还不够，需要进一步搞清扭转应力的分布规律，找到最大应力点，才能建立扭转强度条件。

取一橡胶圆棒，为观察其变形情况，在圆棒表面画出许多圆周线和纵向线，形成很多小矩形，如图 1-47 所示。在轴的两端施加转向相反的力偶矩 $m_A$、$m_B$，在小变形的情况下，观察圆棒变形可以得到以下结论。

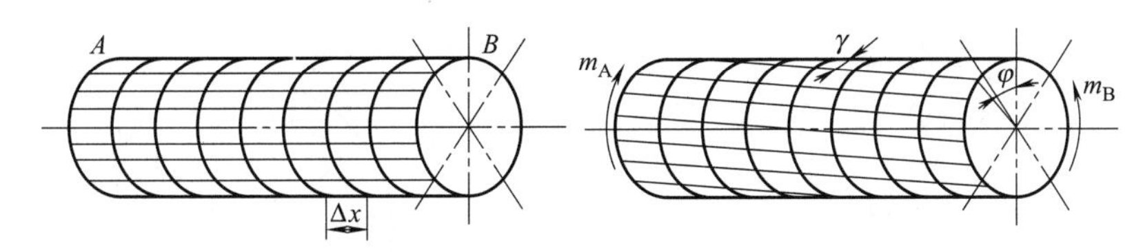


图 1-47 圆轴的扭转变形

① 圆轴各横截面的大小、形状在变形前后都没有变化，仍是平面，只是相对旋转了一个角度，而且各截面间距保持不变，说明轴向纤维没有拉压变形，因此在横截面上没有正应力产生。

② 圆轴各横截面在变形后相互错动，矩形变为平行四边形，这正是所谓的剪切变形，因此在横截面上应有切应力。

③ 剪切变形是沿轴的圆周切向发生，因此，切应力的方向也是沿轴的圆周切向，并与半径互相垂直。

因此在扭转时，圆轴横截面上只产生切应力，其方向与半径垂直。

理论分析证明，在弹性范围内切应力与切应变满足剪切胡克定律，横截面上各点切应力大小 $\tau_\rho$ 与其点离圆心距离 $\rho$ 成正比，如图 1-48 所示，于是有

$$\frac{\tau_\rho}{\tau_{max}}=\frac{\rho}{R} \tag{1-35}$$

由此可见，圆心处切应力为零，轴表面的切应力最大。

扭矩 $M_T$ 与切应力 $\tau$ 之间的关系可按下面方法推导。

如图 1-49 所示，在截面上任取一距中心为 $\rho$ 的微面积 $dA$，作用在其上的力的总和为 $\tau_\rho dA$，对中心 $O$ 的力偶矩等于 $\tau_\rho dA\rho$，有

$$M_T=\int_A \tau_\rho dA\rho=\frac{\tau_{max}}{R}\int_A \rho^2 dA$$

令 $I_\rho=\int_A \rho^2 dA$（截面的极惯性矩），则表面的切应力即最大切应力为

$$\tau_{max}=\frac{M_T R}{I_\rho} \tag{1-36}$$

再令 $W_\rho=\frac{I_\rho}{R}$（抗扭截面模量），则

$$\tau_{max}=\frac{M_T}{W_\rho} \tag{1-37}$$

横截面上任一点的切应力计算公式为

$$\tau_\rho=\frac{M_T}{W_\rho}\rho \tag{1-38}$$

对于直径为 $d$ 的圆截面，距圆心为 $\rho$ 处，取宽度为 $d\rho$ 的微圆环，其面积 $dA=2\pi\rho d\rho$，则有

$$I_\rho=\int_A \rho^2 dA=2\pi\int_0^{\frac{d}{2}} \rho^3 d\rho=\frac{\pi}{32}d^4 \tag{1-39}$$

$$W_\rho=\frac{\frac{\pi}{32}d^4}{\frac{d}{2}}=\frac{\pi}{16}d^3 \tag{1-40}$$

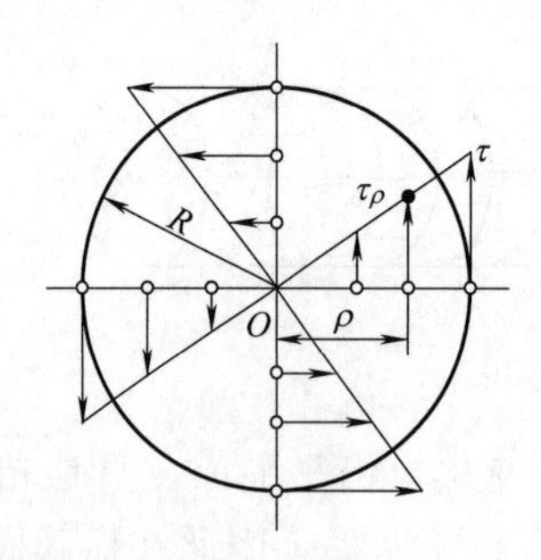


图 1-48　切应力在横截面上的分布

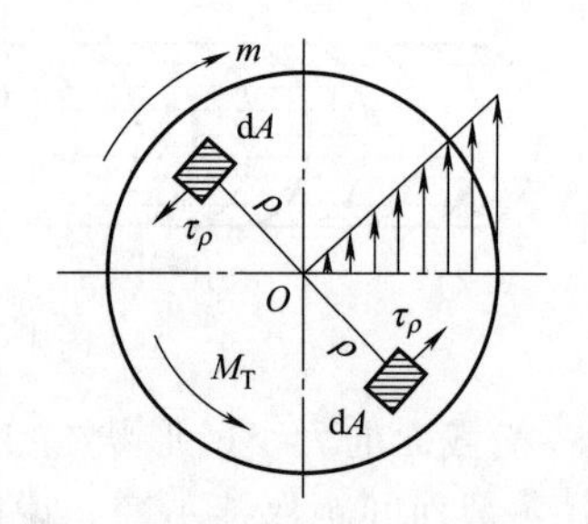


图 1-49　切应力与扭矩的关系

**【例 1-11】** 有一实心轴直径 $d=81\text{mm}$，另一空心轴内径 $d=62\text{mm}$，外径 $D=102\text{mm}$，这两根轴的截面积相同，均等于 $51.5\text{cm}^2$。试比较这两根轴的抗扭截面模量。

**解：** 实心轴抗扭截面模量为

$$W_\rho=\frac{\pi}{16}d^3=\frac{\pi}{16}\times 81^3=1.043\times 10^5(\text{mm}^3)$$

空心轴抗扭截面模量为

$$W_\rho=\frac{\pi}{16}(D^3-d^3)=\frac{\pi}{16}(102^3-62^3)=1.616\times 10^5(\text{mm}^3)$$

由此可知，在材料相同、截面积相等的情况下，空心轴比实心轴的抗扭能力更强，能够承受更大的外力偶矩。根据圆截面上切应力分布的情况，实心轴圆周有最大切应力接近许用应力时，中间部分的切应力跟许用切应力相差很远，说明中间材料没有充分发挥其作用。因此，在相同的外力偶矩情况下，选用空心轴要比实心轴更经济。但空心轴比实心轴加工难度要大，造价相对也高，在实际工作中，要综合考虑，合理地选择截面形状和尺寸。

## 1.5.2　圆轴扭转的强度和刚度计算

（1）圆轴扭转的强度条件

当轴的危险截面上的最大切应力不超过材料的扭转许用切应力$[\tau]$时，轴的强度就是足够的。因此，圆轴扭转的强度条件为

$$\tau_{\max}=\frac{M_\text{T}}{W_\rho}\leqslant[\tau] \tag{1-41}$$

式中 $M_\text{T}$ 是危险截面的扭矩，扭转许用切应力$[\tau]$可查有关手册，一般$[\tau]=0.5\sim 0.6[\sigma]$。对变截面杆，如阶梯轴，$W_\rho$ 不是常量，扭转轴上的最大剪应力不一定发生在扭矩为极值 $M_{\text{Tmax}}$ 的截面上，需要具体分析和综合考虑，以寻求$\frac{M_\text{T}}{W_\rho}$极大值。

（2）圆轴扭转的刚度条件

圆轴扭转时，除了要满足强度条件，有时还要满足刚度条件。如搅拌釜的搅拌轴，若扭转变形过大，会引发较大的振动，甚至会破坏相关的轴封导致密封失效。因此还需要对轴扭转变形有所规定。

圆轴在扭转的作用下所产生的变形，用两截面间的相对扭转角 $\varphi$ 表示，如图 1-47 所示，用 $R$ 表示圆轴半径，$l$ 表示两截面间的距离，$\gamma$ 为纵向线角应变，有

$$\varphi R=\gamma l$$

由剪切胡克定律 $\tau=G\gamma$，可得

$$\varphi=\frac{\tau l}{GR}$$

圆周处有 $\tau_{max}=\frac{M_T R}{I_\rho}$，代入上式得

$$\varphi=\frac{M_T l}{GI_\rho}$$

两截面间的相对扭转角 $\varphi$ 与两截面间的距离 $l$ 成正比，为方便比较，工程上一般用单位轴长的扭转角 $\theta$ 表示扭转变形的大小，即

$$\theta=\frac{\varphi}{l}=\frac{M_T}{GI_\rho} \tag{1-42}$$

式（1-42）中，单位长度的扭转角 $\theta$ 单位为 rad/m，而工程实际中规定的许用单位扭转角是以（°）/m 为单位，则上式可写成

$$\theta=\frac{M_T}{GI_\rho}\times\frac{180}{\pi} \tag{1-43}$$

式中，$GI_\rho$ 称作轴的抗扭刚度，取决于轴的材料、截面形状与尺寸。

于是得到轴扭转的刚度条件为

$$\theta=\frac{M_T}{GI_\rho}\times\frac{180}{\pi}\leqslant[\theta] \tag{1-44}$$

在一般传动和搅拌轴的计算中，可取$[\theta]=0.5\sim1.0$(°)/m。

在轴的设计中，既要满足强度条件［式（1-41)]，又要满足刚度条件［式（1-44)]。

**【例 1-12】** 某搅拌釜的搅拌轴传递的功率 $N=5$kW，空心圆轴材料为 45 钢，$d/D=0.8$，转速 $n=60$r/min，$[\tau]=40$MPa，$[\theta]=0.5$(°)/m，$G=81$GPa，则轴的内径、外径各为多少？

**解：** ① 计算外力偶矩

$$m=9550\times\frac{N}{n}=9550\times\frac{5}{60}=796(\text{N}\cdot\text{m})$$

横截面上

$$M_T=m=796\text{N}\cdot\text{m}$$

② 由强度条件

$$\tau_{max}=\frac{M_T}{W_\rho}\leqslant[\tau]$$

$$W_\rho=\frac{\pi}{16}(D^3-d^3)=\frac{\pi}{16}D^3\left[1-\left(\frac{d}{D}\right)^3\right]=0.096D^3$$

得

$$D\geqslant\sqrt[3]{\frac{796}{0.096\times40\times10^6}}=5.918\times10^{-2}(\text{m})=59.2(\text{mm})$$

③ 由刚度条件

$$\theta=\frac{M_T}{GI_\rho}\times\frac{180}{\pi}\leqslant[\theta]$$

其中

$$I_\rho=\frac{\pi}{32}(D^4-d^4)=\frac{\pi D^4}{32}\left[1-\left(\frac{d}{D}\right)^4\right]=0.058D^4$$

得

$$D \geqslant \sqrt[4]{\frac{796\times180}{8.1\times10^{10}\times0.058\times0.5\times\pi}}=6.64\times10^{-2}(\mathrm{m})=66.4(\mathrm{mm})$$

故选取 $D=67\mathrm{mm}$，$d=0.8D=53.6\mathrm{mm}$。如用无缝钢管做轴，则按准管径规格，可选 $D=68\mathrm{mm}$，$d=54\mathrm{mm}$，即用 $\phi68\times7\mathrm{mm}$ 的无缝钢管。

## 思考题

1-1 什么是约束？什么是约束反力？常见的约束有哪些类型？它们的约束反力方向有什么特点？

1-2 什么是受力图？简述画受力图的步骤和方法。

1-3 简述求解静力学基本问题的一般步骤和方法。

1-4 简述用截面法求杆件受拉（压）时内力的步骤。

1-5 什么是材料的力学性能？各有哪些指标？

1-6 试画出低碳钢的 $\sigma$-$\varepsilon$ 曲线，并标出比例极限、屈服强度和抗拉强度对应点，说明各自的意义。

1-7 简述温度对材料力学性能的影响。

1-8 杆件受拉（压）时的强度条件是什么？利用此强度条件可以解决哪三类问题？

1-9 什么是剪切变形？有何特点？剪切的强度条件是什么？什么是挤压强度条件？

1-10 什么是弯矩？怎么计算弯矩？如何确定它们的符号？什么是弯矩图？

1-11 钢梁的截面为什么常做成工字形？而铸铁梁的截面为什么又做成 T 字形？

1-12 为提高梁的弯曲强度可采用哪些措施？

1-13 什么是梁的挠度？怎么计算？它们与哪些因素有关？怎么提高梁的刚度？

1-14 什么是扭矩？如何计算扭矩？

1-15 圆轴扭转时，截面上的应力分布特点是什么？截面上最大切应力怎么计算？

1-16 扭转的强度和刚度条件各是什么？

## 工程应用题

1-1 如图 1-50 所示化工厂吊装塔设备，分段起吊塔体。设起吊重量 $G=15\mathrm{kN}$，求钢绳 $AB$、$BC$ 及 $BD$ 的受力大小。设 $BC$、$BD$ 与水平夹角为 45°。

1-2 如图 1-51 所示一塔设备，塔重 $G=480\mathrm{kN}$，塔高 $h=32\mathrm{m}$，塔底地脚螺栓与基础紧固相连。塔体所受力可简化为两段均布载荷：在离地面 $h_1=15\mathrm{m}$ 高度以下，均布载荷 $q_1=300\mathrm{N/m}$；在 $h_1$ 以上高度，均布载荷 $q_2=650\mathrm{N/m}$。试求塔设备在支座 $A$ 处所受的约束反力。

1-3 试用截面法求各杆件所标出的横截面上的内力和应力，如图 1-52。已知杆的横截面面积 $A=200\mathrm{mm}^2$，$P=20\mathrm{kN}$。

1-4 已知某化工设备（图 1-53）上端盖受气体内压及垫圈上压紧力的合力为 350kN，其法兰连接用 M24 的钢制螺栓，其许用应力 $[\sigma]=54\mathrm{MPa}$，已知 M24 的螺纹根径 $d=20.7\mathrm{mm}$，试计算共多少个螺栓（螺栓沿圆周均布，且为 4 的倍数）。

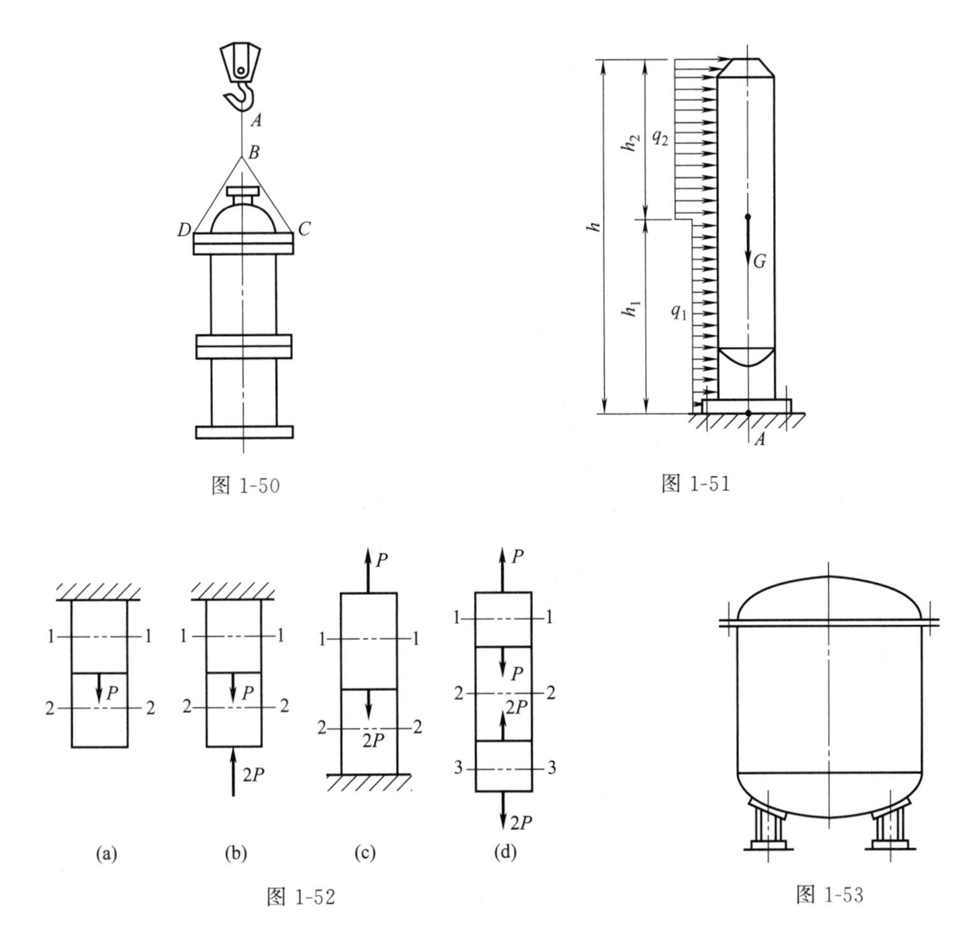


图 1-50

图 1-51

(a) (b) (c) (d)

图 1-52

图 1-53

1-5　图 1-54 所示为一卧式储罐，内径为 $\phi$1800mm，壁厚为 20mm，封头高 $H=$ 450mm。支座位置 $L=8000$mm，$a=1000$mm。内储介质，包括储罐自重在内，可简化为单位长度上的均布载荷 $q=28$N/mm。求罐体上的最大弯矩和弯曲应力。

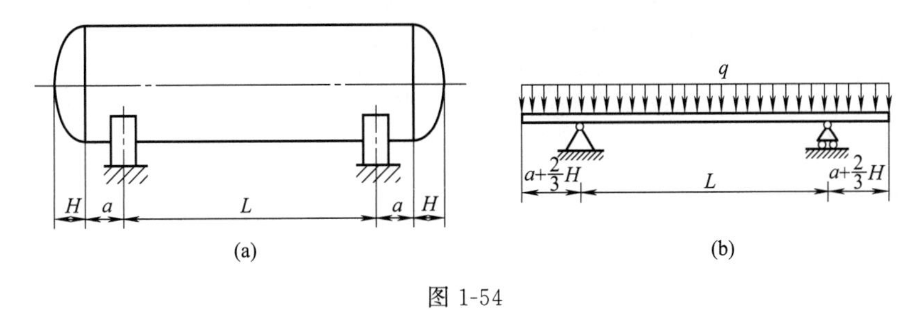


(a) (b)

图 1-54

1-6　如图 1-51 所示，试求该塔设备中，风力引起的最大弯曲应力和塔的最大挠度。

1-7　某实心轴（图 1-55）的直径 $d=100$mm，长度 $l=1.5$m，两端受力偶矩 $m=$ 10kN·m 作用，已知材料的剪切弹性模量 $G=8\times10^4$MPa。试求：

（1）最大切应力 $\tau_{max}$ 及两端横截面间的相对扭转角 $\phi$。

（2）横截面 $A$、$B$、$C$ 三点的切应力大小及方向。

1-8　一带框式桨叶的搅拌轴，其受力情况如图 1-56 所示。搅拌轴由电机经减速箱及圆锥齿轮带动，$P=3.0$kW，机械传动效果 $\eta=85\%$，搅拌轴的转速 $n=100$r/min，轴的直径 $d=70$mm，轴的扭转许用切应力$[\tau]=60$MPa，试校核搅拌轴的强度。

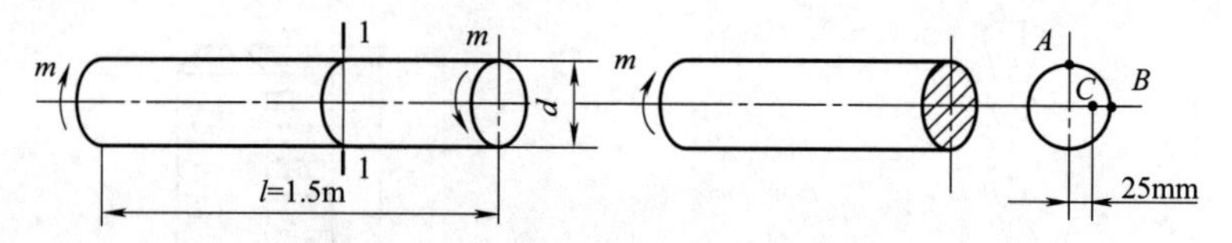


图 1-55

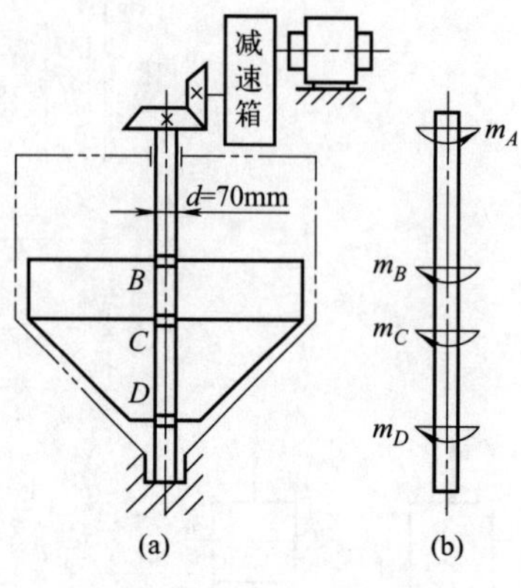


图 1-56

# 第2篇 化工设备设计基础

化工设备都是由压力容器外壳和一定的内件来完成过程所要求的传质和传热过程。在进行设备设计之前，需要了解容器的基本知识，认识化工设备的特点、组成结构，了解设备机械设计的基本要求，学习对压力容器进行分类，了解压力容器的标准规范体系，理解依据标准进行规范设计的重要性。

材料是构成设备的物质基础，合理选用材料是承压设备安全可靠运行的保障与技术先进、经济合理的体现，也是承压设备设计的基本任务之一。学习压力容器的材料性能和应用范围、了解压力容器的选材原则和选材方法，是正确合理选用化工设备材料的必备条件。

各种壳体的力学分析，是容器设计的理论基础，为设备结构设计和强度、刚度、稳定性设计提供理论依据。

筒体和封头是压力容器的主要承压元件，筒体和封头的强度和稳定性设计是保障压力容器安全运行的基石。正确地对容器零部件进行选型和设计在容器设计中也尤为重要，是化工设备结构设计的重要组成。

本篇由化工设备概述、化工设备材料、压力容器设计基础、圆筒与封头设计、常用零部件设计等 5 章组成，是本教材的主体与核心部分。通过本篇的学习，读者可以独立进行中低压筒体和封头的强度设计与稳定性校核并正确合理地使用标准进行容器零部件的选型，为进一步进行具体容器设计打下基础。

# 2
# 化工设备概述

化工设备是指化工生产中静止或与少量传动机构组成的装置，主要用于完成储存、合成、分离、吸收、传热等单元设备操作，按其结构特征和用途来区分，常用的典型化工设备有储罐、换热器、塔器、反应釜等。

## 2.1 化工设备的特点和设计要求

### 2.1.1 化工设备的特点

随着科学技术的发展，化工设备向多功能、大型化、成套化和轻量化方向发展，呈现以下特点。

① 功能原理多种多样　化工设备的用途、介质特性、操作条件、安装位置和生产能力千差万别，往往要根据功能、使用寿命、环境保护等要求，采用不同的工作原理、材料、结构和制造工艺单独设计，是典型的非标准设备。如加氢反应器是石油炼化中加氢过程的关键反应设备，液氢储罐是典型的深冷储存设备等。

② 化机电一体化　化工设备必须满足过程工艺要求，另外为确保化工设备高效、安全运行，必须控制物料的流量、温度、压力、停留时间等参数，因此化工设备设计时应在适当的位置提供相应的管口和零部件，为后期过程控制做好准备。化机电一体化是化工设备的一个重要特点。

③ 外壳一般为压力容器　化工设备通常要在一定的温度和压力下工作，一般都由限制其工作空间且能承受一定压力的外壳和各种各样的内件组成。这种能承受压力的外壳就是压力容器，是保证设备运行的关键结构。

### 2.1.2 化工设备设计的基本要求

化工设备设计的基本要求，集中体现在安全性和经济性上。安全是前提，经济是目标，在确保安全的前提下应尽可能经济。具体要求如下。

(1) 满足过程要求，主要有功能要求和寿命要求

① 功能要求　功能要求是指化工设备必须满足生产的需要，如储罐的储存量、换热器的传热量和压力降、反应器的反应速率等。功能要求得不到满足，会影响整个过程的生产效率，造成经济损失。

② 寿命要求　化工设备必须有寿命要求。设计寿命是指化工设备设计时的预计不失去使用功能的有效使用时间，确定容器的设计寿命时，需要考虑容器的材料、结构、限制蠕变的可能性、容器的建造费用及装量的更换周期等。一般推荐的容器设计寿命如下：高压容器的使用年限不小于 20 年，塔设备使用年限不小于 15 年，一般设备（如储罐、换热器）使用年限不小于 10 年，球形容器一般为 25 年及以上，重要的反应容器（如加氢反应器、氨合成塔等）则为 30 年。腐蚀、疲劳和蠕变是影响化工设备寿命的主要因素，在设计时应综合考虑温度、压力和介质等因素，确保设备在设计寿命期间的安全。

设计寿命是设计者根据容器预期的使用条件及重要性而给出的估计，其目的是提醒使用者，当超过压力容器的使用寿命时，应采取必要的措施（如测量厚度或缩短检测周期等）。压力容器的设计寿命不等同于实际使用寿命。

(2) 安全可靠

为保证化工设备安全可靠地运行，化工设备应具有足够的能力来承受生命周期内可能遇到的各种载荷，如介质压力、重力载荷、风载荷和地震载荷等，满足强度、刚度、稳定性、密封性等要求，避免出现塑性垮塌、局部过度应变、断裂、腐蚀、泄漏等现象，使压力容器不至于丧失规定的功能。

(3) 综合经济性能好

综合经济性能是衡量化工设备优劣的重要指标，主要表现在以下三个方面：

① 高效低耗　高效是指生产效率高，单位时间单位容积（或面积）处理物料或所得产品的数量；低耗是指降低化工设备制造过程中的资源消耗（原材料、能耗）和降低化工设备使用过程中的资源消耗。工艺流程和结构形式对化工设备的经济性有显著影响，如采取不同的工艺流程和反应条件，反应设备的生产效率和能耗相差较大；相同工艺流程、相同外壳结构的塔设备若采用不同的内件，其传质效率也相差较大。

② 便于操作、维护和控制　设计时必须注意工作人员的可操作性，特别是管口位置的设置，以满足后期过程控制的要求。化工设备定期检验时，需更换易损件和清洗易结垢表面，应使之便于清洗、装拆和维护，在结构设计时也需充分考虑操作、维护和控制的方便性。

③ 结构合理，制造简便　结构紧凑，充分利用材料性能，尽量避免采用复杂或难以保证质量的制造方法，最好能实现机械化或自动化、减轻劳动强度，缩短制造周期等。

④ 易于运输和安装　化工设备往往在制造厂制造，再运至使用单位组装。对于中小型设备，运输和安装比较方便，一般在制造厂组装检验；对于大型设备，尺寸质量大，一般在制造厂加工好部分或全部零部件，再到现场组装和检验。为解决运输中存在的问题，在设备设计时必须考虑轮船、火车和汽车等运输工具的运载能力和空间大小、码头的深度、桥梁和路面的承载能力、吊装设备的吨位和吊装方法等。

⑤ 环境性能优良　化工设备的失效不仅仅指爆炸、泄漏、生产效率降低等功能失效，有害物质的泄漏、噪声、设备服役期满后无法清除有害物质、无法翻新或循环利用等都会造成环境失效，因此环境性能也应作为设计者应考虑的因素。有害物质的泄漏是化工设备污染环境的主要因素之一，要求在一些化工设备上必须设有在线泄漏检测装置。

上述要求很难全部满足，设计时应针对具体问题具体分析，满足主要要求、兼顾次要要求。

## 2.2 压力容器的总体结构

压力容器通常是由板、壳组合而成的焊接结构。图 2-1 为一台卧式压力容器的总体结构图，下面结合该图对压力容器的组成做基本介绍。

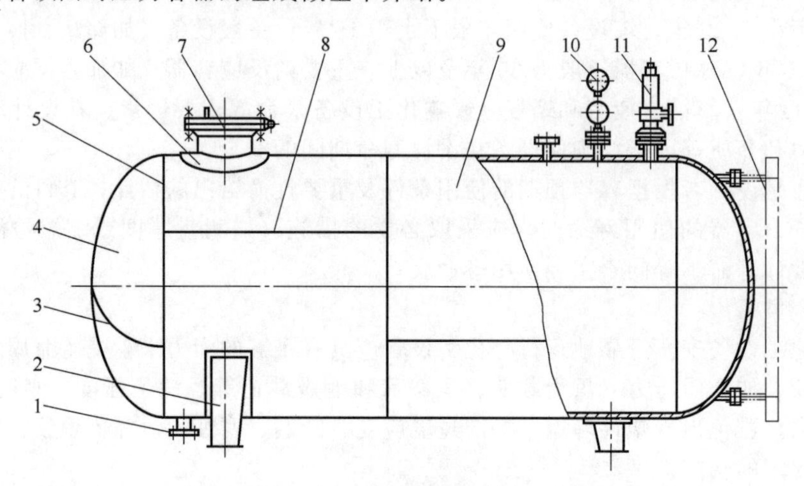


图 2-1　压力容器的总体结构

1—法兰；2—支座；3—封头拼接焊缝；4—封头；5—环焊缝；6—补强圈；7—人孔；8—纵焊缝；9—筒体；10—压力表；11—安全阀；12—液面计

（1）筒体

筒体是储存物料或完成化学反应所需要的主要压力空间，其直径和容积一般由工艺计算确定。圆柱形筒体（即圆筒）和球形筒体是工程上最常用的筒体结构。球罐是最常见的球形筒体，如图 2-2 所示。大多数筒体由圆筒制成，如图 2-1 所示为卧式圆柱形筒体，圆筒通常由钢板卷焊而成，如图 2-3 所示。

图 2-2　球形筒体

图 2-3　钢板卷制圆柱形筒体

（2）封头

封头与筒体等部件会形成封闭承压空间。根据几何形状不同，封头分为半球形、椭圆形、碟形、球冠形、锥形和平盖等形式，如图 2-4 所示。

若容器组装后不需要开启，封头与筒体可以直接焊接在一起，从而有效保证密封，节省

(a) 半球形封头

(b) 椭圆形封头

(c) 碟形封头

(d) 锥形封头

图 2-4 压力容器封头

材料和减少加工制造的工作。对于需要多次开启、经常更换内件的容器可采用可拆式连接结构，采用可拆式连接时，封头与筒体之间必须有密封装置。

(3) 密封装置

压力容器需要有许多密封装置，如封头与筒体间的可拆式连接、容器接管与外管间的可拆连接等，其可靠性关系到压力容器能否正常、安全地运行。螺栓法兰连接（简称法兰连接）是最常见的连接结构。

(4) 开孔与接管

由于工艺要求和检修的需要，常在压力容器的筒体和封头上开设各种大小的孔或安装接管，如人孔、手孔、视镜孔、物料进出口接管，以及安装压力表、液面计、安全阀、测温仪表等接管开孔。筒体或封头上开孔后，开孔部位的强度被削弱，故应少开孔并考虑做开孔补强设计，以确保所需的强度。

(5) 支座

压力容器靠支座支承并固定在基础上。随安装方位不同，圆筒形容器采用立式容器支座和卧式容器支座两类，球形容器多采用柱式或裙式支座。

(6) 安全附件

由于压力容器的使用特点及其内部介质的工艺特性，往往需要在容器上设置一些安全装置和测量、控制仪表来监控工作介质的参数，以保证压力容器的使用安全和工艺过程的正常进行。压力容器的安全附件主要有安全阀、爆破片装置、紧急切断阀、安全联锁装置、压力表、液面计、测温仪表等。

筒体、封头、密封装置、开孔与接管、支座和安全附件构成了一台压力容器的外壳。对于储运容器，这一外壳即为容器本身，如图 2-1 所示；对于化学反应、传热、传质、分离等工艺过程容器，则需在外壳内装入工艺所需要的内件，才能完成各项功能。

压力容器外壳部件之间的连接大多需要经过焊接，因此对焊接质量的控制是整个容器质量体系的重要一环，设计的主要任务是焊接结构设计和确定无损检测的方法、比例及要求。

## 2.3 压力容器分类

压力容器在各种介质和环境十分苛刻的条件下进行操作，如高温、高压、易燃、易爆、有毒和腐蚀等，发生事故所造成的危害程度各不相同，为便于压力容器的设计和安全管理，通常对压力容器进行分类。

### 2.3.1 压力容器分类方法

压力容器分类方法很多，表 2-1 列出了压力容器的常见分类方法。

表 2-1 压力容器的常见分类方法

| 分类方法 | 分类 | | 说明 |
|---|---|---|---|
| 压力容器形状 | 方形或矩形 | | 由平板焊接而成,承压能力低,用于小型常压储罐 |
| | 球形 | | 由数块弓形板焊接而成,承压能力好,制造难度高,不易安装内件 |
| | 圆筒形 | | 容器由圆柱形筒体和各种封头组成,制造容易,安装内件方便,承压能力较好,应用最广 |
| 承压性质 | 内压<br>($p$ 设计压力) | 低压压力容器 | 0.1MPa≤$p$<1.6MPa |
| | | 中压压力容器 | 1.6MPa≤$p$<10MPa |
| | | 高压压力容器 | 10MPa≤$p$<100MPa |
| | | 超高压压力容器 | $p$≥100MPa |
| | 外压 | 真空压力容器 | 容器内部压力小于大气压 |
| | | 夹套压力容器 | 容器外部压力大于内部压力 |
| 温度 | 常温压力容器 | | −20～200℃ |
| | 高温压力容器 | | 超过材料的蠕变温度 |
| | 中温压力容器 | | 温度介于常温和高温之间 |
| | 低温压力容器 | 浅冷压力容器 | −40～−20℃ |
| | | 深冷压力容器 | −40℃以下 |
| 按品种用途分类 | 反应压力容器 | | 主要用于完成介质的物理、化学反应的压力容器 |
| | 换热压力容器 | | 主要用于完成介质的热量交换的压力容器 |
| | 分离压力容器 | | 主要用于完成介质的流体压力平衡缓冲和气体净化分离的压力容器 |
| | 储存压力容器 | | 主要用于储存或盛装气体、液体和液化气体等介质的压力容器 |
| 按安装方式分类 | 固定式压力容器 | | 有固定安装和使用的地点,工艺条件和操作条件也较为固定的压力容器 |
| | 移动式压力容器 | | 需要经常搬运的压力容器 |
| 按安全监察管理分类 | Ⅰ类压力容器 | | 见 2.3.2 节 |
| | Ⅱ类压力容器 | | |
| | Ⅲ类压力容器 | | |

## 2.3.2 压力容器类别划分

TSG 21—2016《固定式压力容器安全技术监察规程》(简称《大容规》)1.7 条款规定:根据危险程度,本规程适用范围内的容器划分为Ⅰ、Ⅱ、Ⅲ类。TSG 21—2016 是在 2009 年颁布的《固定式压力容器安全技术监察规程》的基础上建立的,目的是保障压力容器的安全运行,保障人民生命和财产安全,促进国民经济发展。它对设备材料,设计,制造,安装、改造与修理,监督检验,使用管理,在用检验,安全附件及仪表八个方面作出了安全规定,对于安全工作者是必读的文件。

压力容器类别划分与三个因素有关:介质特性(组别)、设计压力($p$)、容积($V$)。压力容器类别划分的意义是有利于压力容器的分类监督管理,如压力容器设计许可证、压力容器制造许可证等都与压力容器类别有关。

#### 2.3.2.1 介质分组

介质包括气体、液化气体以及最高工作温度高于或等于标准沸点的液体。介质的分组主要与介质的危害性有关。介质危害性指压力容器在生产过程中因事故致使介质与人体大量接触，发生爆炸或者因经常泄漏引起职业性慢性危害的严重程度，用介质毒性程度和爆炸危害程度表示。

(1) 介质毒性程度分级

综合考虑急性毒性、最高允许浓度和职业慢性危害等因素，极度危害介质最高允许浓度小于 0.1mg/m$^3$，如汞、砷化氢等；高度危害介质最高允许浓度 0.1～1.0mg/m$^3$，如甲酚、臭氧、氯等；中度危害介质最高允许浓度 1.0～10mg/m$^3$，如氨、甲苯、硝酸等；轻度危害介质最高允许浓度大于或者等于 10mg/m$^3$。

(2) 易爆介质

易爆介质指气体或者液体的蒸汽、薄雾与空气混合形成的爆炸混合物，并且其爆炸下限小于 10%，或者爆炸上限和爆炸下限的差值大于或者等于 20%的介质。易爆介质包括气体、液体和固体，如甲烷、乙烷、氢、水煤气等。

根据 TSG 21—2016《固定式压力容器安全技术监察规程》，压力容器的介质分为以下两组：

① 第一组介质　毒性程度为极度危害、高度危害的化学介质，易爆介质，液化气体。

② 第二组介质　除第一组以外的介质。

介质的组别按照 HG/T 20660—2017《压力容器中化学介质毒性危害和爆炸危险程度分类标准》和 GBZ 230—2010《职业性接触毒物危害程度分级》的原则确定。

#### 2.3.2.2 类别划分

压力容器的类别划分应当根据介质特性，按照其组别分别选择图 2-5 和图 2-6，再根据设计压力和容积标出其标点，点落在哪个区域，该区域的罗马数字就表示是哪一类压力容器。对于不同类别的压力容器，在容器材料的选择、设计、制造、安装及检修等方面有不同的要求，对第Ⅲ类压力容器的要求最高。

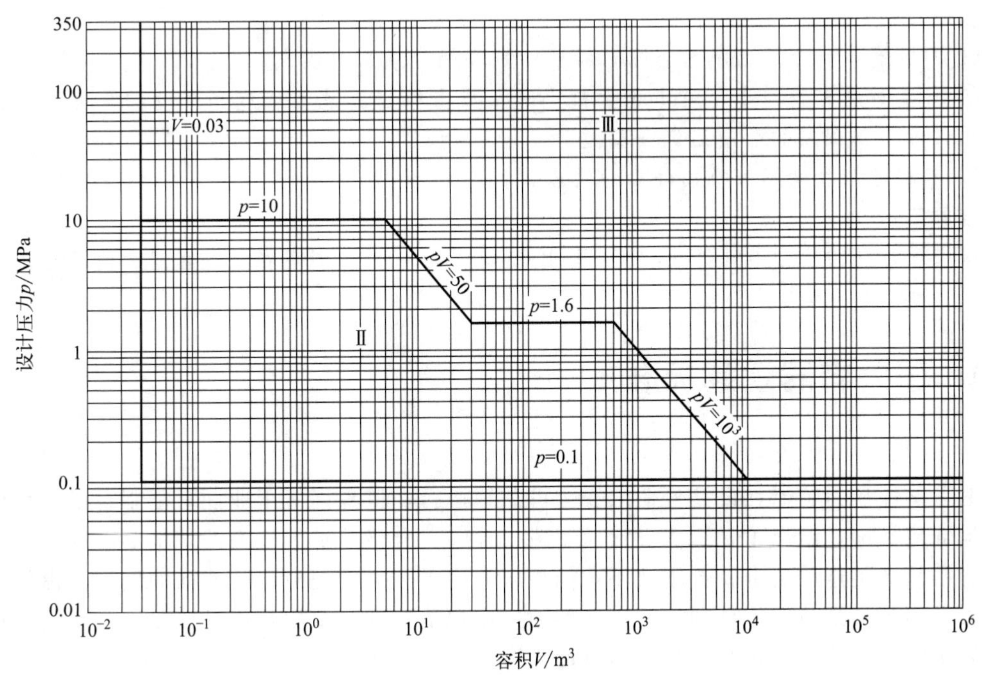


图 2-5　压力容器类别划分图——第一组介质

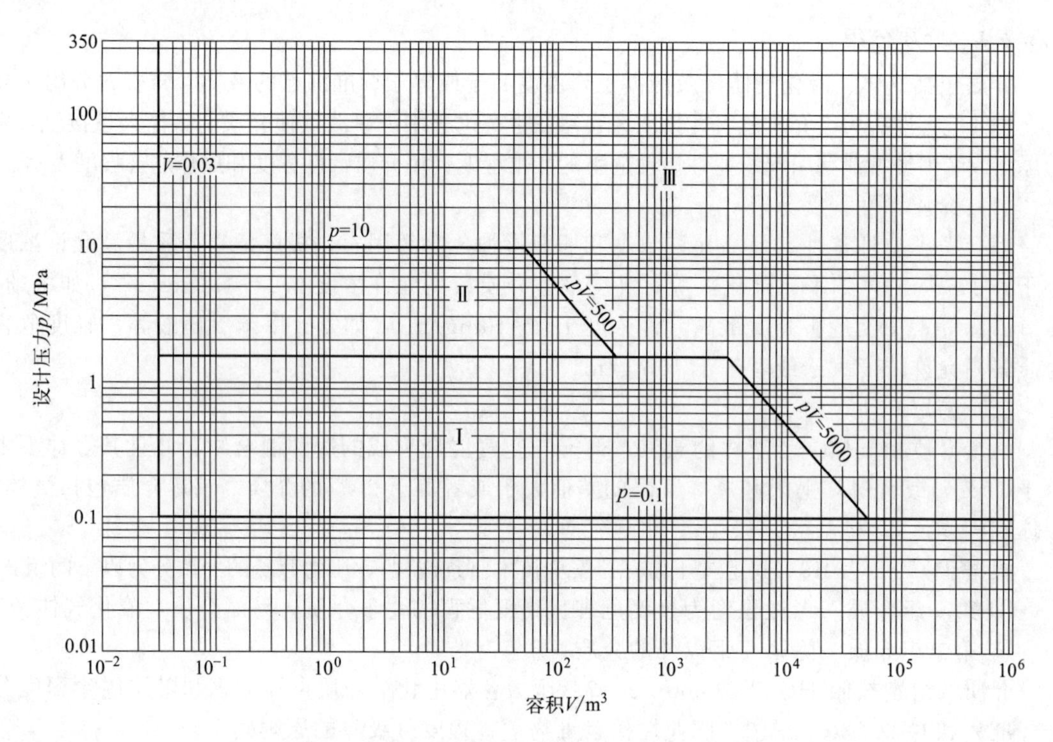


图 2-6 压力容器类别划分图——第二组介质

**注意一：**

① 多腔压力容器（如换热器的管程和壳程、夹套压力容器等），以各压力腔的最高类别作为该容器的类别并按该类别进行使用管理，但是应当按每个压力腔各自的类别分别提出设计、制造技术要求。对各压力腔进行类别划分时，设计压力取本压力腔设计压力，容积取本压力腔的几何容积。

② 同腔有多种介质的压力容器，按照组别高的介质划分类别。

③ 当某种危害物质在介质中含量极小时，应当根据其危害程度和含量综合考虑，按压力容器设计单位确定的介质组别分类。

④ 容积是指扣除不可拆内件后的总容积。

**注意二：**

如果设计压力小于 0.1MPa，$PV$ 小于 0.03MPa·$m^3$，则不在《大容规》适用范围内。

## 2.4 压力容器规范标准

为了确保压力容器在设计寿命内安全可靠地运行，世界许多工业国家都制定了一系列压力容器规范标准，给出了材料、设计、制造、检验、合格评估等方面的基本要求。压力容器的设计必须满足这些要求，否则就要承担相应的后果。然而规范不可能面面俱到，提供压力容器设计的各种细节。设计师需要创造性地使用规范标准，根据具体设计要求，在满足规范标准基本要求的前提下，给出最佳的设计方案。

随着科学技术的不断进步，国际贸易的不断增加，各国压力容器规范标准的内容和形式不断更新，以适应新形势的需要。新版本实施后，老版本便自动作废。因此，设计师应及时了解规范变动情况，采用最新标准。

因涉及人身和财产安全，压力容器产品设计、制造（含组焊）应符合相应国家标准、行业标准或企业标准的要求。经过多年的不懈努力，截至2023年，中国已经颁布并实施了以GB/T 150《压力容器》为核心的一系列压力容器基础标准、产品标准和零部件标准，并以此构成了压力容器标准体系的基本框架。本书附录A列出了压力容器常用的规程、标准。

压力容器常用标准包括强制性或推荐性国家标准，如GB/T 150《压力容器》、GB/T 9019《压力容器公称直径》、GB/T 713《承压设备用钢板和钢带》等。

压力容器常用标准还包括部分行业标准，如HG/T 20660《压力容器中化学介质毒性危害和爆炸危险程度分类标准》、HG/T 20592～20635《钢制管法兰、垫片、紧固件》、GB/T 4732《压力容器分析设计》、NB/T 47065.1～47065.5《容器支座》、NB/T 47020～47027《压力容器法兰、垫片、紧固件》、NB/T 47017《压力容器视镜》等。

GB/T 150《压力容器》属常规设计标准，以弹性失效设计准则为依据，根据经验确定材料的许用应力，并对零部件尺寸作出一些具体规定。由于它具有较强的经验性，故许用应力较低，只适用于固定的承受恒定载荷的压力容器。该标准由GB/T 150.1《压力容器　第1部分：通用要求》，GB/T 150.2《压力容器　第2部分：材料》，GB/T 150.3《压力容器　第3部分：设计》，GB/T 150.4《压力容器　第4部分：制造、检验和验收》四部分组成，适用于设计压力不大于35MPa的金属制压力容器的材料、设计、制造、检验和验收，适用的设计温度范围为−269℃至900℃。

我国大多数压力容器采用常规设计方法，因其结构具体、计算简单可靠、应用经验丰富而广泛采用，而某些特殊要求或创新结构压力容器设计时则采用分析设计，相应的标准为GB/T 4732，它介绍了如何对压力容器各区域的应力进行详细的分析，并根据应力对容器失效的危害程度进行应力分类，再按安全准则分别予以限制，对结构的规定更细，对材料、设计、制造、检验和验收的要求更高，允许采用较高的许用应力，所设计出的容器壁厚较薄。本书仅介绍常规设计方法。

### 思考题

2-1　化工设备设计的基本要求有哪些？

2-2　压力容器主要由哪几部分组成？分别起什么作用？

2-3　压力容器分类常用的有哪几种方式？压力容器按压力等级如何分类？

2-4　压力容器按安全监察管理如何分类？试说明分类原因。

2-5　压力容器设计常用规范和标准有哪些？

### 工程应用题

2-1　设计图样上应按何种分类方式标注容器类别？为什么？

2-2　按安全监察管理分类方法对表2-2中的压力容器进行分类。

表 2-2

| 序号 | 设备名称 | 介质名称 | 设计压力/MPa | 容积/$m^3$ | 压力等级 | 介质特性 | 容器类别 |
|---|---|---|---|---|---|---|---|
| 1 | 100$m^3$C5 反应罐 | C5(戊烷) | 0.66 | 100 | | | |
| 2 | 加氢反应器 | $H_2$、$CH_4$、CO | 12 | 7.5 | | | |
| 3 | DN500 分气缸 | 水蒸气 | 1.2 | 0.5 | | | |
| 4 | 31$m^2$ 换热器 | 水蒸气/煤气 | 0.7/1.7 | 0.7 | | | |
| 5 | 尿素合成塔 | $CO_2$、液氨、甲胺液 | 21.56 | 22.8 | | | |

# 3 化工设备材料

为使压力容器在设计寿命内安全可靠地运行，设计师不但要了解原材料的性能，还要了解制造工艺、使用环境和时间对材料的影响规律。影响材料性能的因素众多，合理选材更依赖于定性分析和经验积累。压力容器材料成本占总成本比例很大，一般超过30%，选材不当，不仅会增加成本，还有可能造成压力容器事故，因此合理选材是压力容器设计的重点和难点之一。

化工设备操作工况复杂，除承受压力外，许多还处于高温、低温及受腐蚀等苛刻环境，对所用的材料具有特殊的性能要求。涉及的材料种类繁多，有钢、有色金属及非金属等，但使用最多的是各种钢材。

## 3.1 压力容器用钢

含碳量小于2.11%的铁碳合金称为钢。在GB/T 150中，按照用途和形态，压力容器受压元件用钢有钢板、钢管、钢棒和锻件等。钢板主要用于承压壳体，钢管主要用于换热管及承压接管，钢棒主要用于承压紧固件如螺栓、螺母等，锻件主要用于法兰、管板和锻制容器壳体等，常用材料如表3-1所示。

**表3-1　压力容器常用材料**

| 材料类型 | 主要材料 |
| --- | --- |
| 板材 | 碳素结构钢板，例如Q235B、Q235C、Q245R等 |
| | 低合金高强度钢板，例如Q345R、18MnMoNbR、13MnNiMoR等 |
| | 中温抗氢钢板，例如15CrMoR、14Cr1MoR、12Cr2Mo1R等 |
| | 低温钢板，例如16MnDR、15MnNbDR、09MnNiDR等 |
| | 不锈钢板，例如S11306、S30408、S30403、S32168、S21953等 |
| | 复合钢板，例如不锈钢-钢复合板等 |

续表

| 材料类型 | 主要材料 |
| --- | --- |
| 管材 | 碳素钢和低合金钢钢管，例如10、20和Q235D等 |
| | 低温钢管，例如16Mn、09MnD等。 |
| | 中温抗氢钢管，例如12CrMo、12Cr2Mo、1Cr5Mo等 |
| | 不锈钢管，例如S30408、S30403、S32168、S21953等 |
| 锻件 | 碳素钢和低合金钢锻件，例如20、16Mn、15CrMo、12Cr1MoV、14Cr1Mo等 |
| | 低温钢锻件，例如16MnD、20MnMoD、09MnNiD等 |
| | 不锈钢锻件，例如S30408、S30403、S32168、S21953等 |
| 棒材 | 螺柱用碳素结构钢棒和低合金钢棒，例如35、40MnB、30CrMo、35CrMo等 |
| | 螺柱用低温钢棒，例如30CrMoA、35CrMoA、40CrNiMoA等 |
| | 螺柱用不锈钢棒 |
| | 螺母用钢棒，与螺栓成对使用，使用情况可查阅GB/T 150 |
| 焊材 | 焊条，例如E4153、J427等 |
| | 焊剂，例如HJ431等 |
| | 焊丝，例如H08A、H08MnMoA等 |

压力容器用钢可分为碳素钢、低合金钢和高合金钢。

## 3.1.1 压力容器用钢板

钢板主要用于承压壳体、封头和板状构件等的材料，主要加工过程为下料、卷板、焊接和热处理等，它具有较高的强度、良好的塑性、韧性、冷弯性能和焊接性能。

### 3.1.1.1 碳素结构钢板

碳素钢是指含碳量0.02%～2.11%（一般低于1.35%）的铁碳合金。碳素结构钢是含碳量小于0.8%的碳素钢。碳素结构钢按照钢材屈服强度分为4种牌号，压力容器中主要使用Q235系列钢板。钢号开头“Q”是钢材屈服强度“屈”字的汉语拼音首字母，钢号后面的数字表示屈服强度值（MPa）。以Q235A为例，它是屈服强度为235MPa、等级为A的碳素结构钢。A、B、C、D分别为质量等级，它与脱氧程度是否完全有关，与含有害元素S、P多少有关，其质量良好程度依次递增，也就是说，Q235C优于Q235B和Q235A。

Q235系列钢板强度低，塑性和可焊性较好，价格低廉，常用于常压或中低压容器壳体材料，也作垫板、支座等零部件材料。

Q235A韧性和塑性较好，具有良好的焊接性能和热加工性。Q235A一般在热轧状态下使用，用其轧制的型钢、钢筋、钢板、钢管可用于制造各种焊接结构件及一般精度要求不高的机器零件，如支座等。Q235B和Q235C是常用的结构钢板，可用于制作容器筒体，Q235B的主要用于容器设计压力$p \leqslant 1.6$MPa，使用温度为20～200℃时；用于壳体时，钢板厚度一般不大于16mm；不得用于毒性程度为高度或极度危害介质的压力容器。Q235C的使用温度扩展到0～300℃，可以用于毒性程度为高度或极度危害介质的压力容器。

Q235B和Q235C都是热轧钢，为保证材料质量，在制作容器壳体前必须做冲击试验（0℃）。

常用的标准有GB/T 3274—2017《碳素结构钢和低合金结构钢热轧钢板和钢带》、GB/T 3524—2015《碳素结构钢和低合金结构钢热轧钢带》和GB/T 709—2019《热轧钢板和钢带的尺寸、外形、重量及允许偏差》，化学成分和力学性能均参考标准 GB/T 700—2006《碳素结构钢》。

压力低、介质危害性小的压力容器，受压元件材料可以采用碳素结构钢 Q235B 或 Q235C 钢板，但绝大多数承压容器采用压力容器专用钢板制造。

#### 3.1.1.2 压力容器专用碳素钢和低合金钢板

低合金钢是一种低碳低合金钢，合金元素含量较少（总量一般不超过 3%），具有优良的综合力学性能，其强度、韧性、耐腐蚀性、低温和高温性能等均优于相同含碳量的碳素钢。采用低合金钢，不仅可以减薄容器的壁厚，减轻重量，节约钢材，而且能解决大型压力容器在制造、检验、运输、安装中因壁厚太大所带来的各种困难。

压力容器专用钢板在 S、P 杂质含量、力学性能、内部及表面质量、检验及验收标准和冶炼等方面均有严格要求，GB/T 150.2—2011 标准中钢板的冲击试验要求主要符合以下三个标准。

（1）GB/T 713—2014《锅炉和压力容器用钢板》

GB/T 713 标准中，主要有碳素钢、低合金高强度钢和 Cr-Mo 耐热钢三大类 12 个牌号，其中 Q245R、Q345R 和 15CrMoR 应用最多。

Q245R 属于碳素钢，具有优良的压力加工与焊接性能，但强度偏低，在压力高、壁厚大时不宜采用，使用温度范围为－20～475℃。Q345R 加了少量的 Mn 和 Si 元素，提高了强度，且仍具有良好的焊接性能，是压力容器中广泛采用的钢材，使用温度范围为－20～475℃。18MnMoNbR 和 13MnNiMoR 抗拉强度下限高于 540MPa，属于低合金高强度钢，用于高压容器壳体。15CrMoR 耐热性能和耐氢腐蚀性能较好，通常作为耐高温氢或硫化氢腐蚀用钢，或设计温度为 350～550℃的压力容器用耐热钢。

Q245R 和 Q345R 两个牌号的钢板应用最多，有热轧、冷轧和正火三种供货状态。为保证材料质量，在制作容器壳体厚度大于 30mm 时壳体供货状态必须是正火，规定逐张进行超声检测且质量等级不低于Ⅱ级。15CrMoR、18MnMoNbR 和 13MnNiMoR 钢板的供货状态均为正火加回火，为保证材料质量，在制作容器壳体厚度大于 25mm 时规定逐张进行超声检测且质量等级不低于Ⅱ级。

（2）GB/T 3531—2014《低温压力容器用钢板》

该标准中共列入了 6 个牌号的低温专用钢板。在小于等于－20℃的工作条件下，应按低温压力容器有关规定选择材料，低温用钢在冶炼质量和性能方面有更为严格的特殊要求。16MnDR 应用较多，适用范围为－40～350℃。09MnNiDR 适用的最低温度为－70℃，但受市场供应影响，大多数情况下设计人员都用奥氏体不锈钢代替。

16MnDR 钢板的供货状态均为正火或正火加回火，为保证材料质量，在制作容器壳体厚度大于 20mm 时规定逐张进行超声检测且质量等级不低于Ⅱ级。

（3）GB/T 19189—2011《压力容器用调质高强度钢板》

GB/T 19189—2011《压力容器用调质高强度钢板》标准共列入了 4 个牌号的调质高强度钢板，但在化工范围内应用较少。其中 07MnMoVR 因其强度高且具有良好的焊接性能，焊接后不需再经调质处理，适用于设计压力大于等于 4MPa、板厚大于 40mm 的容器壳体，一般用于中高压球罐，温度下限为－20℃。

07MnMoVR 钢板的供货状态为调质，为保证材料质量，在制作容器壳体前一般要求做冲击试验，厚度大于 16mm 时还规定逐张进行超声检测且质量等级不低于Ⅰ级。

#### 3.1.1.3 压力容器用高合金钢板

在钢铁中的合金元素在 10%以上时，称为高合金钢。为保证焊接质量，压力容器中采用的一般是低碳或超低碳高合金钢，主要为铬钢、铬镍钢或铬镍钼钢，具有耐腐蚀、耐高温和良好的耐低温性能。

压力容器用高合金钢板主要是指不锈钢钢板和耐热钢钢板。不锈钢以不锈、耐蚀性为主要特征，铬含量不得低于10.5%。为了书写方便，不锈钢牌号按标准GB/T 20878—2007规定，用统一数字代号表示。

GB/T 24511—2017《承压设备用不锈钢和耐热钢钢板和钢带》共列出了33个牌号的不锈钢钢板，分为奥氏体型（S3型）、奥氏体-铁素体型（S2型）和铁素体型（S1型）。其中S11306（06Cr13）、S30408（06Cr19Ni10）和S31603（022Cr17Ni12Mo2）三个牌号应用较多。

S11306是常用的铁素体不锈钢，有较高的强度、塑性、韧性和良好的切削加工性能，在室温下的稀硝酸以及弱有机酸中有一定的耐腐蚀性，但不耐硫酸、盐酸、热磷酸等介质的腐蚀。S30408参照美国、日本标准简称“304”，在固溶态具有良好的塑性、韧性、冷加工性，在氧化性酸和大气、水、蒸汽等介质中耐腐蚀性亦佳，是常用的食品级材料。S30408长期在水及蒸汽中工作时，有晶间腐蚀倾向，并且在氯化物溶液中易发生应力腐蚀开裂。S31603简称“316L”。316L属于超低碳奥氏体不锈钢，具有非常高的耐蚀性能，业界还将它称为“尿素级不锈钢”。

奥氏体不锈钢不仅可作为耐腐蚀用钢，同时也可作为高温用钢和低温用钢，但由于成本因素，尽量不作为设计温度小于或等于500℃的耐热用钢，或者设计温度高于－70℃的低温用钢。

#### 3.1.1.4 复合钢板

在腐蚀环境中的压力容器，必要时应采用复合钢板。复合钢板由复层和基层两种材料组成。基层与介质不接触，主要起承载作用，通常为碳素钢和低合金钢。复层为不锈钢或钛等耐腐蚀材料，如06Cr13、06Cr19Ni10等。复层与介质接触起防腐作用，厚度一般为3～6mm。基层起承载作用，一般为碳素钢或低合金钢，如Q245R、Q345R等。采用复合钢板制造，可以减小容器壳体厚度，减少不锈钢、镍、钛和铜等材质的使用量，最终降低设备造价。

GB/T 150.2中引用了NB/T 47002.1～47002.4—2019《压力容器用复合板》复合板标准，该标准中包含了四种复合钢板：不锈钢-钢复合板、镍-钢复合板、钛-钢复合板和铜-钢复合板。

### 3.1.2 压力容器用钢管

钢管主要用于换热管及承压接管，小直径容器也使用无缝钢管作为筒体材料，压力容器用钢管同样需要较高的强度、塑性和良好的焊接性能。钢管按材料来分可分为碳素钢和低合金钢钢管及高合金钢钢管。

#### 3.1.2.1 碳素钢和低合金钢管

GB/T 150.2—2011引用的碳素钢和低合金钢钢管标准有4个：GB/T 8163—2018《输送流体用无缝钢管》、GB/T 9948—2013《石油裂化用无缝钢管》、GB/T 6479—2013《高压化肥设备用无缝钢管》和GB/T 5310—2017《高压锅炉用无缝钢管》。

GB/T 8163标准中的3个牌号：10、20和Q345D。其使用规定如下：①不得用于换热管；②设计压力不大于4.0MPa；③10、20和Q345D钢管的使用温度下限相应为－10℃、0℃和－20℃。④钢管壁厚不大于10mm；⑤不得用于毒性程度为极度或高度危害的介质。

GB/T 9948标准中的各钢号钢管使用规定如下：①换热管应选用冷拔或冷轧钢管、尺寸精度选用高级精度。②外径不小于70mm且壁厚不小于6.5mm的10和20钢管应分别进行－20℃和0℃的冲击试验。③10和20钢管的使用温度下限分别－20℃和0℃。

GB/T 6479 标准中的各钢号钢管使用规定如下：①换热管应选用冷拔或冷轧钢管、尺寸精度选用高级精度。②外径不小于 70mm 且壁厚不小于 6.5mm 的 20 和 16Mn 钢管应分别进行 0℃和－20℃的冲击试验。③20 和 16Mn 钢管的使用温度下限分别 0℃和－20℃。④钢中含硫量应不大于 0.020%。

GB/T 5310 标准中的 12CrMoVG 用作换热管时，应选用冷拔或冷轧钢管。

选用碳素钢和低合金钢管时，GB/T 8163 和 GB/T 9948 应用广泛，但在使用时必须注意其使用条件。使用温度低于－20℃的钢管，可以选用 16Mn、09MnD 和 09MnNiD。09MnNiD 低合金钢管的使用温度下限为－70℃，但受市场供应影响，一般情况下用奥氏体不锈钢替代。

#### 3.1.2.2 高合金钢管

GB/T 150.2—2011 引用的高合金钢钢管标准有 6 个：GB/T 14976—2012《流体输送用不锈钢无缝钢管》、GB/T 13296—2013《锅炉、热交换器用不锈钢无缝钢管》、GB/T 21833.1～21833.2—2020《奥氏体-铁素体型双相不锈钢无缝钢管》、GB/T 12771—2019《流体输送用不锈钢焊接钢管》、GB/T 24593—2018《锅炉和热交换器用奥氏体不锈钢焊接钢管》和 GB/T 21832.1～21832.2—2018《奥氏体-铁素体型双相不锈钢焊接钢管》。其中 GB/T 14976 和 GB/T 13296 标准中的不锈钢钢管应用较多。其具体使用规定可参照 GB/T 150.2 第 5.2 节。

#### 3.1.2.3 常用钢管规格

钢管分为有缝焊接钢管和热轧或冷拔的无缝钢管两类。化工容器常用无缝钢管最小壁厚如表 3-2 所示，设计时可尽量选用此规格，如压力较大或有较大的腐蚀裕量时可选用更高规格的壁厚。

**表 3-2 常用无缝钢管的公称直径、外径和最小壁厚** 单位：mm

| 公称直径 | 10 | 15 | 20 | 25 | 32 | 40 | 50 | 65 | 80 | 100 | 125 |
|---|---|---|---|---|---|---|---|---|---|---|---|
| 外径 | 14 | 18 | 25 | 32 | 38 | 45 | 57 | 76 | 89 | 108 | 133 |
| 最小壁厚 | 2.5 | 3 | 3 | 3.5 | 3.5 | 3.5 | 4 | 5 | 6 | 6 | 6.5 |
| 公称直径 | 150 | 175 | 200 | 225 | 250 | 300 | 350 | 400 | 450 | 500 | |
| 外径 | 159 | 194 | 219 | 245 | 273 | 325 | 377 | 426 | 480 | 530 | |
| 最小壁厚 | 7 | 8 | 8 | 9 | 9 | 10 | 10 | 10 | 10 | 10 | |

### 3.1.3 压力容器用钢锻件

压力容器有一部分零部件使用钢锻件制造，如带颈管法兰、带颈压力容器法兰、带凸肩与圆筒对焊的换热器管板、厚度大于 60mm 的换热器管板等。高压特别是超高压压力容器大多经锻造制成。钢锻件具有组织致密、内部缺陷少、各方向力学性能接近、适合较复杂的成型等特点。

GB/T 150.2 中引用了 3 个钢锻件标准，包括：NB/T 47008—2017《承压设备用碳素钢和合金钢锻件》、NB/T 47009—2017《低温承压设备用合金钢锻件》和 NB/T 47010—2017《承压设备用不锈钢和耐热钢锻件》。

常用的碳素钢和低合金钢锻件有 20、16Mn、15CrMo、12Cr1MoV、14Cr1Mo 等，常用的低温钢锻件有 16MnD、20MnMoD、09MnNiD 等，常用的不锈钢锻件有 S30408、S30403、S32168、S21953 等。使用前必须做冲击试验。

## 3.2 钢制压力容器焊接材料

压力容器焊接材料应该符合 NB/T 47018.1～47018.8 的规定。焊接材料包括焊条、焊丝、焊带、焊剂、电极和衬垫等。压力容器焊接材料一般应根据待连接件的化学成分、力学性能、焊接性能，结合压力容器的结构特点和使用条件综合考虑选用焊接材料，必要时还应通过试验确定。选用时焊缝金属的力学性能应高于母材规定的限值，使合适的焊接材料与合理的焊接工艺相配合，以保证焊接接头性能在经历制造工艺过程后，还满足设计文件规定和服役要求。

压力容器制造中最常用的焊接材料为焊条电弧焊焊条、埋弧自动焊焊丝及焊剂。部分常用钢号及推荐选用的焊接材料见表 3-3。不同钢号的焊接材料可查阅标准选择。

表 3-3 常用钢号推荐选用焊接材料（摘选）

<table>
<tr><th rowspan="2">钢号</th><th>焊条电弧焊</th><th colspan="2">埋弧自动焊</th><th>$CO_2$ 气保焊</th><th>氩弧焊</th></tr>
<tr><th>焊条</th><th>焊丝</th><th>焊剂牌号</th><th>焊丝</th><th>焊丝</th></tr>
<tr><td>10(管)<br>20(管)</td><td>J422</td><td>H08A<br>H08MnA</td><td rowspan="2">HJ431</td><td>H08MnSi</td><td>—</td></tr>
<tr><td>Q235B<br>Q235C<br>Q245R</td><td>J427</td><td>H08A<br>H08MnA</td><td>H08MnSi</td><td>—</td></tr>
<tr><td>16Mn<br>Q345R</td><td>J506<br>J507</td><td>H10MnSi<br>H10Mn2</td><td>HJ431<br>HJ350<br>SJ101</td><td>H08Mn2SiA</td><td>—</td></tr>
<tr><td>15CrMo<br>15CrMoR</td><td>R307</td><td>H08CrMoA</td><td>HJ350<br>SJ101</td><td>ER55-R2</td><td>H08CrMoA</td></tr>
<tr><td>18MnMoNbR<br>13MnNiMoR</td><td>J607</td><td>H08Mn2MoA<br>H08Mn2MoVA</td><td>HJ431<br>HJ350<br>SJ101</td><td>—</td><td>—</td></tr>
<tr><td>16MnD<br>16MnDR</td><td>J506RH</td><td>—</td><td>—</td><td>—</td><td>—</td></tr>
<tr><td>S30408</td><td>A102<br>A107</td><td>H08Cr21Ni10</td><td>SJ601<br>HJ260</td><td>—</td><td>H08Cr21Ni10</td></tr>
<tr><td>S31603</td><td>A022</td><td>H03Cr16Ni12Mo2</td><td>SJ601</td><td>—</td><td>H03Cr16Ni12Mo2</td></tr>
</table>

## 3.3 有色金属和非金属材料

压力容器经常与酸、碱、盐等各种各样介质接触，介质有可能引起材料腐蚀和组织性能的改变，导致压力容器破坏。化工设备操作工况大多具有高温、低温等苛刻环境，在高温下长期工作的钢材性能的会发生蠕变脆化、珠光体球化、石墨化、高温回火脆化、氢腐蚀和氢脆等性能劣化，而低温会使材料变脆。因此在压力容器中也使用有色金属和非金属材料来制作壳体，也可用于制作衬里。

### 3.3.1 有色金属

(1) 铜及其合金

纯铜又称紫铜。纯铜塑性好，导电性和导热性很好，在低温下可保持较高的塑性和冲击韧性，多用来制作深冷设备和高压设备的垫片。

铜的强度较低，虽然可以通过加工硬化提高其强度和硬度，但也会导致其塑性急剧下降。为了改善铜的性能，在铜中加入锌、锡等元素，构成铜合金。铜与锌的合金称为黄铜，它的铸造性能良好，强度比纯铜高，价格也便宜。为了改善黄铜的性能，在黄铜中加入锡、锰、铝等构成特殊黄铜。化工上常用的黄铜有 H80、H68、H62 等。铜与锌以外的元素组成的合金称为青铜。铜与锡的合金称为锡青铜，它具有良好的耐腐蚀性、耐磨性。

纯铜和黄铜的设计温度不高于 200℃，纯铜的热导率是压力容器用各种材料中最高的。在没有氧存在的情况下，铜在许多非氧化性酸中都是比较耐腐蚀的。但铜最有价值的性能是可以在低温下保持较高的塑性及冲击韧性，是制造深冷设备的良好材料。

(2) 铝及铝合金

铝的相对密度约为 2.72，约为铁的 1/3。铝具有良好的导电、导热性，其导电性仅次于银和铜，在所有金属中居第三位。由于铝和氧有较强的亲和力，在室温下能与空气中的氧发生化合并生成致密的氧化膜，牢固地附着于基体金属表面，从而阻止氧进一步与基体金属化合，因此铝在大气中具有优良的耐腐蚀性能。铝具有塑性高而强度低的力学性能特点，工业纯铝的力学性质与纯度有关，纯度越高则塑性越好、强度越低。

在铝中适当添加铜、锌、镁、硅、锰及稀土元素等构成的合金称为铝合金。容器中常用的铝合金牌号有 5083、5086 等，两者含镁量大于或者等于 3%，设计温度范围约为 −269～65℃；其余牌号的铝和铝合金设计温度范围为 −269～200℃。铝合金设计压力不大于 16MPa。

铝制化工设备具有钢所没有的优越性能，它在化工生产中有许多特殊用途。如铝的导热性能好，适于制作换热设备；铝不会产生火花，可用来制作易挥发性介质的贮存容器；铝不会使食物中毒，不污染物品，不改变物品颜色，在食品工业中可广泛用以代替不锈钢制作有关设备；高纯铝可用来制作高压釜、漂白塔设备，及浓硝酸贮槽、槽车、管道、泵、阀门等。

铝耐浓硝酸、乙酸、碳酸、尿素等腐蚀，不耐碱；在低温下具有良好的塑性和韧性；有良好的成型和焊接性能，可用来制作压力较低的贮罐、塔、热交换器，防止铁污染产品的设备及深冷设备。

(3) 镍及镍合金

以镍为基加入其他元素组成的合金就叫镍合金。镍具有良好的力学、物理和化学性能，添加适当的元素可提高它的抗氧化性、耐蚀性、高温强度和改善某些物理性能。镍合金设计温度范围 −268～900℃，在强腐蚀介质中比不锈钢有更好的耐腐蚀性，比耐热钢有更好的抗高温强度。由于价格高，一般只用于制造有特殊要求的压力容器。

(4) 钛及钛合金

钛的密度不大（4510kg/$m^3$），但钛的强度高（相当于 Q245R）。这种高的强度与不大的密度相结合，使得钛在技术上占有极重要的地位。

钛合金设计温度不高于315℃。对中性、氧化性、弱还原性介质耐腐蚀，如湿氯气、氯化钠和次氯酸盐等氯化物溶液；具有低温性能好、黏附力小等优点；在介质腐蚀性强、寿命长的设备中应用，可获得较好的综合经济效果。因此，在航空工业和化学工业中，钛及其合金都得到了广泛应用。

### 3.3.2　非金属材料

非金属材料具有耐蚀性好、品种多、资源丰富的特点，在容器上有着广阔的应用前景。它既可以单独用作结构材料，也可用作金属材料保护衬里或涂层，还可以用作设备的密封材料、保温材料和耐火材料。

非金属材料用于压力容器，除要求有良好的耐腐蚀性外，还应有足够的强度、抗老化性能和良好的加工制造性能。大多数材料耐高温性能不佳，对温度波动比较敏感，与金属相比强度较低（除玻璃钢外）。

压力容器常用的非金属材料有以下几种。

（1）涂料

涂料是一种有机高分子胶体的混合物，将其均匀地涂在容器表面上能形成完整而坚韧的薄膜，起防腐蚀和保护作用，来保护物体减少受到大气及酸、碱等介质的腐蚀。涂料多数情况下用于涂刷设备、管道的外表面，也常用作设备内壁的防腐蚀涂层。由于涂层较薄，在有冲击、磨蚀作用以及强腐蚀介质的情况下，涂层容易脱落，这限制了涂料在设备内壁防腐蚀方面的应用。常用的耐腐蚀涂料有防锈漆、底漆、大漆、酚醛树脂漆、环氧树脂漆等以及某些塑料涂料，如聚乙烯涂料、聚氯乙烯涂料等。

（2）工程塑料

用高分子合成树脂为主要原料，在一定条件下塑制成型的型材或产品（泵、阀等），统称为塑料。在工业生产中广泛应用的塑料即为工程塑料。

塑料的品种较多，根据受热后的变化和性能的不同，可分为热塑性和热固性两大类。热塑性塑料加热软化，冷却硬化，过程可逆，可反复进行，如聚乙烯（PE）、聚氯乙烯（PVC）、聚四氟乙烯（PTFE）等；可用于制作低压容器的壳体、管道，也可用于制作密封元件、衬里等。热固性塑料是以经加热转化（或熔化）和冷却凝固后变成不熔状态的树脂为基本成分制成的塑料，如酚醛树脂、氨基树脂等。

用玻璃钢纤维增强的塑料又称玻璃钢。它以合成树脂为黏结剂，以玻璃纤维为增强材料，按一定成型方法制成。玻璃钢是一种新型的非金属耐腐蚀材料，强度高，具有优良的耐腐蚀性能和良好的工艺性能等，在化工生产中应用日益广泛。根据所用树脂的不同，玻璃钢性能差异很大。目前应用在化工防腐蚀方面的有环氧玻璃钢、酚醛玻璃钢（耐酸性好）、呋喃玻璃钢（耐腐蚀性好）、聚酯玻璃钢（施工方便）等。玻璃钢在化工生产中可用来制作容器、贮槽、塔、鼓风机、槽车、搅拌器、泵、管道、阀门等多种设备。

（3）不透性石墨

不透性石墨是由各种树脂浸渍石墨消除孔隙而得到的。它具有较高的化学稳定性和良好的导热性，具有热膨胀系数小，耐温度急变性好，不污染介质，能保证产品纯度，加工性能良好和相对密度小等优点。它的缺点是机械强度较低，性脆。

不透性石墨的耐腐蚀性主要取决于浸渍树脂的耐腐蚀性。由于其耐腐蚀性强和导热性好，常用来制作腐蚀性强的介质的换热器，如氯碱生产中应用的换热器和盐酸合成炉，也可以用来制作泵、管道和机械密封中的密封环和压力容器用的安全爆破片等。

（4）陶瓷

化工陶瓷具有良好的耐腐蚀性能、足够的不透性、好的耐热性和一定的机械强度，其主要原料是黏土、瘠性材料和助熔剂。陶瓷性脆易裂，导热性差，化工生产中被用来制造塔、储槽、反应器和管件。

（5）搪瓷

搪瓷设备是由含硅量高的瓷釉通过900℃左右的高温煅烧，使瓷釉密着于金属胎表面而制成的。它具有优良的耐蚀性、较好的耐磨性，广泛用于制作耐腐蚀、不挂料的反应罐、储罐、塔和反应器等。

## 3.4 化工设备的腐蚀与防腐

腐蚀是影响金属设备及其构件使用寿命的主要因素之一。化工以及轻工能源等领域约有60%的设备失效与腐蚀有关。

在化学工业中，金属（特别是黑色金属）是制造设备的主要材料，由于经常要和强烈的腐蚀性介质如各种酸、碱、盐、有机溶剂及腐蚀性气体等接触而发生腐蚀，因此要求材料具有较好的耐腐蚀性。腐蚀不仅使金属和合金材料造成巨大的损失，影响设备的使用寿命，而且使设备的检修周期缩短，增加非生产时间和修理费用；腐蚀使设备及管道的跑、冒、滴、漏现象更为严重，使原料和成品造成大量损失，影响产品质量，污染环境，危害人的健康；腐蚀引起设备爆炸、火灾等事故，使设备遭到破坏而停止生产，造成巨大的经济损失甚至危及人的生命。对于化工设备，正确地选材和采取有效的防腐蚀措施，使之减少腐蚀，以保证设备的正常运转，延长其使用寿命，节约金属材料，对促进化学工业的迅速发展有着十分重大的意义。

### 3.4.1 金属腐蚀

金属与周围介质之间发生化学或电化学作用而引起的破坏称为腐蚀。如金属设备在大气中生锈、钢铁在酸中溶解及高温下的氧化等。金属腐蚀按腐蚀的机理来分有两种：化学腐蚀与电化学腐蚀。

#### 3.4.1.1 化学腐蚀

金属遇到干燥的气体或非电解质溶液而发生化学作用所引起的腐蚀叫作化学腐蚀。化学腐蚀的产物在金属的表面上，腐蚀过程中没有电流产生。如果化学腐蚀生成的化合物很稳定，即不易分解或溶解，且组织致密，与金属本体结合牢固，那么这种腐蚀产物附着在金属表面上，有钝化腐蚀的作用，称为钝化膜，起保护作用，或称钝化作用。如果化学腐蚀生成的化合物不稳定，即易分解、溶解或脱落，且与金属结合不牢固，则腐蚀产物就会一层层脱落（氧化皮即属此类），这种腐蚀产物不能保护金属不再继续受到腐蚀，这种作用称为活化作用。

（1）高温氧化及脱碳

在化工生产中，有很多设备是在高温下运行的，如氨合成塔、硫酸氧化炉、石油气制氢转化炉等。金属的高温氧化及脱碳是一种高温下的气体腐蚀，是化工设备中常见的化学腐蚀之一。

当温度高于300℃时，钢和铸铁就在表面出现可见的氧化皮。随着温度的升高，钢铁的氧化速度大大增加。在570℃及以下氧化时，形成的氧化物中不含FeO，其氧化层由$Fe_3O_4$和$Fe_2O_3$构成，这两种氧化物组织致密、稳定，附着在铁的表面上不易脱落，于是就起到了保护膜的作用。在570℃及以上氧化时，形成的氧化物有三种，其厚度比约为$d(Fe_2O_3):d(Fe_3O_4):d(FeO)=1:10:100$。氧化层主要成分是FeO，其结构疏松，容易脱落，即常见的氧化皮。为了提高钢的高温抗氧化能力，必须设法阻止或减弱FeO的形成。冶金工业中，在钢里加入适量的合金元素铬、硅或铝是冶炼抗氧化钢的有效方法。

在高温（700℃以上）氧化的同时，钢还发生脱碳作用。脱碳作用会使钢的力学性能下降，降低表面硬度和抗疲劳强度。

（2）氢腐蚀

在合成氨、石油加氢及其他一些化工工艺中，常遇到反应介质中氢占很大比例的混合气体的情况，而且这些过程又多是在高温、高压下进行的，例如，合成氨的压力常采用31.4MPa，温度一般为470～500℃。氢气在较低温度（≤200℃）和压力（≤5.0MPa）下对普通碳钢及低合金钢不会有明显的腐蚀，但是在高温高压下则会产生腐蚀，使材料的强度和塑性显著降低，甚至损坏材料，这种现象称为氢腐蚀。

溶解在钢材中的氢气与钢中的渗碳体发生反应，这一化学反应常在晶界处发生，生成甲烷，聚集在晶界原有的微观孔隙内，形成局部高压，引起应力集中，使晶界变宽，产生更大的裂纹，或在钢材表层夹杂等缺陷中聚集形成鼓包，使钢材力学性能降低。

为了防止氢腐蚀的发生，可以降低钢中的碳含量，在钢中加入合金元素，如铬、钛、钼、钨、钒等，形成稳定的碳化物，不易与氢作用，可以避免氢腐蚀。

#### 3.4.1.2 电化学腐蚀

金属材料与电解质溶液接触，通过电极反应产生的腐蚀叫作电化学腐蚀。电化学腐蚀反应是一种氧化还原反应，在反应中，金属失去电子而被氧化，其反应过程称为阳极反应过程，腐蚀过程中有电流产生，使其中电位较低的部分（阳极）失去电子而遭受腐蚀。

化工设备中常见的电化学腐蚀有晶间腐蚀和应力腐蚀。

（1）晶间腐蚀

晶间腐蚀是一种局部的、选择性的腐蚀破坏。这种腐蚀破坏沿金属晶粒的边缘进行，腐蚀性介质渗入金属的深处，腐蚀破坏了金属晶粒之间的结合力，使材料的强度和塑性几乎完全丧失，从表面上看不出异样，但内部已经瓦解，只要用锤轻轻敲击，就会碎成粉末。因此，晶间腐蚀如不能及早发现，往往会造成灾难性的事故。在黑色金属中，只有部分铁素体不锈钢和奥氏体不锈钢才有可能发生晶间腐蚀。

晶间腐蚀是一种常见的局部腐蚀，是一种危险性较大的腐蚀，因为它不在构件表面留有任何腐蚀的宏观迹象，也不会减少构件的厚度尺寸，只在内部沿着金属的晶粒边缘进行腐蚀，即从内部瓦解材料，使其完全失去强度和塑性，最易在使用过程中发生破坏。

为了防止奥氏体不锈钢的晶间腐蚀，可以在钢中加入Ti和Nb元素，这两种元素都有较好的固定碳的作用，从而使铬的碳化物在晶间难以生成。防止奥氏体不锈钢晶间腐蚀的更有效的方法是采用低碳、超低碳的奥氏体不锈钢。

（2）应力腐蚀

应力腐蚀亦称应力腐蚀开裂，是金属在腐蚀性介质和拉应力的共同作用下产生的一种破坏形式。在应力腐蚀过程中，腐蚀和拉应力起互相促进的作用。一方面腐蚀减小金属的有效截面积，形成表面缺口，产生应力集中；另一方面拉应力加速腐蚀的进程，使表面缺口向深处扩展，最后导致断裂。因此，应力腐蚀可使金属在平均应力低于其屈服强度的情况下被破坏，断裂前往往没有明显塑性变形，是突发性的，因而很难预防，是一种危险性很大的破坏形式。

因为化工生产中的压力容器一般都承受较大的拉应力，在结构上又常难以避免不同程度的应力集中的存在，同时容器的工作介质又常具有腐蚀性，因此多具备应力腐蚀发生的条件。应力腐蚀则是近年来被证实在化工设备中发生较多和较严重的一种腐蚀。

常见的易发生应力腐蚀的介质有：

① 碱溶液（碱脆） 高浓度的 NaOH 溶液，在溶液沸点附近很容易使碳素钢产生应力腐蚀开裂。

② 湿硫化氢（硫裂） 以原油、天然气或煤为燃料的碳素钢和低合金钢压力容器中，湿硫化氢应力腐蚀开裂是一个较普遍的现象。

③ 氯化物溶液（氯脆） 氯离子不但能引起奥氏体不锈钢发生小孔腐蚀，更能引起不锈钢发生应力腐蚀开裂。

④ 液氨（氨脆） 对于储存和运输液氨的压力容器，若在充装、排料及检修过程中，无水液氨受空气污染，融入氧和二氧化碳，则会引起应力腐蚀开裂。

一般从选材、设计、改善介质条件和防护等几个方面采取措施，预防应力腐蚀引起的压力容器失效。

## 3.4.2 设备的防腐蚀措施

根据金属腐蚀破坏的形式，金属腐蚀可分为均匀腐蚀与非均匀腐蚀，后者又称局部腐蚀。局部腐蚀又可分为区域腐蚀、点腐蚀、晶间腐蚀等，如图 3-1 所示。

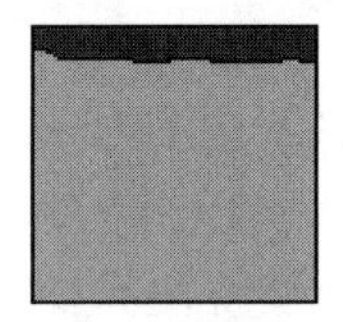

(a) 均匀腐蚀

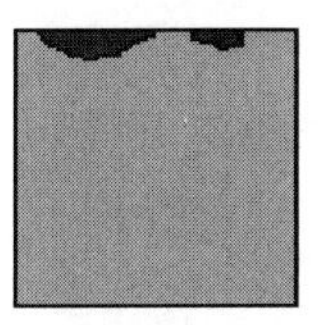

(b) 区域腐蚀

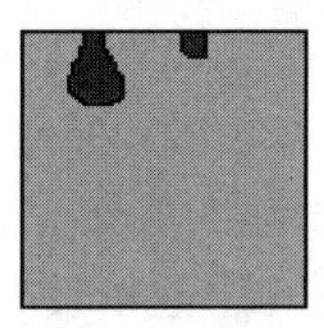

(c) 点腐蚀

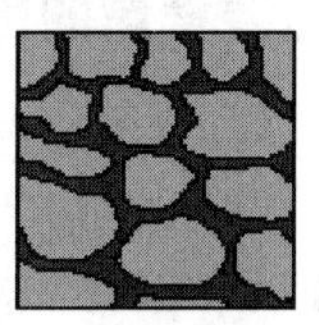

(d) 晶间腐蚀

图 3-1 金属腐蚀的破坏形式

均匀腐蚀是在腐蚀介质作用下，金属整个表面的腐蚀破坏，这是危险性较小的一种腐蚀，因为只要设备或零件具有一定厚度，其力学性能因腐蚀而引起的改变并不大，且腐蚀容易被发现。局部腐蚀只是在金属表面上个别地方腐蚀，但是这种腐蚀相对很危险，因为整个设备或零件的强度是依最弱的断面强度而定的，而局部腐蚀能使断面强度大大降低，尤其是点腐蚀常造成设备局部地方穿孔而引起泄漏。

为了防止化工生产设备被腐蚀造成容器失效，除选择合适的耐腐蚀材料制造设备外，还可以采用多种防腐蚀措施对设备进行防腐。具体措施有以下几种。

（1）衬覆保护层

① 衬覆金属保护层 用耐腐蚀性能较强的金属或合金覆盖在耐腐蚀性能较弱的金属上。常见的有电镀法（镀铬、镀镍等）、喷镀法及衬不锈钢衬里等。

② 衬覆非金属保护层 常见的有在金属设备内部衬以非金属衬里和涂防腐涂料。

在金属设备内部衬砖、板是行之有效的非金属防腐方法，常用的有酚醛胶泥衬瓷板、瓷砖、不透性石墨板，水玻璃胶泥衬辉绿岩板、瓷板、瓷砖。除砖板衬里之外，还有橡胶衬里和塑料衬里。防腐涂料有环氧树脂等。

（2）电化学保护

① 阴极保护　阴极保护又称牺牲阳极保护，其原理是向被腐蚀金属结构物表面施加一个外加电流，使被保护结构物成为阴极，从而使得金属腐蚀发生的电子迁移得到抑制，避免或减弱腐蚀的发生。近年来，阴极保护在我国已广泛应用到石油和化工生产中，主要用来保护受海水、河水腐蚀的设备和各种输送管道，如卤化物结晶槽、制盐蒸发设备。

② 阳极保护　阳极保护是将被保护设备接阳极直流电源，使金属表面生成钝化膜而起保护作用。阳极保护只有当金属在介质中能钝化时才能应用，而且阳极保护的技术复杂，使用不多。

（3）加入缓蚀剂　在腐蚀介质中加入少量物质，可以使金属的腐蚀速率降低甚至停止，该物质称为缓蚀剂。加入的缓蚀剂不应该影响化工工艺过程的进行，也不应该影响产品质量。缓蚀剂要严格选择，一种缓蚀剂对某种介质能起缓蚀作用，对另一种介质则可能无效，甚至有害。选择缓蚀剂的种类和用量，需根据设备的具体操作条件通过试验来确定。

缓蚀剂有重铬酸盐、过氧化氢、磷酸盐、亚硫酸钠、硫酸锌、硫酸氢钙等无机缓蚀剂和生物碱、有机胶体、氨基酸、酮类、醛类等有机缓蚀剂两大类。

## 3.5　化工设备选材

在设计和制造化工容器与设备时，合理选择和正确使用材料是一项十分重要的工作。

### 3.5.1　选材要考虑的因素

压力容器零件材料的选择，应综合考虑容器的使用条件、相容性、零件的功能和制造工艺、材料性能、材料的使用经验、综合经济性和规范标准。

① 容器的操作条件　使用条件包括设计压力、设计温度、介质特性和操作特点等，材料的选择主要由使用条件决定。例如容器的使用温度低于0℃时，不得选用Q235系列钢板；对于高温、高压、临氢环境，一般应选用抗氢钢，如15CrMoR、12CrMo1R等；对于压力很高的容器，常选用高强度钢。

② 相容性　相容性指材料必须与其相接触的介质或其他材料相容。对于腐蚀性介质，应选用耐腐蚀的材料。当压力容器零部件由多种材料制造时，各种材料必须相容，特别是需要焊接连接的材料。

③ 零件的功能和制造工艺　应明确零件的功能和制造工艺，并据此提出相应的材料性能要求，如强度、耐腐蚀性等。例如，筒体和封头的功能主要是形成所需要的承压空间，属于受压元件且与介质直接接触，一般选用压力容器专用钢板；而支座主要功能是固定和支承容器，属于非受压元件，且不与介质直接接触，一般选用碳素结构钢，如Q235系列钢板。

选材时还应考虑到加工制造工艺条件，如冷冲压成型需要考虑塑性，拼焊则要考虑焊接性能等。

④ 材料性能　包括材料的力学性能、物理性能、化学性能和加工工艺性能。材料的加工工艺性能包括焊接性能、热处理性能、冷弯性能及其他冷热加工性能；

⑤ 材料的使用经验　对已成功使用的材料实例，应搞清楚所用材料的化学成分（特别是硫和磷等有害元素）的控制要求、载荷作用下的应力水平的状态、操作规程和最长使用时间。因为这些因素会影响材料的性能。即使使用相同钢号的材料，上述因素的改变也会使材

料具有不同的力学性能。

⑥ 综合经济性　影响材料价格的因素主要有冶炼要求（如化学成分、检验项目和要求等）、尺寸要求（厚度及偏差、长度等）和可获性等。一般情况下，相同规格的碳素钢的价格低于低合金钢，不锈钢的价格高于低合金钢。当所需不锈钢的厚度较大时，应尽量采用复合板、衬里、堆焊，或多层结构。与介质接触的复层、衬里、堆焊层或内层用耐腐蚀材料，而外层用一般压力容器用钢。除此外，还需考虑制造费用和使用寿命等。

⑦ 规范标准　和一般的结构钢相比，压力容器用钢有不少特殊要求，应符合相应国家标准和行业标准的规定。钢材使用温度上限和下限、使用条件等应满足标准要求。

## 3.5.2 材料的性能

由于化工生产工艺条件的复杂性，在不同情况下，对材料的要求是不同的。因此必须了解和掌握材料的各种基本性能，以便从使用、加工和经济等方面进行全面考虑和合理选择。

以下几个的基本性能是选材时需要注意的。

（1）力学性能

化工设备使用的材料的力学性能有以下几个指标：强度、弹性和塑性、韧性。设备承受压力或其他载荷，必须具有足够的强度。材料强度过低，会造成设备过厚；材料强度过高，又会影响材料的其他力学性能如塑性和韧性等。设备制造时大多采用冷卷及冲压成形，为此需要材料具有良好的塑性，设备在结构上不可避免地有小圆角或缺口，也不可能在焊缝处无任何缺陷，这些都会造成应力集中，这就要求材料具有良好的韧性，不会因载荷的突然波动、冲击、过载或低温而造成断裂。

（2）耐蚀性能

化学工业中大多数物料都具有腐蚀性，在进行化工设备设计时，必须根据工作介质选择适当的耐蚀材料。按介质选材可参照本书附录 B。

（3）物理性能

材料在不同的使用场合，对其物理性能有不同的要求，如换热设备要求材料有较高的热导率。材料主要物理性能指标有：密度（$kg/m^3$）、热导率［W/(m·K)］、比热容［kJ/(kg·K)］、熔点（℃）和线胀系数（$℃^{-1}$）。

（4）制造工艺性能

材料的制造工艺性能是一个十分重要的问题，若不加注意，有可能使所设计的设备很难加工，甚至不能加工。对化工容器及设备应该考虑的主要制造工艺性能是：可焊性、可锻性、可铸性、切削加工性、热处理性能及冲压性能等。

上述几个性能是相互联系和相互矛盾的。在选择材料时只能满足生产过程中对材料的主要要求，同时对其他要求适当考虑。

## 3.5.3 选材的一般原则

在 HG/T 20581—2020《钢制化工容器材料选用规范》中给出了钢材的选用原则。

（1）选材的经济性原则

一般情况下，下列选材是经济合理的：

① 所需钢板厚度小于 8mm 时，在碳素钢和低合金钢之间，宜采用碳素钢（多层容器用材除外）。

② 在以刚度或结构设计为主的场合，宜选用碳素钢。在以强度设计为主的场合，应根据压力、温度、介质等使用限制，依次选用 Q235B、Q235C、Q245R、Q345R 等钢板。

③ 所需不锈钢钢板厚度大于16mm时，宜采用衬里、复合、堆焊等结构形式。

④ 不锈钢应尽量不用作设计温度小于等于500℃时的耐热用钢。

⑤ 珠光体耐热钢应尽量不用作设计温度小于等于350℃时的耐热用钢。

⑥ 应尽量减少或合并钢材的品种和规格。

（2）设计选材的指导准则

① 碳素钢用于介质腐蚀性不强的常压、低压容器，壁厚不大的中压容器，锻件、承压钢管、非受压元件，以及其他由刚性或结构因素决定壁厚的场合。

② 低合金钢可用于介质腐蚀性不强、壁厚较大（≥8mm）的场合。

③ 珠光体耐热钢可用于抗高温氢、高温氢＋硫化氢腐蚀，或设计温度为350～575℃的压力容器用耐热钢。

④ 奥氏体不锈钢可用于介质腐蚀性较强环境、防铁离子污染、设计温度高于500℃或低于－100℃的耐热或低温容器（晶间腐蚀的环境下的奥氏体不锈钢应考虑其设计温度的限制）。

⑤ 不含钛、铌等稳定化元素，且含碳量大于0.03%的奥氏体不锈钢，需经热成形、焊接等300℃以上的热加工时，不应使用在可能引起晶间腐蚀的环境中。

### 3.5.4 选材举例

**【例3-1】** 选择液氨贮罐材料（使用地：沈阳）。

贮罐内盛装经氨压缩机压缩并被水冷凝下来的液氨。液氨对大多数材料尚无腐蚀作用。由于液氨贮罐大都露天放置，因而罐内液氨的温度和压力直接受到大气温度的影响。夏季贮罐经太阳暴晒，温度可达40℃，甚至更高，这时氨的饱和蒸气压为1.485MPa（表压），冬季沈阳月平均最低气温为－19.8℃，此时氨的饱和蒸气压约为0.09MPa（表压）。因此，贮罐的操作温度和压力又是波动的。对于液氨贮罐，在无保冷措施下，取其工作压力为50℃时液氨饱和蒸气压1.973MPa，设计压力取值为2.16MPa。

**解：** 通过操作条件的分析可知，该容器属于中压、低温范畴，同时温度和压力有波动。对材料的要求应是耐压、耐低温，且抗压力波动。根据选材原则，应优先选用低合金钢，如Q245R、Q345R等材料。具体选用哪种材料还需考虑储罐容积大小，综合耗材选择。

**【例3-2】** 选择浓硫酸贮罐材料。

**已知：** 贮罐容积为$40m^3$，间歇操作，通蒸汽清洗。

**解：** 介质为浓硫酸，是强腐蚀介质，操作温度为常温，压力为常压。容器选材主要考虑腐蚀和制造因素。碳钢耐浓硫酸腐蚀，但由于贮罐为间歇操作，即罐内浓硫酸时有时无，当空罐时遇到潮湿天气，加之有时通蒸气清洗，罐壁上的浓硫酸便吸收水分而变稀，碳钢不耐稀硫酸腐蚀，因此碳钢亦不能选用。304不锈钢各种性能好且耐硫酸腐蚀，但价格较高，考虑经济合理性一般不宜首选。该浓硫酸贮罐最好采用碳钢制作外壳来满足强度要求，内部采用衬里，如Q245R衬瓷砖或衬铅来解决腐蚀问题，也可内部采用聚乙烯作衬里。

**【例3-3】** 选择氨合成塔材料。

**已知：** 氨合成塔塔径DN3000，塔高30m。

**解：** 现在工业上氨合成是在压力15.2～30.4MPa、温度400～520℃下进行的，介质为氮气、氢气和少量氨气，为防止高压、高温下氢气对钢材的腐蚀，氨合成塔由耐高压的封头、外筒和装在筒体内耐高温的内件组成。外筒可选用低合金高强度钢13MnNiMoR，内件选用耐热镍铬合金钢（如304不锈钢）。

# 习 题

## 思考题

3-1 压力容器常用钢材的分类有哪些?

3-2 压力容器的非金属材料有哪些? 各有何特点?

3-3 什么是晶间腐蚀? 如何预防?

3-4 什么是应力腐蚀? 设计时如何预防?

3-5 什么是均匀腐蚀? 设计时如何考虑?

3-6 压力容器选材要考虑哪些因素?

## 工程应用题

3-1 列出常用压力容器钢板、钢管和锻件的牌号。

3-2 查阅文献，填写表 3-4。

**表 3-4**

| 钢板牌号 | 钢材种类 | 标准号 | 常温下的屈服强度 | 适用温度范围 | 使用场合 |
|---|---|---|---|---|---|
| Q235B | 碳素钢 | | | | |
| Q245R | | | | | |
| Q345R | | | | | |
| 15CrMoR | | | | | |
| 16MnDR | | | | | |
| 0Cr18Ni9 | | | | | |

3-3 为表 3-5 中的压力容器选择材料。

**表 3-5**

| 序号 | 设备名称 | 介质名称 | 设计压力/MPa | 容积/$m^3$ | 设计温度 | 材料选择 |
|---|---|---|---|---|---|---|
| 1 | 100$m^3$C5 反应罐 | C5(戊烷) | 0.66 | 100 | 200 | |
| 2 | 加氢反应器 | $H_2$、$CH_4$、CO | 12 | 7.5 | 400 | |
| 3 | DN500 分气缸 | 水蒸气 | 1.2 | 0.5 | 120 | |
| 4 | 31$m^2$ 换热器 | 水蒸气/煤气 | 0.7/1.7 | 0.7 | 160 | |
| 5 | 尿素合成塔 | $CO_2$、液氨、甲胺液 | 21.56 | 22.8 | 180 | |

# 4 压力容器设计基础

## 4.1 压力容器的失效形式及设计准则

### 4.1.1 压力容器的失效形式

载荷是指能够在压力容器上产生应力、应变的因素。压力容器在全寿命周期内受到介质压力、重力载荷、支座反力、风载荷、地震载荷等多种载荷的作用。压力容器在规定的使用环境和时间内，在各种载荷作用下，因尺寸、形状或者材料性能变化而危及安全或者丧失正常功能的现象，称为压力容器失效。

压力容器失效形式有多种分类方法，一般根据失效原因可分为强度失效、刚度失效、失稳失效和泄漏失效四大类。

① 强度失效　因材料屈服或断裂引起的压力容器失效，称为强度失效，包括韧性断裂、脆性断裂、疲劳断裂、蠕变断裂、腐蚀断裂等。压力容器的断裂意味着爆炸或泄漏，危害极大。韧性断裂和脆性断裂是两种典型的断裂形式。

韧性断裂是压力容器在载荷作用下，产生的应力达到或接近所用材料的抗拉强度而发生的断裂，断后有肉眼可见的宏观变形，如整体鼓胀，周长伸长率可达10%～30%，断口处厚度显著减薄，没有碎片或偶尔有碎片（如图4-1），一般是壁厚过薄和内压过高造成的。严格按照规范设计、选材并配备相应的安全附件，且运输、安装、使用、检修遵循有关的规定，韧性断裂可以避免。

脆性断裂变形量很小，且在壳壁中的应力值远低于材料抗拉强度时发生。这种断裂是在较低应力状态下发生，故又称为低应力脆断。断裂时容器没有膨胀，即无明显的塑性变形，断口齐平，断裂的速度极快，常使容器断裂成碎片（图4-2）。由于脆性断裂时容器的实际应力值往往很低，爆破片、安全阀等安全附件不会动作，因此其后果要比韧性断裂严重得多。压力容器用钢一般韧性较好，但若存在严重的原始缺陷（如原材料的夹渣、分层、折叠等）、制造缺陷（如焊接引起的未熔透、裂纹等）或使用中产生的缺陷，也会导致脆性断裂发生。

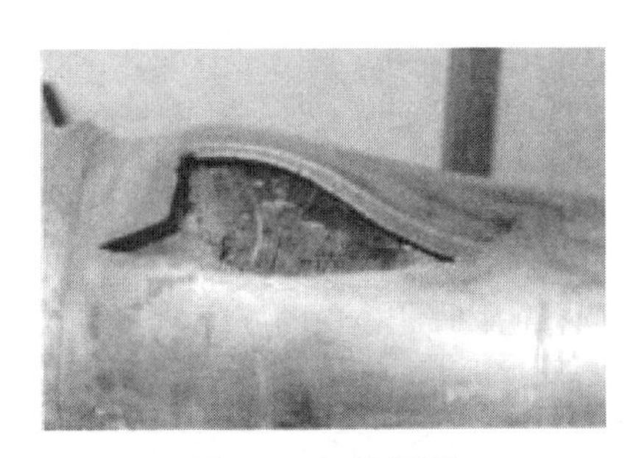
图 4-1 韧性断裂

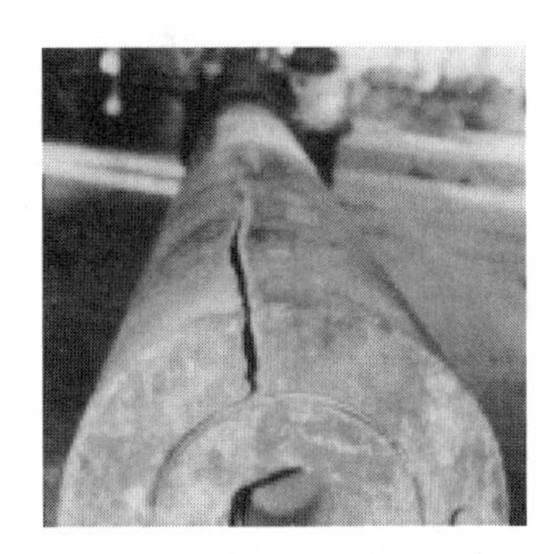
图 4-2 脆性断裂

② 刚度失效 是压力容器的变形大到足以影响其正常工作而引起的失效。塔受风载荷，若产生过大弯曲变形，会影响塔盘的正常工作；搅拌轴变形过大也会影响搅拌效果和密封。

③ 失稳失效 在压应力作用下，压力容器突然失去其原有规则几何形状所引起的失效，如外压容器弹性失稳，如图 4-3 所示。

④ 泄漏失效 由于泄漏而引起的失效。例如密封面的泄漏及局部开裂或穿孔引起的泄漏，可能引起中毒、燃烧和爆炸等事故，造成环境污染等。

图 4-3 失稳失效

可以将力学分析结果与简单实验测量结果相比较，判别压力容器是否会失效。压力容器在全寿命周期内存在多种载荷共同作用，不同的载荷工况，失效形式也不同。一般情况下，在压力容器设计时，通常考虑制造安装、正常操作、开停工、压力试验、检修等工况下的载荷组成，分析计算各种载荷在构件上产生的应力，判断其可能的失效形式。一种容器在不同的载荷工况下有可能发生某一种形式失效，也可能同时发生多种形式的失效。

## 4.1.2 压力容器的设计准则

压力容器的设计思路是求得压力容器在各种载荷工况下的力学响应（如应力、应变、固有频率等），根据压力容器最可能发生的失效形式，确定力学响应的限制值以判断压力容器能否安全使用或能否获得满意的使用效果。

表征压力容器达到失效时的应力或应变等定量指标，称为失效判据。根据失效判据，再考虑各种不确定因素，引入安全系数，得到与失效判据相对应的设计准则。

压力容器技术发展至今，各国设计规范中已经逐步形成如下的设计准则：强度上防止失效的设计准则有弹性失效设计准则、塑性失效设计准则、爆破失效设计准则、安定性设计准则、疲劳失效设计准则、蠕变失效设计准则、低应力脆断设计准则等；另外还有防刚度失效的位移设计准则、失稳失效设计准则及泄漏失效设计准则。而在各种失效设计准则中，应用最普遍的是弹性失效设计准则。

弹性失效设计准则主要针对韧性材料制成的薄壁容器，将容器总体部位的初始屈服视为失效，也就是说容器上任一点屈服，即为压力容器失效。

压力容器设计时，先确定最可能的失效形式，选择合适的失效判据和设计准则，确定适用的设计标准，再按照标准要求，进行设计、校核。

# 4.2 薄壁容器应力分析

压力容器按厚度可以分为薄壁容器和厚壁容器。通常是将容器的厚度与其最大截面圆的内径之比小于等于0.1，即$\delta/D_i<0.1$，亦即$K=D_o/D_i\leqslant1.2$（$D_o$为容器的外径，$D_i$为容器的内径，δ为容器的厚度）的容器称为薄壁容器，超出这一范围的容器称为厚壁容器。

化学工业中，应用最多的是薄壁容器。对薄壁容器各部分进行应力分析，是强度设计中首先需要做的。

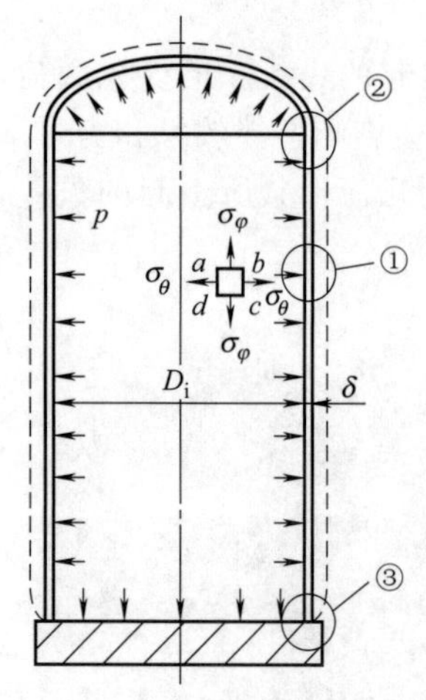


图 4-4 内压薄壁容器应力

如图4-4所示为一钢制压力容器，由圆筒壳及凸形封头和平底盖组成。这个容器上的各部分应力分布是不同的，对于离封头和平底盖稍远的圆筒中段①处，受压前后经线仍近似保持直线(图中虚线)，故这部分只承受拉应力，没有显著的弯曲应力。这里可以忽略薄壁圆筒变形前后圆周方向曲率半径变大所引起的弯曲应力。但在凸形封头、平底盖与筒体连接处②和③，封头与平底盖的变形小于筒体部分的变形，边缘连接处由于变形协调形成一种机械约束，从而在边缘附近还会受到附加的弯曲应力。在任何一个压力容器中，总是存在这样两类不同性质的应力。前者称为薄膜应力，可用简单的无力矩理论来计算；后者称为边缘应力，要用比较复杂的有力矩理论及变形协调条件才能计算。本节对薄膜应力作较详细的讨论，对边缘应力只作简要介绍。

## 4.2.1 薄壁圆筒薄膜应力

如图4-5所示的圆筒形容器，当其受到内压力$p$作用以后，其直径要略微增大，故筒壁内的环向纤维要伸长，因此在筒体的纵向截面上必定有应力产生，此应力称为环向应力，以$\sigma_\theta$表示。由于筒壁很薄，可以认为环向应力沿厚度均匀分布。鉴于容器两端是封闭的，在受到内压力$p$作用后，筒体的纵向纤维也要伸长，则在筒体的横向截面上也必定有应力产生，此应力称为经向（轴向）应力，以$\sigma_\varphi$表示。除上述两个应力分量外，器壁沿壁厚方向还存在径向应力$\sigma_r$，但它相对于$\sigma_\varphi$和$\sigma_\theta$要小很多，所以在薄壁圆筒中不予考虑，可以认为圆筒上任一点处于二向应力状态。这种仅考虑拉压应力，忽略弯曲应力的理论称为无力矩理论或薄膜理论，无力矩理论所讨论的问题是围绕中面进行的。因壳壁很薄，沿壁厚方向的应力$\sigma_r$远小于$\sigma_\varphi$和$\sigma_\theta$，因此不随厚度而变，中面上的应力即可代表薄壳的应力，求出的应力又称为薄膜应力。

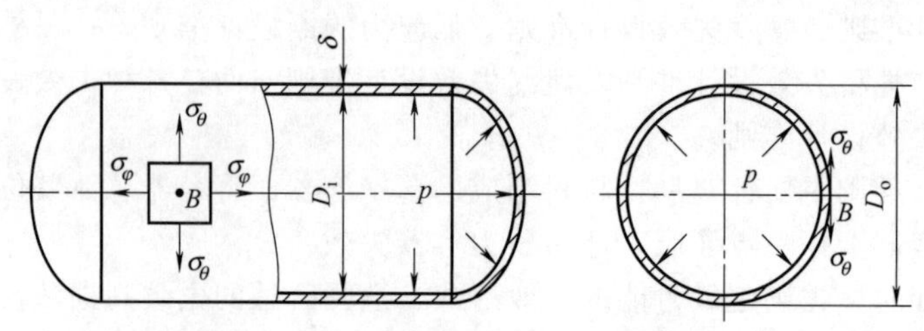


图 4-5 内压薄壁圆筒应力分布

假设在圆筒上作一横截面，将圆筒分为左右两部分，如图 4-6 所示。作用在容器内表面的介质压力分布在圆面积上（$\pi D^2/4$）上，容器的截面为一圆环面，承受均匀分布的拉应力 $\sigma_\varphi$，建立轴向平衡方程如下：

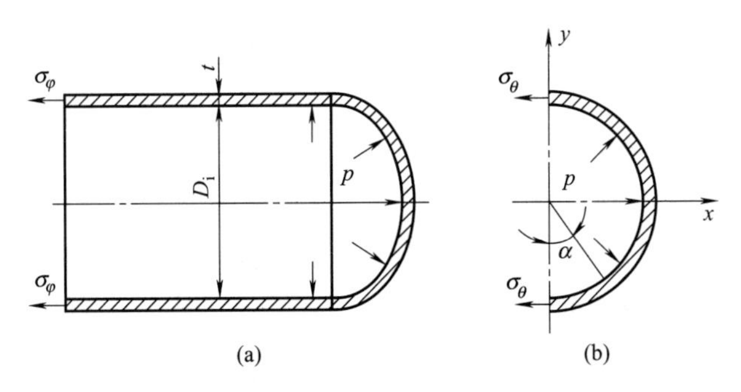


图 4-6 薄壁圆筒横截面上应力分布

$$\frac{\pi}{4}D^2 p=\sigma_\varphi \pi D\delta$$

则

$$\sigma_\varphi=\frac{pD}{4\delta} \tag{4-1}$$

式中 $\sigma_\varphi$——轴向应力，MPa；

$p$——内压，MPa；

$D$——筒体平均直径，也称中径，mm；

$\delta$——筒体厚度，mm。

假设通过圆筒轴线上作一纵向截面，如图 4-6（b）所示，建立周向平衡方程，设 $R_i$ 为圆筒半径，$\alpha$ 为圆周上任一点与截平面的夹角，即

$$2\int_0^{\frac{\pi}{2}} pR_i \sin\alpha \, d\alpha=2t\sigma_\theta$$

则

$$\sigma_\theta=\frac{pD}{2\delta} \tag{4-2}$$

式中 $\sigma_\theta$——环向应力，MPa。

## 4.2.2 回转薄壳薄膜应力

### 4.2.2.1 回转薄壳的几何要素

中面由一条平面曲线或直线绕同平面内的轴线回转 360°而成的壳体称为回转薄壳。压力容器大部分形体均属于回转薄壳，如圆筒、圆锥壳、椭球壳、球壳等。绕轴线（回转轴）回转形成中面的平面曲线或直线称为母线，圆筒的母线为与轴线平行的直线，圆锥壳的母线则是与轴线相交的直线，球壳的母线则是一个半圆曲线。

如图 4-7 所示，是母线为任意平面曲线形成的回转壳体。通过回转轴作一纵向截面，这一平面称为经线平面，经线平面与中面的交线即为经线，如曲线 $OA$。垂直于回转轴的平面与中面的交线称为平行圆。过中面上的点且垂直于中面的直线称为中面在该点的法线，如经

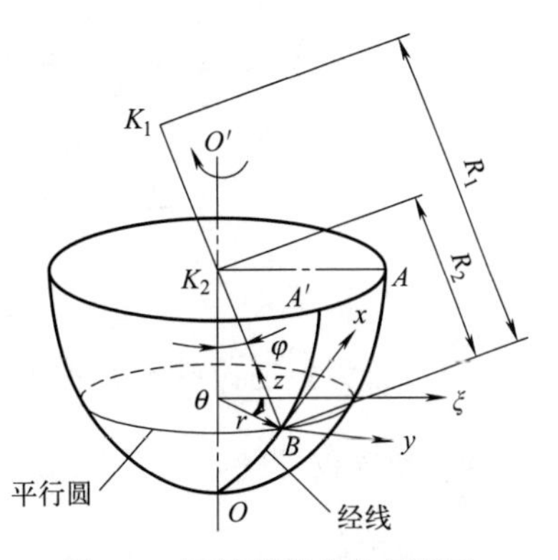


图 4-7 回转薄壳的几何要素

线上 $B$ 点的法线 $K_1B$。法线必与回转轴相交，如 $K_2$ 为交点。

与应力计算相关的几何要素有：

① 第一主曲率半径 $R_1$：经线上任一点的曲率半径，如 $K_1B$。

② 第二主曲率半径 $R_2$：垂直于经线的平面与中面交线上点的曲率半径，如 $B$ 到该点法线与回转轴交点 $K_2$ 之间长度（$K_2B$）。

③ 平行圆半径 $r$。

同一点的第一与第二主曲率半径都在该点的法线上。曲率半径的符号判别：曲率半径指向回转轴时，其值为正，反之为负。

$r$ 与 $R_1$、$R_2$ 的关系为 $r=R_2\sin\varphi$，$\varphi$ 为法线与轴线的夹角。

#### 4.2.2.2　无力矩理论的基本方程

假设壳体材料连续、均匀和各向同性，即壳体是完全弹性的；壳体受压后的变形是弹性小变形，即位移远小于厚度，变形分析中的高阶微量可忽略不计，使问题简化；沿厚度各点的法向位移均相同，变形后厚度不变；壳壁各层纤维在变形后互不挤压，法向应力可忽略不计。

由前文可知，无力矩理论所讨论的问题都是围绕着中面进行的。若壁很薄，沿壁厚方向的应力与其他应力相比很小，其他应力不随厚度而变，中面上的应力和变形可以代表薄壳的应力和变形。

对于任意形状的回转壳体，无力矩理论采用对微元体建立平衡方程的方法，如图 4-8 所示，通过轴向平衡方程式，得到微元体平衡方程：

$$\frac{\sigma_\varphi}{R_1}+\frac{\sigma_\theta}{R_2}=\frac{p}{\delta} \tag{4-3}$$

切割部分壳体，建立轴向平衡方程式，得到区域平衡方程：

$$2\pi\int_0^{r_m} pr\,\mathrm{d}r = 2\pi r_m \sigma_\varphi \delta\cos\alpha \tag{4-4}$$

式中，$r_m$ 为任意点的回转半径，mm；$\alpha$ 为锥截面处经线切线与轴线的夹角，(°)。

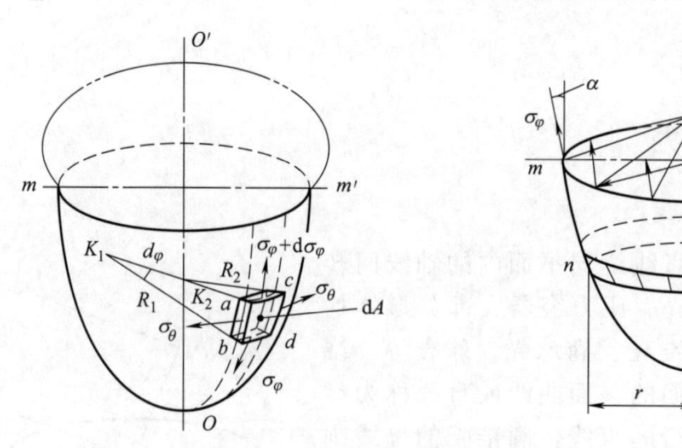


图 4-8　微元体应力分析

#### 4.2.2.3　无力矩理论基本方程的应用

回转薄壳仅受气体内压作用时，各处的压力 $p$ 相等，$2\pi\int_0^{r_m} pr\,\mathrm{d}r = \pi r_m^2 p$，代入式（4-4），可得 $\pi r_m^2 p=2\pi r_m\sigma_\varphi\delta\cos\alpha$，而 $r_m=R_2\cos\alpha$。

无力矩理论的基本方程变为

$$\frac{\sigma_\varphi}{R_1}+\frac{\sigma_\theta}{R_2}=\frac{p}{\delta}$$

$$\sigma_\varphi=\frac{pR_2}{2\delta} \tag{4-5}$$

仅承受气体内压的回转薄壳的薄膜应力分布情况如下。

(1) 圆筒形壳体

薄壁圆筒经线为直线，经线上各点的第一曲率半径和第二曲率半径分别为 $R_1=\infty$；$R_2=D/2$（$D$ 为圆筒中面直径），将 $R_1$、$R_2$ 代入式（4-5）可得

$$\sigma_\theta=\frac{pD}{2\delta},\quad \sigma_\varphi=\frac{pD}{4\delta} \tag{4-6}$$

薄壁圆筒受内压时，环向应力是轴线应力的两倍。因此纵焊缝受力大于环向焊缝，要求高于环焊缝，施工时应注意。另外在设计开大孔时，可以在筒体上开椭圆孔，使其短轴与筒体轴线平行。

(2) 球形壳体

球形壳体经线为半圆，经线上各点的第一曲率半径与第二曲率半径相等，$R_1=R_2=D/2$（$D$ 为球壳中面直径），将 $R_1$、$R_2$ 代入式（4-5）可得

$$\sigma_\varphi=\sigma_\theta=\frac{pD}{4\delta}$$

球形壳体应力分布均匀，两向应力相等，环向应力只有圆筒一半。

(3) 锥形壳体

锥形壳体经线为直线，经线上各点的第一曲率半径 $R_1=\infty$，第二曲率半径则随位置的变化而变化，如图 4-9 所示，有

$$R_2=x\tan\alpha \tag{4-7}$$

式中 $x$——器壁上任一点到锥顶的距离；

$\alpha$——锥壳的半锥角。

将 $R_1$、$R_2$ 代入式（4-6）可得

$$\sigma_\theta=\frac{pR_2}{\delta}=\frac{px\tan\alpha}{\delta}=\frac{pr}{\delta\cos\alpha},\quad \sigma_\varphi=\frac{px\tan\alpha}{2\delta}=\frac{pr}{2\delta\cos\alpha} \tag{4-8}$$

式中，$r$ 为经线上任一点平行圆半径。

由式（4-8）可知，周向应力和经向应力与 $x$ 呈线性关系，锥顶处应力为零，离锥顶越远应力越大，应力分布从大端至小端逐渐递减，应力极大值在大端，开孔时应开在锥顶。锥壳的半锥角 $\alpha$ 是确定壳体应力的一个重要参量，当 $\alpha$ 趋向于 0°时，锥壳的应力趋向于圆筒的壳体应力；当 $\alpha$ 趋向于 90°时，锥壳的应力趋向于平板。从应力大小来看，半锥角 $\alpha$ 应该越小越好，但半锥角选择过小，比表面积小，材料利用率低，一般不小于 30°；而过大则应力过大，工程上一般不超过 60°。

(4) 椭球形壳体

椭球形壳体经线为椭圆，经线方程为

$$\frac{x^2}{a^2}+\frac{y^2}{b^2}=1$$

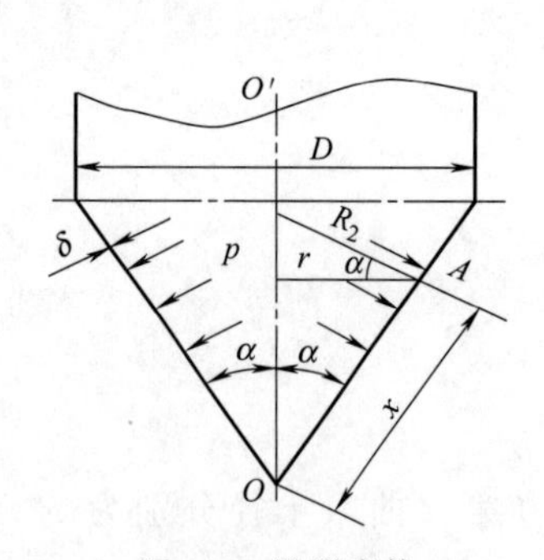


图 4-9 锥形壳体

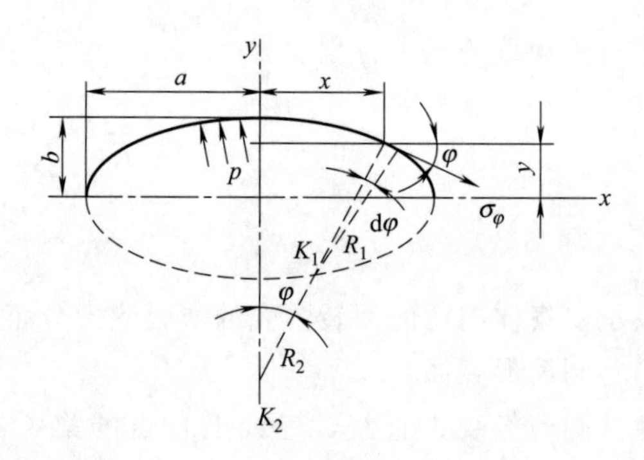


图 4-10 椭球形壳体

式中，$a$、$b$ 分别为椭圆长、短轴半径，由此方程可得第一曲率半径为

$$R_1=\frac{\left[a^4-x^2(a^2-b^2)\right]^{\frac{3}{2}}}{a^4 b}$$

由图 4-10，可得第二曲率半径为

$$R_2=\frac{\left[a^4-x^2(a^2-b^2)\right]^{\frac{1}{2}}}{b}$$

可得应力计算式为

$$\sigma_\varphi=\frac{pR_2}{2\delta}=\frac{p}{2\delta}\times\frac{\left[a^4-x^2(a^2-b^2)\right]^{\frac{1}{2}}}{b}$$

$$\sigma_\theta=\frac{p}{2\delta}\times\frac{\left[a^4-x^2(a^2-b^2)\right]^{\frac{1}{2}}}{b}\left[2-\frac{a^4}{a^4-x^2(a^2-b^2)}\right] \tag{4-9}$$

由式 4-9 可知，椭球壳上各点的应力是不等的，沿经线方向均匀变化，其值与各点的坐标有关。

在壳体顶点处（$x=0$，$y=b$） $\sigma_\varphi=\sigma_\theta=\frac{pa^2}{2b\delta}$

在壳体边缘处（$x=a$，$y=0$） $\sigma_\varphi=\frac{pa}{2\delta}$，$\sigma_\theta=\frac{pa}{2\delta}\left(2-\frac{a^2}{b^2}\right)$

椭球壳应力除与内压 $p$、壁厚 $\delta$ 有关外，还与长轴与短轴之比 $a/b$ 有关。当 $a=b$ 时，椭球壳趋向于球壳，最大应力为圆筒壳中的一半；当 $a/b$ 增大时，椭球壳中应力也增大，如图 4-11 所示。

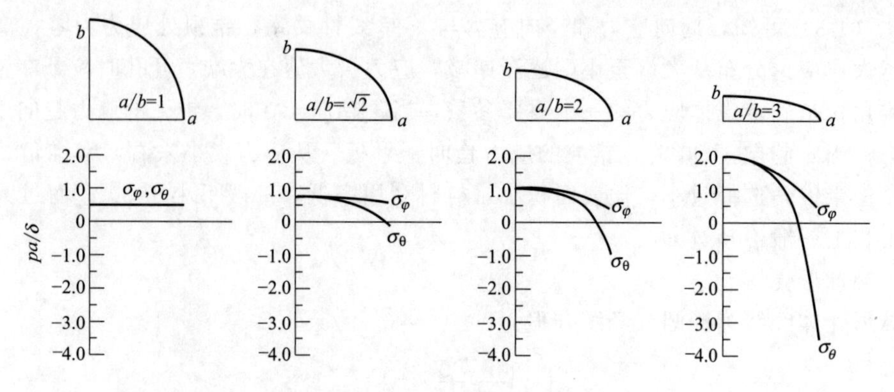


图 4-11 椭球壳应力分布

椭球壳承受均匀内压时，在任何 $a/b$ 值下，$\sigma_\varphi$ 恒为正值，即拉应力，且由顶点处最大值向赤道逐渐递减至最小值。当 $a/b>\sqrt{2}$ 时，边缘处的 $\sigma_\theta$ 将变号，从拉应力变为压应力。随周向压应力增大，大直径薄壁椭圆形封头出现局部屈曲，当 $a/b=3$ 时，边缘处的周向压应力大概为同直径圆筒的 3.5 倍。

化工上常用标准椭圆形封头，$a/b=2$，而 $a=D/2$（$D$ 为椭圆长轴），故应力大小为

顶点处
$$\sigma_\varphi=\sigma_\theta=\frac{pD}{2\delta}$$

边缘处
$$\sigma_\varphi=\frac{pD}{4\delta},\quad \sigma_\theta=-\frac{pD}{2\delta} \tag{4-10}$$

（5）储存液体的回转薄壳

与壳体仅受内压不同，壳壁上液柱静压力随液层深度变化，离液面越远，所受液柱静压力越大。筒壁上任一点的液柱静压力为

$$p_{液}=\rho gh\times10^{-6} \tag{4-11}$$

式中 $p_{液}$——筒壁上任一点的液柱静压力，MPa；

$\rho$——液体密度，$kg/m^3$；

$g$——重力加速度，$m/s^2$；

$h$——离液面高度，m。

筒壁上任一点 $A$ 承受的压力 $p=p_0+p_{液}$，其中 $p_0$ 为筒壁承受的内压，

图 4-12 为有底部支承的圆筒，由式（4-3）和式（4-4）可知

$$\sigma_\theta=\frac{(p_0+\rho gh)D}{2\delta}$$
$$\sigma_\varphi=\frac{p_0D}{4\delta} \tag{4-12}$$

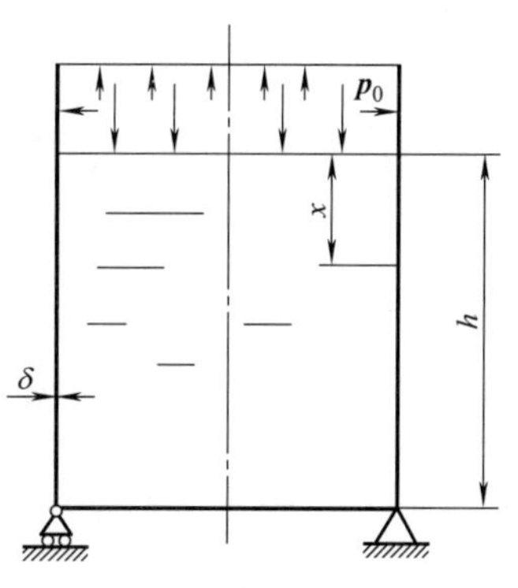

图 4-12 受液压的圆筒

若支座位置不在底部，支座上下筒体平衡方程将发生变化，应分别计算轴向应力。此时支座附近的壳体发生局部弯曲，以保持壳体应力与位移的连续性。因此，支座处应力的计算，必须用有力矩理论进行分析，而上述用无力矩理论计算得到的壳体薄膜应力，只有远离支座处才与实际相符。

## 4.2.3 平板应力

压力容器零部件结构除了回转薄壳外，平板使用也非常广，如常压容器和高压容器的平封头、储槽底板、换热器管板和板式塔塔盘等。

平板承受的载荷既有作用于板中面内的载荷，又有垂直于板中面的载荷，板内既产生薄膜应力（中面内的拉应力、压应力和面内剪应力），也产生弯曲应力（弯矩、扭矩和横向剪应力）。当变形很大时，面内载荷也会产生弯曲内力，而弯曲载荷也会产生面内力，受力分析非常复杂。本书仅讨论小变形的弹性薄板小挠度理论。

假设板弯曲时其中面保持中性，即板中面内各点无伸缩和剪切变形，只有沿中面法线 $\omega$ 的挠度（类似于梁弯曲）；平行于中面的各层材料互不挤压，即板内垂直于板面的正应力较小，可忽略不计。根据小变形的弹性薄板小挠度理论，将其简化为承受均布载荷的圆平板，受力如图 4-13 所

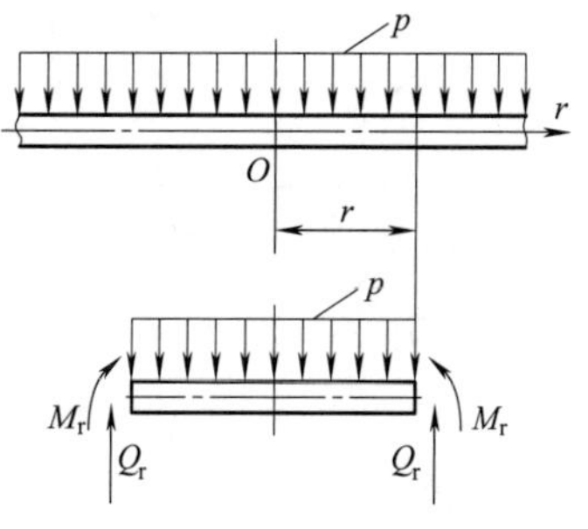

图 4-13 圆平板受力模型

示。通过取微元体，列平衡、几何和物理方程，建立圆平板的挠度微分方程，可解得圆平板的应力，$\sigma_r$ 为径向弯曲应力，$\sigma_\theta$ 为环向弯曲应力。

根据连接方式不同，边界约束条件不一致，可分为周边固支或周边简支两种，受力分析和应力分布情况如图 4-14 和图 4-15 所示。

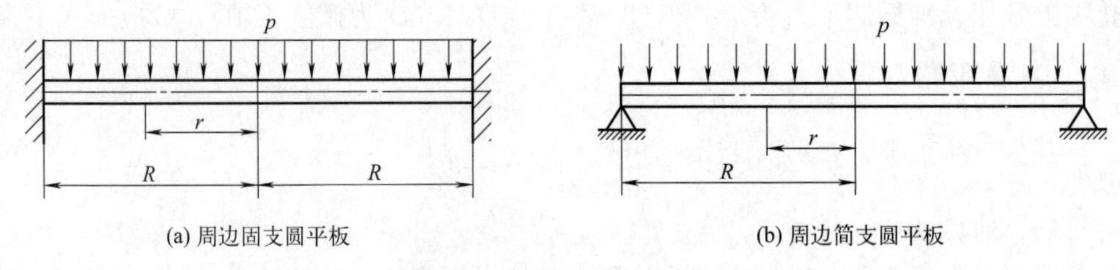


(a) 周边固支圆平板　　(b) 周边简支圆平板

图 4-14　圆平板受力分析

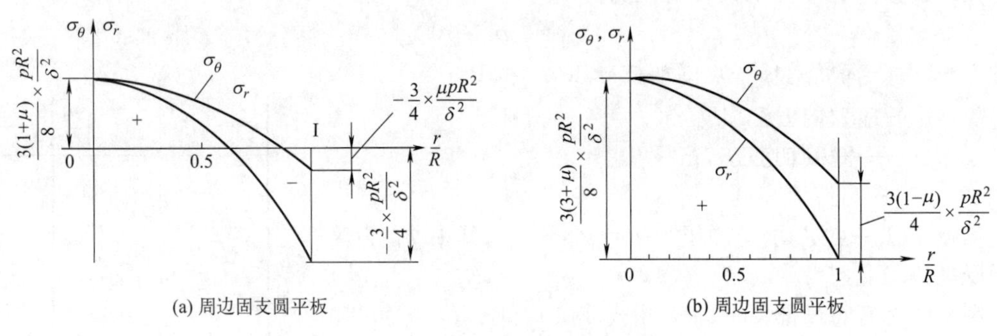


(a) 周边固支圆平板　　(b) 周边固支圆平板

图 4-15　圆平板应力分布（板下表面）

① 周边固支圆平板　$r$ 处上下表面的应力表达式为

$$\sigma_r=\mp\frac{3}{8}\times\frac{p}{\delta^2}[R^2(1+\mu)-r^2(3+\mu)]$$
$$\sigma_\theta=\mp\frac{3}{8}\times\frac{p}{\delta^2}[R^2(1+\mu)-r^2(1+3\mu)] \tag{4-13}$$

根据式（4-13）可画出周边固支圆平板下表面的应力分布，如图 4-15（a）所示，最大应力在板边缘处，即$(\sigma_r)_{\max}=-\frac{3pR^2}{4\delta^2}$，$\mu$ 为材料的泊松比。

② 周边简支圆平板　$r$ 处上下板面的应力表达式为

$$\sigma_r=\mp\frac{3}{8}\times\frac{p}{\delta^2}(3+\mu)(R^2-r^2)$$
$$\sigma_\theta=\mp\frac{3}{8}\times\frac{p}{\delta^2}[R^2(3+\mu)-r^2(1+3\mu)] \tag{4-14}$$

根据式（4-14），不难发现，最大弯矩和相应的最大应力均在板中心处，$(\sigma_r)_{\max}=(\sigma_\theta)_{\max}=\frac{3(3+\mu)}{8}\times\frac{pR^2}{\delta^2}$，可画出周边固支圆平板下表面的应力分布，如图 4-15 所示。

内力引起的切应力 $\tau_{\max}=\frac{3}{4}\times\frac{pR}{\delta}$，远小于弯曲应力。

综合以上分析可见，受轴对称均布载荷的薄圆平板应力有以下特点：

① 板内为二向应力状态，有径向弯曲应力 $\sigma_r$、环向弯曲应力 $\sigma_\theta$。平行于中面各层相互之间的正应力及剪应力引起的切应力均可予以忽略。

② 正应力 $\sigma_r$、$\sigma_\theta$ 沿板厚度呈直线分布，在板的上下表面有最大值，是纯弯曲应力。

③ 应力沿半径的分布与周边支承方式有关，周边固支圆平板在刚度和强度两方面均优于周边简支圆平板，工程实际中的圆平板周边支承是介于两者之间的形式。

④薄板结构的最大弯曲应力与$(R/\delta)^2$ 成正比，而薄壳的最大拉（压）应力与 $R/\delta$ 成正比，故在相同条件下，薄板所需厚度比薄壳大。

## 4.2.4 边缘应力

工程上大部分壳体结构都由几种简单的壳体组合而成。在两壳体连接处，若把两壳体作为自由体，即在内压作用下发生自由变形，在连接处的位移和转角一般不相等，而实际上两个壳体是连接在一起的，在连接处的位移和转角必须相等。这样两个壳体在连接处附近形成一种约束，迫使连接处壳体发生局部弯曲变形，如图 4-16 所示，在连接处边缘产生附加的边缘力和边缘弯矩及抵抗这种变形的局部应力，使这一区域的总应力增大。

由于总体结构不连续，组合壳体在连接处附近的局部区域出现衰减很快的应力增大现象，称为不连续效应或边缘效应。由此引起的局部应力称为不连续应力或边缘应力。分析组合壳体不连续应力的方法，在工程上称为不连续分析。此时，工程上将把壳体应力的解分解为两个部分——薄膜解和有矩解。薄膜解即壳体的无力矩理论的解，属于一次应力，随外载荷的增大而增大；有矩解则是由于相邻部分材料的约束或结构自身约束所产生的应力，自由变形受到约束，边缘处会发生弯曲变形，如图 4-16 所示，因连接边缘处壳体不同的变形协调而形成的弯曲应力，又称边缘应力。

边缘应力具有局部性和自限性两个特点。

① 局部性　局部性是指随着离边缘距离的增加，各应力呈指数函数迅速衰减以至消失，影响范围小。如图 4-17 所示，承受内压为 1MPa，内径为 1000mm、壁厚为 10mm 的圆筒与平盖封头连接，经实验测得其内外壁轴向应力变化曲线，表面轴向应力衰减很快，影响范围小。

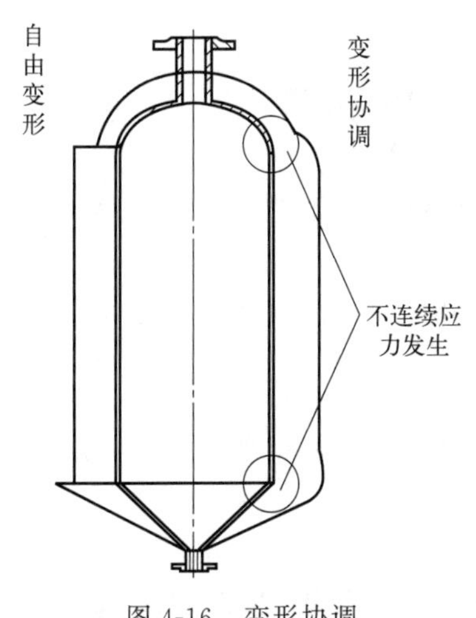


图 4-16　变形协调

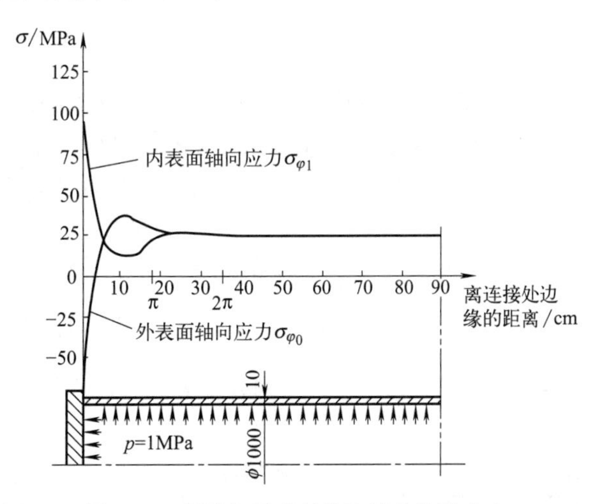


图 4-17　圆筒与平盖封头连接处边缘应力

② 自限性　薄膜应力的不连续需要变形协调，从而产生弯曲变形和弯曲应力，此时的变形属于弹性变形。当连接边缘的局部区产生塑性变形时，这种弹性约束就开始缓解，应力水平下降，变形不会继续发展，这就是边缘应力的自限性。因此压力容器通常需要采用塑性好的材料。

此外，工程实际制造和使用过程中，除结构不连续外，下列情况也会产生边缘应力：

① 筒体厚度发生突变，如不等厚钢板连接处。

② 筒体载荷发生突变，如压力变化处、支座处。

③ 筒体温度发生变化。

④ 材料物理性能发生变化，如把不同钢材进行焊接。

以上这些因素都会造成壳体薄膜应力的不连续，引起局部应力增大。对于韧性好的压力容器，边缘应力的危险性远小于薄膜应力，因此在工程上一般采取在结构上做局部处理的方法，进行圆弧过渡或局部加强以限制其应力水平，如图 4-18 所示。

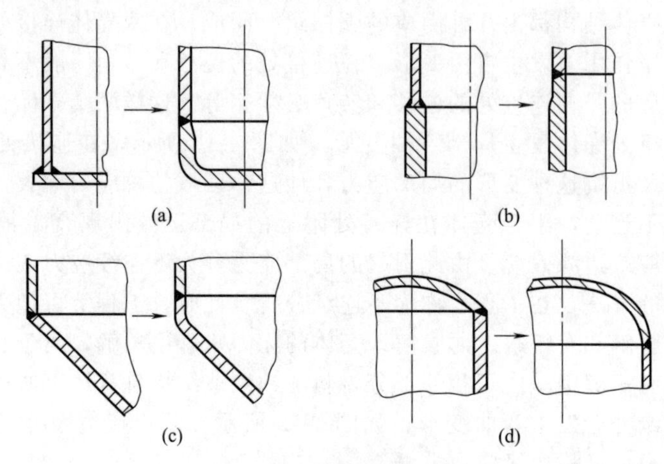


图 4-18　改变连接处结构

## 思考题

4-1　压力容器有哪些设计准则？它们和压力容器失效形式有何关系？

4-2　试分析标准椭圆形封头采用长短轴之比 $a/b=2$ 的原因。

4-3　承受均布载荷的圆平板应力分布有何特点？其承载能力低于薄壁回转壳体的原因是什么？

4-4　何谓边缘应力？其特征是什么？工程上如何处理？

## 工程应用题

4-1　如图 4-19，计算下列各种承受气体均匀内压作用的薄壁回转壳体上诸点的薄膜应力。

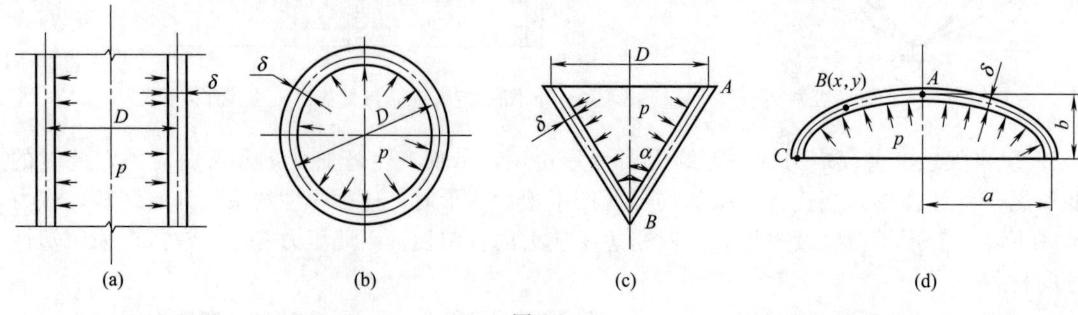


图 4-19

（1）圆柱壳上任一点。已知 $p=1\mathrm{MPa}$，$D=2000\mathrm{mm}$，$\delta=24\mathrm{mm}$。

（2）球壳上任一点。已知 $p=2\mathrm{MPa}$，$D=1000\mathrm{mm}$，$\delta=8\mathrm{mm}$。

（3）圆锥壳上 $A$ 点和 $B$ 点。已知 $p=0.5\mathrm{MPa}$，$D=1000\mathrm{mm}$，$\delta=10\mathrm{mm}$，$a=30^{\circ}$。

（4）椭球壳上 $A$，$C$ 点。已知 $p=1\mathrm{MPa}$，$a=1000\mathrm{mm}$，$b=500\mathrm{m}$，$\delta=20\mathrm{mm}$。

4-2　有一周边固支的钢制圆平板，半径 $R=500\mathrm{mm}$，板厚 $\delta=38\mathrm{mm}$，板上承受横向均布载荷 $p=3\mathrm{MPa}$，试求板上承受的最大应力及其位置。（已知 $\mu=0.3$）

# 5 圆筒与封头设计

简体和封头是压力容器的主要承压元件，在压力容器设计中占有重要地位。压力容器在全寿命周期内承受多种载荷共同作用，本章先介绍圆筒和封头仅受压力载荷时的强度计算方法，在后面典型设备设计中再介绍多种载荷工况下的强度和稳定性校核方法。

压力容器在承受内压和外压时，失效形式不同，失效判据和设计准则也不相同，常规设计依据标准 GB/T 150 进行设计、校核。

## 5.1 压力容器设计参数

GB/T 26929—2011《压力容器术语》给出了广泛用于压力容器的基本参数的技术用语。GB/T 150.1 的 4.3 节中对压力容器设计载荷、设计压力、设计温度、厚度附加量等设计内容作出了一般性规定，这些规定是压力容器设计的基本原则，在具体设计应用中，还需要参考其他关于压力容器设计的补充规定，如 HG/T 20580—2020《钢制化工容器设计基础规范》就是在 GB/T 150 基础上结合工程设计的实际，对钢制化工容器的设计基础内容作出的补充和具体化。

### 5.1.1 压力

压力是指垂直作用在容器单位表面积上的力，在化工设备设计中压力均指表压力。压力容器中的压力主要来源有三种情况：一是流体经泵或压缩机，通过与容器相连接的管道，输入容器内而产生压力，如氨合成塔、尿素储罐等；二是加热盛装液体的密闭容器，液体膨胀或汽化后使容器内压力升高，如人造水晶釜；三是装有液体的容器，液体重量将产生压力，即液柱静压力。

① 工作压力 $p_w$　工作压力是指在正常工作情况下，容器顶部可能达到的最高压力，通常又称为操作压力。盛装液化气体的容器的工作压力则是能达到的最高工作温度下的饱和蒸气压，无保冷措施时，常温下对于盛装液化气体的固定式压力容器一般取 50℃的饱和蒸气压。

② 设计压力 $p$　设计压力是指设定的容器顶部的最高压力，标注在产品铭牌上，与相应的设计温度一起作为容器的基本设计载荷条件，其值不得低于工作压力。

设计压力的确定应符合以下原则：①当工艺系统专业或工程设计文件中对容器设计有特殊要求时，其设计压力按规定选取，但不应低于表 5-1 的规定。②设计压力必须与相应的设计温度一起作为设计载荷条件，且应注意到容器在运行中可能出现的各种工况，按相应工况确定各工况下的设计压力。③盛装液化气的容器无安全泄放装置时，设计压力不得低于 1.05 倍的工作压力。装有安全阀时，设计压力不得低于安全阀的整定压力（整定压力一般取 1.05～1.1 倍的工作压力）。具体取值可参照表 5-1 选取。

**表 5-1　确定设计压力的原则（摘自 HG/T 20580—2020）**

<table>
<tr><th colspan="3">类型</th><th>原则</th></tr>
<tr><td rowspan="8">内压容器</td><td colspan="2">无安全泄放装置</td><td>取 1.0～1.1 倍工作压力</td></tr>
<tr><td colspan="2">装有安全阀</td><td>不低于安全阀的整定压力(整定压力一般取 1.05～1.1 倍工作压力)</td></tr>
<tr><td colspan="2">装有爆破片</td><td>不低于爆破片设计爆破压力加制造范围上限</td></tr>
<tr><td colspan="2">出口管线上装有安全阀</td><td>不低于安全阀的整定压力加上流体从容器流至安全阀处的压力降</td></tr>
<tr><td colspan="2">容器位于泵进口侧,且无安全泄放装置</td><td>取 1.0～1.1 倍工作压力,且用−0.1MPa 外压进行校核</td></tr>
<tr><td colspan="2">容器位于泵出口侧,且无安全泄放装置</td><td>不得低于下列三者中的最大值:<br>(1)泵的正常入口压力加上 1.2 倍泵的正常工作扬程。<br>(2)泵的最大入口压力加上泵的正常工作扬程。<br>(3)泵的正常入口压力加上关闭扬程(即泵出口全关闭时的扬程)</td></tr>
<tr><td colspan="2">容器位于压缩机进口侧,且无安全泄放装置</td><td>取 1.0～1.1 倍工作压力,且用−0.1MPa 外压进行校核</td></tr>
<tr><td colspan="2">容器位于压缩机出口侧,且无安全泄放装置</td><td>不低于压缩机的出口压力</td></tr>
<tr><td rowspan="4">真空容器</td><td rowspan="2">无整体夹套的真空容器</td><td>有安全泄放装置</td><td>设计外压取 1.25 倍内外压力最大压力差或−0.1MPa 中的小值</td></tr>
<tr><td>无安全泄放装置</td><td>设计外压取−0.1MPa</td></tr>
<tr><td rowspan="2">带整体夹套的真空容器</td><td>容器(真空)</td><td>设计外压按无整体夹套的真空容器选取,其壳体计算外压力应等于设计外压加上夹套内的设计内压,且应校核夹套试验压力(外压)下壳体的稳定性</td></tr>
<tr><td>夹套</td><td>设计内压按内压容器选取</td></tr>
<tr><td colspan="3">由两个或两个以上压力室组成的容器</td><td>根据各自的工作压力确定各自腔的设计压力</td></tr>
</table>

③ 计算压力 $p_c$　计算压力是指在相应的设计温度下，用以确定容器厚度的压力，其值一般为设计压力与液柱静压力之和，当液柱静压力小于 5%时，可忽略不计。

④ 试验压力 $p_T$　试验压力是进行耐压试验或泄漏实验时，容器顶部的压力。

**【例 5-1】** 临界温度高于 50℃的异丁烷和氨，无保温常温贮存，无安全泄放装置时，工程中液化异丁烷的设计压力不得低于 0.68MPa（相当于 50℃时的饱和蒸气压），液氨设计压力不得低于 2.1MPa（相当于 50℃时的饱和蒸气压）。

**【例 5-2】** 某工程中临界温度低于 50℃的乙烯球罐，有可靠保冷设施，能确保低温贮存。工程中其操作压力 1.80MPa，操作温度−30.1℃，取设计压力为 2.06MPa。其相应设计温度为−31℃。

## 5.1.2 设计温度

设计温度是指容器在正常工作情况下，设定的元件的金属温度（沿元件金属截面的温度平均值）。

当工艺系统专业或工程设计文件中对容器设计有特殊要求时，其设计温度按规定选取。设计温度不得低于元件金属在工作状态下可能达到的最高温度。对于金属温度0℃以下的元件，设计温度不得高于元件金属可能达到的最低温度。当容器各部件在工作状态下金属温度不同时，可分别设定各部分的设计温度。对于具有不同工况的容器，应按对应的设计压力和设计温度的组合工况分别设计，并在设计文件中注明各工况下的设计压力和设计温度值。

当金属温度无法用传热计算或实测结果确定时，在缺乏数据的情况下，设计温度的选取可按表5-2选取。

表 5-2 容器设计温度的选取

<table>
<tr><th colspan="2">工作条件/℃</th><th>设计温度 $t$</th></tr>
<tr><td rowspan="4">容器内壁与介质直接接触，且有保温（或保冷）</td><td>$t_0 \leqslant -20$</td><td>介质正常工作温度减0～10℃或取最低工作温度</td></tr>
<tr><td>$-20 < t_0 \leqslant 0$</td><td>介质正常工作温度减5～10℃或取最低工作温度，但最低为−20℃</td></tr>
<tr><td>$0 < t_0 \leqslant 350$</td><td>介质正常工作温度加15～30℃或取最高工作温度，但最低为20℃</td></tr>
<tr><td>$>350$</td><td>$t = t_0 + (5 \sim 15)$℃</td></tr>
<tr><td colspan="2">容器内介质用蒸汽直接加热或被内置加热元件（如加热盘管或电热元件）</td><td>介质的最高工作温度</td></tr>
<tr><td colspan="2">容器的受压元件两侧与不同温度介质直接接触</td><td>以较苛刻一侧的工作温度为基准确定</td></tr>
<tr><td colspan="2" rowspan="2">安装在室外，无保温措施，最低设计温度受环境温度影响</td><td>盛装压缩气体的储存容器，最低设计温度取月平均最低气温的最低值减3℃</td></tr>
<tr><td>盛装液体体积占容器容积的1/4以上的储罐，最低设计温度取月平均最低气温的最低值</td></tr>
<tr><td rowspan="3">室外塔式容器裙座</td><td>带过渡段</td><td>过渡段取塔体（或塔釜）设计温度<br>过渡段以下裙座应取50℃和使用地区历年来月平均最低气温的最低值加20℃两种工况</td></tr>
<tr><td rowspan="2">不带过渡段</td><td>−20℃≤塔体（或塔釜）设计温度≤200℃时：应取50℃和使用地区历年来月平均最低气温的最低值加20℃两种工况</td></tr>
<tr><td>200℃<塔体（或塔釜）设计温度≤340℃时：取塔体（或塔釜）设计温度</td></tr>
<tr><td colspan="2" rowspan="3">管壳式换热器</td><td>管程设计温度指管箱的设计温度（不是换热管的设计温度）</td></tr>
<tr><td>壳程设计温度指壳程壳体的设计温度</td></tr>
<tr><td>换热管和管板的设计温度按两侧与不同温度介质直接接触选取</td></tr>
</table>

注：$t_0$ 为最高或最低工作温度。

## 5.1.3 厚度附加量

容器厚度是压力容器设计的关键参数。按GB/T 150标准相应公式计算得到的厚度称为计算厚度。考虑到容器使用过程中的腐蚀及钢板出厂标准厚度，在设计过程中要考虑增加厚度附加量 $C$。

厚度附加量 $C = C_1 + C_2$，其中 $C_1$ 为材料的厚度负偏差（mm），按相应标准的规定选取。Q235系列钢板的负偏差随钢板厚度变化而变化，压力容器专用钢板的负偏差通常为

0.3mm，不锈钢的负偏差一般也取 0.3mm。

$C_2$ 为腐蚀裕量（mm），为防止容器受压元件由于腐蚀、机械磨损而导致厚度削弱减薄，应考虑腐蚀裕量。

与工作介质接触的筒体、封头、接管、人孔（手孔）及内部元件均应考虑腐蚀裕量，介质为压缩空气、水蒸气或水的碳钢和低合金钢制容器，其腐蚀裕量不得小于 1.0mm。

对有均匀腐蚀的容器，应根据容器的预期使用寿命和介质对金属的腐蚀速率的乘积确定腐蚀裕量，腐蚀速率可根据工程设计实践或查腐蚀手册获取。腐蚀裕量如果超过 6mm，应更换更耐腐蚀的材料，采用复合钢板、堆焊层或衬里等。

当介质对不锈钢无腐蚀作用（不锈钢、不锈钢复合板或不锈钢堆焊层元件）或有可靠耐腐蚀衬里（如衬铅、衬橡胶、衬塑料的基体材料）时可不考虑腐蚀裕量。

## 5.1.4 许用应力

许用应力是压力容器设计的基本参数，代表了元件的许可强度，由材料的极限应力除以相应的安全系数得到（见 1.2.4）。许用应力的大小与材料的种类及其力学性能、设计温度、厚度及安全系数有关，作为受压元件用的钢板、钢管、锻件和螺栓材料在不同温度下的许用应力可查阅 GB/T 150.2 的规定选取，本书附录 C 中列出了常用钢材的许用应力。容器设计温度低于 20℃时，取材料 20℃的许用应力，在使用 SW6 软件设计时可直接通过程序获取。

## 5.1.5 焊接接头系数

大部分化工容器由焊接完成，由于焊缝可能存在某些缺陷，或者在焊接加热过程中，对焊缝周围金属可能产生不利影响，同时在焊缝处往往形成夹渣、气孔、未焊透等缺陷，可能导致焊缝及其附近金属的强度低于钢板的强度，因此引入焊接接头系数这一参数。

（1）焊接接头形式

焊缝是指焊件经焊接所形成的结合部分，而焊接接头是焊缝、熔合线和热影响区的总称。焊接接头形式一般由被焊接两金属件的相互结构位置来决定，通常分为对接接头、角接接头及 T 型接头、搭接接头。

① 对接接头　两个相互连接零件在接头处的中面处于同一平面或同一弧面内进行焊接的接头，见图 5-1(a)。这种焊接接头受热均匀，受力对称，便于无损检测，焊接质量容易得到保证，因此，是压力容器中最常用的焊接结构形式。

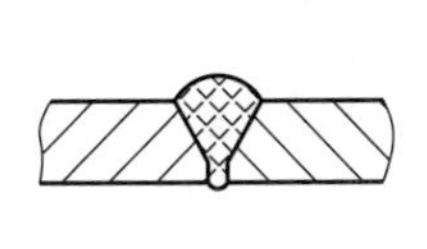

(a) 对接接头

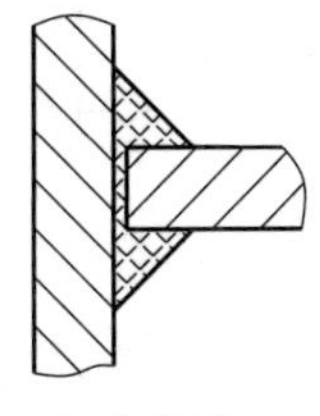

(b) T型接头

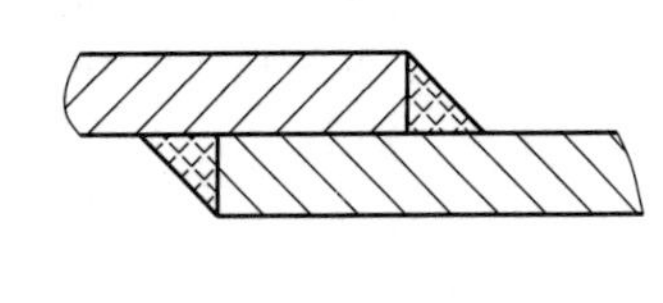

(c) 搭接接头

图 5-1　焊接接头形式

② 角接接头和 T 型接头　两个相互连接零件在接头处的中面相互垂直或相交成某一角度进行焊接的接头，称为角接接头；当两构件成 T 字形焊接在一起时，称为 T 型接头，如图 5-1(b) 所示。角接接头和 T 型接头都形成角焊缝，在接头处结构不连续，承载后受力状态不如对接接头，应力集中比较严重，且焊接质量也不易得到保证。但在容器的某些特殊部

位，由于结构的限制，不得不采用角焊缝焊接，如接管、法兰、夹套、管板和凸缘的焊接等。

③ 搭接接头　两个相互连接零件在接头处有部分重合在一起，中面相互平行，进行焊接的接头。搭接接头属于角焊缝，与角接接头一样，在接头处结构明显不连续，承载后接头部位受力情况较差。搭接接头主要用于加强圈与壳体、支座垫板与器壁以及凸缘与容器的焊接。

（2）坡口形式

为保证全熔透和焊接质量，减少焊接变形，施焊前，一般将焊件连接处预先加工成各种形状。不同的焊接坡口，适用于不同的焊接方法和焊件厚度。

基本的坡口形式有 5 种，即 I 形、V 形、单边 V 形、U 形和 J 形，如图 5-2（a）所示。基本坡口可以单独应用，也可两种或两种以上组合使用，如 X 形坡口是由两个 V 形坡口和一个 I 形坡口组合而成，见图 5-2（b）。

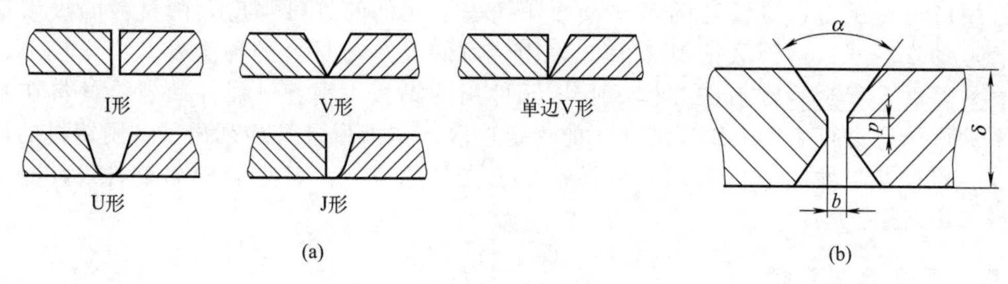


图 5-2　坡口形式

压力容器用对接接头、角接接头和 T 型接头的，施焊前一般应开设坡口，而搭接接头无须开坡口即可焊接。

（3）焊接接头分类

为对不同类别的焊接接头在对口错边量、热处理、无损检测、焊缝尺寸等方面有针对性地提出不同的要求，GB/T 150.1 根据焊接接头在容器上的位置，即根据该焊接接头所连接两元件的结构类型以及由此而确定的应力水平，把压力容器中受压元件之间的焊接接头进行了分类，具体见 GB/T 150.1 第 4.5 节。容器受压元件之间的焊接接头分为 A、B、C、D 四类，如图 5-3 所示。

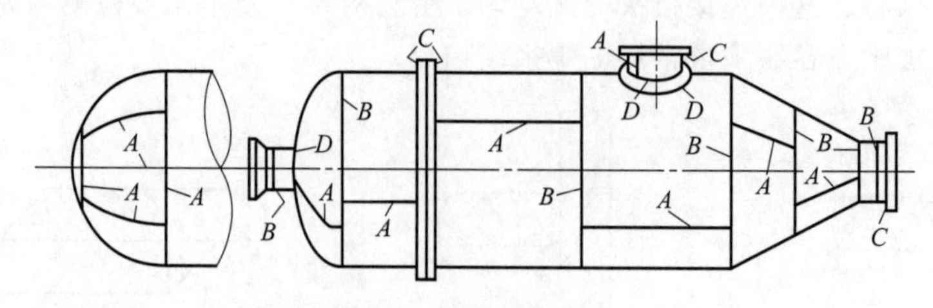


图 5-3　焊接接头分类

圆筒部分（包括接管）和锥壳部分的纵向接头（不包括多层包扎容器层板层纵向接头）、球形封头与圆筒连接的环向接头、各类凸形封头和平封头的所有拼焊接头、嵌入式接管或凸缘与壳体对接连接的接头均属 A 类焊接接头。

壳体部分的环向接头、锥形封头小端与接管连接的接头、长颈法兰与壳体或接管连接的接头、平盖或管板与圆筒对接连接的接头以及接管间的对接环向接头均属于 B 类焊接接头，但已属于 A 类焊接接头的除外。

球冠形封头、平盖、管板与圆筒非对接连接的接头、法兰与壳体或接管连接的接头、内封头与圆筒的搭接接头以及多层包扎容器层板层纵向接头均属于C类焊接接头。

接管（包括人孔圆筒）、凸缘、补强圈等与壳体连接的接头均属于D类焊接接头。

非受压元件与受压元件之间的连接接头为E类焊接接头。

（4）焊接接头系数

焊接接头系数 $\phi$ 是焊接接头强度与母材强度的比值，用以反映焊接材料、焊接缺陷和焊接残余应力等因素使焊接接头强度被削弱的程度。GB/T 150 规定钢制压力容器中的焊接接头系数仅根据压力容器对接接头的焊缝形式及无损检测的长度比例确定，与其他类别的焊接接头无关。具体按表5-3选取。

**表 5-3　焊接接头系数**

| 焊缝形式 | 结构示意 | 无损检测长度比例 | $\phi$ 值 |
|---|---|---|---|
| 双面焊对接接头和相当于双面焊的全焊透对接接头 | | 全部 | 1.00 |
| | | 局部 | 0.85 |
| 单面焊对接接头（沿焊缝根部全长有紧贴基体金属的垫板） | | 全部 | 0.90 |
| | | 局部 | 0.80 |

焊接接头系数的选取直接关系到压力容器的安全使用和制造成本，既不能因追求低成本而忽视安全，又不能因过度追求安全而加大制造成本，二者需要兼顾。焊接接头系数的选用可按容器设计经验由设计者确定，在没有设计经验的情况下，焊接接头系数可参考以下几个原则：

① A类焊接接头采用带垫板的单面焊的情况较少，一般均设计成双面焊全焊透结构。B类环向焊接接头由于容器几何尺寸或结构原因采用带垫板的单面焊的情况较多。

② 对于DN小于400mm的小直径圆筒，A类焊接接头采用双面焊比较困难，一般采用无缝钢管作为筒体，焊接接头系数直接取1，但B类环向焊接接头无损检测比例由设计者根据实际情况确定。

③ 对GB/T 150.4第10.3.1条款规定的全部射线或超声检测条件，焊接接头系数直接取1。

a. 设计压力大于或等于1.6MPa的第Ⅲ类压力容器；

b. 采用气压或气液组合耐压试验的容器；

c. 使用后需要但无法进行内部检验的容器；

d. 盛装毒性为极度或高度危害介质的容器；

e. 设计温度低于−40℃或焊接接头厚度大于25mm的低温压力容器；

f. 奥氏体不锈钢、碳素钢、Q345R、Q370R及其配套锻件的焊接接头厚度大于30mm者；

g. 15CrMoR、14Cr1MoR、08Ti3DR、奥氏体-铁素体不锈钢及其配套锻件的焊接接头厚度大于16mm者；

h. 标准抗拉强度下限值大于等于540MPa的低合金钢制容器。

④ 对于所有第Ⅲ类压力容器，焊接接头系数都可以取1；对于非盛装毒性为极度或高度危害介质的第Ⅰ和第Ⅱ类压力容器，焊接接头系数可以取0.85。

## 5.2 内压圆筒设计

圆筒具有结构简单、易于制造、便于在内部装设附件等优点，被广泛应用于反应器、换热器、分离器和中小容积的储存容器。圆筒按其结构可分为单层式和组合式两大类。单层筒体按制造方式又可分为单层卷焊式、整体锻造式、锻焊式等，其中单层卷焊式结构是目前制造和使用最多的一种筒体形式，它采用钢板在大型卷板机上卷成圆筒，经焊接纵焊缝成为筒节，受卷板机上辊直径的限制或制造成本的影响，或用钢板在水压机上压制成半圆筒，再用焊缝将两者焊接在一起。由于该焊缝的方向和圆筒的纵向（即轴向）平行，因此称为纵焊缝。若容器的直径不是很大，一般只有一条纵焊缝；随着容器直径的增大，由于钢板幅面尺寸的限制，可能出现两条或两条以上的纵焊缝。但容器较长时，需要先将钢板卷焊成若干段筒节后，再组焊成所需长度的筒体。筒节与筒节之间、筒节与封头之间的焊缝称为环焊缝。当圆筒直径较小时，常采用无缝钢管直接作为圆筒。整体锻造式和锻焊式没有纵焊缝，主要用于高压和超高压容器，筒体较长时，可由多个筒节焊接组成。

筒体的主要尺寸是直径、壁厚和高度（或长度）。一般通过工艺条件计算并确定圆筒的内径，为减少与其配套的封头和法兰数量，将其圆整到符合 GB/T 9019—2015《压力容器公称直径》的规定值，筒体用钢板卷焊，以内径 $D_i$ 作为公称直径，筒体用无缝钢管制造，则以外径 $D_o$ 作为公称直径，见表 5-4。

**表 5-4 压力容器公称直径** 单位：mm

| 钢板卷焊(以内径为基准) | | | | | | | | | |
|---|---|---|---|---|---|---|---|---|---|
| 300 | 350 | 400 | 450 | 500 | 550 | 600 | 650 | 700 | 750 |
| 800 | 850 | 900 | 950 | 1000 | 1100 | 1200 | 1300 | 1400 | 1500 |
| 1600 | 1700 | 1800 | 1900 | 2000 | 2100 | 2200 | 2300 | 2400 | 2500 |
| 2600 | 2700 | 2800 | 2900 | 3000 | 3100 | 3200 | 3300 | 3400 | 3500 |
| 3600 | 3700 | 3800 | 3900 | 4000 | 4100 | 4200 | 4300 | 4400 | 4500 |
| 4600 | 4700 | 4800 | 4900 | 5000 | 5100 | 5200 | 5300 | 5400 | 5500 |
| 5600 | 5700 | 5800 | 5900 | 6000 | | | | | |
| 无缝钢管(以外径为基准) | | | | | | | | | |
| 168 | 219 | 273 | | 325 | | 356 | | 406 | |

### 5.2.1 内压圆筒设计步骤

内压圆筒设计任务就是根据操作条件选择圆筒的材料和确定设计参数（$p$、DN、$C$ 等），通过强度计算确定筒体的名义厚度。

（1）设计参数确定

根据公称直径和操作条件（设计压力、设计温度和操作介质等）初步确定筒体材料。根据 5.1 节确定设计压力、计算压力、设计温度、腐蚀裕量、焊接接头系数和许用应力。

（2）强度计算

内压薄壁筒体失效方式是屈服失效，进行的是强度计算，目的是获取满足安全性要求的筒体壁厚。内压薄壁容器采用弹性失效设计准则，将容器总体部位的初始屈服视为失效，即容器上任一点屈服，容器就认为失效。因此，在设计中只需找出危险点的最大应力即可。

GB/T 150 常规设计采用最大拉应力准则 $\sigma_1 \leqslant [\sigma]^t$，$[\sigma]^t$ 为设计温度下材料的许用应力，内压薄壁圆筒 $\sigma_1=\sigma_\theta=\dfrac{pD}{2\delta}$，设计时考虑液柱静压力和焊接接头系数，$\dfrac{p_c D}{2\delta} \leqslant [\sigma]^t \phi$。

GB/T 150.3 中给出了设计温度下圆筒的厚度计算公式：

$$\delta=\frac{p_c D_i}{2[\sigma]^t \phi - p_c} \text{或} \delta=\frac{p_c D_o}{2[\sigma]^t \phi + p_c} \tag{5-1}$$

**注意：** GB/T 150 规定公式适用范围为 $p_c \leqslant 0.4[\sigma]^t \phi$，包括薄壁容器和 $K \leqslant 1.5$ 的单层厚壁容器，$K=D_o/D_i$。

为了便于满足设计和制造不同阶段厚度的变化，给出了以下几个厚度的含义。

① 计算厚度 $\delta$　根据计算压力按式（5-1）计算得到。计算厚度是保证容器强度、刚度或稳定性所必需的容器厚度。

② 设计厚度 $\delta_d$　$\delta_d=\delta+C_2$。设计厚度是计算厚度与腐蚀裕量之和，是确保容器强度、刚度或稳定性要求的同时，保证预期的设计寿命所要求的厚度。

③ 名义厚度 $\delta_n$　$\delta_n=\delta_d+C_1+\Delta$。名义厚度是设计厚度加上厚度负偏差后向上圆整至钢板标准规格的厚度，一般为标注在设计图样的厚度（即图样厚度）。

④ 有效厚度 $\delta_e$　$\delta_e=\delta_n-C_1-C_2$。有效厚度是名义厚度减去腐蚀裕量与厚度负偏差的厚度，是容器设计寿命周期内用来承压的理论实际厚度。

⑤ 最小壁厚（最小厚度）$\delta_{min}$　对于压力低、计算厚度很薄的压力容器，往往会给制造、安装、运输带来困难。最小厚度是指满足制造、安装运输要求的最小厚度（不包含腐蚀裕量）。碳素钢和低合金钢的最小厚度要求为 3mm，高合金钢的最小厚度要求为 2mm。

对于圆筒形容器，几个厚度的关系如图 5-4 所示。

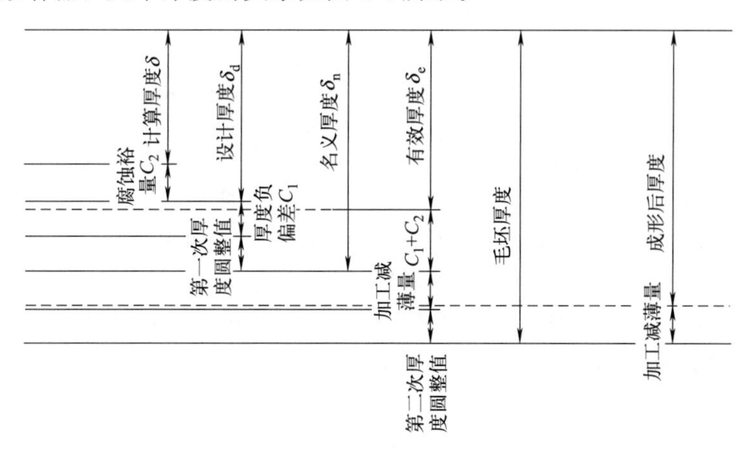


图 5-4　厚度关系示意图

**【例 5-3】** 设计一个材料为 Q245R 的圆筒，已知计算厚度为 4.5mm，腐蚀裕量为 1mm，求其设计厚度、名义厚度和有效厚度。

**已知：** Q245R 钢板的负偏差 $C_1=0.3$mm，计算厚度为 $\delta=4.5$mm，腐蚀裕量 $C_2=1$mm。

**解：**

$$\delta_d=\delta+C_2=4.5+1=5.5(\text{mm})$$

$$\delta_n=\delta+C_1+C_2+\Delta=4.5+0.3+1+\Delta=6(\text{mm})$$

$$\delta_e=\delta_n-C_1-C_2=6-0.3-1=4.7(\mathrm{mm})$$

设计时，有效厚度 $\delta_e$ 必须大于等于计算厚度 $\delta$。

**【例 5-4】** 设计一个材料为 Q245R 的圆筒，已知计算厚度为 2.5mm，腐蚀裕量为 1mm，求其名义厚度。

**已知：** Q245R 钢板的负偏差 $C_1=0.3\mathrm{mm}$，腐蚀裕量 $C_2=1\mathrm{mm}$，计算厚度为 $\delta=2.5\mathrm{mm}$，Q245R 为碳素钢

**解：** 因 $\delta_{min}-C_1=3-0.3=2.7(\mathrm{mm})>\delta$，故 $\delta_n=\delta_{min}+C_2+\Delta=3+1+\Delta=4(\mathrm{mm})$。

（3）耐压试验压力校核

按强度、刚度计算确定的容器厚度，由于材质、钢板弯卷、焊接及安装等制造加工过程不完善，有可能导致容器不安全，会在规定的工作压力下发生过大变形或焊缝有渗漏现象等。压力容器制造完成后必须做压力试验，压力试验的目的是检验容器的整体强度，检查焊缝是否有泄漏，特别是对没有经过无损检测的焊缝，检查密封结构是否有泄漏。

压力试验是在超设计压力下进行的，具有一定的危险性，特别是气压试验和气液组合试验的危险程度很大，存在爆炸的可能性，因此气压试验和气液组合试验操作时应有较液压试验更为安全的措施。只有在不适合做液压实验时，才采用气压试验或气液组合试验。

最常用的压力试验方法是液压试验。通常用常温水进行水压试验，需要时也可用不会发生危险的其他液体进行液压试验。试验时液体的温度应低于其闪点或沸点。对于不适合进行液压试验的容器，例如生产时装入贵重催化剂、要求内部烘干的容器，或容器内衬有耐热混凝土、不易烘干的容器，或由于结构原因不易充满液体的容器以及容积很大的容器等，可用气压试验代替液压试验。对介质易燃或毒性程度为极度、高度危害或设计上不允许有微量泄漏（如真空度要求较高时）的压力容器，必须在液压试验的基础上进行泄漏试验。

试验压力规定如下：

液压试验
$$p_T=1.25p\frac{[\sigma]}{[\sigma]^t} \tag{5-2}$$

气压实验或气液组合试验
$$p_T=1.1p\frac{[\sigma]}{[\sigma]^t} \tag{5-3}$$

式中　$p_T$——试验压力的最低值，MPa；

$p$——设计压力，MPa；

$[\sigma]$——容器元件材料在耐压试验温度下的许用应力，MPa；

$[\sigma]^t$——容器元件材料在设计温度下的许用应力，MPa。

为使耐压试验时容器材料处于弹性状态，在耐压试验前应校核各受压元件在试验条件下的应力水平，如对壳体元件应校核最大总体薄膜应力 $\sigma_T$。

液压试验时：$\sigma_T\leqslant 0.9R_{eL}\phi$

气压实验或气液组合试验时：$\sigma_T\leqslant 0.8R_{eL}\phi$

对壳体元件应校核最大总体薄膜应力：
$$\sigma_T=\frac{p_T(D_i+\delta_e)}{2\delta_e} \tag{5-4}$$

液压试验时，应使设备充满液体。为防止材料发生低应力脆性破坏，耐压试验时金属壁温应比材料的韧脆转变温度高 30℃。对于奥氏体不锈钢，氯离子含量应控制在 25mg/L 以内，并在试验后立即将水渍清除干净，避免氯离子破坏其表面钝化膜。

（4）最高允许工作压力计算

GB/T 150.3 中给出了设计温度下圆筒的最高允许工作压力计算公式：

$$[p_W]=\frac{2\delta_e[\sigma]^t\phi}{D_i+\delta_e} \quad 或 \quad [p_W]=\frac{2\delta_e[\sigma]^t\phi}{D_o-\delta_e} \tag{5-5}$$

### 5.2.2 设计示例

**【例 5-5】** 一顶部装有安全阀的卧式圆筒形储存容器，没有保冷措施；内装混合液化石油气，经测试其在 50℃时的最大饱和蒸气压为 1.62MPa（即 50℃时丙烷的饱和蒸气压）；筒体内径 $D_i=2600$mm，筒长 $L=8000$mm，装量系数为 0.9。试确定筒体的厚度（不考虑支座的影响）。

**解：**

（1）确定设计参数，选择材料

① 储存液化气体，没有保冷措施，取设计温度 50℃。

② 50℃时的最大饱和蒸气压为 1.62MPa，则工作压力 $p_w=1.62$MPa。装有安全阀，设计压力

$$p=1.1p_w=1.1\times1.62=1.782\ (\mathrm{MPa})$$

取 $p=1.78$MPa。

查手册知道液态液化石油气密度 580kg/m$^3$，已知装量系数为 0.9，则液体产生压力（液柱静压力）为

$$p_{液}=0.9gh\rho=0.9D_ig\rho=0.0133(\mathrm{MPa})(小于5\%P，故可忽略)$$

计算压力 $$p_c=p=1.78\mathrm{MPa}$$

③ 设备公称直径：筒体内径 $D_i=2600$mm，应为钢板卷焊，壁厚以内径为基础。

④ 根据操作介质易燃易爆、设计温度不高和设计压力为中压的特点，材料可选用 Q245R 和 Q345R，按标准可知 $C_1=0.3$mm。

⑤ 混合液化石油气有轻微腐蚀，可取 $C_2=2$mm。

⑥ 混合液化石油气易燃易爆，要求采用全焊透结构且全部检测，取焊接接头系数 $\phi$ 为 1mm。

（2）计算筒体壁厚

选用 Q345R 钢板，预计钢板厚度为 3～16mm，则 50℃的许用应力$[\sigma]^t$ 为 189MPa。

$$\delta=\frac{p_cD_i}{2[\sigma]^t\phi-p_c}=\frac{1.78\times2600}{2\times189\times1-1.78}=12.3(\mathrm{mm})$$

$$\delta_n=\delta+C_1+C_2+\Delta=12.3+0.3+2+\Delta=15(\mathrm{mm})$$

一般取常用钢板厚度 $\delta_n=16$mm。

（3）压力试验校核

使用水压试验，试验压力

$$p_T=1.25p\frac{[\sigma]}{[\sigma]^t}=2.23\mathrm{MPa}$$

且 $$\delta_e-\delta_n-C_1-C_2=16-0.3-2=13.7(\mathrm{mm})$$

则 $$\sigma_T=\frac{p_T(D_i+\delta_e)}{2\delta_e\phi}=\frac{2.23\times(2600+13.7)}{2\times13.7\times1}=212.72(\mathrm{MPa})$$

由于 $$\sigma_T\leqslant0.9R_{eL}\phi=0.9\times345\times1=310.5(\mathrm{MPa})$$

所以采用 2.23MPa 压力进行水压试验，强度足够。

（4）最大允许工作压力计算

$$[p_W]=\frac{2\delta_e[\sigma]^t\phi}{D_i+\delta_e}=\frac{2\times13.7\times189\times1}{2600+13.7}=1.94(\mathrm{MPa})$$

为优化设计，比较设计方案，可以用SW6软件辅助设计筒体，比较多种材料制作筒体的耗材，SW6的操作方法可参照本书附录D。

筒体设计可以在SW6辅助设计软件“零部件”程序中的筒体模块进行。如选用Q245R材料，设计过程如下：

① 新建文件　打开SW6软件，新建零部件文件，并命名为“内压圆筒设计”，后缀名为.par。

② 输入主体设计参数　单击“数据输入”菜单下的“主体设计参数”，出现如图5-5所示对话框，在其中输入相应参数。

试验压力可参考耐压试验公式输入，按规定选择时也可不输入。

③ 输入筒体数据　单击“数据输入”菜单下的“筒体”，出现如图5-6所示对话框，在其中输入相应参数。

主体设计参数
设计压力（MPa）： 1.78
设计温度（℃）： 50
壁厚计算基准：
◉ 以内径为基准　○ 以外径为基准
设备内径（mm）： 2600
试验压力（MPa）：
压力试验类型：
◉ 液压试验　○ 气压试验

图5-5 “主体设计参数”对话框

筒体数据输入
筒体数据
液柱静压力（MPa）： 0.0133
筒体长度（mm）： 8000
腐蚀裕量（mm）： 2
筒体名义厚度（mm）：
纵向焊接接头系数： 1
材料类型：
◉ 板材　○ 管材　○ 锻件
材料： Q245R
设计温度下许用应力（MPa）： 147.625
常温下许用应力（MPa）： 148
常温下屈服点（MPa）： 245
☐ 指定板材负偏差为0

图5-6 “筒体数据输入”对话框

④ 计算壁厚　材料选择Q245R，单击“计算”菜单下的“筒体”，计算结果如图5-7所示。

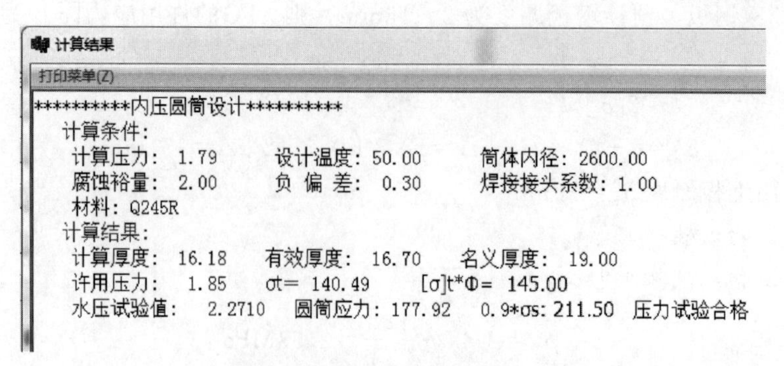
计算结果
打印菜单(Z)
**********内压圆筒设计**********
计算条件:
计算压力: 1.79　设计温度: 50.00　筒体内径: 2600.00
腐蚀裕量: 2.00　负 偏 差: 0.30　焊接接头系数: 1.00
材料: Q245R
计算结果:
计算厚度: 16.18　有效厚度: 16.70　名义厚度: 19.00
许用压力: 1.85　σt= 140.49　[σ]t*Φ= 145.00
水压试验值: 2.2710　圆筒应力: 177.92　0.9*σs: 211.50　压力试验合格

图5-7　筒体壁厚计算结果（1）

⑤ 调整设计参数　忽略液柱静压力，名义厚度选择常用壁厚20mm，重新计算运行，打印计算结果，生成计算书。

由设计过程可知，使用软件SW6，设计者只需确定并输入设计参数，SW6软件程序会自动获取标准参数进行设计，可大大节省设计者时间。另外SW6软件将设计参数、厚度计算、压力试验校核、最大允许工作压力计算过程通过计算说明书打印，设计过程一目了然。设计者还能通过改变设计参数比较设计结果，对设计进行优化。

如材料选择 Q345R，忽略液柱静压力，名义厚度选择 16mm，SW6 计算结果如图 5-8 所示。

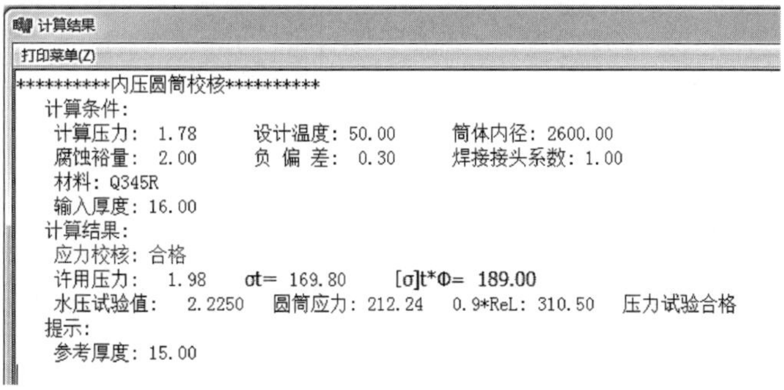

```
计算结果
打印菜单(Z)
**********内压圆筒校核**********
  计算条件:
   计算压力: 1.78      设计温度: 50.00      筒体内径: 2600.00
   腐蚀裕量: 2.00      负 偏 差: 0.30       焊接接头系数: 1.00
   材料: Q345R
   输入厚度: 16.00
  计算结果:
   应力校核: 合格
   许用压力:  1.98    σt= 169.80      [σ]t*Φ= 189.00
   水压试验值:   2.2250   圆筒应力: 212.24   0.9*ReL: 310.50   压力试验合格
  提示:
   参考厚度: 15.00
```

图 5-8　筒体壁厚计算结果（2）

SW6 软件自动计算容器耗材，筒体分别采用 Q245R 和 Q345R 两种材料设计，可知筒体若采用 Q245R 钢板（壁厚 20mm）制造，则原材料耗材为 10337.80kg（SW6 计算说明书获取）；筒体若采用 Q345R 钢板（壁厚 16mm）制造，则原材料耗材为 8257.62kg。比较结果，采用 Q345R 钢板大约节省原材料 2080kg，因此，该筒体应选用 Q345R 制造比较经济。

## 5.3　内压封头设计

大多数压力容器都由筒体和封头组成承压空间，由于总体结构不连续，在连接处附近出现边缘应力。连接处的壳体应力的解分为两个部分——薄膜解和有矩解。薄膜解即壳体的薄膜应力的解，有矩解则是边缘应力的解。在应力计算时，常规设计通常使用内压薄膜应力乘以相应的应力增强系数作为总应力，应力增强系数与封头类型及连接处的结构形式密切相关。

### 5.3.1　封头结构与分类

压力容器封头类型有：凸形封头、平盖封头、锥形封头（含偏心锥壳）等，其中凸形封头又分为半球形封头、椭圆形封头、碟形封头和球冠形封头。

（1）半球形封头

半球形封头为半个球壳，如图 5-9(a) 所示。受内压的半球形封头，薄膜应力为相同直径圆筒体的一半，受力状态好、边缘应力很小可忽略。半球形封头相对厚度较薄，且比表面积大，节省材料，是最理想的结构形式。但由于内曲面深度大，直径小时整体冲压困难，直径较大时采用分瓣冲压拼焊而成，不宜加工成形，加工成本高。半球形封头一般用于高压容器封头。由于其受力状态好，也常用作大型中压储罐的壳体。

（2）椭圆形封头

椭圆形封头由半个椭球面和短圆筒组成，如图 5-9(b) 所示。为避免封头和筒体的连接焊缝处出现经向曲率半径突变，改善焊缝的受力状况，设置了直边段，将焊缝与曲率突变错开。

标准椭圆形封头长短轴比为 2，是最广泛用于压力容器的一种封头，薄膜应力最大值在顶点处（拉应力）和赤道处（压应力）大小相等，且与同直径圆筒大小一致，均为 $pD/2\delta$。

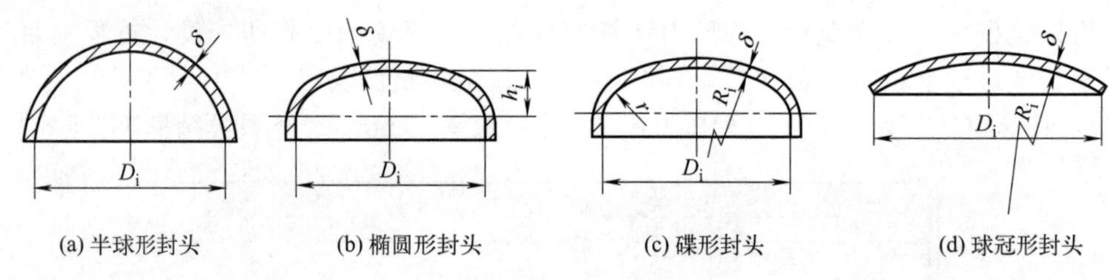


图 5-9　凸形封头

在赤道圆附近结构不连续处，存在一定的边缘应力，边缘应力的计算有理论计算和实验实测两种方法，其应力分布情况如图 5-10 所示，椭圆形的边缘应力较小，主要影响的是经向应力，对环向应力影响很小，因此标准椭圆形封头的应力增强系数直接取 1，而其他椭圆形封头的应力增强系数值依据标准规定的经验值查取。

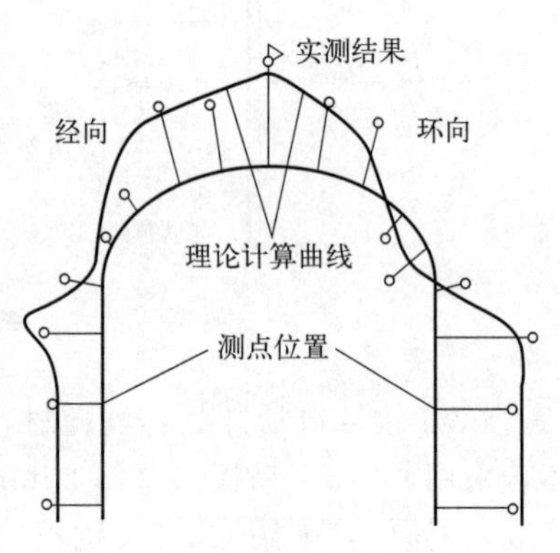


图 5-10　标准椭圆形封头应力分布曲线

标准椭圆形封头具有受力较均匀、封头与直边连接处不连续应力小、内曲面深度适中、加工成形相对容易等特点，是中低压容器的常用封头。

(3) 碟形封头

碟形封头又称带折边球面封头，由半径为 $R_i$ 的球面体、半径为 $r$ 的过渡环壳和短圆筒等三部分组成，见图 5-9(c)。碟形封头的过渡环壳降低了封头深度，方便成型，且压制碟形封头的钢模加工简单。过渡环处是不连续曲面，存在较大边缘弯曲应力，边缘弯曲应力与薄膜应力叠加，使该部位的应力远远高于其他部位，故受力状况不佳，必须增加应力增强系数计算危险点应力。应力增强系数的值与 $r/R_i$ 密切相关，具体取值可依据标准规定的经验值查取。碟形封头主要应用于大直径、低（常）压容器。

(4) 球冠形封头

当碟形封头 $r=0$ 时即为球冠形封头。球面与筒体直接连接，如图 5-9(d) 所示。球冠形封头结构简单、制造容易，可以用作两个独立空间的中间封头，也可用作端盖。但因与筒体连接处不连续应力较大，故在与其连接处筒体一般需做补强处理，如图 5-11 所示，一般只用于压力不高的场合。

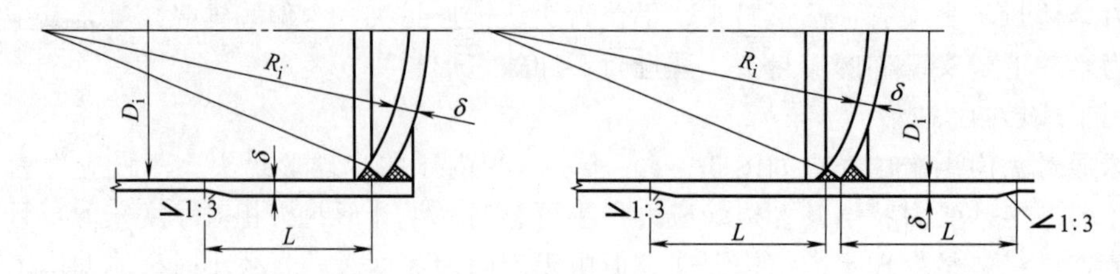


图 5-11　与球冠形封头连接处筒体补强

(5) 锥形封头

锥形封头通常用于悬浮、黏稠或固体颗粒物料的排放，也可用于两端不同直径筒体的连接过渡，当厚度较薄时可直接卷制成形。

因其与筒体连接处不连续应力较大，常采用圆弧过渡的方法减少不连续应力，如图 5-12 所示。在进行强度计算时，需要增加应力增强系数来计算总应力，应力增强系数的大小与过渡段的圆弧半径和半锥角密切相关。锥形封头常用于压力不高的场合，作为卸料或变径使用。

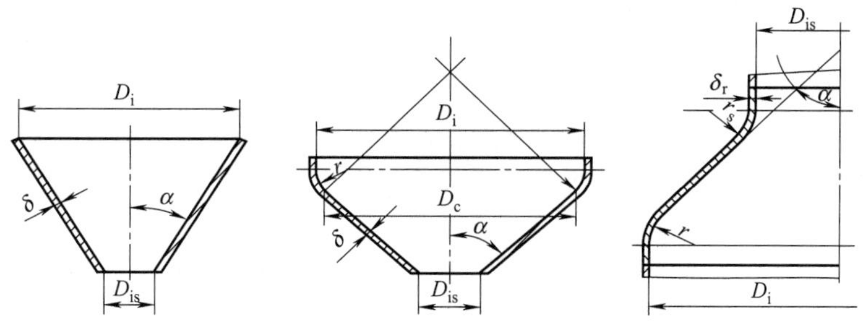


图 5-12 锥形封头

（6）平盖封头

平盖封头是各种封头中结构最简单、制造最容易的封头。平盖封头与筒体的连接方式不同，结构形状也不同，GB/T 150 中将其固定方式大概分为以下几种方式（表 5-5）：①与圆筒成一体或对焊在一起，此时会有一段过渡直边段；②与圆筒角焊或组合焊在一起；③通过螺栓连接；④锁底对接焊。

**表 5-5 平盖封头固定方法结构图示例**

| 固定方法 | 与圆筒成一体或对焊在一起 | 与圆筒角焊或组合焊在一起 |
|---|---|---|
| 结构简图 | 切线 焊缝中心 $L$ $r$ $\delta_{ep}$ $\delta_{ep}$ $D_c$ $\delta_e$ 斜度1:3 | $f$ $f$ $\delta_{ep}$ $\delta_e$ $D_c$ |
| 固定方法 | 通过螺栓连接 | 锁底对接焊 |
| 结构简图 | $L_G$ $D_c$ $\delta_{ep}$ | $\delta_1$ R6 30° 3 ≥3 $\delta_{ep}$ 3 $\delta_e$ $D_c$ |

在相同条件下，薄板所需厚度比薄壳大，大部分容器都采用回转体制造。为增加平盖的强度与刚度，减小挠度和降低最大正应力，通常用正交栅格、肋板加固平盖等方法，如塔盘结构。

平盖封头除应力远大于筒体外，在与筒体连接处还存在很大的不连续应力，且其主要受弯曲应力，平盖封头厚度会很大，耗材多且笨重，故常用于常（低）压容器封头或小直径高压容器。

## 5.3.2 内压封头设计步骤

（1）设计选型

首先根据公称直径和操作条件（设计压力、设计温度和操作介质等）初步确定封头材料和结构形式，优先选用封头标准中推荐的型式与参数。

封头的结构选型主要考虑以下几个因素：

① 必须满足使用要求，用于悬浮、黏稠或固体颗粒介质的卸料或筒体的变径段只能使用锥形封头，中间封头则优先使用球冠形封头。

② 需要根据设计压力，按照封头的承压能力选择合适的封头结构。从承压能力来看，半球形封头最好，椭圆形和碟形其次，球冠形和锥形更次，平盖最差。同等情况下，承压能力弱的封头，壁厚更厚，耗材也就更多。

③ 封头是容器的主要承压空间之一，尽量采用比表面积大的结构形状，同等耗材下，容积更大。

④ 同时还需考虑制造角难度，平盖最容易，球冠形和锥形次之，碟形和椭圆形更次，而半球形最难制造。制造难度越大，成本也就越高。

总之，在选择封头形式时，应在满足使用要求的前提下，综合考虑安全性（承压能力）和经济性（耗材和制造成本）的要求。

(2) 强度计算

内压封头的失效方式仍然是强度失效，采用弹性失效设计准则进行强度计算。强度计算时，在计算公式中引入应力增强系数，以计入不连续应力的影响。

几种常用封头的壁厚计算公式如下。

① 半球形封头

$$\delta=\frac{p_c D_i}{4[\sigma]^t\phi-p_c} \tag{5-6}$$

式中 $D_i$——球壳的内直径，mm。

② 椭圆形封头

$$\delta=\frac{K p_c D_i}{2[\sigma]^t\phi-0.5p_c} \tag{5-7}$$

式中 $D_i$——椭圆封头赤道圆的内直径，mm；

$K$——椭圆封头的形状系数，$K=\frac{1}{6}\left[2+\left(\frac{D_i}{2h_i}\right)^2\right]$，$h_i$ 为封头内曲面深度。标准椭圆形封头 $K=1$。

因过渡转角区存在较大的周向压缩应力，为避免局部屈曲变形而失稳，GB/T 150 规定 $K\leqslant1$ 的椭圆形封头的有效厚度应不小于封头内直径的 0.15%。

③ 碟形封头

$$\delta=\frac{M p_c R_i}{2[\sigma]^t\phi-0.5p_c} \tag{5-8}$$

式中 $R_i$——碟形封头球面的内半径，mm；

$M$——碟形封头形状系数，其大小与球面内半径与过渡圆弧半径之比 $R_i/r$ 有关，标准碟形封头 $R_i=5.5r$，即 $R_i=0.9D_i$，$M=1.34$，$D_i$ 为与其连接的筒体内径。

因过渡转角区存在较大的周向压缩应力，为避免局部屈曲变形而失稳，GB/T 150 规定 $M\leqslant1.34$ 的碟形封头的有效厚度应不小于封头内直径的 0.15%。

④ 平盖封头

$$\delta_p=D_c\sqrt{\frac{K p_c}{[\sigma]^t\phi}} \tag{5-9}$$

式中 $\delta_p$——平盖计算厚度，mm；

$K$——结构特征系数，其大小与平盖结构及固定方式有关，可查阅 GB/T 150.3 获取；

$D_c$——平盖计算直径，mm。

GB/T 150.3 中给出了不同封头的设计计算方法，设计时可参照进行。

(3) 壁厚计算

内压封头与内压筒体计算基本相同，首先确定设计压力、计算压力、设计温度、腐蚀裕量、焊接接头系数和许用应力，然后按相应公式得到计算厚度、设计厚度和名义厚度。应注意的是因椭圆形封头和碟形封头中有压缩应力存在，需另外进行稳定性失效校核。

内压封头压力试验校核与最大允许工作压力计算与筒体类似，可根据 GB/T 150.3 的计算公式进行计算。

### 5.3.3 设计示例

**【例 5-6】**今欲设计一台乙烯精馏塔。已知该塔内径 $D_i=600\text{mm}$，塔体 $\delta_n=7\text{mm}$，材料选用 Q345R，设计压力 $p=2.2\text{MPa}$，工作温度 $t=-20\sim-3℃$。试分别采用椭圆形、半球形、碟形和平盖作为封头计算其厚度，并将各种形式封头的计算结果进行分析比较，最后确定该塔的封头形式与尺寸。

计算在 SW6 辅助设计软件“零部件”程序中的筒体模块进行。设计过程如下：

① 打开 SW6 软件，新建零部件文件，并命名为“内压封头设计”，后缀名为.par。

② 主体设计参数输入。单击“数据输入”菜单下的“主体设计参数”，在其中输入 $D_i=600\text{mm}$，计算压力 $p=2.2\text{MPa}$，设计温度取最低工作温度－20℃。(与筒体设计方法一致)

③ 封头数据输入。单击“数据输入”菜单下的“封头”，出现如图 5-13 所示对话框。

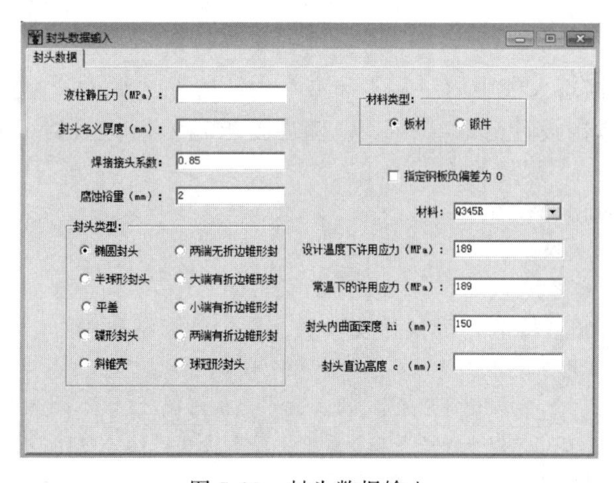


图 5-13 封头数据输入

(1) 椭圆形封头

在“封头类型”单选按钮组中，选择“椭圆封头”，则封头的内曲面深度和封头的直边高度将会显示出来让用户输入。本设计选择标准椭圆形封头，可直接计算或查标准 GB/T 25198—2010《压力容器封头》获得数据输入，曲面深度为 600mm/4＝150mm。直边高度(25mm) 可不输入，程序在进行封头计算时会自动根据标准确定，不会影响封头的强度或刚度计算。

材料为 Q345R，根据介质和压力，可设计筒体与封头焊接为双面焊，局部无损检测，焊接接头系数取0.85；由于乙烯腐蚀性不大，考虑减薄率（12%）后取 $C_2=2mm$。

单击“计算”菜单下的“封头”，计算结果如下：

＊＊＊＊＊＊＊＊＊＊＊内压椭圆封头设计＊＊＊＊＊＊＊＊＊＊＊

计算条件： 计算压力：2.20 设计温度：－20.00 筒体内径：600.00 腐蚀裕量：2.00
负偏差：0.30 焊接接头系数：0.85 曲面高度：150.00 材料：Q345R

计算结果： 计算厚度：4.12 有效厚度：4.70 名义厚度：7.00 许用压力：2.51
水压试验值：2.7500 椭圆封头应力：207.32 0.9＊ReL：310.50 压力试验合格

（2）半球形封头

在图5-13封头数据输入框中的“封头类型”中，选择“半球形封头”，计算结果如下：

＊＊＊＊＊＊＊＊＊＊＊内压球壳设计＊＊＊＊＊＊＊＊＊＊＊

计算条件： 计算压力：2.20 设计温度：－20.00 筒体内径：600.00 腐蚀裕量：2.00
负偏差：0.30 焊接接头系数：0.85 材料：Q345R

计算结果： 计算厚度：2.06 有效厚度：3.70 名义厚度：6.00 许用压力：3.94
σt＝89.74[σ]t＊Φ＝ 160.65 水压试验值：2.7500 球壳应力：131.97
0.9＊ReL：310.50 压力试验合格

（3）碟形封头

在图5-13封头数据输入框中的“封头类型”中，选择“碟形封头”，计算或查标准获取球面内半径（$R_i=0.9D_i=540mm$）和过渡圆半径（$r=0.17D_i=102mm$），计算结果如下：

＊＊＊＊＊＊＊＊＊＊＊内压碟形封头设计＊＊＊＊＊＊＊＊＊＊＊

计算条件： 计算压力：2.20 设计温度：－20.00 筒体内径：600.00 腐蚀裕量：2.00
负偏差：0.30 焊接接头系数：0.85 顶圆半径：540.00 过渡圆半径：102.00
材料：Q345R

计算结果： 计算厚度：4.92 有效厚度：5.70 名义厚度：8.00 许用压力：2.55
水压试验值：2.7500 碟形封头应力：203.90 0.9＊ReL：310.50 压力试验合格

（4）平盖

在图5-13封头数据输入框中的“封头类型”中，选择“平盖”，会出现页面要求用户选择平盖的结构形式。本次设计选取结构12。随后要求输入筒体数据，输入筒体名义厚度为7mm，腐蚀裕量为2mm，焊缝系数为0.85。

计算结果数据显示出错信息：

须做100%射线或超声波探伤

温度＝－20.00 焊缝系数＝0.85 名义厚度＝36.00

更改焊接接头为100%检测，焊接接头系数为1，计算结果为：

＊＊＊＊＊＊＊＊＊＊＊内压平盖设计＊＊＊＊＊＊＊＊＊＊＊

计算条件： 计算压力：2.20 设计温度：－20.00 筒体内径：600.00 腐蚀裕量：2.00
负偏差：0.30 焊接接头系数：1.00 平盖类型：12 材料：Q345R
筒体材料：Q345R 筒体腐蚀裕量：2.00

计算结果：

[圆筒] 计算厚度：3.51 有效厚度：4.70 名义厚度：7.00
[平盖] 计算厚度：30.35 有效厚度：30.70 名义厚度：33.00
系数K值：0.22 水压试验值：2.7500

将平板壁厚设置为常用壁厚36mm，重新运行计算，校验合格。

经计算比较可知：同等情况下椭圆形封头厚度为7mm，碟形封头为8mm，半球形封头为6mm，平盖则为36mm，平板封头壁厚大，且与之相连的筒体也承受较大的边缘应力，半球形封头加工成本高，故设计应选用椭圆形封头。

# 5.4 外压圆筒和封头设计

外压容器从其受力情况看，其受力方向与内压容器相反，因此容器在厚度方向承受的是压缩应力。当壁厚较薄时，在外压作用下，往往在应力远低于材料屈服强度时，容器就不能保持原有的形状而发生屈曲变形。承受外压载荷的壳体，当外压载荷增大到某一值时，壳体会突然失去原来的形状，被压扁或出现波纹，载荷卸去后，壳体不能恢复原状，这种现象称为外压壳体的失稳。失稳的实质是容器筒壁内的应力状态由单纯的压应力平衡跃变为主要受弯曲应力的新平衡。失稳是由于容器刚度不足造成的，因此保证容器有足够的刚度是外压容器主要考虑的问题。

外载荷达到某一临界值，发生径向挠曲，并迅速增加，沿周向出现压扁或有规则的波纹。按筒体失稳时的受力方向，分为侧向失稳和轴向失稳。侧向失稳时主要承受侧向均匀压力载荷，主要是环向压缩应力引起的，失稳时横断面由圆形变为波形，如图 5-14 (a)（b）所示，真空操作容器容易出现侧向失稳。轴向失稳主要由轴向压应力引起，经线由直线变为波形线，而横断面仍为圆形，如图 5-14(c) 所示，大型立式容器容易出现局部轴向失稳。

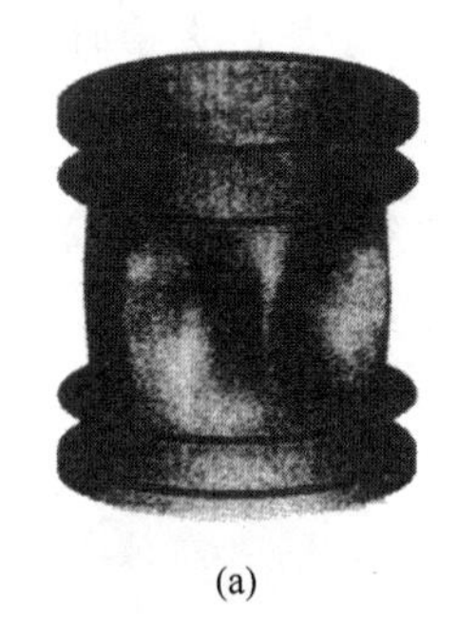
(a)

(b)

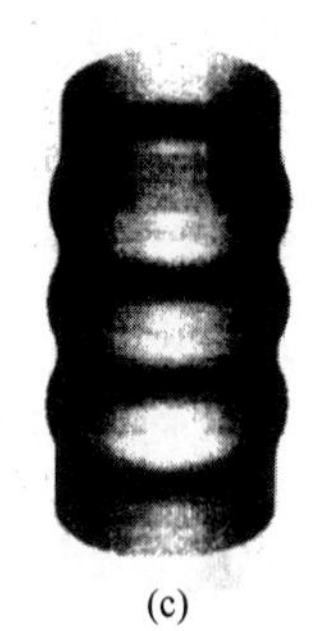
(c)

图 5-14 外压失稳

## 5.4.1 临界压力

导致容器失稳时的压力称为临界压力，用 $p_{cr}$ 表示。此时壳体中的应力称为临界应力，以 $\sigma_{cr}$ 表示。

### 5.4.1.1 临界压力的影响因素

影响临界压力的因素主要有以下几点。

① 容器的几何尺寸　厚径比 $\delta/D$ 和长径比 $L/D$ 是影响外压容器刚度的两个主要参数。厚径比 $\delta/D$ 越大，圆筒刚度越大，临界应力越大。长径比 $L/D$ 对短圆筒的临界应力有影响，长径比越大，临界应力越小。

$L/D$ 和 $D/\delta$ 较大时，其中间部分将不受两端约束或刚性构件的支承作用，壳体刚性较差，失稳时呈现两个波纹，$n=2$，称为长圆筒。

$L/D$ 和 $D/\delta$ 较小时，壳体两端的约束或刚性构件对圆柱壳的支持作用较为明显，壳体刚性较大，失稳时呈现两个以上波纹，$n>2$，称为短圆筒，具体波纹数是由圆筒的结构尺寸决定的。

表 5-6 圆筒形壳体失稳后的形状

| 失稳波形 | | | | |
|---|---|---|---|---|
| 波纹数 $n$ | 1 | 2 | 3 | 4 |

$\delta/D$ 很小的薄壁回转壳失稳时，器壁的压缩应力通常低于材料的比例极限，称为弹性失稳。当回转壳体厚度增大时，有可能壳体中的应力超过材料屈服点才发生失稳，这种失稳称为弹塑性失稳或非弹性失稳。当容器器壁应力达到屈服强度时，圆筒还没有失稳，这样的圆筒称为刚性圆筒。刚性圆筒具有足够的稳定性，一般为强度失效。

② 材料的物理性能　材料的弹性模量 $E$ 值和泊松比 $\mu$ 对临界压力有直接影响，而这两者的值主要由材料的化学成分决定，对于各种钢制圆筒来说，两者的值差别很小。

③ 圆筒形状缺陷　圆筒形状缺陷主要有不圆度和局部缺陷中的褶皱、鼓胀或凹陷，形状缺陷对圆筒稳定性的影响很大，会引起局部压缩应力增加，大大降低临界应力。

为保证容器安全，除对圆筒的初始不圆度严格限制外，我国标准规定外压圆筒失稳计算时需要考虑一定的稳定性安全系数。

#### 5.4.1.2 圆筒侧向失稳临界压力

容器侧向失稳时，圆筒发生如表 5-6 所示的弯曲变形。根据理想圆柱壳小挠度理论，假设圆柱壳厚度 $\delta$ 与直径 $D$ 相比是小量，变形位移 $w$ 与厚度 $\delta$ 相比是小量，失稳时圆柱壳体的应力仍处于弹性范围，推导出理想情况下临界压力的计算公式如下：

钢制长圆筒的临界压力为（$E^t$ 为设计温度下材料的弹性模量）

$$p_{cr}=2.2E^t\left(\frac{\delta_e}{D_o}\right)^3 \tag{5-10}$$

钢制短圆筒的临界压力为

$$p_{cr}=\frac{2.59E^t\left(\frac{\delta}{D_o}\right)^{2.5}}{L/D_o} \tag{5-11}$$

实际使用将其修正为

$$p_{cr}=2.59E^t\frac{\left(\frac{\delta_e}{D_o}\right)^{2.5}}{\frac{L}{D_o}-0.45\left(\frac{\delta_e}{D_o}\right)^{0.5}} \tag{5-12}$$

长、短圆筒的临界长度为 $L=1.17D_o\sqrt{\frac{D_o}{\delta}}$。

钢制圆筒则采用强度计算公式推导，最大允许工作压力为

$$[p_W]=\frac{2\delta_e[\sigma]^t\phi}{(D_i+\delta_e)} \tag{5-13}$$

式中的许用压力用许用压应力代替。

式（5-10）和式（5-11）都是在假定圆筒没有初始椭圆度的条件下推导出来的，而实际上圆筒是存在椭圆度的。实践证明，许多长圆筒或管子的一般压力达到临界压力的 1/3～1/2 时，它们就会被压瘪。此外，在操作时往往由于操作条件的破坏，壳体实际承担的压力会比计算压力大一些，因此，绝不允许在外压力等于或接近临界压力时进行操作。

## 5.4.2 设计步骤

外压薄壁容器的主要失效方式是稳定性失效，失效判据为 $p \leqslant p_{cr}$，考虑安全性，稳定性失效设计准则是使设计外压小于等于许用外压，即 $p \leqslant [p] = p_{cr}/m$，$m$ 为稳定性安全系数，GB 150 规定筒体侧向稳定性安全系数 $m=3$。当筒体是刚性圆筒时，同时需要进行强度计算，进行强度设计。

外压圆筒设计任务就是根据操作条件选择圆筒的材料和确定设计参数（$p$、$L$、DN、$C$ 等），通过稳定性失效设计准则计算确定筒体的名义厚度。

### 5.4.2.1 设计参数的选取

① 设计压力 $p$　参照设计的一般规定选取（表 5-1）。

② 设计温度 $T$、公称直径 DN、材料、腐蚀裕量　选取方法同内压容器。

③ 计算长度 $L$　计算长度 $L$ 是指容器内部或外部两相邻支撑线（刚性构件）之间的最大距离。刚性构件是指圆筒端部保持足够的约束，使其对圆筒起到支承的作用，如封头、法兰、加强圈等。

计算长度 $L$ 的确定，分为以下几种情况（如图 5-15）。

a. 如图 5-15(a) 所示，圆筒没有加强圈（或其他刚性构件），取圆筒总长度（凸形封头切线间的距离）加上每个凸形封头曲面深度的 1/3。

b. 如图 5-15(c) 所示，圆筒有加强圈（或其他刚性构件）时，取两相邻刚性构件之间的最大距离。

c. 如图 5-15(d) 所示，取圆筒加强圈到凸形封头切线间的距离，再加上凸形封头曲面深度的 1/3。

d. 如图 5-15(b)、(e)、(f) 所示，当圆筒与锥壳相连时，若连接线处可作支撑线，取其连接处与支撑线之间的最大距离。图 5-15(f) 中 $L_x$ 指锥壳的轴向长度，计算外压时要取当量长度 $L_e$（取值方法见 GB/T 150.3）

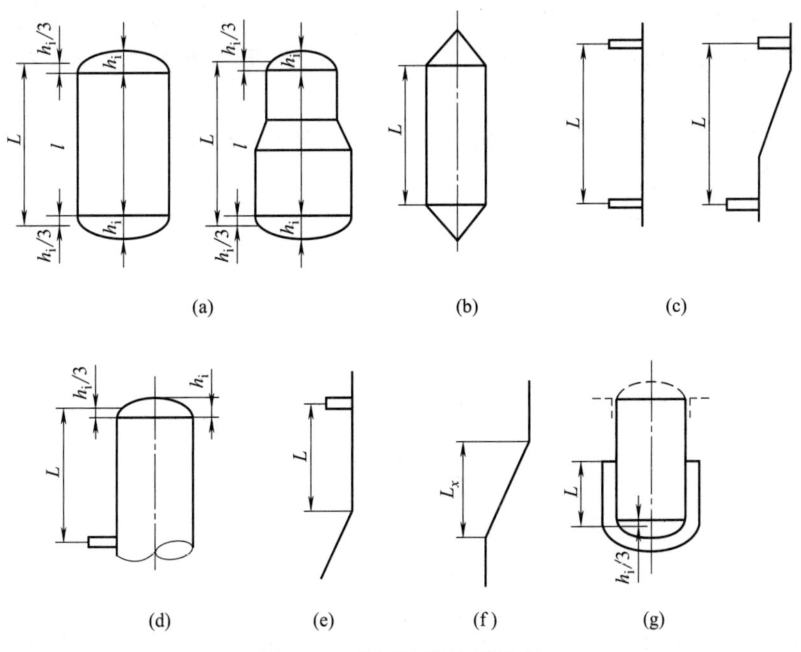


图 5-15　外压圆筒计算长度

e. 如图 5-15(g) 所示，对带夹套的圆筒，取承受外压的圆筒长度；若有凸形封头，加上凸形封头直边，再加上凸形封头曲面深度的 1/3。

#### 5.4.2.2　图算法

外压圆筒失效方式主要是稳定性失效，GB/T 150.3 第 4 章规定了外压圆筒的稳定性校核计算，采用工程设计中的图算法。

图算法的基本方法如下。

① 假设筒体的名义厚度 $\delta_n$，计算有效厚度 $\delta_e$，计算 $D_o/\delta_e$ 和 $L/D_o$。

② 确定外压应变系数 $A$，$A=\varepsilon_{cr}$，$\varepsilon_{cr}$ 为失稳时周向应变。

圆筒在 $p_{cr}$ 作用下，产生的周向应力：

$$\sigma_{cr}=\frac{p_{cr}D_o}{2\delta_e} \tag{5-14}$$

为避开材料的弹性模量 $E$（塑性状态为变量），采用应变表征失稳时的特征。不论长圆筒或短圆筒，无论是何种材料，失稳时周向应变（按单向应力时的胡克定律）为

$$\varepsilon_{cr}=\frac{\sigma_{cr}}{E^t}=\frac{p_{cr}D_o}{2E^t\delta_e} \tag{5-15}$$

代入式（5-10），长圆筒周向应变为

$$\varepsilon_{cr}=\frac{1.1}{\left(\frac{D_o}{\delta_e}\right)^2} \tag{5-16}$$

代入式（5-12），短圆筒周向应变为

$$\varepsilon_{cr}=\frac{1.3}{\left[\frac{L}{D_o}-0.45\left(\frac{D_o}{\delta_e}\right)^{-0.5}\right]\left(\frac{D_o}{\delta_e}\right)^{1.5}} \tag{5-17}$$

为简化计算，将 $L/D_o$、$D_o/\delta_e$ 与 $A$（即 $\varepsilon_{cr}$）关系绘制成曲线。以 $A$ 作为横坐标，$L/D_o$ 作为纵坐标，$D_o/\delta_e$ 作为参量绘成曲线，如图 5-16 所示。如果是长圆筒，则在与纵坐标平行的直线簇上，失稳时周向应变 $A$ 与 $L/D_o$ 无关；如果是短圆筒，则在斜平行线簇上，失稳时 $A$ 与 $L/D_o$、$D_o/\delta_e$ 都有关。

③ 确定外压应力系数 $B$。通过结构尺寸求出临界应变 $\varepsilon_{cr}$ 后，需要找出许用外压 $[p]$，比较 $p$ 与 $[p]$ 大小，进行稳定性校核。

GB/T 150 外压圆筒侧向失稳取稳定性安全系数 $m=3$，则 $[p]=p_{cr}/3$，代入式（5-15）整理得：

$$\varepsilon_{cr}=\frac{\sigma_{cr}}{E}=\frac{p_{cr}D_o}{2E\delta_e}=\frac{3[p]D_o}{2E\delta_e}$$

则
$$\frac{D_o[p]}{\delta_e}=\frac{2}{3}E\varepsilon_{cr}$$

令
$$B=\frac{D_o[p]}{\delta_e}$$

则
$$B=\frac{2}{3}E\varepsilon_{cr}=\frac{2}{3}EA \tag{5-18}$$

以 $A$（即 $\varepsilon_{cr}$）为横坐标，以 $B$（即 $\frac{D_o[p]}{\delta_e}$）为纵坐标，建立 $B$-$A$ 关系曲线，称为外压

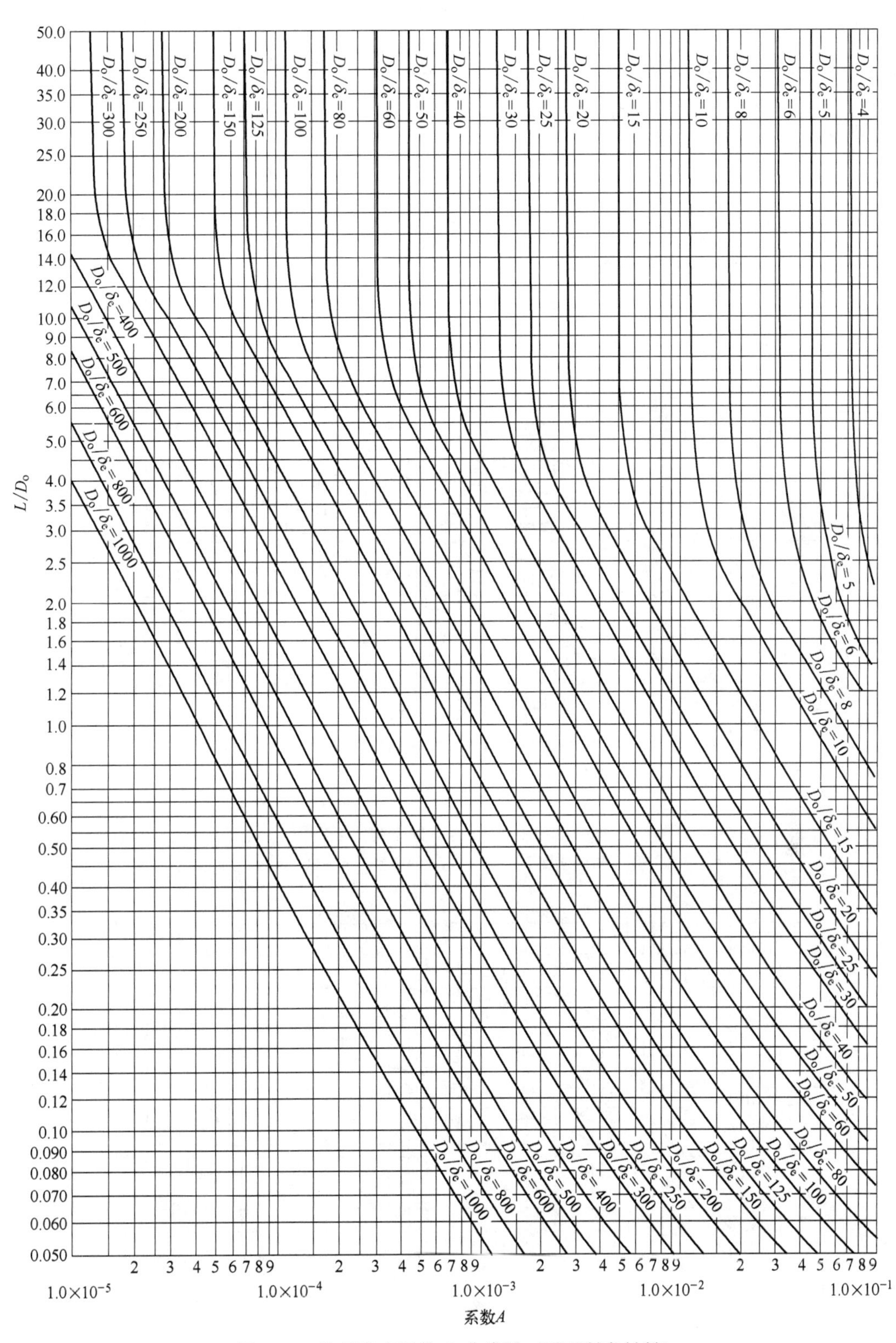


图 5-16 外压应变系数 $A$ 曲线图（用于所有材料）

应力系数图，因 $B=\dfrac{2}{3}E\varepsilon_{cr}=\dfrac{2}{3}\sigma_{cr}$，$B$-$A$ 曲线即为$\dfrac{2}{3}\sigma$-$\varepsilon$ 曲线，对于钢材（不计包辛格效应），拉伸曲线与压缩曲线大致相同，将纵坐标乘以 2/3，即可作出 $B$ 与 $A$ 的关系曲线。

几种常用钢材的外压应力系数曲线如图 5-17～图 5-20 所示（摘自 GB/T 150.3—2011），温度不同，曲线不同。若没有对应的温度曲线，用插值法求值。

直线部分表示材料处于弹性，属于弹性失稳，$B$ 与 $A$ 成正比。由 $A$ 查 $B$ 时，若落在直线部分或落在曲线左侧（与整个曲线不相交），则属于弹性失稳，由 $B=\dfrac{2}{3}E^tA$ 直接计算。若落在曲线部分上，则直接查取纵坐标获取 $B$ 值。

④ 计算许用外压 [$p$]：

由式（5-18）可得

$$[p]=\frac{B}{D_o/\delta_e} \tag{5-19}$$

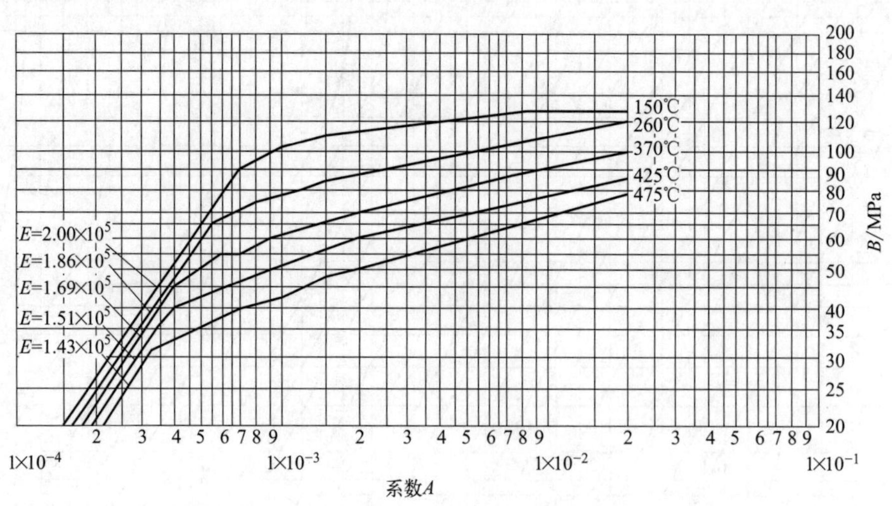


图 5-17　外压应力系数曲线图（一）

注：用于屈服强度 $R_{eL}$<207MPa 的碳素钢和 S11348 钢等。

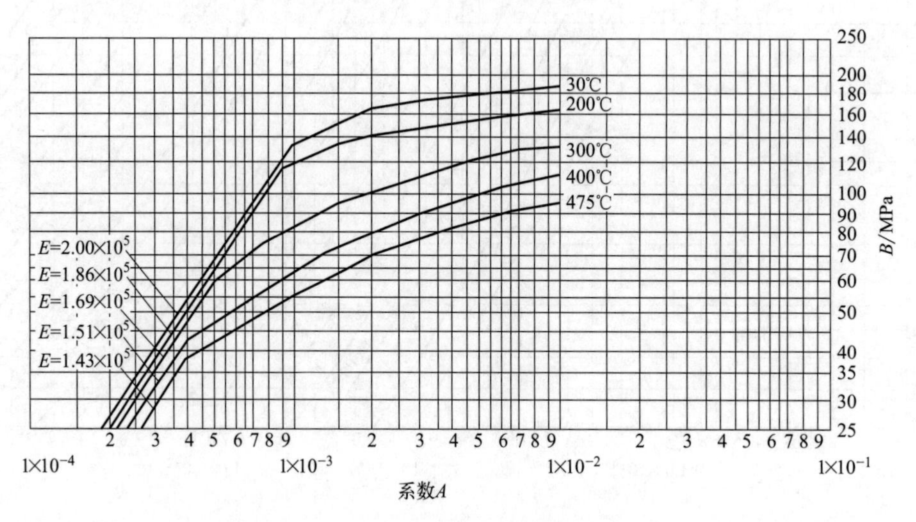


图 5-18　外压应力系数曲线图（二）

注：用于 Q345R 钢。

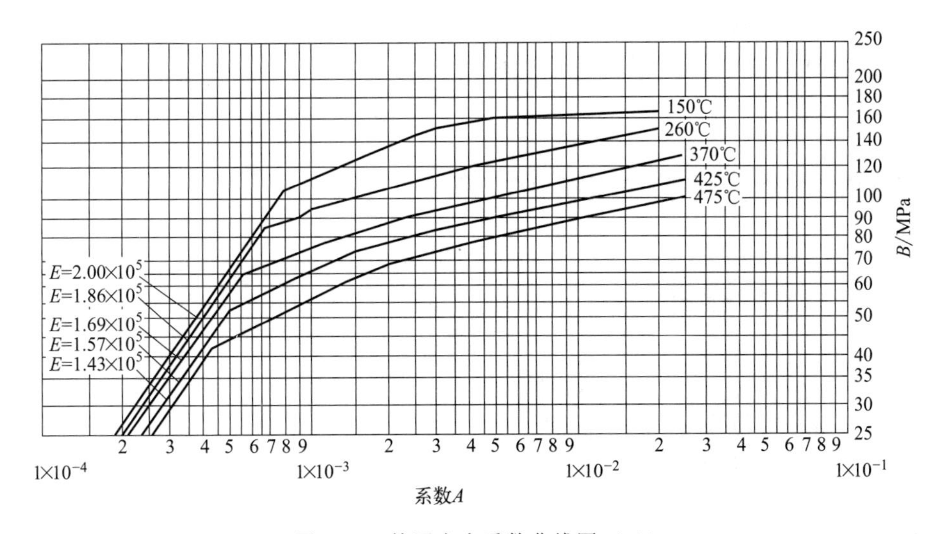


图 5-19　外压应力系数曲线图（三）

注：用于除 Q345R 钢外，屈服强度大于 207MPa 的碳素钢、低合金钢和 S11306 钢等。

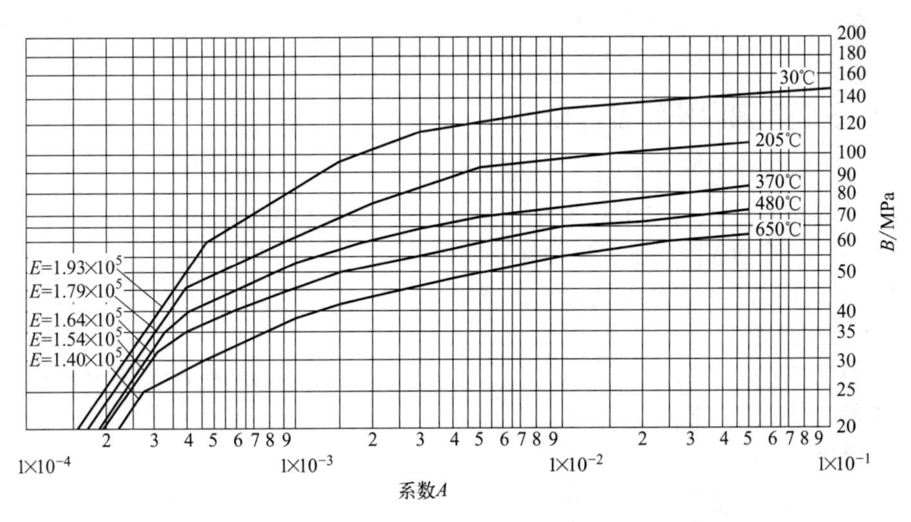


图 5-20　外压应力系数曲线图（四）

注：用于 S30408 钢等。

#### 5.4.2.3　工程设计方法

外压圆筒侧向失稳设计步骤如下：

① 通过设计条件，确定外压圆筒设计参数（$p$、DN、$L$、$C$）。

② 假设名义厚度，应用图算法分情况计算许用外压[$p$]。

a. $D_o/\delta_e \geqslant 20$ 的圆筒：属于外压薄壁圆筒，容器主要失效形式为外压失稳，利用稳定性设计准则进行设计。按照图算法方法依次计算 $D_o/\delta_e$ 和 $L/D_o$，通过外压应变系数图（中间值用插值法）查取 $A$，再从筒体材料和设计温度对应的外压应力系数曲线图（中间值用插值法）中获取 $B$，最后通过公式$[p]=\dfrac{B}{D_o/\delta_e}$计算许用外压[$p$]。

b. $D_o/\delta_e < 20$ 的厚壁圆筒或管子：容器主要失效形式可能为外压失稳也有可能是强度失效，因此需同时使用稳定性设计准则和弹性失效设计准则进行设计。

对 $D_o/\delta_e \geqslant 4.0$ 的筒体，求取 $B$ 值的计算步骤同 $D_o/\delta_e \geqslant 20$ 的圆筒。对 $D_o/\delta_e < 4.0$ 时，应按下式计算 $A$ 值，同样方法获取 $B$ 值：

$$A=\frac{1.1}{(D_o/\delta_e)^2} \tag{5-20}$$

为满足稳定性，厚壁圆筒许用外压力应不低于式（5-21）值：

$$[p]=\left(\frac{2.25}{D_o/\delta_e}-0.0625\right)B \tag{5-21}$$

为满足强度，厚壁圆筒许用外压力应不低于式（5-22）值：

$$[p]=\frac{2\sigma_o}{D_o/\delta_e}\left(1-\frac{1}{D_o/\delta_e}\right) \tag{5-22}$$

式中，$\sigma_o=\min\{2[\sigma]^t, 0.9R_{eL}^t, 0.9R_p^t\}$。

为防止圆筒体的失稳和强度失效，厚壁筒体的许用外压力必须取式（5-21）和式（5-22）中的较小值。

③ 比较 $p$ 与 $[p]$ 值　计算所得的 $[p]$ 应大于或等于 $p_c$，否则需调整设计参数（$\delta_e$ 和 $L$），重新计算，直到满足设计要求。

④ 压力试验校核　外压容器以内压进行耐压试验，已将工作时趋于闭合状态的器壁和焊缝中的缺陷以“张开”状态接受检验，无须考虑修正系数。计算方法与内压容器相同。

## 5.4.3 外压圆筒侧向失稳设计示例

**【例 5-7】** 今有一直径为 800mm，壁厚为 6mm，筒体长度为 5000mm 的容器，两端为椭圆形封头，材料为 Q245R，工作温度为 200℃，试问该容器是否能承受 0.1MPa 的外压？如果不能承受应加几个加强圈？加强圈尺寸是多少？

① 新建零部件文件，并命名为“外压圆筒设计”，后缀名为.pa2。

② 主体设计参数为：

a. 设计温度 200℃；b. $D_i$=800mm；c. 设计压力 $p$=−0.1MPa；d. 压力试验：液压试验 $p_T=1.25p=0.125$MPa。

③ 筒体数据输入并计算：

a. 液体产生压力 $p_{液}$=0；b. 筒体长度 $L$=5000mm；c. 腐蚀裕量 $C_2$=1mm；d. 焊接接头系数 $\phi$=1.0；e. 名义厚度 $\delta_n$=6mm；f. 材料为 Q245R 板材；g. 外压圆筒计算长度 $L$=5000+25×2+200×2×1/3=5183.3(mm)。

计算筒体，得到结果如下：

```
＊＊＊＊＊＊＊＊＊＊＊外压圆筒计算＊＊＊＊＊＊＊＊＊＊＊
计算条件：
计算压力：－0.10　设计温度：200.00　筒体内径：800.00　腐蚀裕量：1.00
负偏差：0.30　焊接接头系数：1.00　材料：Q245R
筒体输入厚度：6.00　输入计算长度：5183.30
计算结果：
钢板负偏差：0.30　A值：0.000083　B值：10.7229748
筒体许用外压：0.0621　应力校核：不合格
水压试验值：0.1250　圆筒应力：10.70　0.9＊ReL：220.50　压力试验合格
提　示：
1.当筒体输入壁厚为：6.00 时　允许计算长度为：3329.20
2.当输入计算长度为：5183.30 时　筒体壁厚需要：8.00
```

④ 应力校核不合格，需改变厚度为 8mm。

＊＊＊＊＊＊＊＊＊＊外压圆筒计算＊＊＊＊＊＊＊＊＊＊

计算条件：

计算压力：－0.10　　设计温度：200.00　　筒体内径：800.00

腐蚀裕量：1.00　　负偏差：0.30　　焊接接头系数：1.00　　材料：Q245R

筒体输入厚度：8.00　输入计算长度：5183.30

计算结果：

钢板负偏差：0.30　A 值：0.000137　B 值：17.6506405

筒体许用外压：0.1449　应力校核：合格

水压试验值：0.1250　圆筒应力：7.53　0.9＊ReL：220.50　压力试验合格

提　示：

1. 当筒体输入壁厚为：8.00 时　允许计算长度为：7344.01

2. 当输入计算长度为：5183.30 时　筒体壁厚需要：8.00

⑤ 也可以仍然保持厚度为 6mm，增加一个加强圈。

当圆筒的直径和厚度不变时，减小圆筒的计算长度可以提高其临界压力，从而提高许用操作外压力。从经济观点来看，用增加壁厚的方法来提高圆筒的许用操作外压力是不合适的。适合的方法是在外压圆筒的外部或内部装几个加强圈，以缩短圆筒的计算长度，从而增加圆筒的刚性。当外压圆筒需要用不锈钢或其他贵重有色金属制造时，在圆筒外部设置一些碳钢制的加强圈可以减少贵重金属的消耗量，很有经济意义。加强圈应有足够的刚性，通常采用扁钢、角钢、工字钢或其他型钢，因为型钢截面惯性矩较大，刚性较好。常用的加强圈结构如图 5-21 所示。

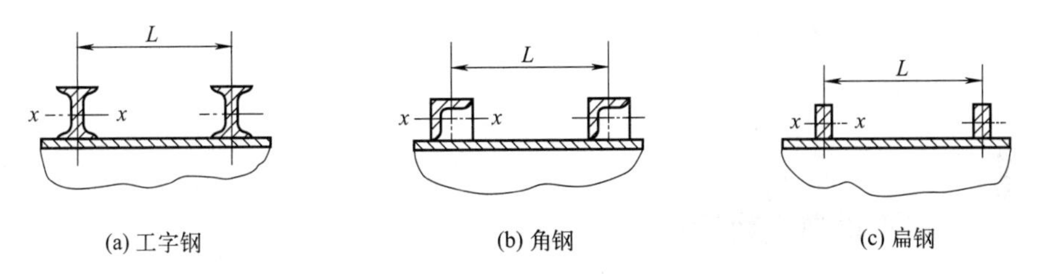


图 5-21　加强圈结构

加一个加强圈，外压圆筒计算长度减半，为 2592mm（图 5-22）。

a. 该加强圈两边筒体计算长度之和的一半：2592mm；

b. 选择型钢类型：本设计选扁钢；

c. 选择型钢规格：可从最小规格开始一一核算，直到满足要求为止。本设计选择最小尺寸，见图 5-23。

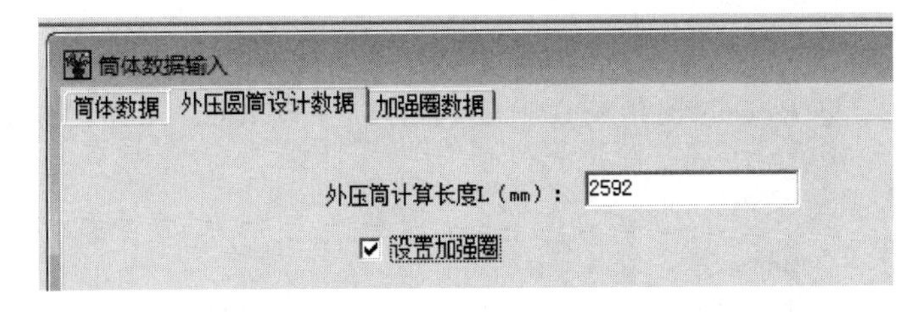


图 5-22　加强圈设计（一）

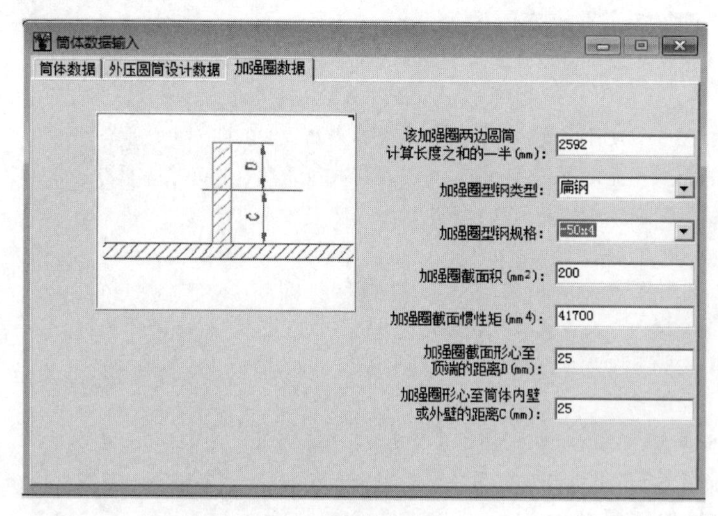


图 5-23 加强圈设计（二）

⑥ 再次计算筒体，得到结果如下，校验合格。

＊＊＊＊＊＊＊＊＊＊＊外压圆筒计算＊＊＊＊＊＊＊＊＊＊＊

计算条件： 计算压力：－0.10 设计温度：200.00 筒体内径：800.00 腐蚀裕量：1.00

负偏差：0.30 焊接接头系数：1.00 材料：Q245R

[加强圈] 类型：扁钢 规格：－50×4 面积：200.00 惯性矩：41700.00

输入筒体壁厚：6.00 输入计算长度：2592.00

计算结果：

钢板负偏差：0.30 A 值：0.000176

B 值：22.5898914 水压试验值：0.1250 圆筒应力：10.70 0.9＊ReL：220.50 压力试验合格

筒体许用外压：0.1308

在此计算条件下，壁厚校核合格，加强圈校核合格

加强圈所需惯性矩：99107.33 加强圈有效惯性矩：134284.36

### 5.4.4 外压圆筒轴向失稳设计

圆筒体在周向外压或轴向载荷作用下会在轴线方向产生轴向压缩应力，会造成轴向失稳。由铁摩辛柯小弹性理论，得出钢制圆筒的轴向失稳临界应力：

$$\sigma_{cr}=0.605\frac{E\delta}{R} \tag{5-23}$$

由实验求得的临界应力一般只是上式计算的 20% 到 25%，且圆筒的初始几何缺陷是造成这种差别的主要原因。

按非线性大挠度理论和实验结果，引入修正系数 $C$，可归纳出临界应力经验公式：

$$\sigma_{cr}=C\frac{E\delta}{R} \tag{5-24}$$

$C$ 为修正系数，与 $R/t$ 的比值有关。工程上，一般 $R/t\leqslant 500$，取 $R/t=500$，$C=0.25$，得

$$\sigma_{cr}=0.25\frac{E\delta}{R} \tag{5-25}$$

筒体轴向失稳计算步骤和方法与侧向失稳步骤基本相同，设筒体最大许用压应力 $[\sigma_{cr}]=B$，求系数 $B$ 步骤如下：

① 假设筒体的名义厚度 $\delta_n$，计算有效厚度 $\delta_e$。

② 计算系数 $A$：

$$A=\frac{0.094}{R_i/\delta_e} \tag{5-26}$$

③ 选用相应材料的 $B$-$A$ 曲线图查取 $B$。

④ 比较计算所得的工作应力 $\sigma \leqslant [\sigma_{cr}]$，否则需调整设计参数重新计算 $\delta_n$，直到满足设计要求为止。

压力容器在多种载荷的共同作用下，局部筒体轴向会形成较大的压缩应力，产生局部轴向失稳，因此在设计时必须进行轴向稳定性校核。

当圆筒受侧向载荷和轴向载荷联合作用时，联合载荷作用下圆筒的失稳：一般先确定单一载荷作用下的失效应力，计算单一载荷引起的应力和相应的失效应力之比，再求出所有比值之和。若比值的和$<1$，则筒体不会失稳；若比值的和$\geqslant 1$，则筒体会失稳。

## 5.4.5 外压封头设计

### 5.4.5.1 封头的临界压力

承受均匀外压的封头，按小挠度弹性稳定理论，临界压力计算与圆筒不同。

（1）半球壳的临界压力

钢制半球壳临界压力经典公式：

$$p_{cr}=1.21E\left(\frac{\delta_e}{R_o}\right)^2 \tag{5-27}$$

（2）碟形壳和椭球壳的临界压力

在均匀外压下，碟形壳的过渡区部分受拉应力，中央球壳部分受压应力，可能产生失稳，因此可用球壳的临界公式来计算，但 $R$ 用碟形壳中央部分的外半径 $R_o$ 代替。

对于椭球壳，与碟形壳相似，取当量半径 $R_o=K_1D_o$。$K_1$ 的取值与形状结构系数有关，标准椭球壳的 $K_1$ 为 0.9。

（3）锥壳的临界压力

圆锥壳受均布外压的稳定性是一个复杂的问题，锥壳小端直径与大端直径之比对其失稳有显著影响。具体计算公式可查阅 GB/T 150。

### 5.4.5.2 工程设计方法

（1）外压球壳的设计

GB/T 150 规定外压球壳的稳定性安全系数 $m=14.52$，可得球壳许用外压力：

$$[p]=\frac{p_{cr}}{14.52}=\frac{0.0833E}{(R_o/\delta_e)^2} \tag{5-28}$$

令 $B=\frac{[p]R_o}{\delta_e}$，根据 $B=\frac{2}{3}EA=\frac{[p]R_o}{\delta_e}$，得

$$[p]=\frac{2EA}{3(R_o/\delta_e)} \tag{5-29}$$

将式（5-29）代入式（5-28），可得

$$A=\frac{0.125}{R_o/\delta_e} \tag{5-30}$$

由 $B$ 和$[p]$的关系式得半球形封头的许用外压力为

$$[p]=\frac{B}{R_o/\delta_e} \tag{5-31}$$

外压球壳的工程设计过程仍然先假定名义厚度 $\delta_n$，令 $\delta_e=\delta_n-C$，用式（5-30）计算出 $A$，根据所用材料选用厚度计算图，由 $A$ 查取 $B$，再按式（5-31）计算许用外压力 $[p]$。若 $[p]\geqslant p_c$ 且较接近，则该封头厚度合理，否则应重新假设 $\delta_n$，重复上述步骤，直到满足要求为止。

（2）外压椭圆形封头

外压椭圆形封头稳定性计算公式和图算法步骤与受外压的半球形封头相同，$R_o$ 由椭圆形封头的当量球壳外半径 $R_o=K_1D_o$ 代替，$K_1$ 的取值与形状结构系数有关，标准椭球壳的 $K_1$ 为 0.9。

## 习　题

### 思考题

5-1　什么是容器的工作压力、设计压力和计算压力？它们的关系如何？

5-2　根据定义，用图标出计算厚度、设计厚度、名义厚度和最小厚度之间的关系；在上述厚度中满足强度及使用寿命要求的最小厚度是哪一个？为什么？

5-3　从受力和制造两方面比较半球形、椭圆形、碟形、锥形和平盖封头的特点，并说明其应用场合。

5-4　选择封头要考虑哪些因素？

5-5　外压圆筒的失效形式与内压容器有何不同？

5-6　外压圆筒的临界压力有哪些影响因素？工程上是如何处理的？

5-7　图 5-24 中 $A$、$B$、$C$ 点表示三个受外压的钢制圆筒，材质为碳素钢，$R_{eL}=216\text{MPa}$，$E=206\text{GPa}$。试回答：$A$、$B$、$C$ 三个圆筒各属于哪一类圆筒？它们失稳时的波纹数 $n$ 等于（或大于）几？

5-8　简述外压圆筒图算法步骤。

5-9　外压圆筒设计时，为何分 $D_o/\delta_e\geqslant20$ 和 $D_o/\delta_e<20$ 两种情况设计？

5-10　压力容器什么时候进行压力试验？目的是什么？

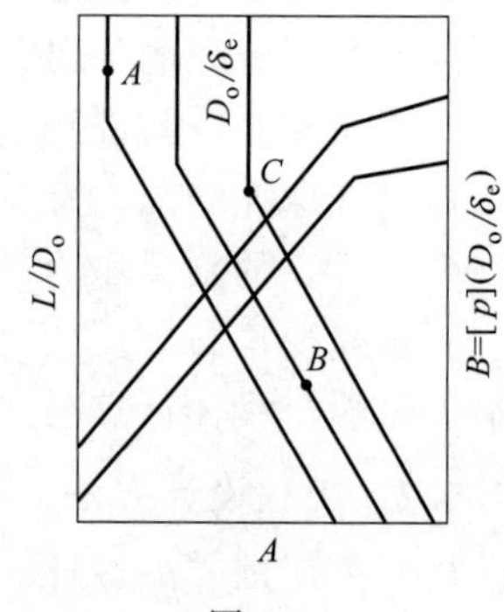


图 5-24

### 工程应用题

5-1　某化工厂反应釜，内径为 1600mm，工作温度为 5～105℃，工作压力为 1.6MPa，釜体材料选用 S31608，采用双面焊对接接头，局部无损检测，凸形封头上装有安全阀，试设计釜体厚度。

5-2　今欲设计一台高温变换炉，炉内最高温度为 550℃，炉内加衬保温砖及耐火砖后，最高壁温为 450℃，工作压力为 1.6MPa，炉体内径为 2000mm，采用双面焊对接接头，100%无损检测，试用 Q245R 和 15CrMoR 两种材料分别设计炉体厚度，并作分析比较。

5-3　现有材质为 20 钢（GB/T 9948）的无缝钢管，尺寸规格为 $\phi57\times3.5\text{mm}$ 和 $\phi108\times4\text{mm}$，在不考虑腐蚀及负偏差的前提下，在室温和 400℃时各能耐多大压力？

5-4　今欲设计一台内径为1200mm的圆筒形容器，工作温度为20℃，最高工作压力为1.2MPa，筒体采用双面焊对接接头，局部无损检测，采用标准椭圆形封头，并用整板冲压成形，容器装有安全阀，材质Q245R，容器为单面腐蚀，腐蚀速率为0.2mm/a，设计使用年限为15 a，试设计该容器筒体及封头厚度。

5-5　某化工厂欲设计一台石油气分离用乙烯精馏塔，工艺参数为：塔体内径$D_i$=600mm，计算压力$p_c$=2.2MPa，工作温度为－3～－20℃。试选择塔体材料，确定塔体厚度，并确定精馏塔封头型式与尺寸。

5-6　设计容器筒体和封头厚度，已知内径$D_i$=1400mm，计算压力$p_c$=1.8MPa，设计温度为40℃，材质为Q345R，介质无强腐蚀性；双面焊对接接头，100%无损检测。封头有半球形、标准椭圆形和标准碟形三种型式，试各自算出其所需厚度，最后根据各有关因素进行分析，确定最佳方案。

5-7　乙二醇生产中有一真空精馏塔，塔径为$\phi$1000mm，塔高为9 m（切线间长度），真空度为0.097MPa，最高工作温度为200℃，材质为Q345R，试设计塔体厚度。

5-8　设计一台缩聚釜，釜体内径$D_i$=1000mm，釜身切线间高度为700mm，用S31608钢板制造。釜体夹套内径为1200mm，用Q235-B钢板制造。该釜开始是常压操作，然后抽低真空，后抽高真空，最后通0.3MPa的氮气。釜内物料温度≤275℃，夹套内载热体最大压力为0.2MPa。整个釜体与夹套均采用带垫板的单面手工对焊接头，局部无损检测，介质无腐蚀性，试确定釜体和夹套厚度。

5-9　有一减压分馏塔，处理介质为油、汽，最高操作温度为420℃，塔体直径$D_i$=3400mm，名义厚度$\delta_n$=14mm，采用Q235B钢板制造，塔外装有125mm×125mm×10mm等边角钢（Q235A）制作的加强圈，加强圈间距为2000mm，试验算塔体周向稳定性是否足够。

# 6 常用零部件设计

## 6.1 接管设计

由于工艺要求和结构需要，设备上要开孔焊接接管。接管是压力容器的重要组成之一，接管根据其功能不同分为工艺类接管和仪表类接管。与物料进出有关的工艺管道称为工艺类接管如物料进出口、排气口、排污口等，与温度、压力等测量仪表相连接的管道称为仪表类管道如温度计口、压力表口等。接管的设计包含接管的材料、尺寸规格、接管的位置、接管结构和伸出长度、接管的安装形式。

接管的材质尽量选用与筒体物理性能和力学性能相近的材料，如壳体为Q245R，接管最好选用20钢无缝钢管或锻件；壳体为Q345R，接管最好选用16Mn无缝钢管或锻件；高压不锈钢衬里设备的小接管最好选用双相钢锻件。

如接管直径≥459mm，建议采用钢板卷制，如果接管过厚，应根据工厂的加工能力选择是否采用钢板卷制；如接管直径≤459mm，常采用无缝钢管。

### 6.1.1 尺寸规格

接管的规格包括接管的外径和壁厚。

工艺类接管的用途和公称直径按工艺条件要求由工艺设计人员计算（与流速和流量有关）提供，填入到设备设计条件单的接管表中。仪表类接管的公称直径由仪表标准确定，一般为DN20。一般情况下接管应采用无缝钢管，根据公称直径和操作条件（压力、温度、介质等）可选取适当的材料及其标准，从而获取其外径。

接管的壁厚由强度计算得到，计算方法同圆筒计算。先通过强度计算式得到计算厚度，再考虑腐蚀裕量和钢管负偏差圆整后得到名义厚度。其中接管焊接接头系数与接管材料类型和牌号有关，如材料为管材且材料牌号为无缝钢管，则接管焊接接头系数取值为1.0；如材料为管材，而材料牌号为有缝管，则接管焊接接头系数取为0.85；如为其他材料类型（如板材），则接管焊接接头系数自行设定。

考虑经济要求，常用无缝钢管的厚度如表 6-1 所示。

**表 6-1 常用无缝钢管的公称直径、外径和厚度** 单位：mm

| 公称直径 | 10 | 15 | 20 | 25 | 32 | 40 | 50 | 65 | 80 | 100 | 125 |
|---|---|---|---|---|---|---|---|---|---|---|---|
| 外径 | 14 | 18 | 25 | 32 | 38 | 45 | 57 | 76 | 89 | 108 | 133 |
| 厚度 | 3 | 3 | 3 | 3.5 | 3.5 | 3.5 | 3.5 | 4 | 4 | 4 | 4 |
| 公称直径 | 150 | 175 | 200 | 225 | 250 | 300 | 350 | 400 | 450 | 500 | |
| 外径 | 159 | 194 | 219 | 245 | 273 | 325 | 377 | 426 | 480 | 530 | |
| 厚度 | 4.5 | 6 | 6 | 7 | 8 | 8 | 9 | 9 | 9 | 9 | |

## 6.1.2 接管位置

接管的位置首先要满足工艺过程要求，由工艺设计人员提供并绘制在设备设计条件图中，如塔设备的液体进口和回流口位置、仪表控制点位置等。其次则要保证安全性，注意避开焊缝，特别是重要焊缝；避开应力最大的截面（跨距中点，支座支承截面）；间距也要尽量满足不需另行补强的条件（见开孔补强）。

最后要尽量保证安装和操作方便，大多安排在圆筒顶部或底部（空间足够并允许情况下）。排净口宜在容器底部，不能在筒体底部设置排净口时，设置插底管，其结构如图 6-1 所示。插底管端部最小排液间隙 $B_1$ 应能保证足够的排净空间。

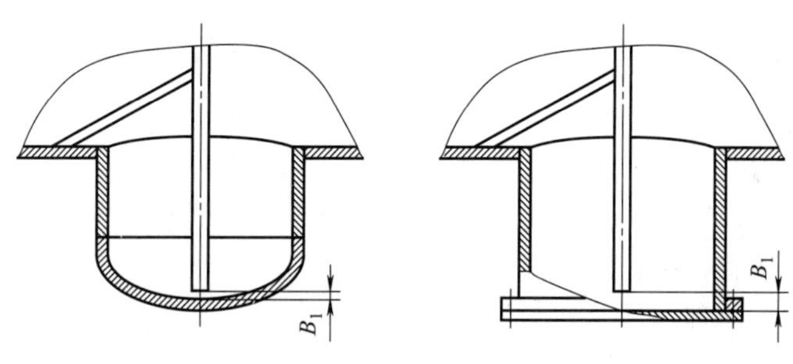


图 6-1 插底管结构

## 6.1.3 接管结构与伸出长度

工艺类接管一般较粗，多是带法兰的短接管（如图 6-2）。仪表类接管直径较小，除用带法兰的接管外，也可以用内螺纹或外螺纹管焊在设备上（如图 6-3）。接管伸出长度指的是容器外壁到管法兰端面的距离（如图 6-2 所示的 $l$）。伸出长度与很多因素有关：

① 考虑开孔处不连续应力的影响，要求伸出长度不小于$\sqrt{DN\delta_{nt}}$（DN 指接管公称直径，$\delta_{nt}$ 指接管名义厚度）

② 满足接管上的焊缝与壳体上的焊缝之间距离不小于 50mm，如图 6-2 所示带颈法兰焊缝间距。

③ 如设有保温层厚度，考虑安装螺栓的方便，伸出长度应使法兰外缘与保温层之间的直线距离不小于 25mm（如图 6-4）。（具体取值可参考 HG/T 20583—2020 表 6.3.4。）

一般情况下，接管位置由工艺条件确定。接管伸出壳体外壁的长度，主要考虑法兰的型式、焊接操作条件、螺栓拆装、有无保温层及保温层厚度等因素。一般最短应符合下式计算值：

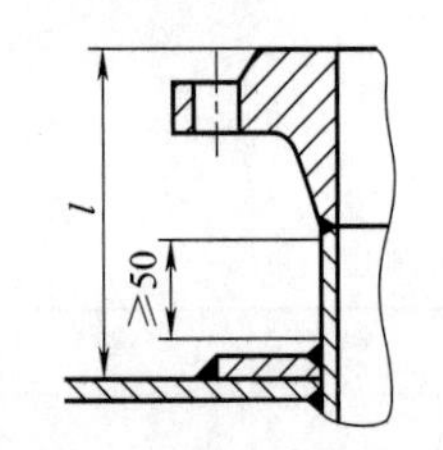


图 6-2　带法兰的接管

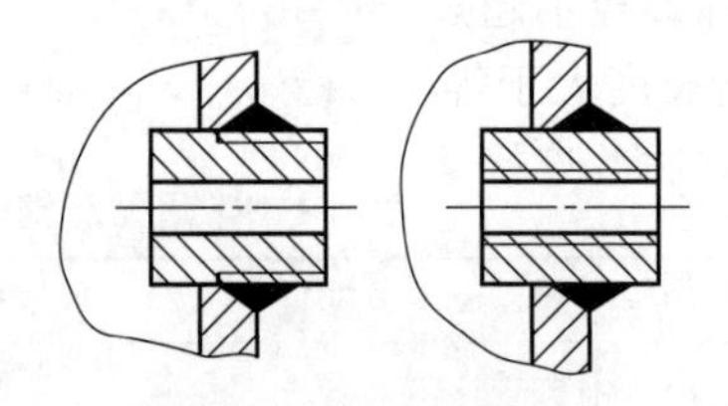

图 6-3　螺纹接管

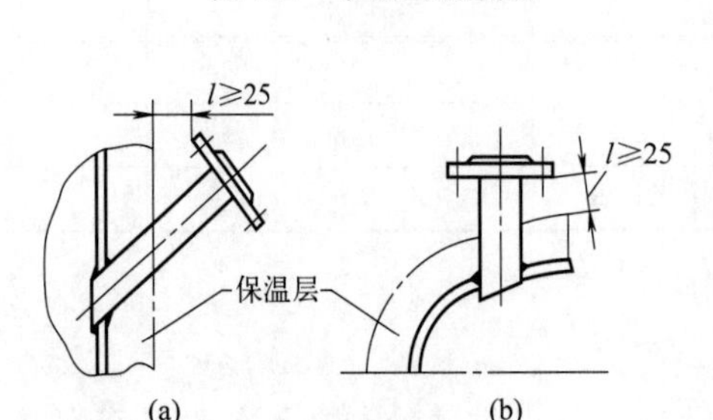


图 6-4　接管安装限制

$$l \geqslant h + h_1 + \delta + 15\text{mm} \tag{6-1}$$

式中　$h$——接管法兰厚度，mm；

$h_1$——接管法兰的螺母厚度，mm；

$\delta$——保温层厚度，mm；

$l$——接管伸出长度，mm。

接管伸出长度一般取 150mm，如果设备要保温，伸出长度可为 200mm，如果公称直径小于 50mm，则伸出长度可取 100mm。

## 6.1.4　接管安装形式

接管安装形式分为平齐式、内伸式、安放式和嵌入式 4 种形式，其中内伸式和平齐式是使用最多的两种形式（如图 6-5）。平齐式安装方便，用于排气和排液的放净口接管以及无特殊要求的接管均应采用内壁平齐式结构。内伸式承载疲劳载荷的能力强，对于以液体或气（汽）体为介质的压力容器，介质入口一般采用内伸式结构，可以有效避免由于汽蚀、闪蒸、冲刷、磨损、腐蚀等原因造成的壁厚减薄问题。安装在容器顶部的进料口及出料口都应采用内伸式接管，接管的插入深度与液位要求相关，接管的端部一般是 45°斜截面，可通过筋板或角钢固定，如图 6-6 所示。

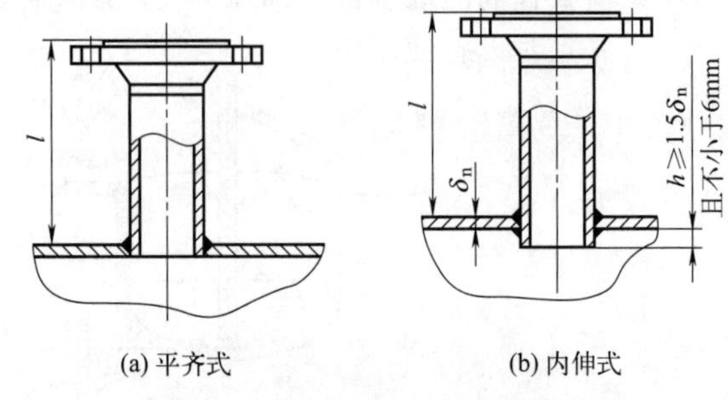


图 6-5　接管与壳体的连接形式

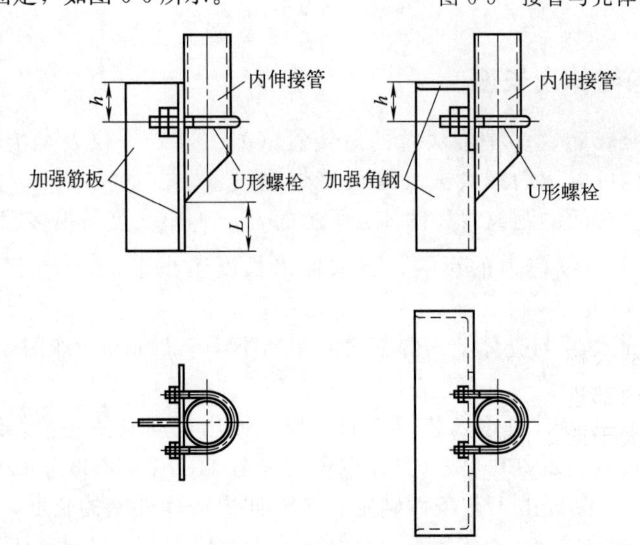


图 6-6　内伸式接管的安装和固定

对于公称直径不超过 25mm、伸出长度大于等于 150mm 的接管，以及公称直径在 32～50mm、伸出长度大于等于 200mm 的接管，应通过加强筋板支承（如图 6-7），以防接管弯曲变形，影响法兰连接。水平接管筋板一般为两个，垂直接管可采用三个均布。

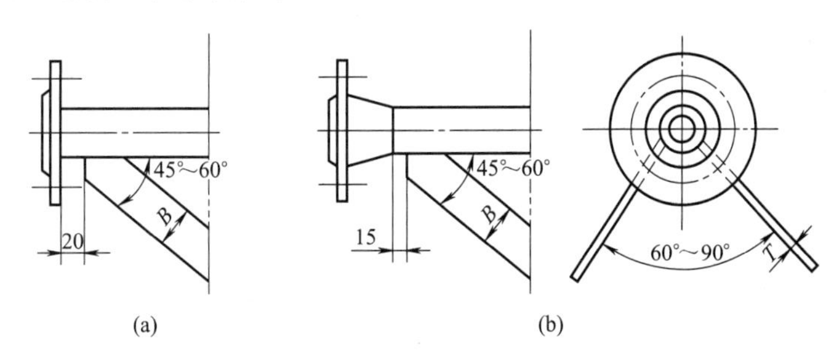


图 6-7 接管筋板加强支承图

# 6.2 检查孔设计

为方便对设备内部在使用过程中是否产生裂纹、变形、腐蚀等缺陷进行检查和检修，安装和拆卸设备内件，常常在设备上设置检查孔，检查孔包括人孔和手孔。对不能或者确无必要开设检查孔的压力容器，设计单位应当提出具体技术措施，如增加制造时的检验项目或者比例，并且对设备使用中定期检验的重点检验项目、方法提出具体要求。

## 6.2.1 设置数量和规格尺寸

压力容器应根据需要设置人孔、手孔等检查孔（图 6-8），检查孔的开设位置、数量和尺寸应满足进行内部检验的需要。

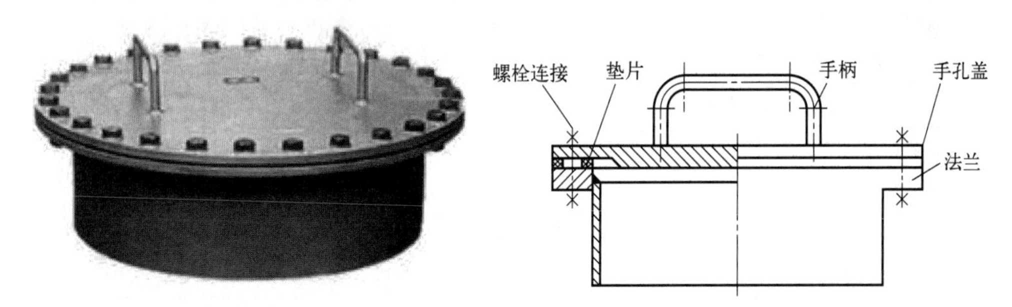


图 6-8 检查孔

检查孔的公称直径一般不宜小于 DN80，手孔的公称直径一般不宜小于 DN150。对容器及容器的每个分隔空间，容器上的管口（DN≥80mm）如能起到检查孔的作用，可不再单独设置检查孔。容器公称直径小于或等于 300mm 时可不设置检查孔。如不能利用工艺管口或设备法兰对容器内部进行检查，应按表 6-2 规定的数量设置检查孔。若卧式容器和立式容器的筒体单独长度大于或等于 6000mm，宜考虑设置 2 个以上的人孔。

人孔是人员检修和安装容器的通道，其规格尺寸与容器大小和所处地域有关。容器的公称直径小于或等于 1000mm 时，宜选用 DN450 以下的人孔；公称直径大于 1000mm 时，宜选用 DN500 以上的人孔；北方地区或寒冷地区，宜选用 DN500 以上的人孔；真空容器、储存介质毒性为极度、高度或液化石油气的容器，公称压力为中、高压的容器，宜选用公称直径小的人孔。

**表 6-2 检查孔设置的最小数量（摘自 HG/T 20583—2020）**

| 容器公称直径 DN/mm | 检查孔数量 |
| --- | --- |
| 300～500 | 2 个手孔 |
| >500～1000 | 1 个人孔或 2 个手孔 |
| >1000 | 1 个及以上人孔 |

检查孔的设置位置应便于检修和进出方便，小直径立式容器的检查孔一般设置在顶部（如反应釜），大直径立式容器（如塔）的检查孔一般设置在筒体上。卧式容器的人孔设置 2 个时，一般设置在筒体的两侧。盛装液态介质的压力容器检查孔不推荐置于液体长期浸泡的位置。

## 6.2.2 人孔

(1) 人孔类型及结构

HG/T 21514—2014《钢制人孔和手孔的类型与技术条件》中规定了 13 种人孔类型，其名称、标准号及适用范围见表 6-3。人孔结构如图 6-9 所示。

**表 6-3 压力容器用人孔标准**

<table>
<tr><th colspan="2" rowspan="2">人孔类型</th><th rowspan="2">标准号</th><th colspan="3">使用范围</th><th rowspan="2">备注</th></tr>
<tr><th>密封面型式</th><th>公称直径 DN/mm</th><th>公称压力 PN/MPa</th></tr>
<tr><td rowspan="2">常压人孔</td><td>常压人孔</td><td>HG/T 21515—2014</td><td>FF</td><td>400、450、500、600</td><td rowspan="2">常压</td><td></td></tr>
<tr><td>常压旋柄快开人孔</td><td>HG/T 21525—2014</td><td>GF</td><td>400、450、500</td><td></td></tr>
<tr><td rowspan="11">非常压人孔</td><td>回转盖板式平焊法兰人孔</td><td>HG/T 21516—2014</td><td>RF</td><td>400、450、500、600</td><td>0.6</td><td rowspan="5">回转盖式</td></tr>
<tr><td>回转盖带颈平焊法兰人孔</td><td>HG/T 21517—2014</td><td>RF、MFM、TG</td><td>400、450、500、600</td><td>1.0～1.6</td></tr>
<tr><td>回转盖带颈对焊法兰人孔</td><td>HG/T 21518—2014</td><td>RF、MFM、TG、RJ</td><td>400、450、500、600</td><td>1.6～6.3</td></tr>
<tr><td>椭圆形回转盖快开人孔</td><td>HG/T 21526—2014</td><td>FS</td><td>450×350(长圆形)</td><td>0.6</td></tr>
<tr><td>回转拱盖快开人孔</td><td>HG/T 21527—2014</td><td>FS、TG</td><td>400、450、500</td><td>0.6</td></tr>
<tr><td>垂直吊盖板式平焊法兰人孔</td><td>HG/T 21519—2014</td><td>RF</td><td>450、500、600</td><td>0.6</td><td rowspan="6">吊盖式</td></tr>
<tr><td>垂直吊盖带颈平焊法兰人孔</td><td>HG/T 21520—2014</td><td>RF、MFM、TG</td><td>450、500、600</td><td>1.0～1.6</td></tr>
<tr><td>垂直吊盖带颈对焊法兰人孔</td><td>HG/T 21521—2014</td><td>RF、MFM、TG</td><td>450、500、600</td><td>1.6～4.0</td></tr>
<tr><td>水平吊盖版式平焊法兰人孔</td><td>HG/T 21522—2014</td><td>RF</td><td>450、500、600</td><td>0.6</td></tr>
<tr><td>水平吊盖带颈平焊法兰人孔</td><td>HG/T 21523—2014</td><td>RF、MFM、TG</td><td>450、500、600</td><td>1.0～1.6</td></tr>
<tr><td>水平吊盖带颈对焊法兰人孔</td><td>HG/T 21524—2014</td><td>RF、MFM、TG</td><td>450、500、600</td><td>1.6～4.0</td></tr>
</table>

注：表中 FF—全平面；GF—槽平面；RF—突面；MFM—凹凸面；TG—榫槽面；FS—平面；RJ—环连接面。

(2) 人孔选型步骤

① 根据工作压力、公称直径 DN 和安装位置，初步确定人孔类型和公称压力 PN。设备直径在 $\phi$900～1000mm 时，选用 DN400 人孔；直径在 $\phi$1000～1600mm 时，选用 DN450 人孔；直径在>$\phi$1600～3000mm 时，选用 DN500 人孔；直径大于 $\phi$3000mm 时，选用 DN600 人孔。高真空或设计压力大于 2.5MPa 时，选用 DN400 人孔；室外露天设备考虑清洗、检

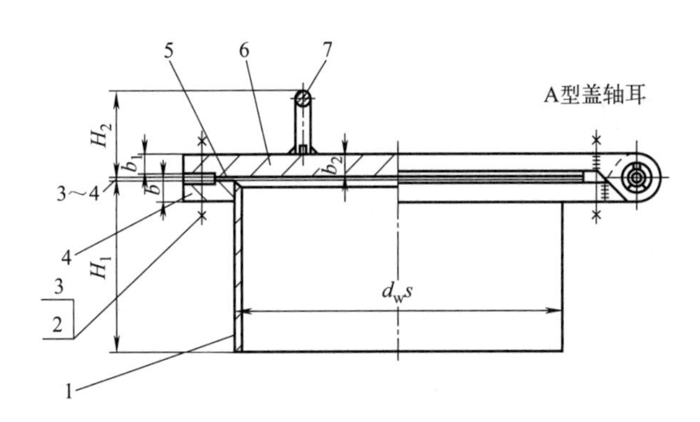


图 6-9 回转盖带颈平焊法兰人孔

1—筒节；2—六角螺栓；3—螺母；4—法兰；5—垫片；6—法兰盖；7—把手

修方便，一般采用 DN500 人孔；大型容器有薄衬层和较大内件需要更换或取出的，选用 DN500 或 DN600 人孔。因设备布置限制（如封头开孔较多），则可采用 450mm×350mm 或 400mm×300mm 长圆形人孔。若开启较频繁则选用旋柄式快开人孔，受压设备或设备设有保温层时一般采用回转盖人孔。

② 根据工作温度、介质腐蚀情况和特殊要求，选取人孔材料。

③ 根据人孔类型、材料、工作温度，查阅对应人孔标准，确定最高无冲击工作压力 $[p]$，使 $[p]$ 大于等于最高工作压力且两者接近，否则重新选取材料或公称压力 PN。

④ 根据法兰类型、工作条件和密封要求，确定密封面型式和垫片。

⑤ 根据法兰类型、公称压力 PN、公称直径 DN 和密封面型式，查阅对应人孔标准，确定人孔各部分尺寸和质量。

## 6.2.3 手孔

HG/T 21514—2014《钢制人孔和手孔的类型与技术条件》中规定了 8 种手孔类型，其名称、标准号及适用范围见表 6-4。

表 6-4 压力容器用手孔标准

| 手孔类型 | | 标准号 | 使用范围 | | |
|---|---|---|---|---|---|
| | | | 密封面型式 | 公称直径 DN/mm | 公称压力 PN/MPa |
| 常压手孔 | 常压手孔 | HG/T 21528—2014 | FF | 150、250 | 常压 |
| | 常压快开手孔 | HG/T 21533—2014 | GF | 150、250 | |
| 非常压手孔 | 板式平焊法兰手孔 | HG/T 21529—2014 | RF | 150、250 | 0.6 |
| | 带颈平焊法兰手孔 | HG/T 21530—2014 | RF、MFM、TG | 150、250 | 1.0~1.6 |
| | 带颈对焊法兰手孔 | HG/T 21531—2014 | RF、MFM、TG、RJ | 150、250 | 2.5~6.3 |
| | 回转盖带颈对焊法兰手孔 | HG/T 21532—2014 | RF、MFM、TG、RJ | 250 | 4.0~6.3 |
| | 旋柄快开手孔 | HG/T 21534—2014 | TG | 150、250 | 0.25 |
| | 回转盖快开手孔 | HG/T 21535—2014 | FS、TG | 150、250 | 0.6 |

注：表中 FF—全平面；GF—槽平面；RF—突面；MFM—凹凸面；TG—榫槽面；FS—平面；RJ—环连接面。

手孔选型步骤参考人孔的选用步骤。

# 6.3 法兰密封设计

## 6.3.1 法兰密封机理

法兰连接是压力容器可拆式连接结构，法兰密封设计的目的是防止连接处密封失效，将泄漏量控制在工艺和环境允许的范围内。法兰组件由一对法兰、一个垫片和若干个双头螺柱（螺母）组成，如图 6-10 所示。设备或管道依靠螺栓预紧力把两部分法兰环连在一起，同时压紧垫片，使连接处达到密封。法兰密封有较好的强度和密封性，结构简单，可多次重复拆卸，应用较广的可拆式结构。

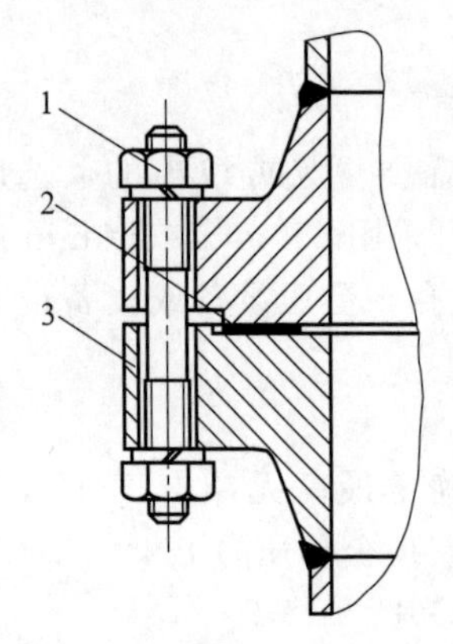

图 6-10 螺栓法兰连接结构
1—螺栓；2—垫片；3—法兰

密封装置的失效形式主要表现为泄漏，泄漏途径主要有渗透泄漏和界面泄漏两种。渗透泄漏为通过垫片材料本体毛细管的泄漏，它除了受介质压力、温度、黏度、分子结构等流体状态性质影响外，还与垫片的结构和材料性质有关，可通过对渗透性垫片材料添加某些填充剂进行改良，或与不透性材料组合成型来避免渗透泄漏。界面泄漏为沿着垫片与压紧面之间的泄漏，泄漏量大小主要与界面间隙尺寸有关。压紧面就是指上下法兰与垫片的接触面，加工时压紧面上凹凸不平的间隙及压紧力不足是造成界面泄漏的直接原因。界面泄漏是密封失效的主要途径。

## 6.3.2 影响密封的主要因素

（1）螺栓预紧力

螺栓预紧力是影响密封的一个重要因素。当介质通过密封口的阻力大于密封口两侧的介质压力差时，介质就被密封，而介质通过密封口的阻力是通过螺栓预紧力施加于压紧面上来实现的，如图 6-11 所示。预紧工况（无内压）下，拧紧螺栓，螺栓力通过法兰压紧面作用到垫片上。垫片产生弹性或屈服变形，填满凹凸不平处，堵塞泄漏通道，形成初始密封条件。操作工况下，通入介质压力上升，内压引起的轴向力使上下法兰压紧面分离，垫片压缩量减少，压紧面上的压紧应力下降，垫片弹性压缩变形部分产生回弹，补偿因螺栓伸长所引起的压紧面分离，使压紧面上的压紧应力仍能维持一定值以保持密封性能。

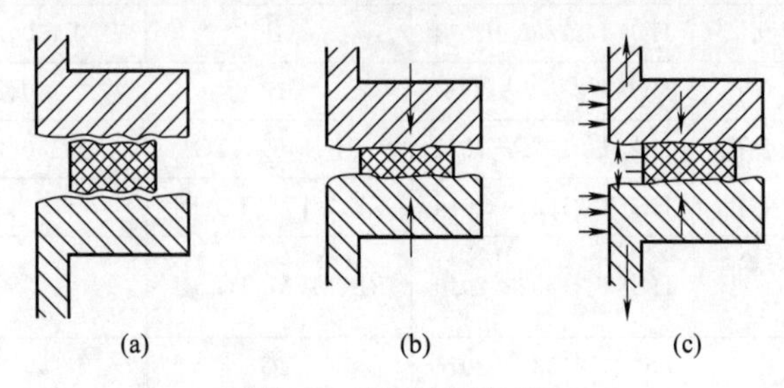

图 6-11 法兰密封工况

适当提高预紧力可增加垫片的密封能力，但预紧力不宜太大，否则会使垫片整体屈服丧失回弹能力，甚至将垫片挤出或压坏。预紧力应均匀地作用到垫片上，可采取减小螺栓直径、增加螺栓个数等措施来提高密封性能。

（2）垫片性能

垫片是密封结构的重要元件，其变形能力和回弹能力是形成密封的必要条件。变形能力大的密封垫片易填满压紧面上的间隙，需要的预紧力不用太大；回弹能力大的垫片，能适应操作压力和温度的波动。由于垫片是与介质直接接触的，垫片还应具有能适应介质的温度、压力和腐蚀等的性能。

根据材料的不同，垫片分为非金属垫片、金属-非金属混合制垫片和金属垫片三大类，垫片的选择主要依据介质特点、操作压力和操作温度。

常用非金属垫片有橡胶板（－20～200℃）、石棉橡胶板（－40～300℃）、聚四氟乙烯（－50～100℃）等。常用的混合制垫片有缠绕垫片和金属包垫片，根据金属带和缠绕带的不同使用温度也不同，常用的碳素钢-石棉缠绕垫片温度范围大概为－20～450℃。金属垫片用于高温高压和高真空或深冷情况下，中低压容器多采用非金属垫片，中温中压采用金属-非金属混合制垫片或非金属垫片。在生产和设计中如果使用含石棉材质垫片，要注意采取防护措施，以确保不对人身健康造成威胁。

（3）压紧面的质量

压紧面又称为密封面，它直接与介质接触。压紧面主要根据工艺条件、密封口径以及垫片等进行选择，其形状和粗糙度应与垫片相匹配，一般来说，使用金属垫片时其压紧面的质量要求比使用非金属垫片时高；压紧面表面不允许有刀痕和划痕；同时为了均匀地压紧垫片，应保证压紧面的平面度和压紧面与法兰中心轴线的垂直度。

法兰密封面的形式主要有全平面密封、突面密封、凹凸面密封、榫槽面密封及环连接面密封等，如图 6-12 所示。其中以突面密封、凹凸面密封和榫槽面密封最为常用。

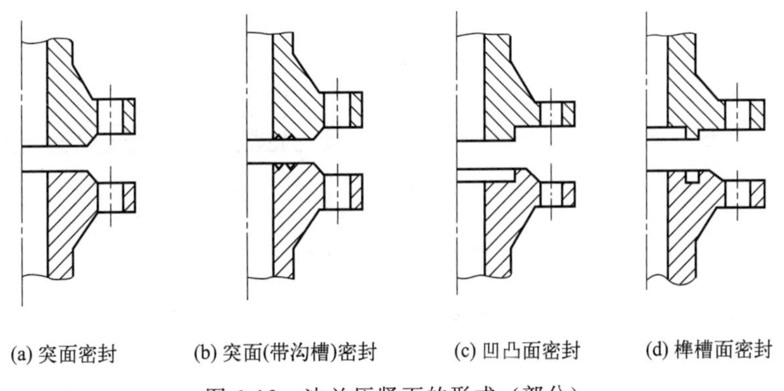

(a) 突面密封　(b) 突面(带沟槽)密封　(c) 凹凸面密封　(d) 榫槽面密封

图 6-12　法兰压紧面的形式（部分）

突压紧面结构简单，加工方便，装卸容易，易于设置防腐衬里。压紧面可以是平滑的，仅适用于 PN≤2.5MPa 的场合；也可以在压紧面上开 2～4 条、宽×深为 0.8mm×0.4mm、截面为三角形的周向沟槽，这种带沟槽的突面能防止非金属垫片被挤出，适用范围更广，可用至 6.4MPa 的容器法兰，管法兰甚至可用至 25～42MPa，但随着公称压力的提高，适用的公称直径相应减小。

凹凸压紧面安装易于对中，能有效防止垫片被挤出，适用于 PN≤6.4MPa 的容器法兰和管法兰。

榫槽压紧面由榫面、槽面配合构成，垫片安放在槽内，不会被挤出压紧面，较少受介质的冲刷和腐蚀，所需螺栓力较小，但结构复杂，更换垫片较难，只适用于易燃、易爆和高度或极度危害介质等。

（4）法兰刚度

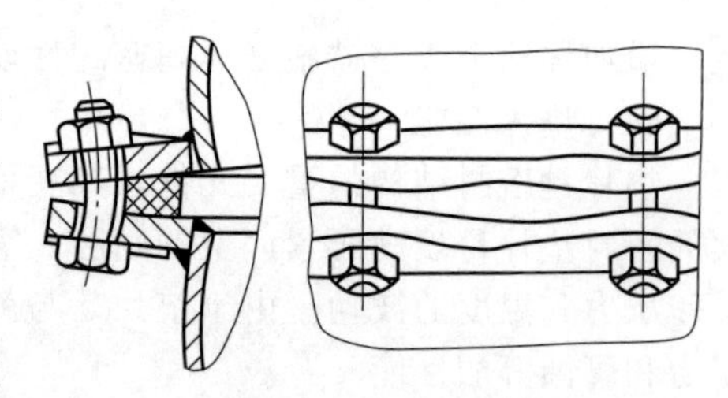

图 6-13　法兰的翘曲变形

刚度不足会产生过大的翘曲变形（如图 6-13 所示），往往是实际生产中造成法兰密封失效的主要原因之一。刚度大的法兰变形小，可将螺栓预紧力均匀地传递给垫片，提高法兰的密封性能。

增加法兰环的厚度、缩小螺栓中心圆直径、增大法兰环外径能提高法兰刚度；采用带颈法兰或增大锥颈部分尺寸，可显著提高抗弯能力。但无原则地提高法兰刚度，会使法兰变得笨重，造价提高。

（5）操作条件

压力、温度及介质的物理化学性质都对密封性能有影响。操作条件对密封性能的影响很复杂，单纯的压力及介质对密封性能的影响并不显著，但在温度的联合作用下，尤其是波动的高温下，会严重影响密封性能，甚至使密封因疲劳而完全失效。高温下，介质黏度小，渗透性大，易泄漏；介质对垫片和法兰的腐蚀作用加剧，增加了泄漏的可能性；法兰、螺栓和垫片均会产生较大的高温蠕变与应力松弛，使密封失效；某些非金属垫片还会加速老化、变质，甚至烧毁。

总之，影响螺栓法兰密封性能的因素很多，在密封设计时，应根据具体工况综合考虑。

## 6.3.3　法兰标准及其选用

### 6.3.3.1　法兰结构及分类

法兰分类方法很多，主要分类方法如下。

① 按法兰接触面宽窄分为窄面法兰和宽面法兰　如图 6-14。窄面法兰的接触面处在螺栓孔圆周以内，宽面法兰的接触面扩展到螺栓孔圆周外侧。

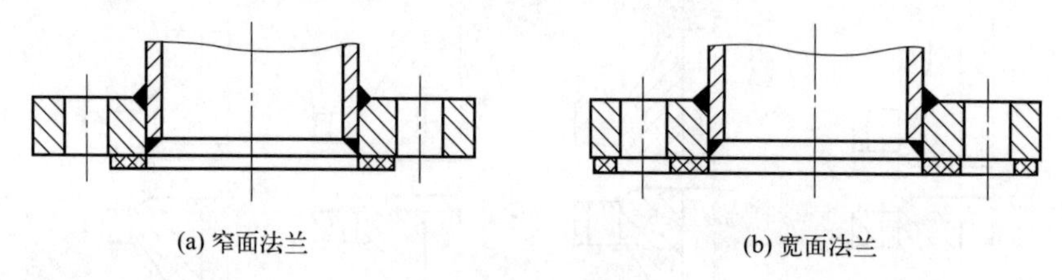

(a) 窄面法兰　　(b) 宽面法兰

图 6-14　法兰分类

② 按法兰结构分为松式法兰、整体法兰和任意式法兰　分类依据是按组成法兰的圆筒、法兰环、锥颈三部分的整体性程度来分的。

松式法兰是指法兰不直接固定在壳体上或者虽固定却不能保证与壳体作为一个整体承受螺栓载荷的结构，如活套法兰、螺纹法兰、搭接法兰等，如图 6-15(a)、(b)、(c) 所示。活套法兰是典型的松式法兰，其法兰的力矩完全由法兰环本身来承受，对设备或管道不产生附加弯曲应力，适用于有色金属和不锈钢制设备或管道上，且法兰可采用碳素钢制作，以节约贵重金属，但法兰刚度小，厚度较厚，一般只适用于压力较低的场合。螺纹法兰的特点是法兰与设备或管道通过螺纹连接，两者之间既有一定的连接，又没有形成一个整体。法兰对管壁产生的附加应力较小，适用于高压管道。

整体法兰即将法兰与壳体锻或铸成一体或全焊透的平焊法兰，如图 6-15(d)、(e)、(f) 所示。整体法兰保证壳体与法兰同时受力，法兰厚度可适当减薄，但会在壳体上产生较大应力。图 6-15(e) 所示带颈法兰提高了法兰与壳体的连接刚度，适用于压力、温度较高的重要场合。

任意式法兰结构将法兰与壳体连成一体，其刚性介于整体法兰和松式法兰之间，如图 6-15(g)、(h)、(i) 所示。

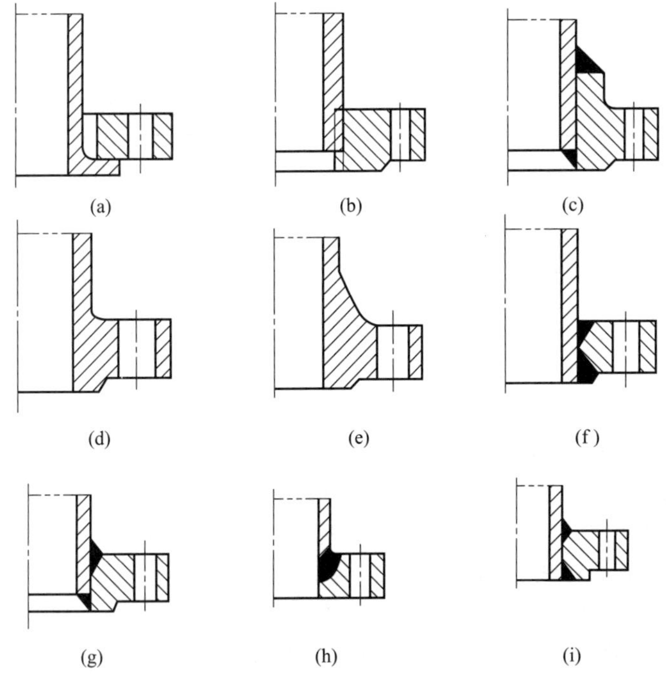


图 6-15 法兰分类

③ 按法兰应用场合分为容器法兰和管法兰 容器法兰是用于筒体和筒体、筒体与封头间的可拆连接，管法兰用于接管之间的连接。

为简化计算、降低成本、增加互换性，应尽可能选用标准法兰，只有使用大直径、特殊工作参数和结构形式时才需自行设计。当标准法兰刚度不够时，可更改标准法兰参数自行设计法兰，本节主要讲解标准法兰的选配。

#### 6.3.3.2 压力容器标准法兰及其选用

压力容器法兰分为平焊法兰和长颈对焊法兰两类，如图 6-16、图 6-17 所示。

图 6-16 平焊法兰

图 6-17 长颈对焊法兰

平焊法兰有分为甲型平焊法兰和乙型平焊法兰两类，焊缝形式为甲型（V）或乙型（U），如图 6-18 所示。乙型平焊法兰与甲型平焊法兰相比有一个厚度不小于 16mm 的短筒节，更易焊透，比甲型有更高的强度和刚度，适用于压力更高、直径更大的场合。

长颈对焊法兰具有比乙型平焊法兰厚度更大的颈，进一步提高了法兰的刚度，可用于压力更高的场合。

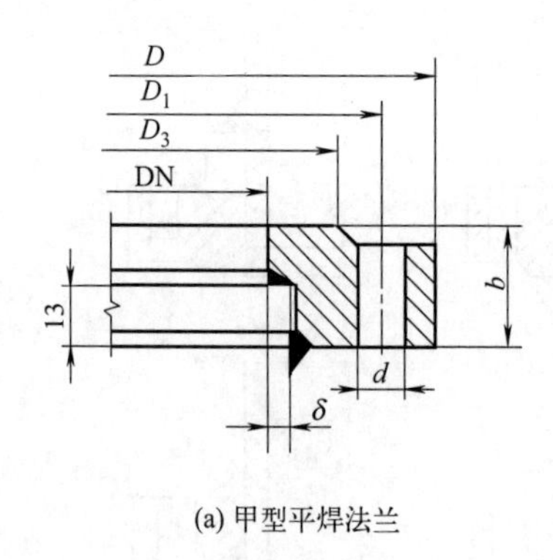


(a) 甲型平焊法兰

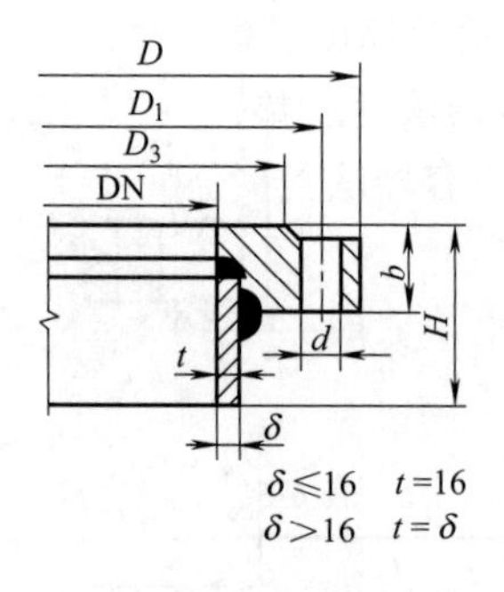


(b) 乙型平焊法兰

图 6-18　平焊法兰

压力容器标准法兰的选用步骤如下：

① 根据筒体设计温度、公称直径 DN 和公称压力 PN（略大于设计压力确定）初步确定容器法兰类型（参照表 6-5）。甲型平焊法兰的公称压力为 PN0.25～1.6MPa，工作温度－20～300℃；乙型平焊法兰的公称压力为 PN0.25～4.0MPa，工作温度－20～350℃，长颈对焊法兰的公称压力为 PN0.6～6.4MPa，工作温度－70～450℃。在满足使用要求的条件下，根据经济性原则，选用顺序为甲型平焊法兰、乙型平焊法兰、长颈对焊法兰。

② 根据法兰类型、公称压力和介质腐蚀性初步确定法兰材料（若法兰公称直径较大而介质又有腐蚀性时，为节省材料，可选用带衬环的法兰，法兰材料为碳钢或低合金钢，衬环材料为不锈钢）；再根据材料和工作温度确定法兰的最高允许工作压力 [$p$]，应使 [$p$] 大于等于工作压力且两者接近，否则需重新选择材料。

标准法兰尺寸是以 Q345R 在 200℃时的力学性能为基准制定的。因此不同材料的法兰随温度的不同，即使 DN 和 PN 相同，其最大允许工作压力也不同，选用时需使法兰的最大允许工作压力大于等于工作压力。表 6-6 给出了甲型、乙型法兰适用材料及最大允许工作压力，长颈对焊法兰适用材料及最大允许工作压力可查阅标准 NB/T 47020。

③ 根据工作压力、工作温度和密封性要求，选取法兰密封面形式。

一般情况下，温度较低、密封性要求不高时采用平面密封；温度高、压力也较高、密封要求严时采用榫槽面密封，凹凸面密封介于两者之间。甲型平焊法兰有平面密封和凹凸面密封两种形式，乙型平焊法兰和长颈对焊法兰三种形式均有。在满足使用要求的条件下，根据经济性原则，选用顺序为平面密封、凹凸面密封、榫槽面密封。

④ 根据法兰类型、公称压力和公称直径，在相应标准（NB/T 47021～47023—2012）中查表确定法兰结构尺寸和质量、螺柱数量和规格。

⑤ 根据介质腐蚀性和法兰、垫片、螺柱螺母材料匹配表（表 6-7）选用垫片、螺柱螺母材料。

⑥ 根据公称直径和公称压力查所选垫片相应标准（NB/T 47024～47026—2012），确定垫片尺寸。

主要根据介质的压力、温度、腐蚀性和压紧面的形状来选择垫片的结构形式、材料和尺寸，同时兼顾价格、制造、更换是否方便等因素。基本要求是垫片的材料不污染工作介质，耐腐蚀，具有良好的变形能力和回弹能力，在工作温度下不易变质、硬化或软化，能重复使用等。

⑦ 根据法兰厚度、螺柱数量和规格及材料确定螺柱结构尺寸（NB/T 47027—2012）。

《压力容器法兰、垫片、紧固件》标准中，没有不锈钢材质的压力容器法兰。当不锈钢设备需要压力容器法兰时，可以采用不锈钢衬环密封面的碳素钢或低合金钢法兰（贴面法兰），这样法兰整体不必采用不锈钢材质，达到节约材料、降低设备造价的目的。当用户要求采用不锈钢法兰时，设计者可在加大压力容器法兰厚度的基础上，对其进行强度、刚度校核。

**表 6-5 压力容器法兰分类及参数表（摘自 NB/T 47020—2012）**

| 公称直径 DN/mm | 公称压力 PN/MPa | | | | | | | | | | | | | | | |
|---|---|---|---|---|---|---|---|---|---|---|---|---|---|---|---|---|
| | 甲型平焊法兰（NB/T 47021—2012） | | | | 乙型平焊法兰（NB/T 47022—2012） | | | | | | 长颈对焊法兰（NB/T 47023—2012） | | | | | |
| | 0.25 | 0.60 | 1.00 | 1.60 | 0.25 | 0.60 | 1.00 | 1.60 | 2.5 | 4.0 | 0.60 | 1.00 | 1.60 | 2.5 | 4.0 | 6.4 |
| 300 | 按 1.00 | | √ | √ | | | | | √ | √ | | √ | √ | √ | √ | √ |
| 350 | | | √ | √ | | | | | √ | √ | | √ | √ | √ | √ | √ |
| 400 | 按 0.60 | √ | √ | √ | | | | | √ | √ | | √ | √ | √ | √ | √ |
| 450 | | √ | √ | √ | | | | | √ | √ | | √ | √ | √ | √ | √ |
| 500 | | √ | √ | √ | | | | | √ | √ | | √ | √ | √ | √ | √ |
| 550 | | √ | √ | √ | | | | | √ | √ | | √ | √ | √ | √ | √ |
| 600 | | √ | √ | √ | | | | | √ | √ | | √ | √ | √ | √ | √ |
| 650 | √ | √ | √ | √ | | | | | √ | | | √ | √ | √ | √ | √ |
| 700 | √ | √ | √ | | | | | √ | √ | | | √ | √ | √ | √ | √ |
| 800 | √ | √ | √ | | | | | √ | √ | | | √ | √ | √ | √ | √ |
| 900 | √ | √ | √ | | | | √ | √ | | | | √ | √ | √ | √ | √ |
| 1000 | √ | √ | | | | | √ | √ | | | | √ | √ | √ | √ | √ |
| 1100 | √ | √ | | | | | √ | √ | | | | √ | √ | √ | √ | √ |
| 1200 | √ | | | | | | √ | √ | | | | √ | √ | √ | √ | √ |
| 1300 | √ | | | | | √ | √ | √ | | | √ | √ | √ | √ | √ | |
| 1400 | √ | | | | | √ | √ | √ | | | √ | √ | √ | √ | √ | |
| 1500 | √ | | | | | √ | √ | | | | √ | √ | √ | √ | √ | |
| 1600 | √ | √ | | | | √ | √ | | | | √ | √ | √ | √ | √ | |
| 1700 | √ | | | | | √ | √ | | | | √ | √ | √ | √ | √ | |
| 1800 | √ | | | | | √ | √ | | | | √ | √ | √ | √ | √ | |
| 1900 | √ | | | | | √ | | | | | √ | √ | √ | √ | √ | |
| 2000 | √ | | | | | √ | | | | | √ | √ | √ | √ | √ | |
| 2200 | | | | | 按 0.60 | √ | | | | | √ | √ | √ | √ | | |
| 2400 | | | | | | √ | | | | | √ | √ | √ | √ | | |
| 2600 | | | | | √ | √ | | | | | √ | √ | √ | √ | | |
| 2800 | | | | | √ | √ | | | | | | | | | | |
| 3000 | | | | | √ | √ | | | | | | | | | | |

注：“√”符号表示有此规格，空格表示无此规格。

表 6-6 甲型、乙型法兰适用材料及最大允许工作压力（摘自 NB/T 47020—2012）

| 公称压力 PN/MPa | 法兰材料 | | 工作温度℃ | | | | 备注 |
|---|---|---|---|---|---|---|---|
| | | | ＞−20～200 | 250 | 300 | 350 | |
| 0.25 | 板材 | Q235B | 0.16 | 0.15 | 0.14 | 0.13 | 工作温度下限20℃ |
| | | Q235C | 0.18 | 0.17 | 0.16 | 0.14 | |
| | | Q245R | 0.19 | 0.17 | 0.15 | 0.14 | 工作温度下限0℃ |
| | | Q345R | 0.25 | 0.24 | 0.21 | 0.20 | |
| | 锻件 | 20 | 0.19 | 0.17 | 0.15 | 0.14 | |
| | | 16Mn | 0.26 | 0.24 | 0.22 | 0.21 | |
| | | 20MnMo | 0.27 | 0.27 | 0.26 | 0.25 | |
| 0.60 | 板材 | Q235B | 0.40 | 0.36 | 0.33 | 0.30 | 工作温度下限20℃ |
| | | Q235C | 0.44 | 0.40 | 0.37 | 0.33 | |
| | | Q245R | 0.45 | 0.40 | 0.36 | 0.34 | 工作温度下限0℃ |
| | | Q345R | 0.60 | 0.57 | 0.51 | 0.49 | |
| | 锻件 | 20 | 0.45 | 0.40 | 0.36 | 0.34 | |
| | | 16Mn | 0.61 | 0.59 | 0.53 | 0.50 | |
| | | 20MnMo | 0.65 | 0.64 | 0.62 | 0.60 | |
| 1.00 | 板材 | Q235B | 0.66 | 0.61 | 0.55 | 0.50 | 工作温度下限20℃ |
| | | Q235C | 0.73 | 0.67 | 0.61 | 0.55 | |
| | | Q245R | 0.74 | 0.67 | 0.60 | 0.56 | 工作温度下限0℃ |
| | | Q345R | 1.00 | 0.95 | 0.86 | 0.82 | |
| | 锻件 | 20 | 0.73 | 0.67 | 0.60 | 0.56 | |
| | | 16Mn | 1.02 | 0.98 | 0.88 | 0.83 | |
| | | 20MnMo | 1.09 | 1.07 | 1.05 | 1.00 | |
| 1.60 | 板材 | Q235B | 1.06 | 0.97 | 0.89 | 0.80 | 工作温度下限20℃ |
| | | Q235C | 1.17 | 1.08 | 0.98 | 0.80 | |
| | | Q245R | 1.19 | 1.08 | 0.98 | 0.90 | 工作温度下限0℃ |
| | | Q345R | 1.60 | 1.53 | 1.37 | 1.31 | |
| | 锻件 | 20 | 1.17 | 1.08 | 0.96 | 0.90 | |
| | | 16Mn | 1.64 | 1.56 | 1.41 | 1.33 | |
| | | 20MnMo | 1.74 | 1.72 | 1.68 | 1.60 | |
| 2.50 | 板材 | Q235C | 1.83 | 1.68 | 1.53 | 1.38 | 工作温度下限0℃ |
| | | Q245R | 1.86 | 1.69 | 1.50 | 1.40 | |
| | | Q345R | 2.50 | 2.39 | 2.14 | 2.05 | |
| | 锻件 | 20 | 1.86 | 1.69 | 1.50 | 1.40 | |
| | | 16Mn | 2.56 | 2.44 | 2.20 | 2.08 | |
| | | 20MnMo | 2.92 | 2.86 | 2.80 | 2.73 | DN＜1400mm |
| | | 20MnMo | 2.64 | 2.63 | 2.59 | 2.50 | DN≥1400mm |
| 4.00 | 板材 | Q245R | 2.97 | 2.70 | 2.39 | 2.24 | 工作温度下限0℃ |
| | | Q345R | 4.00 | 3.82 | 3.42 | 3.27 | |
| | 锻件 | 20 | 2.97 | 2.70 | 2.39 | 2.24 | |
| | | 16Mn | 4.90 | 3.91 | 3.52 | 3.33 | |
| | | 20MnMo | 4.64 | 4.56 | 4.51 | 4.36 | DN＜1500mm |
| | | 20MnMo | 4.27 | 4.20 | 4.14 | 4.00 | DN≥1500mm |

表 6-7 法兰、垫片、螺柱、螺母材料匹配表（摘自 NB/T 47020—2012 表 2）

| 法兰类型 | 垫片 | | 垫片 | 匹配 | 法兰 | 法兰 | 匹配 | 螺柱与螺母 | 螺柱与螺母 | 螺柱与螺母 |
|---|---|---|---|---|---|---|---|---|---|---|
| | 种类 | | 适用温度范围/℃ | | 材料 | 适用温度范围/℃ | | 螺柱材料 | 螺母材料 | 适用温度范围/℃ |
| 甲型法兰 | 非金属软垫片 | 橡胶 | 按 NB/T 47024 表 1 | 可选配右列法兰材料 | 板材 GB/T 3274 Q235B、C | Q235B：20～300 Q235C：0～300 | 可选配右列螺柱螺母材料 | GB/T 69920 | GB/T 70015 | －20～350 |
| | | 石棉橡胶 | | | 板材 GB/T 713 Q245R、Q345R | －20～450 | | GB/T 69935 | 20 | 0～350 |
| | | 聚四氟乙烯 | | | | | | | GB/T 69925 | 0～350 |
| | | 柔性石墨 | | | | | | | | |
| 乙型法兰与长颈法兰 | 非金属软垫片 | 橡胶 | 按 NB/T 47024 表 1 | 可选配右列法兰材料 | 板材 GB/T 3274 Q235B、C | Q235B：20～300 Q235C：0～300 | 按 NB/T 47020—2012 表 3 选定右列螺柱材料后再选螺母材料 | 35 | 25 20 | 0～350 |
| | | 石棉橡胶 | | | 板材 GB/T 713 Q245R、Q345R | －20～450 | | GB/T 3077 40MnB 40Cr 40MnVB | 45 40Mn | 0～400 |
| | | 聚四氟乙烯 | | | 锻件 NB/T 47008 20、16Mn | －20～450 | | | | |
| | | 柔性石墨 | | | | | | | | |
| | 缠绕垫片 | 石墨或石墨填充带 | 按 NB/T 47025 表 1、表 2 | 可选配右列法兰材料 | 板材 GB/T 713 Q245R、Q345R | －20～450 | 按 NB/T 47020—2012 表 4 选定右列螺柱材料后再选螺母材料 | 40MnB 40Cr 40MnVB | | |
| | | 聚四氟乙烯填充带 | | | 锻件 NB/T 47008 20、16Mn | －20～450 | | GB/T 3077 35CrMoA | 45 40Mn | －10～400 |
| | | | | | 15CrMo 14Cr1Mo | 0～450 | | | GB/T 3077 30CrMoA 35CrMoA | －70～500 |
| | | 非石墨纤维填充带 | | | 锻件 NB/T 47009 16MnD | －40～350 | 可选配右列螺柱螺母材料 | | | |
| | | | | | 09MnNiD | －70～350 | | | | |
| | 金属包垫片 | 铜、铝包覆材料 | 按 NB/T 47026 表 1、表 2 | | 锻件 NB/T 47008 12Cr2Mo1 | 0～450 | 按 NB/T 47020—2017 表 5 选定右列螺柱材料后再选螺母材料 | 40MnVB | 45 40Mn | 0～400 |
| | | | | | | | | 35CrMoA | 45 40Mn | －10～400 |
| | | | | | | | | | 30CrMoA 35CrMoA | －70～500 |
| | | | | | | | | GB/T 3077 25Cr2MoVA | 30CrMoA 35CrMoA | －20～500 |
| | | | | | | | | | 25Cr2MoVA | 20～550 |
| | | 低碳钢、不锈钢包覆材料 | | | 锻件 NB/T 47008 20MnMo | 0～450 | PN≥2.5MPa | 25Cr2MoVA | 30CrMoA 35CrMoA | －20～500 |
| | | | | | | | | | 25Cr2MoVA | －20～550 |
| | | | | | | | PN<2.5MPa | 35CrMoA | 30CrMoA | －70～500 |

【例 6-1】应用 SW6 软件为一台换热器管箱设计管箱法兰，法兰如图 6-19 所示，管程介质为净化煤气，设计压力为 1.7MPa，设计温度为 250℃，公称直径为 500mm，筒体名义厚度为 7mm，管箱材料为 Q245R。

设计步骤：

① 新建零部件文件，并命名为“管箱法兰”，后缀名为.pt2。

② 按筒体设计方法输入主体设计参数。

③ 法兰选型：DN＝500mm，$p$＝1.7MPa，根据表 6-5 初选乙型平焊法兰。乙型平焊法兰可用钢板制造，法兰材质最好与筒体一致，故选择 Q245R，查表 6-6，PN＝2.5MPa 的法兰在 250℃的最高允许压力只有 1.69MPa＜$p$，不符合要求，故选用 PN＝4.0MPa 的法兰（250℃的最高允许压力为 2.7MPa）。

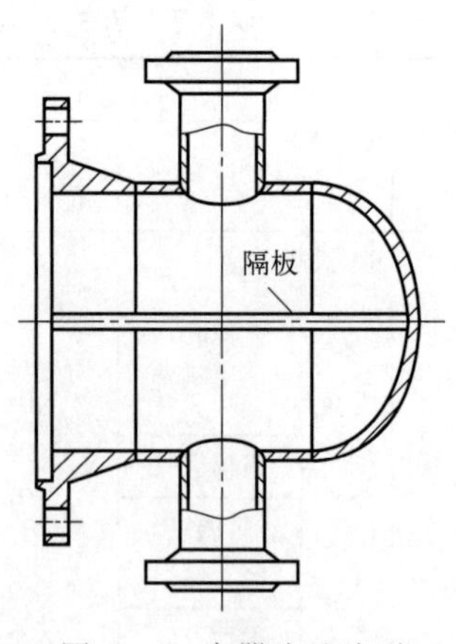


图 6-19　容器法兰选型

④ 设备法兰数据输入：在“筒体法兰数据输入”对话框中勾选标准容器法兰，选择 NB/T 47022—2012 乙型平焊法兰，输入公称压力“4.0”，输入筒体厚度，如图 6-20 所示。

**注意：**液柱静压力可根据法兰位置计算得到，计算方法与筒体设计相同。卧式换热器无附加弯矩和轴线拉伸载荷时可不输入。立式换热器要根据风载荷、地震载荷等计算后输入。

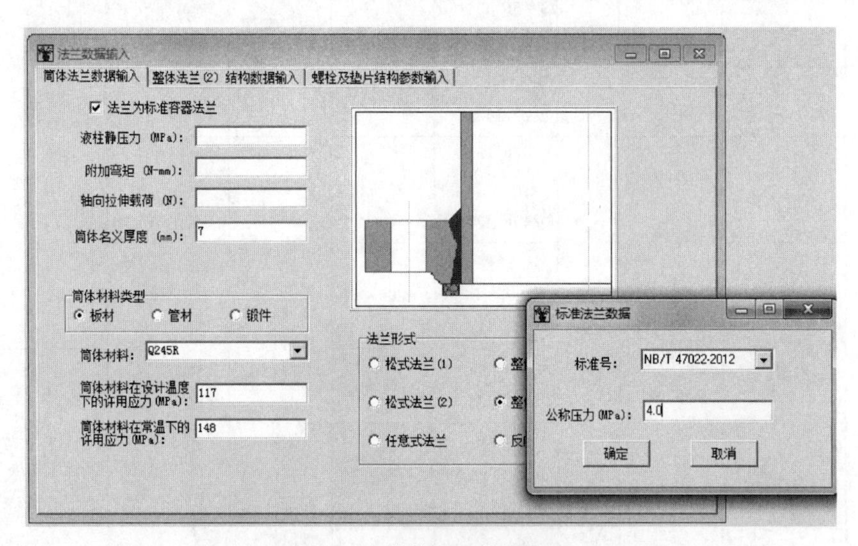


图 6-20　筒体法兰数据输入

⑤ 选择标准法兰后，“整体法兰（2）结构数据输入”对话框内结构尺寸由程序直接获取标准数据，设计者选择输入法兰材料即可，如图 6-21 所示。

⑥ 在图 6-22 所示“螺栓及垫片结构参数输入”对话框中输入相关参数。由于介质为净化煤气，易燃易爆，因此对密封性要求较高，可选择凹凸面密封。由设计温度 250℃、设计压力 1.7MPa，查表 6-8 选择缠绕垫片，螺栓材料选择 40MnB，螺母材质为 40Mn。

⑦ 查标准 NB/T 47025—2012，可获取垫片内外径分别为 505mm 和 565mm，输入到图 6-22 中。

⑧ 计算结果校验合格，否则更改法兰结构参数重新设计。

#### 6.3.3.3　管法兰标准及其选用

管法兰用于管道与管道间的可拆连接，但与容器法兰不能互用。压力容器法兰公称直径

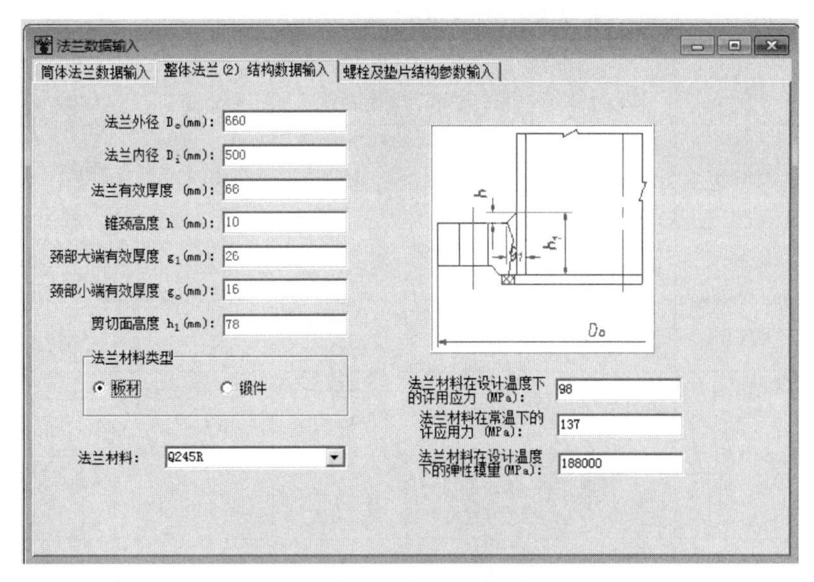


图 6-21 容器法兰结构参数

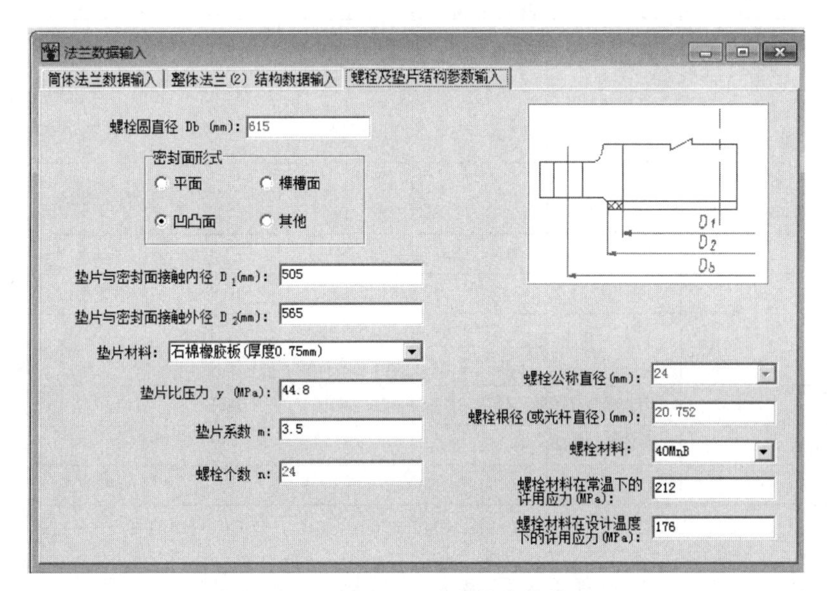


图 6-22 螺栓及垫片结构参数输入

以设备内径为基准，当壳体圆筒使用无缝钢管时，选用管法兰。

管法兰及其垫片、紧固件统称为法兰接头。法兰接头是工程设计中使用极为普遍、涉及面非常广泛的一种零部件。它是配管设计、管件阀门必不可少的零件，而且也是设备、设备零部件（如人孔、视镜液面计等）中必备的构件。目前化工行业用标准为 HG/T 20592～20635—2009《钢制管法兰、垫片、紧固件》，其中 HG/T 20592～20614—2009 为 PN 系列（欧洲体系）管法兰、垫片、紧固件标准，HG/T 20615～20635—2009 为 Class 系列（美洲体系）管法兰、垫片、紧固件标准。本书只针对 PN 系列进行设计选型。

管法兰的选用步骤如下：

① 根据介质腐蚀情况、工作压力和工作温度高低初步确定法兰材料（表 6-8），选材时尽量考虑与接管选择相近的材料。

表 6-8　钢制管法兰用材料（摘自 HG/T 20592—2009）

| 类别号 | 类别 | 钢板 | | 锻件 | | 铸件 | |
|---|---|---|---|---|---|---|---|
| | | 材料牌号 | 标准编号 | 材料牌号 | 标准编号 | 材料牌号 | 标准编号 |
| 1C1 | 碳素钢 | — | — | A105<br>16Mn<br>16MnD | GB/T 12228<br>JB 4726<br>JB 4727 | WCB | GB/T 12229 |
| 1C2 | 碳素钢 | Q345R | GB/T 713 | — | — | WCC<br>LC3,LCC | GB/T 12229<br>JB/T 7248 |
| 1C3 | 碳素钢 | 16MnDR | GB/T 3531 | 08Ni3D<br>25 | JB 4727<br>GB/T 12228 | LCB | JB/T 7248 |
| 1C4 | 碳素钢 | Q235A,Q235B<br>20<br>Q245R<br>09MnNiDR | GB/T 3274<br>(GB/T 700)<br>GB/T 711<br>GB/T 713<br>GB/T 3531 | 20<br>09MnNiD | JB 4726<br>JB 4727 | WCA | GB/T 12229 |
| 1C9 | 铬钼钢<br>(1～1.25Cr-0.5Mo) | 14Cr1MoR<br>15CrMoR | GB/T 713<br>GB/T 713 | 14Cr1Mo<br>15CrMo | JB 4726<br>JB 4726 | WC6 | JB/T 5263 |
| 1C10 | 铬钼钢<br>(2.25Cr-1Mo) | 12Cr2Mo1R | GB/T 713 | 12Cr2Mo1 | JB 4726 | WC9 | JB/T 5263 |
| 1C13 | 铬钼钢<br>(5Cr-0.5Mo) | — | — | 1Cr5Mo | JB 4726 | ZG16Cr5MoG | GB/T 16253 |
| 1C14 | 铬钼铬钢<br>(9Cr-1Mo-V) | — | — | — | — | C12A | JB/T 5263 |
| 2C1 | 304 | 0Cr18Ni9 | GB/T 4237 | 0Cr18Ni9 | JB 4728 | CF3、CF8 | GB/T 12230 |
| 2C2 | 316 | 0Cr17Ni12Mo2 | GB/T 4237 | 0Cr17Ni12Mo2 | JB 4728 | CF3M、CF8M | GB/T 12230 |
| 2C3 | 304L<br>316L | 00Cr19Ni10<br>00Cr17Ni14Mo2 | GB/T 4237<br>GB/T 4237 | 00Cr19Ni10<br>00Cr17Ni14Mo2 | JB 4728<br>JB 4728 | — | — |
| 2C4 | 321 | 0Cr18Ni10Ti | GB/T 4237 | 0Cr18Ni10Ti | JB 4728 | — | — |
| 2C5 | 347 | 0Cr18Ni11Nb | GB/T 4237 | — | — | — | — |
| 12E0 | CF8C | — | — | — | — | CF8C | GB/T 12230 |

注：JB 4726、JB 4727、JB 4728、JB/T 5263 已被 NB/T 47008、NB/T 47009、NB/T 47010 和 NB/T 11268 代替。

② 根据介质特性、公称直径 DN 和最大工作压力，初步确定法兰公称压力 PN 和法兰类型。

HG/T 20592—2009 中，PN 系列管法兰有九个公称压力等级，以 bar（1bar＝0.1MPa）为压力单位，分别是 PN2.5、PN6、PN10、PN16、PN25、PN40、PN63、PN100、PN160。初选时要使公称压力大于等于最大工作压力。当容器内为易燃易爆介质或毒性程度为中度、轻度危害性介质的接管法兰压力等级不低于 PN10，毒性程度为高度和极度危害性介质或强渗透性介质的接管法兰压力等级不低于 PN16。

管法兰有 12 种类型，常用的有板式平焊法兰、带颈平焊法兰、带颈对焊法兰（图 6-23）和法兰盖等，下面给出了这几种管法兰的选型原则，具体选用可参考标准 HG/T 20592 进行。

板式平焊法兰（代号 PL）制造简单，成本低，是设备或管道上常用的法兰之一；缺点是刚性较差，因此不得用于易燃、易爆和高度、极度危害的场合。板式平焊法兰一般用于 DN≤600mm，PN≤40bar 的场合。DN＞600mm 时，只能用于 PN25 的场合。

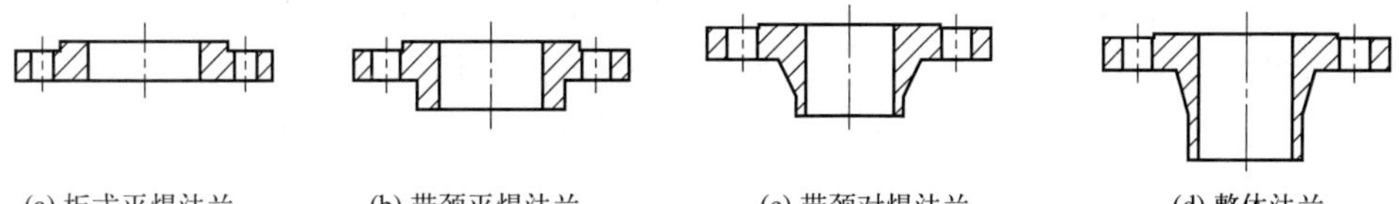

(a) 板式平焊法兰　(b) 带颈平焊法兰　(c) 带颈对焊法兰　(d) 整体法兰

图 6-23　管法兰的类型（部分）

带颈平焊法兰（代号 SO）颈部高度较低，法兰的刚度、承载能力有所提高，现场安装较方便；缺点是与对焊法兰相比，焊接工作量大，焊条耗量高，经不起高温高压及反复弯曲和温度波动。带颈平焊法兰适用于 DN≤600mm，6bar≤PN≤40bar 的场合，当因介质、温度等原因不能使用板式平焊法兰时可选用带颈平焊法兰。

带颈对焊法兰（代号 WN）连接不易变形，密封效果好，应用广泛；缺点是体积庞大，重量大，价格昂贵（锻件制造），安装定位很困难。带颈对焊法兰适用于 10bar≤PN≤160bar 的场合。为高度和极度危害性介质或强渗透性中度危害介质、介质为液化石油气时必须选用带颈对焊法兰。低温容器、高温容器、疲劳容器及第Ⅲ类容器尽量采用长颈对焊法兰。

管径较大（DN＞600mm）、压力又较高的场合选用整体法兰（代号 IF）。

法兰盖（代号 BL）也称盲板法兰、盲板，是中间不带孔的法兰。当设备接管是备用管和手孔时，必须选配法兰盖，选配方法同管法兰。

③ 根据法兰材料、PN 和工作温度，查表确定法兰的最大允许工作压力[$p$]，应使[$p$]大于等于最大工作压力且两者接近，否则重新选择材料或 PN。

不同材料的法兰随温度的不同，即使 DN 和 PN 相同，其最大允许工作压力也不同，选用时需使法兰的最大允许工作压力大于等于工作压力。如表 6-9 所示为 PN16 钢制管法兰的最大允许工作压力，由于篇幅所限，表中数据略有删减，详见 HG/T 20592—2009。

**表 6-9　PN16 钢制管法兰用材料最大允许工作压力（表压）**

| 法兰材料类别号 | 工作温度/℃ | | | | | | | | | | | | | |
|---|---|---|---|---|---|---|---|---|---|---|---|---|---|---|
| | 20 | 50 | 100 | 150 | 200 | 250 | 300 | 350 | 375 | 400 | 450 | 500 | 550 | 600 |
| 1C1 | 16.0 | 16.0 | 16.0 | 15.6 | 15.1 | 14.4 | 13.4 | 12.8 | 12.4 | 10.8 | 6.2 | 2.7 | — | — |
| 1C2 | 16.0 | 16.0 | 16.0 | 16.0 | 16.0 | 16.0 | 14.9 | 14.2 | 13.7 | 10.8 | 6.2 | 2.7 | — | — |
| 1C3 | 16.0 | 16.0 | 15.6 | 15.2 | 14.7 | 14.0 | 13.0 | 12.4 | 12.1 | 10.1 | 6.1 | 2.7 | — | — |
| 1C4 | 14.7 | 14.4 | 13.4 | 13.0 | 12.6 | 12.0 | 11.2 | 10.7 | 10.5 | 9.4 | 6.0 | 2.7 | — | — |
| 1C9 | 16.0 | 16.0 | 16.0 | 16.0 | 16.0 | 16.0 | 15.5 | 15.0 | 14.8 | 14.5 | 13.8 | 7.9 | 3.9 | 1.8 |
| 1C10 | 16.0 | 16.0 | 16.0 | 16.0 | 16.0 | 16.0 | 16.0 | 16.0 | 16.0 | 15.9 | 15.3 | 8.9 | 4.7 | 2.1 |
| 1C13 | 16.0 | 16.0 | 16.0 | 16.0 | 16.0 | 16.0 | 16.0 | 16.0 | 15.9 | 15.6 | 14.6 | 6.6 | 3.7 | 1.9 |
| 1C14 | 16.0 | 16.0 | 16.0 | 16.0 | 16.0 | 16.0 | 16.0 | 16.0 | 16.0 | 16.0 | 16.0 | 9.4 | 4.6 | 2.2 |
| 2C1 | 14.7 | 14.2 | 12.1 | 11.0 | 10.2 | 9.6 | 9.0 | 8.7 | 8.6 | 8.4 | 8.1 | 7.8 | 7.3 | 5.2 |
| 2C2 | 14.7 | 14.3 | 12.5 | 11.4 | 10.6 | 9.8 | 9.3 | 9.0 | 8.8 | 8.7 | 8.5 | 8.4 | 8.2 | 6.1 |
| 2C3 | 12.3 | 11.8 | 10.2 | 9.2 | 8.5 | 7.9 | 7.4 | 7.1 | 6.9 | 6.8 | 6.5 | — | — | — |
| 2C4 | 14.7 | 14.4 | 13.1 | 12.1 | 11.3 | 10.7 | 10.1 | 9.7 | 9.4 | 9.3 | 9.1 | 8.9 | 8.7 | 6.3 |
| 2C5 | 14.7 | 14.4 | 13.4 | 12.5 | 11.8 | 10.2 | 10.6 | 10.2 | 10.1 | 10.0 | 9.9 | 9.8 | 9.4 | 6.1 |
| 12E0 | 14.2 | 13.5 | 12.5 | 11.7 | 11.0 | 10.3 | 9.7 | 9.2 | — | 8.9 | 8.7 | 8.5 | 8.2 | 6.1 |

注：表中中间温度可采用内插法确定。

④ 根据法兰类型及其所适用的 PN 和 DN，确定密封面形式。

管法兰密封面形式有全平面（FF）、突面（RF）、凹凸面（MFM）、榫槽面（TG）、环连接面（RJ）。密封面的型式选择与法兰类型、公称压力和公称直径有关，PN 系列各类型管法兰及对应密封面适用范围见表 6-10。

**表 6-10 常用管法兰及对应密封面型式及其适用范围（摘选自 HG/T 20592—2009）**

| 法兰类型 | 密封面型式 | 公称压力 PN/bar | | | | | | | | |
|---|---|---|---|---|---|---|---|---|---|---|
| | | 2.5 | 6 | 10 | 16 | 25 | 40 | 63 | 100 | 160 |
| 板式平焊法兰 | 突面 | DN10～2000 | DN10～600 | | | | | — | | |
| | 全平面 | DN10～2000 | DN10～600 | | | — | | | | |
| 带颈平焊法兰 | 突面 | — | DN10～300 | DN10～600 | | | | — | | |
| | 凹凸面 | — | | DN10～600 | | | | — | | |
| | 榫槽面 | — | | DN10～600 | | | | — | | |
| | 全平面 | — | DN10～300 | DN10～600 | | — | | | | |
| 带颈对焊法兰 | 突面 | — | | DN10～2000 | | DN10～600 | | DN10～400 | DN10～350 | DN10～300 |
| | 凹凸面 | — | | DN10～600 | | | | DN10～400 | DN10～350 | DN10～300 |
| | 榫槽面 | — | | DN10～600 | | | | DN10～400 | DN10～350 | DN10～300 |
| | 全平面 | — | | DN10～2000 | | — | | | | |
| | 环连接面 | — | | | | | | DN15～400 | | DN15～300 |

当选择凹凸面和榫槽面时，要考虑安装的方便，装在设备顶部或侧面时，优先选用凹面或槽面；装在设备下部时，优先选用凸面或榫面。

⑤ 根据法兰类型、PN 和 DN 查标准确定管法兰结构尺寸和质量。

⑥ 根据密封面型式、介质腐蚀情况，确定垫片材料和型式，具体选型参照 HG/T 20606～20612—2009。当设备上接管对外配管时，不需选型。

⑦ 根据法兰结构尺寸和压力级别大小，确定螺栓（螺母）材料和尺寸，具体选型参照 HG/T 20613—2009。当设备上接管对外配管时，不需选型。

⑧ 当设备接管是备用管和手孔时，必须选配法兰盖，选配方法同管法兰。

**【例 6-2】** 现设计一氯甲烷卧式储罐，设计温度为 50℃，设计压力为 1.6MPa，储罐材质为 Q345R，顶部有一接管公称直径为 DN80，接管材料为 20 钢，为其配置管法兰。

① 介质为一氯甲烷，属高度危害介质，选择带颈对焊法兰，法兰为锻件，选择法兰材料为 16Mn，材料类别号 1C1（查表 6-8）。

② 高度危害介质管法兰压力等级不低于 1.6MPa，初选 PN25，查标准 HG/T 20592—2009 表 7.0.1-5，材质为 1C1 的 PN25 管法兰在 50℃最高允许工作压力为 25bar，大于设计压力。

③ 选择密封面形式为凹凸面密封（中压），设在容器顶部，故管法兰选为凹面密封。

④ 接管对外配管时，不需进行垫片和紧固件选型。

## 6.4 开孔补强设计

在介质压力作用下，开孔削弱器壁的强度并在附近产生较大的附加应力，从而出现应力集中现象。通过试验发现，开孔附近区域的局部应力峰值可以达到器壁薄膜应力的 3 倍或更大，远离开孔处后应力峰值很快衰减。开孔孔径与壳体相对直径 $d/D$ 越大，应力集中作用越大；被开孔壳体的厚径比 $\delta/D$ 越小，应力集中作用越大；因此增大壳体或接管壁厚均可以缓解应力集中程度。

## 6.4.1 开孔补强结构

开孔补强可以采用整体补强和局部补强两种补强方式。整体补强是增加整个容器的壁厚来降低总体应力。局部补强是在局部区域采用补强结构降低应力水平。依据补强金属采用什么结构形式与被补强的壳体或接管连成一体，局部补强结构主要有以下几种情况。

(1) 补强圈补强

补强圈补强是将补强圈贴焊在壳体与接管连接处，见图 6-24(a)。

补强圈补强结构简单，制造方便，使用经验丰富。补强圈一般与壳体采用同一种材料，但补强圈金属与壳体金属之间不能完全贴合，传热效果差，在中温以上使用时，存在较大热膨胀差，在补强局部区域产生较大的热应力；而且与壳体采用搭接，难以与壳体形成整体，抗疲劳性能差，因此仅在中低压容器中应用广泛。

使用补强圈补强时，应遵循下列规律：①容器设计压力小于 6.4MPa；②容器设计温度不大于 350℃；③低合金钢的标准补强抗拉强度下限值 $R_m<540\text{MPa}$；④补强圈厚度小于或等于 $1.5\delta_n$；⑤壳体名义厚度 $\delta_n<38\text{mm}$。

若条件许可，推荐以厚壁接管代替补强圈进行补强，其 $\delta_{nt}/\delta_n$（$\delta_{nt}$ 为接管名义厚度）宜控制在 0.5～2。

(2) 厚壁管补强

厚壁管补强是在开孔处焊上一段厚壁接管，见图 6-24(b)。接管补强结构简单，焊缝少，焊接质量容易检验，补强效果较好。高强度低合金钢制压力容器由于材料缺口敏感性较高，一般都采用该结构，但必须保证焊缝全焊透。

(3) 整体锻件补强

整体锻件补强是将接管和部分壳体连同补强部分做成整体锻件，再与壳体和接管焊接，见图 6-24(c)。补强金属集中于开孔应力最大部位，能最有效地降低应力集中系数；可采用对接焊缝，并使焊缝及其热影响区离开最大应力点，抗疲劳性能好，疲劳寿命只降低 10%～15%。因其制造成本较高，通常用于重要压力容器，如核容器、材料屈服点在 500MPa 以上的容器开孔及受低温、高温、疲劳载荷容器的大直径开孔容器等。

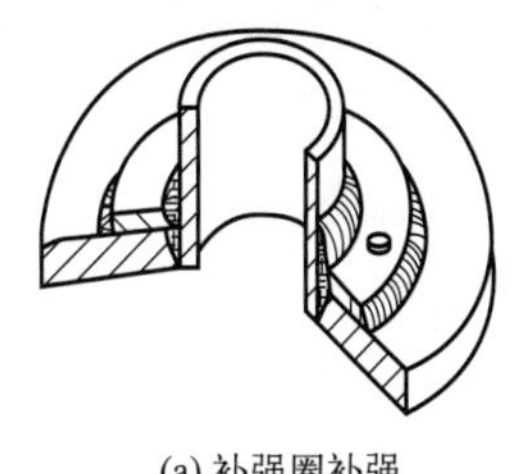

(a) 补强圈补强

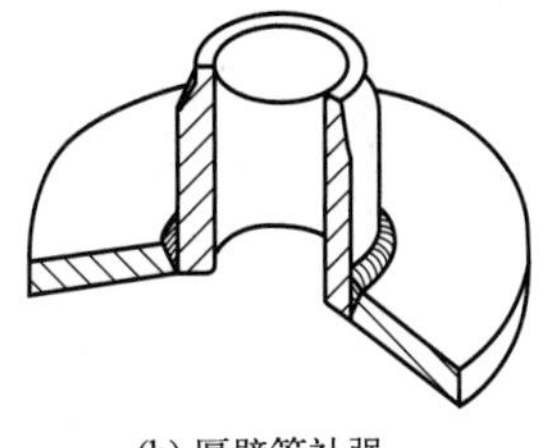

(b) 厚壁管补强

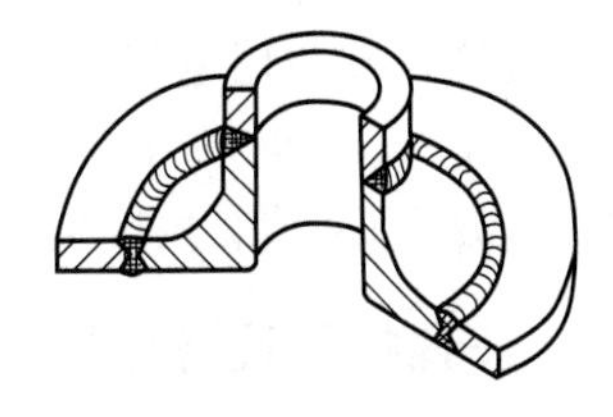

(c) 整体锻件补强

图 6-24 局部补强结构

## 6.4.2 开孔补强设计方法和原则

开孔补强设计是指采取适当增加壳体或接管厚度的方法将应力减小到某一允许数值。开孔补强计算之前首先根据壳体开孔大小及位置选择适当的补强方法，适用于容器本体的开孔及其补强计算的补强方法有等面积法和分析法等。

（1）等面积法

从补强角度讲，对壳体由于开孔丧失的拉伸承载面积应在孔边有效补强范围内等面积地进行补强。若补强材料与壳体材料相同，所需补强面积就与壳体开孔削弱的强度面积相等，俗称等面积法。

等面积法以双向受拉伸的无限大平板上开有小孔时孔边的应力集中作为理论基础，即仅考虑壳体中存在的拉伸薄膜应力，且以补强壳体的一次应力强度作为设计准则，故对小直径的开孔安全可靠。等面积法没有考虑开孔处应力集中的影响，没有计入容器直径变化的影响，补强后对不同接管会得到不同的应力集中系数，即安全裕量不同，因此有时显得富裕，有时显得不足。

因为接管和壳体实际厚度大于强度需要的厚度、接管根部有填角焊缝、开孔位置不在焊缝上等原因，对于满足一定条件的开孔接管，可以不予补强。壳体开孔全部满足以下条件时，可以不另行补强：

① 设计压力 $p \leqslant 2.5$MPa。

② 两相邻开孔的中心距离（对曲面间距以弧长计算）不小于两接管的直径的之和的 2 倍；对于三个或三个以上的相邻开孔，任意两孔的中心距离（对于曲面间距以弧长计算）不小于两接管的直径的之和的 2.5 倍。

③ 接管外径 $\phi \leqslant 89$mm。

④ 接管壁厚满足表 6-11 要求，表中接管腐蚀裕度为 1mm，如果腐蚀裕度有变化，接管壁厚相应变化。

⑤ 开孔不得位于 $A$、$B$ 类焊接接头上。

⑥ 钢材的标准抗拉强度下限值 $R_m \geqslant 540$MPa，接管与壳体的连接宜采用全焊透结构。

**表 6-11 不另行补强的条件** 单位：mm

| 接管外径 | 25 | 32 | 38 | 45 | 48 | 57 | 65 | 76 | 89 |
|---|---|---|---|---|---|---|---|---|---|
| 接管最小壁厚 | 3.5 | | | 4.0 | | 5.0 | | 6.0 | |

（2）分析法

该法要求带有某种补强结构的接管与壳体发生塑性失效时的极限压力和无接管时的壳体极限压力基本相同。

该方法是根据弹性薄壳理论得到的应力分析方法，用于内压作用下具有径向接管圆筒的开孔补强设计，其适用范围如下：

$$d \leqslant 0.9D \text{ 且 } \max(0.5, d/D_i) \leqslant \delta_{et}/\delta_e \leqslant 2$$

式中，$\delta_{et}$ 为接管有效厚度。

### 6.4.3 开孔补强设计步骤

等面积法的设计步骤如下：

① 判别开孔是否在等面积法的适用范围内。

因等面积法的局限性，开孔不能过大。对于压力作用下壳体和平封头上的圆形、椭圆形或长圆形开孔（孔的长径与短径之比应不大于 2.0），GB/T 150 规定等面积法适用范围如下：

a. 当圆筒内径 $D_i \leqslant 1500$mm 时，开孔直径 $d \leqslant 0.5D_i$，且 $d \leqslant 520$mm；当圆筒内径 $D_i >$ 1500mm 时，开孔直径 $d \leqslant D_i/3$，且 $d \leqslant 1000$mm；

b. 凸形封头或球壳封头最大开孔直径 $d \leqslant 0.5D_i$；

c. 锥形封头最大开孔直径 $d \leqslant D_i/3$；$D_i$ 为开孔中心处的锥壳内直径。

② 判别是否需要另行补强。

③ 进行补强计算。等面积补强就是使补强的金属量等于或大于开孔所削弱的金属量。补强金属在通过开孔中心线的纵截面上的正投影面积，必须等于或大于壳体由于开孔而在这个纵截面上所削弱的正投影面积。

a. 计算所需要的最小补强面积 $A$，即由于壳体开孔在上述纵截面上削弱而需要补强的面积。

b. 计算补强范围内的壳体的富余面积 $A_1$，即壳体有效厚度减去计算厚度之外的多余面积。

c. 计算补强范围内的接管的富余面积 $A_2$，即接管有效厚度减去计算厚度之外的多余面积。计算时不需注意接管材料和壳体材料的强度削弱系数，即设计温度下接管材料与壳体材料许用应力之比。

d. 计算有效补强区内焊缝金属的截面积 $A_3$。

具体计算过程可参照 GB/T 150 进行，本书采用 SW6 辅助设计替代计算过程。

若 $A_1+A_2+A_3 \geqslant A$，开孔无须另行补强。若 $A_1+A_2+A_3<A$，则开孔需要另加补强，所增加的补强金属截面积 $A_4 \geqslant A-A_1-A_2-A_3$，需增设补强圈或补强管进行补强。

④ 设计补强圈。补强圈一般需与壳体材料相同，若补强材料许用应力小于壳体材料许用应力，则补强面积按壳体材料与补强材料许用应力之比而增加。若补强材料许用应力大于壳体材料许用应力，则所需补强面积不得减少。

NB/T 11025—2022《补强圈》标准规定了补强圈的型式和尺寸系列。

补强圈外径及厚度确定：通过接管的公称直径按标准确定补强圈外径，补强圈厚度按式 $\delta'=\dfrac{A_4}{D_2-D_1}$计算，考虑钢板厚度负偏差和腐蚀裕量后，按表 6-12 选取厚度 $\delta_c$。

**表 6-12 补强圈尺寸系列** 单位：mm

| 接管公称直径 | 50 | 65 | 80 | 100 | 125 | 150 | 175 | 200 | 225 | 250 | 300 | 350 | 400 | 450 | 500 | 600 |
|---|---|---|---|---|---|---|---|---|---|---|---|---|---|---|---|---|
| 补强圈外径 $D_2$ | 130 | 160 | 180 | 200 | 250 | 300 | 350 | 400 | 440 | 480 | 550 | 620 | 680 | 760 | 840 | 980 |
| 补强圈内径 $D_1$ | 按补强圈坡口形式确定 | | | | | | | | | | | | | | | |
| 补强圈厚度 $\delta_c$ | 4、6、8、10、12、14、16、18、20、22、24、26、28、30 | | | | | | | | | | | | | | | |

## 6.4.4 开孔补强设计示例

**【例 6-3】** 有一受内压圆筒形容器，两端为椭圆形封头，内径 $D_i=1000$mm，设计（计算）压力为 2.0MPa，设计温度 300℃，材料为 Q345R，厚度 $\delta_n=12$mm，腐蚀裕量 $C_2=2$mm，焊接接头系数 $\phi=0.85$；在筒体和封头上焊有三个接管（方位见图 6-25），材料均为 20 号无缝钢管，接管 a 规格为 $\phi 89\times 6$mm，接管 b 规格为 $\phi 219\times 8$mm，试应用 SW6 软件对上述开孔结构进行补强。

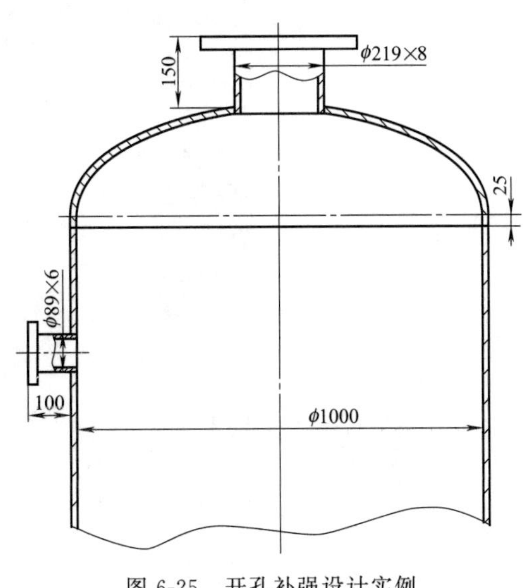

图 6-25 开孔补强设计实例

设计步骤：

（1）接管 a 开孔补强设计

① 新建零部件文件，并命名为“开孔补

强”，后缀名为.pt2；选择“数据输入”菜单下的“开孔补强”命令，打开“开孔补强数据输入”对话框，如图6-26所示。选择补强方法，将壳体的设计参数输入。需要注意的是，在对话框中需要输入壳体的计算厚度，用来计算出壳体强度的富余量。这时可以通过筒体设计的方法计算得到，通过计算可得壳体计算厚度为9.70mm。

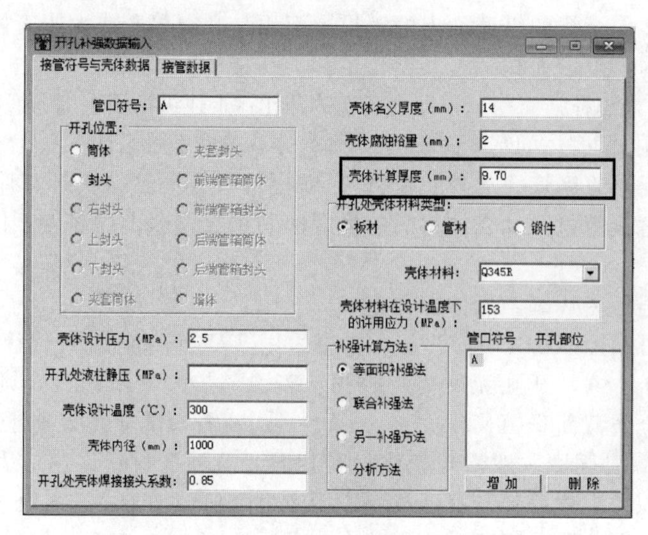


图6-26　接管a数据输入（一）

② 输入接管数据，注意焊缝金属截面积为接管与筒体连接处的焊缝面积（图6-27），一般接管与壳体的焊缝为角焊缝，如果角焊缝腰高为$K$，则面积为$K^2$。其中焊缝金属截面积数据如果不填，程序将取壳体和接管壁厚之小值的平方作为焊缝金属截面积进行补强计算。在图6-28所示的对话框中输入接管位置数据。

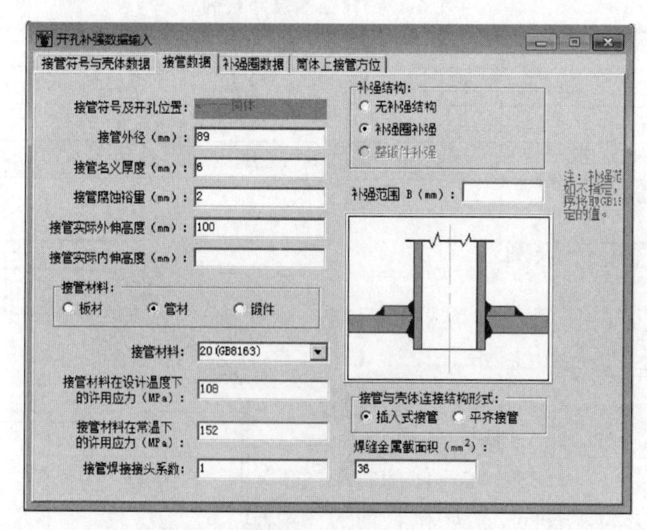


图6-27　接管a数据输入（二）

③ 运行计算结果，如图6-29所示，SW6软件提供了多种设计方案。

a.程序推荐选用方案三，直接增加接管厚度到7mm，不用另行补强：

＊＊＊＊＊＊＊＊＊＊＊开孔补强计算结果＊＊＊＊＊＊＊＊＊＊＊

管口a：圆形筒体上开孔

　　计算方法：GB/T150—2011等面积法

计算压力 2.5MPa

壳体材料 Q345R，名义厚度 14mm

接管材料 20（GB8163），规格 ϕ89×7

根据 GB/T150 第 6.1.3 节的规定，本开孔可不另行补强。

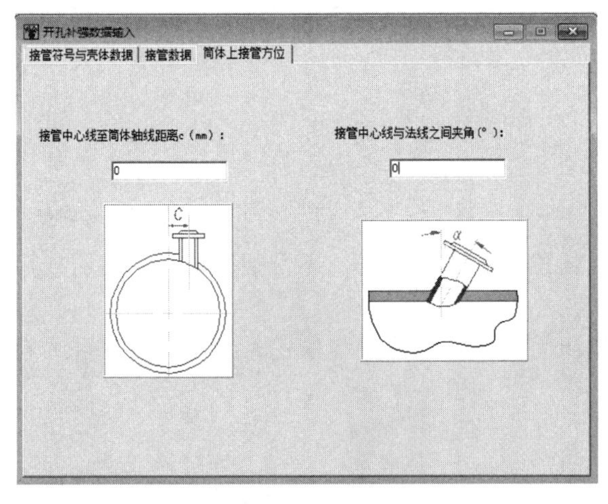


图 6-28 接管 a 数据输入（三）

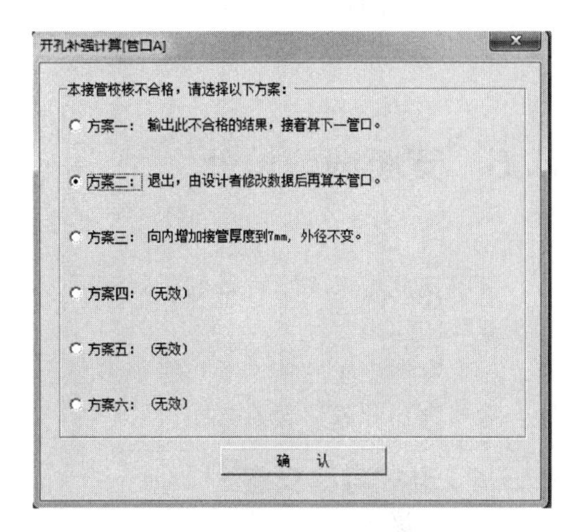


图 6-29 开孔补强设计方案选择

b. 选用方案二，退出本次设计，修改数据，重新设计。

如图 6-30 所示，采用补强圈补强，输入补强圈数据，接管外径为 89mm，接管公称直径为 80mm，可查阅标准（表 6-12），获取补强圈外径为 180mm。补强圈材料一般与筒体相同，补强圈名义厚度自己设计，可取值反复试算，设计取值 8mm。

最终结果：

* * * * * * * * * * 开孔补强计算结果 * * * * * * * * * *

管口 A：圆形筒体上开孔

计算方法：GB/T150—2011 等面积法

计算压力 2.5MPa

壳体材料 Q345R，名义厚度 14mm

接管材料 20（GB8163），规格 ϕ89×6

补强圈材料 Q345R，外径 ϕ180mm，名义厚度 8mm

A1=161，  A2=69，  A3=36，  A4=585

A1+A2+A3+A4=851  >=  A=819.21

请注意补强圈使用条件，并保证任意方向上补强圈宽度≥计算截面的补强圈宽度

合格（+4%）

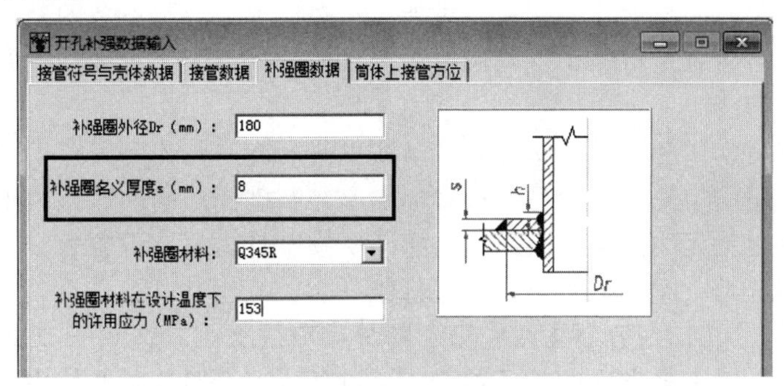


图 6-30 增设补强圈

根据经济性考虑，使用增加壁厚补强更合适。

(2) 接管 $b$ 开孔补强设计

可按（1）同样方法完成。开孔在椭圆封头的中心，必须先计算椭圆形封头的计算厚度。设计结果为采用补强圈补强，补强圈外径为 400mm，补强圈材料一般与筒体相同，补强圈名义厚度为 6mm。

# 6.5 支座选型设计

设备支座用来支承设备的重量和固定设备的位置，在某些场合还受到风载荷、地震载荷等动载荷的作用。

压力容器支座的结构形式有很多种，根据压力容器自身的安装形式，将支座分为卧式容器、立式容器和球形容器支座。

## 6.5.1 卧式容器支座

卧式容器支座有鞍式、圈式和支腿式三类。大型卧式储罐和卧式换热器常采用鞍式支座，简称鞍座，如图 6-31 所示，是应用最为广泛的一种卧式容器支座。对于大型薄壁容器或外压真空容器，为了增加筒体支座处的局部刚度常采用圈式支座。对于直径较小、重量较轻的中小型卧式设备可以采用支腿式支座。本书仅介绍常用鞍座的结构及选型。

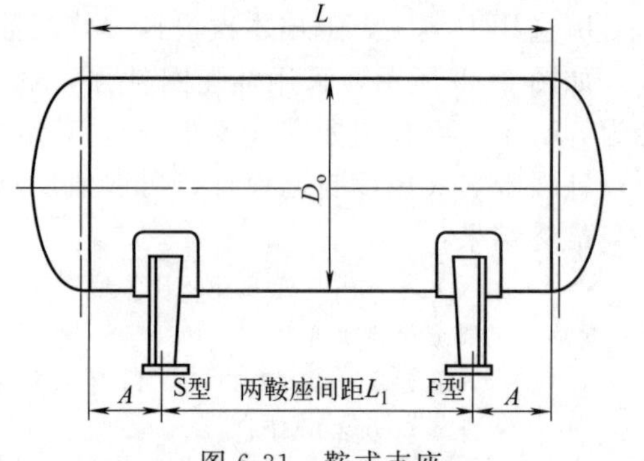

图 6-31 鞍式支座

### 6.5.1.1 鞍座的类型和选材

对于具有一定几何尺寸和承受一定载荷的梁来说，如果各支承点的水平高度相同，采用多支承比采用双支承好，因前者在梁内产生的应力小。但是具体情况必须具体分析，对于大型卧式容器，采用多支座时，如果各支座的水平高度有差异，或地基有不均匀的沉陷，或筒体不直、不圆等，则各支座的反力就要重新分配，这就可能使筒体的局部应力大为增加，因而体现不出多支座的优点，故对于卧式容器最好采用双支座。

设备受热会伸长，如果不允许设备有自由伸长的可能性，则在器壁中将产生热应力。如果设备在操作与安装时的温度相差很大，可能由于热应力而导致设备的破坏。因此对于在操作时需要加热的设备，总是将一个支座做成固定式的，另一个做成活动式的，使设备与支座间可以有相对的位移。

活动式支座有滑动式和滚动式两种。滑动式支座的支座与器身固定，支座能在基础面上自由滑动。这种支座结构简单，较易制造，但支座与基础面之间的摩擦力很大，时间一长有的螺栓生锈，支座也就无法活动。滚动式支座即支座本身固定在设备上，支座与基础面间装有滚子。这种支座移动时摩擦力很小，但造价较高。

NB/T 47065.1—2018《容器支座　第 1 部分：鞍式支座》适用于双支点支承的钢制卧式容器的鞍式支座。对于多支点的支承鞍式支座设计也可参照该标准使用。

鞍座材料大多采用 Q235A，也可用其他材料；垫板材料一般与筒体材料相同。当鞍式支座设计温度等于或低于$-20$℃时，应根据实际设计条件选用其他合适的材料。

按承受载荷的大小，鞍座又分为轻型（代号A）和重型（代号B）两类，轻型和重型鞍座的筋板、底板和垫板的尺寸不同或数量不同。重型鞍座按制作方式、包角及附带垫板情况分为5种型号。

鞍式支座分为固定式（代号F）和滑动式（代号S）两种安装形式。固定式鞍座的底板上开两个圆形的螺栓孔，而滑动式鞍座的底板上开两个长圆形的螺栓孔，当容器温度发生变化时，鞍座和容器可以一起沿着轴向移动。DN1000～2000、120°包角轻型带垫板鞍座如图6-32所示。

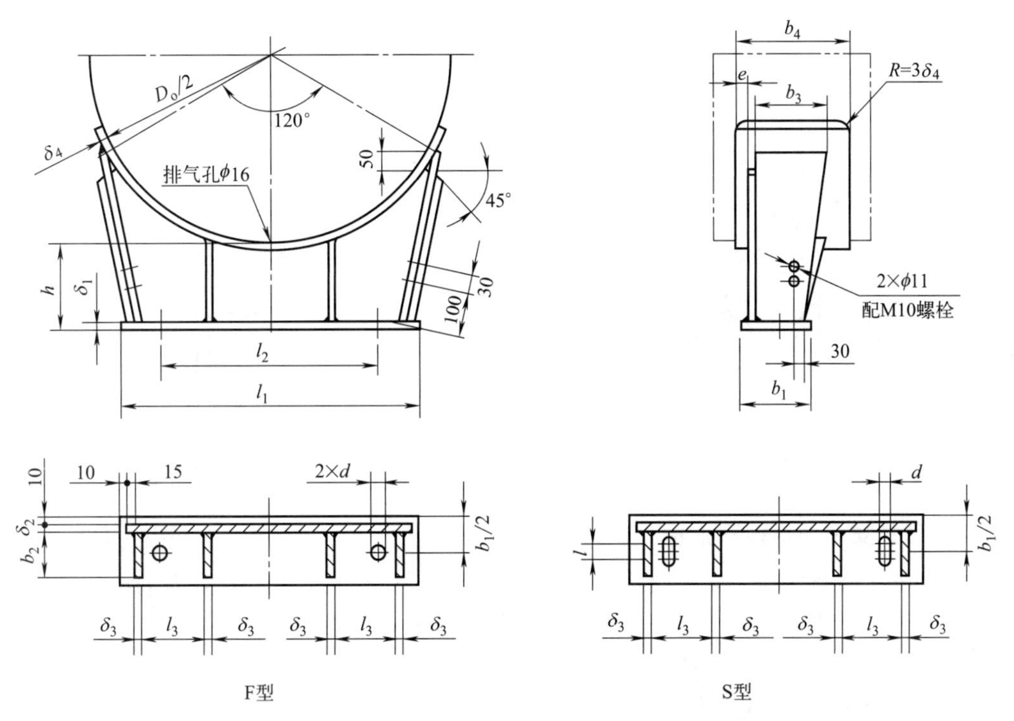


图6-32 DN1000～2000、120°包角轻型（A）带垫板鞍座

#### 6.5.1.2 鞍座选用

鞍式支座的选型设计步骤如下：

① 双鞍座必须是F型和S型搭配使用，以防止热胀冷缩时对容器产生附加应力。其中F型放在设备上有大直径接管或较多接管的一端。

② 计算支座反力$F$，$F=mg/2$，其中$m$为容器的总质量，单位kg。

③ 根据容器公称直径和标准鞍座实际承载能力的大小确定鞍座型号，使鞍座允许载荷$[Q]\geqslant F$（当鞍座的安装高度不是NB/T 47065.1—2018标准中几何尺寸表中给定的值时，需根据型号和高度查鞍座允许载荷图，确定鞍座的实际允许载荷$Q$，且应满足$Q\geqslant F$）。

④ 确定鞍座的安装尺寸。鞍座中心与封头切线间的距离$A$满足$A\leqslant 0.2L$（$L$为两封头切线间的距离），最好使$A\leqslant 0.5R_m$，$R_m$为圆筒的外半径，$R_m=D_o/2$，如图6-31所示。

按NB/T 47042—2014《卧式容器》中的规定计算鞍座和壳体的应力并进行校核，满足要求说明鞍座选用合格，否则需重新选择或更改标准尺寸，直到满足条件为止。

### 6.5.2 立式容器支座

根据压力容器的结构尺寸及其重量，立式容器支座分为耳式、支承式、腿式和裙式。中小型容器常采用前三种支座。耳式支座（图 6-33）焊接在筒体上，结构简单、轻便，广泛用于中小型反应釜及立式换热器等直立设备上。支承式支座在容器封头底部焊有数根支柱，直接支承在基础地面上，简单方便，使用在高度不大、安装位置距基础面较近且具有凸形封头的立式容器上。腿式支座（支腿）（图 6-34）焊接在支承在容器的圆柱体部分，结构简单、轻巧、安装方便，在容器下面有较大的操作维修空间。但当容器上的管线直接与产生脉动载荷的机器设备刚性连接时，不宜选用腿式支座。其中耳式支座是应用最广的立式支座，大型容器（如塔）才采用裙式支座。本章仅介绍耳式支座的结构及选型，裙式支座的设计和选型见 9.5 节。

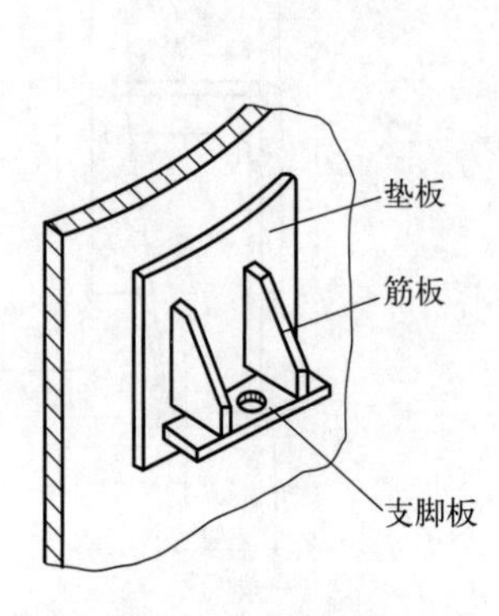


图 6-33 耳式支座

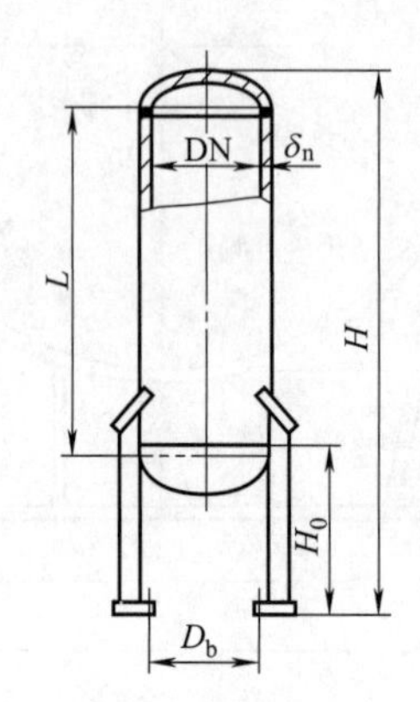


图 6-34 腿式支座

### 6.5.2.1 耳式支座的类型和选材

耳式支座又称悬挂式支座，简称耳座，广泛用于反应釜及立式换热器等直立设备上。它的优点是简单、轻便，但对器壁会产生较大的局部应力，当容器较大或器壁较薄时，应在支座与器壁间加一垫板。耳式支座适用于公称直径不大于 4000mm 的立式容器，容器高径比不大于 5 且总高度 $H$ 不大于 10m。

耳式支座推荐用的标准为 NB/T 47042.3—2018，它将耳式支座分为 A 型（短臂）、B 型（长臂）和 C 型（加长臂）三类，示例见图 6-35。其中 A 型和 B 型耳座有带盖板与不带盖板两种结构，C 型耳座都带有盖板。

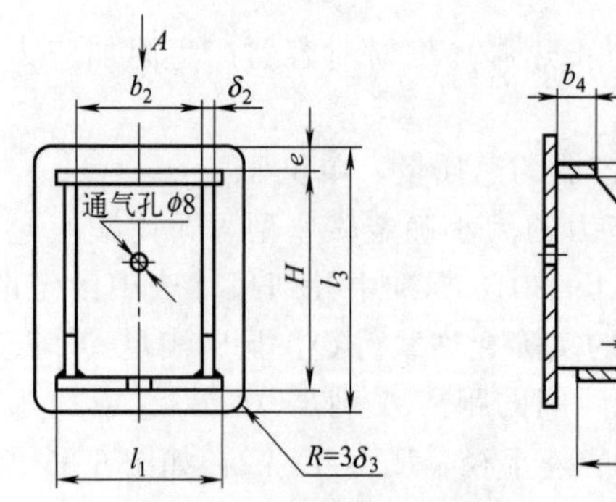


图 6-35 A 型耳式支座设计示例

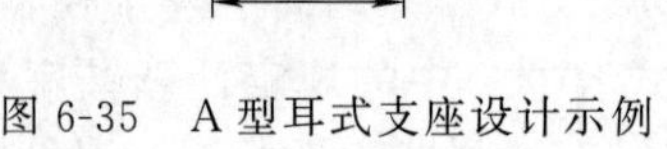

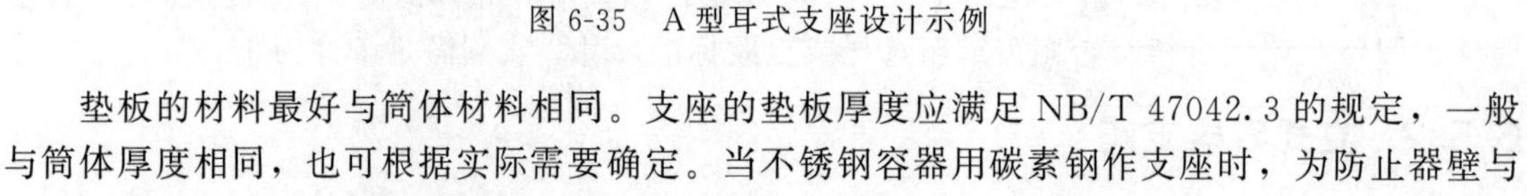

垫板的材料最好与筒体材料相同。支座的垫板厚度应满足 NB/T 47042.3 的规定，一般与筒体厚度相同，也可根据实际需要确定。当不锈钢容器用碳素钢作支座时，为防止器壁与支座在焊接过程中合金元素的流失，应在支座与器壁间加一不锈钢垫板。

#### 6.5.2.2 耳式支座选型

耳式支座的选型设计步骤如下：

① 计算设备总质量载荷 $m$。

② 根据公称直径和安装场合初选支座类型和支座材料，假设支座数量 $n$，根据设备总重量 $G$，计算每个支座必须承担的重量载荷 $Q_1=G/kn$（$k$ 为不均匀系数，安装三个支座时，取 $k=1$，安装三个以上支座时，取 $k=0.83$)，并与所选支座的允许载荷[$Q$]比较，保证 $Q_1\leqslant[Q]$。

③ 根据设备所受到的重量载荷、偏心载荷、风载荷和地震载荷计算耳式支座实际承受载荷 $Q$ 和支座处所受到的弯矩 $M_L$，并满足 $Q_1\leqslant[Q]$和 $M_L\leqslant[M_L]$。

## 6.6 视镜、液面计和吊耳设计

### 6.6.1 视镜

视镜一般用于需要观察内部情况的压力容器（如发酵罐、搅拌设备）上（图 6-36)。视镜的种类很多，已经得到了标准化，可参照 NB/T 47017—2011《压力容器视镜》来进行设计，其结构见图 6-37。NB/T 47017—2011 标准适用于公称压力不大于 2.5MPa、公称直径为 50～200mm、介质最高允许温度为 250℃、最大急变温差为 230℃的压力容器视镜。压力容器视镜的规格及系列见表 6-13。

图 6-36 视镜

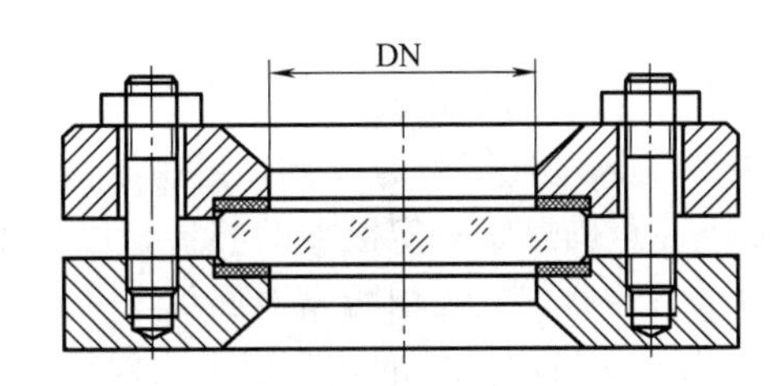


图 6-37 视镜结构图

**表 6-13 压力容器视镜的规格及系列**

| 公称直径 DN/mm | 公称压力 PN/MPa | | | | 射灯组合形式 | 冲洗装置 |
|---|---|---|---|---|---|---|
| | 0.6 | 1.0 | 1.6 | 2.5 | | |
| 50 | | √ | √ | √ | 不带射灯结构 | 不带冲洗装置 |
| 80 | | √ | √ | √ | 非防爆型射灯结构 | |
| 100 | | √ | √ | √ | 不带射灯结构 | |
| 125 | √ | √ | √ | | 非防爆型射灯结构 | 带冲洗装置 |
| 150 | √ | √ | √ | | 防爆型射灯结构 | |
| 200 | √ | √ | | | | |

与视镜组合使用的射灯分为非防爆型（SB 型）和防爆型（SP 型）两种，当视镜单独作为光源孔时，容器需另设不带灯视镜。

视镜选型基本原则：

① 不带颈视镜结构简单，不易结料，便于窥视，应优先选用。当视镜需要斜装或设备筒体直径与视镜直径相差较小时，采用带颈视镜。

② 合理选择视镜的公称直径。大直径视镜比小直径视镜更适合用于有污染的情况，需要观察方位较大的大直径容器时应选用较大直径的视镜。

③ 当需要观察容器内部时，应有部分视镜作照明用，用于观察界面不明显的液相分层时，应在对角线设一个照明视镜。视镜因介质结晶、水汽冷凝等原因严重影响观察时，应选用带冲洗装置的视镜。

## 6.6.2 液面计

液面计又称液位计（图 6-38），是用来测量容器内液面变化情况的一种计量仪表。操作人员根据其指示的液面高低来调节或控制充装量，从而保证容器内介质的液面始终在正常范围内。液化气体贮罐、槽车、气液相反应器等容器都需要装设液面计，以防止因超装过量而导致事故或由于投料过量而造成物料反应不平衡。

图 6-38 液面计

常见的液面计有玻璃板液面计、玻璃管液面计、浮子液面计和磁性液面计 4 种类型，尤其以玻璃管液面计和玻璃板液面计最为常用。液面计应根据压力容器的介质、最高工作压力和温度参照表 6-14 正确选用。

① 盛装易燃、毒性程度为极度或高度危害介质的液化气体压力容器，应采用玻璃板液面计或自动液位指示器，并应有防止泄漏的保护装置。

② 低压容器选用管式液面计，中高压容器选用承压较大的板式液面计。

③ 寒冷地区室外使用的容器，或由于介质温度与环境温度的差值较大，导致介质的黏度过大而不能正确反映真实液面的容器，应选用夹套型或保温型结构的液面计。盛装 0℃以下介质的压力容器，应选用防霜液面计。

④ 要求液面指示平稳的，不应采用浮标式液面计，可采用结构简单的视镜。

⑤ 压力较高时，宜选用浮标式液面计，槽车上一般选用旋转管式或滑管式液面计。

**表 6-14 液面计类型和适用范围**

| 类型 | 适用范围 | 适用标准 |
|---|---|---|
| 玻璃管液面计 | PN≤1.6MPa，介质流动性较好，$t$（介质温度）＝0～200℃ | HG 21592—1995 |
| 透光式玻璃板液面计 | PN≤6.3MPa，无色透明洁净液体介质，$t$＝0～250℃ | HG 21589.1～21589.2—1995 |
| 反射式玻璃板液面计 | PN≤4.0MPa，稍有色泽的液体介质，$t$＝0～250℃ | HG 21590—1995 |
| 视镜式玻璃板液面计 | PN≤0.6MPa，需要观察内部 | HG 21591.1～21591.2—1995 |
| 磁性液面计 | PN＝1.6～16MPa，液体 $\rho$≥450kg/m$^3$，黏度≤150mPa·s | HG/T 21584—1995 |
| 防霜液面计 | PN≤4.0MPa，$t$＝－160～0℃ | HG/T 21550—1993 |

## 6.6.3 化工设备吊耳

HG/T 21574—2018《化工设备吊耳设计选用规范》标准规定了化工设备或设备部件吊

装用吊耳的分类、型式代号、尺寸、材料、技术要求和标记。该标准适用于碳素钢、低合金钢和不锈钢容器、塔器及其部件在设备安装时吊装设备吊耳。

HG/T 21574 标准中共列入了五类（九种）吊耳。各种吊耳的分类、代号、适用范围值见表 6-15。

**表 6-15　各种吊耳的分类、代号、吊重范围**

| 类型 | 类型代号 | 型式代号 | 公称吊重/t | 适用公称直径 DN/mm |
|---|---|---|---|---|
| 顶部板式吊耳 | TP | TPA | 1～15 | 600～2000 |
| | | TPB | 1～15 | 600～2000 |
| 卧式设备板式吊耳 | HP | HP | 3.5～15 | 600～3000 |
| 侧壁板式吊耳 | SP | SP | 3～200 | 600～6000 |
| 轴式吊耳 | AX | AXA | 10～30 | 600～6000 |
| | | AXB | 60 | 1100～5000 |
| | | AXC | 75～300 | 1800～6000 |
| 尾部吊耳 | AP | APA | 10～50 | 600～6000 |
| | | APB | 75～300 | |

带垫板吊耳的吊耳板及轴式吊耳的挡板、内筋板，大于 DN500 的管轴材料采用 Q235A 钢板，轴式吊耳小于等于 DN500 的管轴材料采用 20 钢管，也可用 Q235A 钢板卷焊。允许采用其他性能相当或更好的材料制作以上吊耳零件，但应考虑可焊性。如压力容器用 Q245R 和 Q345R 钢板制作时，垫板材料和不带垫板的吊耳板材料宜选用与壳体相同的材料。

对有特殊要求的吊耳，如需要考虑在低温环境吊装时，应选用低温材料；需要整体热处理的设备，应选用与壳体相同的材料。

吊耳选用、设置部位和数量详见 HG/T 21574—2018《化工设备吊耳设计选用规范》。

### 思考题

6-1　压力容器的接管设计包含哪些内容？

6-2　为什么设计检查孔？检查孔设计包含哪些内容？

6-3　人孔设计有哪些原则？

6-4　法兰密封的泄漏途径是什么？

6-5　影响法兰密封的因素有哪些？

6-6　简述标准容器法兰的类型、特点和适用范围。

6-7　简述标准容器法兰的选配过程。

6-8　为什么开孔需要补强？补强结构有哪些？

6-9　什么是等面积补强？什么时候无须另加补强？为什么？

6-10　简述卧式容器支座类型及适用场合。

6-11　简述立式容器支座类型及适用场合。

6-12　简述支座选配过程。

## 工程应用题

6-1 下列参数容器法兰连接应选用甲型平焊法兰、乙型平焊法兰和长颈对焊法兰中的哪一种？请填写表 6-16。

表 6-16

| 公称压力/MPa | 公称直径/mm | 设计温度/℃ | 型式 |
|---|---|---|---|
| 2.5 | 1000 | 150 | |
| 0.6 | 800 | 300 | |
| 4.0 | 600 | 400 | |
| 1.6 | 1000 | 350 | |
| 0.25 | 700 | 200 | |

6-2 试确定表 6-17 所示甲型平焊法兰的公称压力 PN。

表 6-17

| 法兰材料 | 工作温度/℃ | 工作压力/MPa | 公称压力/MPa |
|---|---|---|---|
| Q235B | 200 | 0.1 | |
| Q245R | 100 | 0.6 | |
| Q345R | 300 | 1.2 | |
| 20(锻件) | 350 | 1.0 | |
| 16Mn(锻件) | 250 | 1.6 | |

6-3 试为一精馏塔配塔节与封头的连接法兰及出料口接管法兰。已知条件为：塔体内径 600mm，接管公称直径 80mm，操作温度 300℃，操作压力 0.2MPa，塔体材质 Q345R，接管材质为 16Mn。

6-4 有一容器内径 $D_i=3500$mm，工作压力 $p_w=3$MPa，工作温度为 140℃，厚度 $\delta=40$mm，在此容器上开一个 $\phi500$ 的人孔，试选配人孔，并进行开孔补强设计。（容器材质为 Q345R）

6-5 有一 $\phi89\times6$mm 的接管，焊接于内径为 1400mm、壁厚为 16mm 的简体上，接管材质为 20 号无缝钢管，简体材料为 Q345R，容器的设计压力为 1.8MPa，设计温度为 250℃，腐蚀裕量为 2mm，开孔未与简体焊缝相交，管周围 200mm 内无其他接管。试确定此开孔是否需要补强。如需要，其补强圈的厚度应为多少？

6-6 有一卧式圆筒形容器，DN=2000mm，最大质量为 100t，材质为 Q345R。试选配双鞍座。

6-7 有一立式圆筒形容器，$D_i=1000$mm，其包括保温层的总质量为 3000kg，容器外需设 100mm 厚的保温层，试选配耳式支座。

# 第3篇 典型化工设备设计

不同类别的设备，功能原理各不相同；即使是同类设备，设计条件不同，结构选型也有变化。因此在设计设备时，应根据设计委托方以正式书面形式提供的设备设计条件单进行设计，设计委托方可以是压力容器的使用单位、制造单位和工程公司等。设计条件至少包括以下内容：

① 操作参数（包括设计或工作压力、工作温度范围、液位高度、接管载荷等）；

② 压力容器使用地及其自然条件（包括环境温度、抗震设防烈度、风载荷和雪载荷、土地类型等）；

③ 介质组分和特性（介质学名或分子式、密度和危害性等）；

④ 预期使用年限（设计寿命）；

⑤ 几何参数和管口方位（常用设计条件图表示）；

⑥ 其他必要条件（包括选材要求、防腐要求、表面及特殊要求等）

设备设计人员则根据设备设计条件单，进行经济合理的结构设计和强度、刚度和密封设计，并提出制造和检测要求，形成设计文件。

设备设计文件包括强度计算书或应力分析报告、设计图样、制造技术条件、风险评估报告（适用于第Ⅲ类压力容器），必要时还应包括安装及使用维修说明书。

设计计算书包括设计条件、所用规范和标准、材料、腐蚀裕量、计算厚度、名义厚度、计算应力等。装设安全泄放装置的压力容器，还应计算压力容器安全泄放量、安全阀排量和爆破片泄放面积。当采用计算机软件进行计算时，软件必须经全国锅炉压力容器标准化技术委员会评审鉴定，并在国家市场监督管理总局特种设备安全监察局认证备案，打印结果中应有软件程序编号、输入数据和计算结果等内容。

设计图样包括总图和零部件图。压力容器总图上应注明压力容器的名称、类别，设计制造所依据的主要法规、标准，工作条件，设计条件，主要受压元件材料牌号及标准，主要特性参数（如容积、换热面积与程数），设计寿命（又称使用年限），特殊制造要求，热处理要求，无损检测要求，耐压试验和泄漏试验要求，预防腐蚀要求，安全附件规格及订购特殊要求，压力铭牌位置，包装、运输、现场组焊和安装要求等。

本篇主要讲述了四种典型化工设备——储罐、换热器、塔设备和反应釜的设计步骤和设计方法。主要针对典型设备，分析其结构组成和选型方法，对设备全寿命周期内载荷进行分析，按正常操作工况、压力试验工况和停工、检修工况对设备进行强度及稳定性校核，确定设备的结构尺寸。

# 7 储罐设计

用于储存与运输气体、液体、液化气体等介质的设备称为储运设备。在石油、化工、能源、环保、制药及食品等行业应用广泛，其中在固定位置使用、以介质储存为目的的压力容器称为储罐。储罐的分类方式很多，根据其用途可分为原料储罐、半成品储罐、成品储罐等，根据结构形式可分为卧式圆柱形储罐、立式平底筒形储罐、球形储罐和低温储罐，另外还可以根据温度、材质等进行分类。

在储罐设计中常根据不同的结构形式采用不同的设计方法。储存介质性质是选择储罐结构形式与储存系统的重要因素，介质特性包括闪点、沸点、饱和蒸气压、密度、腐蚀性、毒性程度、化学反应活性（如聚合趋势）等。

因此在设计前必须根据储存介质性质、容积、环境等参数选择适当的结构形式，结构形式不同，设计方法也略有不同。

（1）卧式圆柱形储罐

卧式圆柱形储罐分为地面卧式储罐和地下卧式储罐。卧式储罐一般露天放置，也有为了减少占地面积、符合安全防火防爆要求或减少环境温差影响的地下储罐（如地下油罐）和半地下污油储罐。卧式储罐的容积一般不大于 $100m^3$，最高不超过 $150m^3$。

（2）立式平底筒形储罐

立式平底筒形储罐属于大型仓储式常压或低压储存设备，主要用于储存压力不大于 0.1MPa 的消防水、石油、汽油等常温条件下饱和蒸气压较低的物料。根据罐顶结构能否浮动，又分为固定顶储罐和浮顶储罐。固定顶储罐结构相对简单，根据罐顶结构不同，分为锥顶储罐（储罐容积一般不大于 $1000m^3$）、拱顶储罐（国内最大储罐容积可达 $30000m^3$）、伞形顶储罐、网壳顶储罐（球面网壳）等，其中拱顶储罐因可承受较高的饱和蒸气压，蒸发损耗较少，与锥顶罐相比耗钢量少，是国内外广泛采用的一种储罐结构，如图 7-1、图 7-2 所示。

浮顶储罐分为外浮顶储罐和内浮顶储罐。外浮顶储罐（图 7-3）的浮动顶（简称浮顶）漂浮在储液面上，随着储液上下浮动，使得罐内的储液与大气完全隔开，减少介质储存过程中的蒸发损耗，保证安全，并减少大气污染，原油、汽油、溶剂油等需要控制蒸发损耗及有着火灾危险的液体化学品都可采用外浮顶储罐。内浮顶储罐（图 7-4）是在固定罐的内部再加上一个浮动顶盖，可大量减少储液的蒸发损耗，降低内浮盘上雨雪荷载，省去浮盘上的中

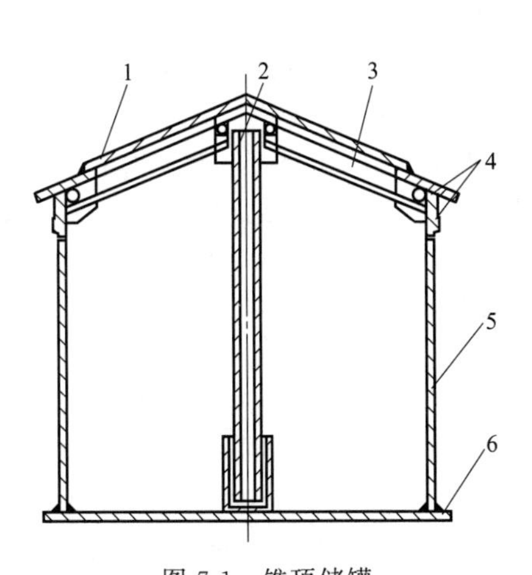


图 7-1 锥顶储罐

1—锥顶板；2—中间支柱；3—梁；
4—承压圈；5—罐壁；6—罐底

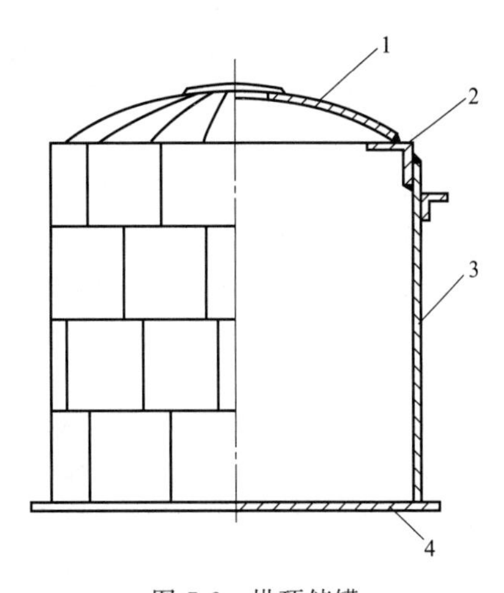


图 7-2 拱顶储罐

1—拱顶；2—包边角钢；3—罐壁；4—罐底

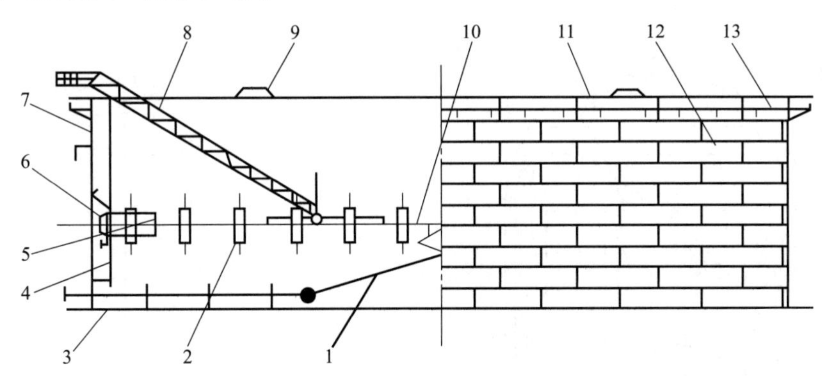


图 7-3 外浮顶储罐

1—中央排水管；2—浮顶立柱；3—罐底板；4—量液管；5—浮船；6—密封装置；7—罐壁；8—转动浮梯；
9—泡沫消防挡板；10—单盘板；11—包边角钢；12—加强圈；13—抗风圈

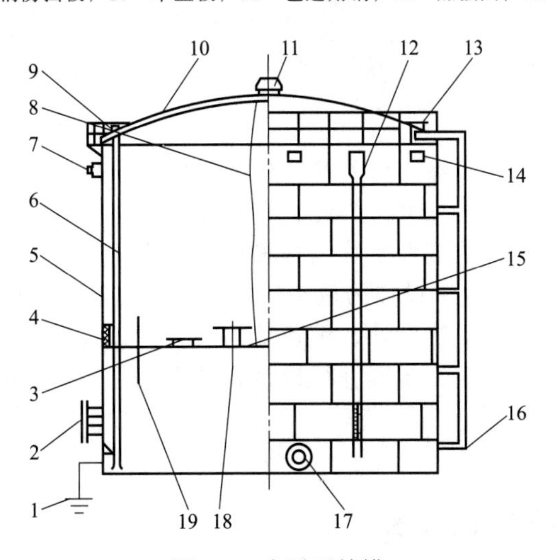


图 7-4 内浮顶储罐

1—接地线；2—带芯人孔；3—浮盘人孔；4—密封装置；5—罐壁；6—量液管；7—高液位报警器；8—静电导线；
9—手工量液口；10—固定罐顶；11—罐顶通气孔；12—消防口；13—罐顶人孔；14—罐壁通气孔；
15—内浮盘；16—液面计；17—罐壁人孔；18—自动通气阀；19—浮盘立柱

央排水管、转动扶梯等附件，并可在各种气候条件下保证储液的质量，因而有“全天候储罐”之称，特别适用于储存高级汽油和喷气燃料以及有毒、易污染的液体化学品。

（3）球形储罐

球形储罐（图7-5）可按外观形状、壳体构造方式和支承方式分类。从形状上看有圆球形和椭球形储罐之分，从球壳层数上看有单层和多层之分，从球壳组合方案分为橘瓣式、足球瓣式和混合式之分，从支座结构又分为支柱式支座和裙式支座。因其组焊工作量大，制造成本高，主要用于设计压力高或设计压力不高但容积较大的大型储罐。

（4）低温储罐

低温储罐是指具有双层金属壳体的低温绝热储存容器（图7-6）。其内容器为与介质相容的耐低温材料制成，多为低温容器用钢（如奥氏体不锈钢、奥氏体-铁素体双向不锈钢等）、有色金属及其合金，设计温度可低至－253℃，主要用于贮存或运输低温低压液化气体；外容器在常温下工作，一般为普通碳素钢或低合金钢制造；内外容器壳体之间通常填充有多孔性或细粒型绝热材料，或填充有具有高绝热性能的多层间隔防辐射材料，同时将夹层空间再抽至一定的真空，以最大限度减少冷量损失。

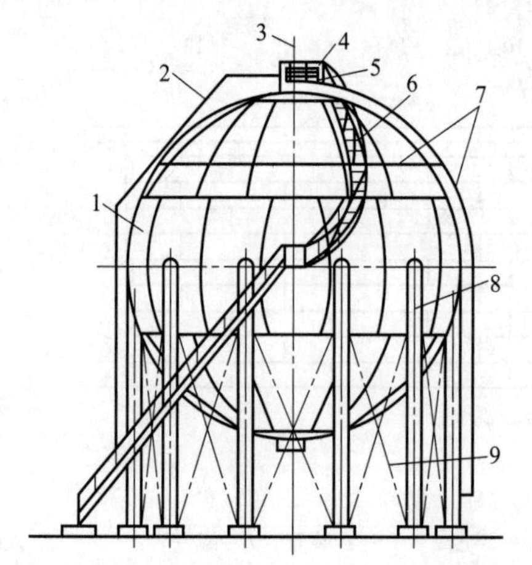


图7-5　赤道正切柱式支承单层壳球形储罐

1—球壳；2—液位计导管；3—避雷针；4—安全泄放阀；5—操作平台；6—盘梯；7—喷淋水管；8—支柱；9—拉杆

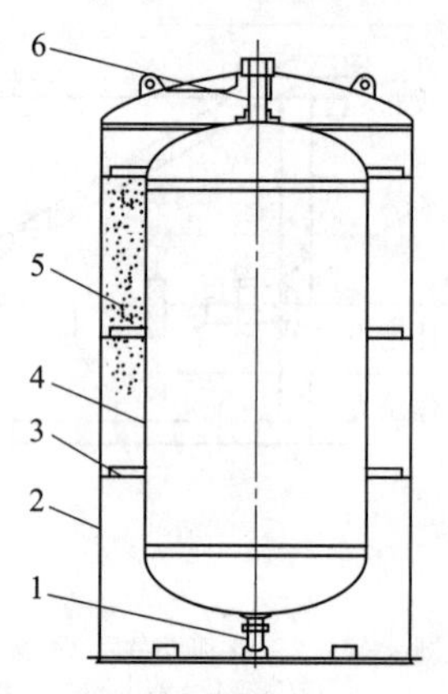


图7-6　低温真空粉末储罐

1—底部支承；2—外壳体；3—拉杆；4—内容器；5—绝热层；6—进出口管

在低温环境下长期运行的容器，最容易产生的是低温脆性断裂。由于低温脆断是在没有明显征兆的情况下发生的，危害很大。为此，在容器的选材、结构设计和制造检验等方面应采取严格的措施，并选择良好的低温绝热结构和密封结构。

本章主要以15m$^3$的液氯储罐设计为例采用常规设计方法，综合考虑环境条件、液体性质等因素并参考相关标准，按工艺设计、设备结构设计、设备强度计算的设计顺序，分别对储罐的筒体、封头、鞍座、人孔、接管进行设计，然后采用SW6对其进行强度校核，最后形成合理的设计方案。

## 7.1　设计条件及设计内容

设备设计首先要满足工艺条件的要求。对于成套设备，在进行设备设计前必须根据工艺提出的要求进行选型，确定其总体工艺结构，给出设计条件单，然后再交给设备设计人员进行强度设计。对于单个设备，设计压力、设计温度、接管法兰公称压力、连接面形式等也可由设计人员根据条件自己确定。

（1）设计条件单

见本书附录F，表7-1中列出了储存介质性质、安装地点、触媒容积、装量系数、是否需要保温措施等。设计条件单中还应给出管口设置及安全控制系统采集点设置位置情况等信息，由管口表（表7-2）和设计简图（图7-7）提供。

（2）卧式储罐机械设计内容

① 确定设计参数（包括容器结构尺寸、设计温度、设计压力）。

② 先按压力载荷进行筒体和封头的设计。

**表7-1 设计参数及要求表**

<table>
<tr><td rowspan="8">工作介质</td><td></td><td>内容器</td><td>夹套内</td><td colspan="2">触媒容积</td><td>$m^3$</td></tr>
<tr><td>名称</td><td>液氯</td><td></td><td colspan="2">触媒密度</td><td>$kg/m^3$</td></tr>
<tr><td>组分</td><td></td><td></td><td colspan="2">传热面积</td><td>$m^2$</td></tr>
<tr><td>密度</td><td>$1470kg/m^3$</td><td></td><td colspan="2">安装地点</td><td>荆门</td></tr>
<tr><td>特性</td><td>高度危害</td><td></td><td colspan="2">基本风压</td><td>$N/m^3$</td></tr>
<tr><td>燃点或毒性</td><td></td><td></td><td colspan="2">地震基本烈度</td><td>6</td></tr>
<tr><td>黏度</td><td></td><td></td><td colspan="2">环境温度</td><td></td></tr>
<tr><td></td><td></td><td></td><td colspan="2">场地类别</td><td>Ⅱ</td></tr>
<tr><td colspan="2">设计压力</td><td>1.62MPa</td><td>MPa</td><td colspan="2">操作方式</td><td></td></tr>
<tr><td colspan="2">工作压力</td><td>1.42MPa</td><td>MPa</td><td rowspan="3">保温材料</td><td>名称</td><td></td></tr>
<tr><td rowspan="7">安全装置</td><td>位置</td><td>筒体上设置</td><td></td><td>厚度</td><td>mm</td></tr>
<tr><td>型式</td><td>全启式</td><td></td><td>容重</td><td>$kg/m^3$</td></tr>
<tr><td>规格</td><td>DN80</td><td></td><td colspan="2">密封要求</td><td></td></tr>
<tr><td>数量</td><td>1</td><td></td><td colspan="2">液面计</td><td></td></tr>
<tr><td>开启压力</td><td>1.52MPa</td><td>MPa</td><td colspan="2">紧急切断</td><td></td></tr>
<tr><td rowspan="2">爆破片<br>爆破压力</td><td rowspan="2">MPa</td><td rowspan="2">MPa</td><td colspan="2">除静电</td><td></td></tr>
<tr><td colspan="2">热处理</td><td></td></tr>
<tr><td colspan="2">工作温度</td><td>−20～45℃</td><td>℃</td><td colspan="2">安装检修要求</td><td></td></tr>
<tr><td colspan="2">壁温</td><td>℃</td><td>℃</td><td colspan="2">设计寿命</td><td>10a</td></tr>
<tr><td colspan="2">设计温度</td><td>℃</td><td>℃</td><td colspan="2">设计规范</td><td></td></tr>
<tr><td rowspan="4">推荐材料</td><td>筒体</td><td></td><td></td><td rowspan="4">其他要求</td><td></td><td></td></tr>
<tr><td>内件</td><td></td><td></td><td></td><td></td></tr>
<tr><td>衬里</td><td></td><td></td><td></td><td></td></tr>
<tr><td></td><td></td><td></td><td></td><td></td></tr>
<tr><td colspan="2">腐蚀裕度</td><td>2mm</td><td>mm</td><td colspan="3" rowspan="4">说明：</td></tr>
<tr><td colspan="2">腐蚀速率</td><td>mm/a</td><td>mm/a</td></tr>
<tr><td colspan="2">全容积</td><td>15 $m^3$</td><td>$m^3$</td></tr>
<tr><td colspan="2">装量系数</td><td>0.9</td><td></td></tr>
</table>

表 7-2　接管表

| 符号 | 公称直径/mm | 公称压力/bar | 连接尺寸标准 | 连接面型式 | 用途 |
|---|---|---|---|---|---|
| A | 50 | 25 | HG/T 20592 | | 排污口 |
| B | 50 | 25 | HG/T 20592 | | 放空口 |
| C | 50 | 25 | HG/T 20592 | | 进料口 |
| D | 50 | 25 | HG/T 20592 | | 备用口 |
| E | 20 | 25 | HG/T 20592 | | 温度计口 |
| F | 20 | 25 | HG/T 20592 | | 压力表口 |
| G | 80 | 25 | HG/T 20592 | | 安全阀口 |
| H | 65 | 25 | HG/T 20592 | | 出料口 |
| M1,M2 | 500 | 25 | HG/T 20592 | | 人孔 |
| LG1,LG2 | 20 | 25 | HG/T 20592 | | 液位计口 |

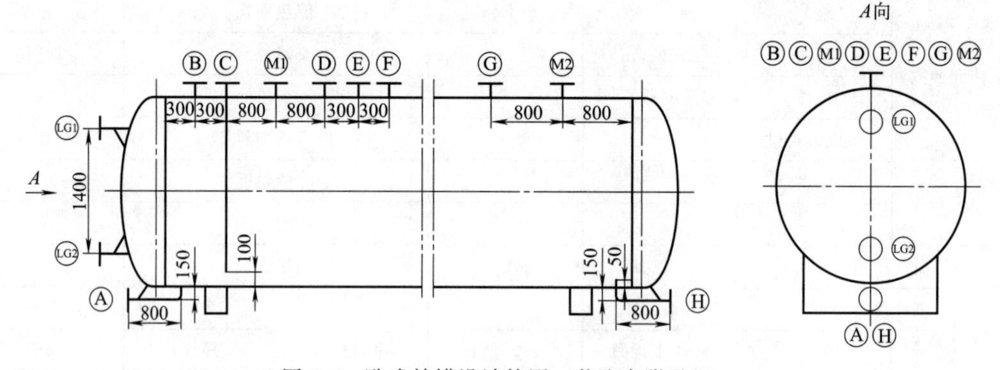


图 7-7　卧式储罐设计简图（截取自附录 F）

③ 零部件选型及设计（检查孔、接管及其法兰、开孔补强、鞍座等）。

④ 考虑重力载荷和地震载荷等对筒体和封头进行正常操作和压力试验载荷工况下的强度和稳定性校核。

⑤ 制造、安装与检测。

⑥ 绘制施工图及编写技术要求。

主要是以 TSG 21、GB/T 150、NB/T 47042 和 HG/T 20580 以及 HG/T 20582 相关标准和手册进行设计。

## 7.2　设计参数的确定

（1）储存介质的特性

储存容器介质的性质是选择储罐形式和储存系统的一个重要因素。介质特性分为毒性危害程度、腐蚀性、可燃性、密度、黏度、饱和蒸气压等，介质特性是决定容器材料、结构及制造技术要求等的重要因素。

储存介质的闪点、沸点以及饱和蒸气压与介质的可燃性密切相关，是选择储罐结构形式的主要依据。

饱和蒸气压指在一定温度下，储存在密闭容器中的液化气体达到气液两相平衡时，气液分界面上的蒸气压力。饱和蒸气压与储存设备的容积大小无关，仅依赖于温度的变化，随温度的升高而增大；对于混合储存介质，饱和蒸气压还与各组分的混合比例有关，可根据道尔顿定律和拉乌尔定律进行计算。如民用液化石油气就是一种以丙烷和异丁烷为主的混合液化气体，其饱和蒸气压由丙烷和异丁烷的浓度决定。

储存介质的密度将直接影响罐体载荷分布及其应力大小。介质腐蚀性是选择罐体材料的首要依据，将直接影响制造工艺和设备造价。介质毒性程度直接影响储罐制造与管理的等级和安全附件的配置。

介质黏度或冰点直接关系到储存设备的运行成本。当储存介质为具有高黏度或高冰点的液体时，为保持其流动性，就需要对储存设备进行加热或保温，使其保持良好的输送状态。

(2) 装量系数

装量系数为充装介质的体积与容器实际体积的比例。

当储存设备用于盛装液化气体时，还应考虑液化气体的膨胀性和压缩性。液化气体的体积会随温度的上升而膨胀，随温度的降低而收缩。当储罐装满液态液化气体时，如果温度升高，罐内压力也会升高。压力的变化程度与液化气体的膨胀系数和温度变化量成正比，而与压缩系数成反比，充满液化气体的储罐，只要环境温度超过设计温度一定数值，就可能因超压而爆破。例如：液化石油气储罐，在满液的情况下，温度每升高1℃，储罐压力就会上升1～3MPa。为此，在液化气体储罐使用过程中，必须严格控制储罐的储存量。

$$W=\rho_t \varphi V \tag{7-1}$$

式中 $V$——储罐的容积，$m^3$；

$W$——储存量，t；

$\varphi$——装量系数，一般取0.9，对储罐容积经实际测定者，可取大于0.9，但不得大于0.95；

$\rho_t$——设计温度下的饱和液体密度，$kg/m^3$。

(3) 设计温度

液化气体储罐的金属温度主要受使用环境的气温条件影响。最低设计温度按该地区气象资料，取历年来月平均最低气温。由于随着温度降低，液化气体的饱和蒸气压呈下降趋势，因而这类储罐的设计压力主要由可能达到的最高工作温度下液化气体的饱和蒸气压决定。一般无保冷设施时，通常取最高设计温度为50℃，若储罐安装在天气炎热的南方地区，则在夏季中午时分必须对储罐进行喷淋冷却降温，以防止储罐金属壁温超过50℃。当液化气体的临界温度低于50℃时，必须考虑保冷措施，保证液态存储，否则只能气态存储介质。

(4) 设计压力

设计压力为压力容器的设计载荷条件之一，其值不得低于最高工作压力。液化气体容器工作压力选取工作温度下的饱和蒸气压，若无保温保冷措施，取50℃的饱和蒸气压。当所在地区的最低设计温度较低时，还应进行罐体的稳定性校核，以防止因温度降低使得罐内压力低于大气压时发生真空失稳，此时还需考虑最低设计温度下的饱和蒸气压。

储罐的设计压力应该由用户通过设计条件单给出，一般如果有呼吸阀设计压力，应该不低于呼吸阀的公称压力。

（5）储罐选型

根据介质的设计压力、设计温度、储存量及介质的性质确定储罐的结构形式。

大型中压或高压储罐首选球形储罐，因为它单位容积所花的材料最少，且从强度观点分析，受力最佳，但球形容器制造安装成本较高；若工作压力低于 0.1MPa，为了节省成本，一般选用立式圆筒型储罐；若为中低压小中型储罐，为了便于操作管理，通常做成圆筒形容器并卧式放置。7.3 节只对卧式储罐的设计进行说明。

## 7.3 卧式储罐设计

### 7.3.1 结构设计

进行卧式容器设计时应首先对容器进行结构设计。

① 筒体设计　筒体主要结构参数是容器直径 $D$ 与长度 $L$，可依据容积计算并将直径按标准《压力容器公称直径》（GB/T 9019—2015）圆整，也可参考 NB/T 47001—2023《钢制液化气体卧式储罐型式与基本参数》来选取。容器的长径比的选择首要的是满足工艺要求、制造条件以及容器安装要求等，在此基础上要满足经济性要求，使占地面积、耗材及制造成本降低，一般情况下取值为 2～8。对压力低、容积小的容器可适当减小长径比从而减小占地面积；相反压力较高、容积大的容器可适当增加长径比。

② 封头选择　根据设计压力选择合理的封头类型，因容器压力不高，常选用椭圆形封头或碟形封头，少数常压容器也采用平盖。

③ 检查孔设计　根据储罐的设计温度、最高工作压力、材质、介质及使用要求等条件，结合标准确定检查孔的型式和规格、数量和位置。

④ 接管设计　根据设计条件单要求，确定接管的材料、规格和位置等。

⑤ 安全附件设计　包括确定安全阀、压力表、液面计等的型式和规格。

⑥ 支座选择　选择鞍座，并进行支座结构设计，包括支座数量和位置的确定。

其中检查孔、接管、安全附件设计可参照第 6 章进行，本章主要说明双鞍座结构设计内容。

采用双鞍座时，支座位置的选取一方面要考虑封头对圆筒体的加强效应，另一方面还要合理安排载荷分布，避免荷重引起的弯曲应力过大。为此，要遵循以下原则。

a. 储罐受重力作用时，可以近似地看成支承在两个铰支点上受均布载荷的外伸筒支梁，当外伸长度（即鞍座中心与封头切线间的距离）$A=0.207L$（$L$ 为两封头切线间的距离）时，跨度中央的弯矩与支座截面处的弯矩绝对值相等（见例 1-7），所以一般近似取 $A$ 满足 $A \leqslant 0.2L$。

b. 当鞍座临近封头时，封头对支座处的筒体有局部加强作用，避免扁塌。为充分利用这一加强效应，最好使 $A \leqslant 0.5R_o$（$R_o$ 为圆筒的外径），$A$ 最大不超过 $0.25L$。

双鞍座中的固定端支座一般放置在重量大、配管较多的一侧；滑动端支座一般放在没有配管或配管较少的一侧。

鞍座的包角 $\theta$ 也是设计时需考虑的设计参数，其大小不仅影响鞍座处圆筒截面上的应力分布，而且影响卧式储罐的稳定性和储罐-支座系统重心的高低。鞍座包角小，则鞍座重量轻，但是储罐-支座系统的重心较高，且鞍座处筒体上的应力较大。常用的鞍座包角有 120°、

135°和 150°三种，但标准 NB/T 47065.1 中推荐的鞍座包角为 120°和 150°两种形式。

鞍式支座的结构和尺寸，除特殊情况需要另外设计外，一般可根据储罐的公称直径选用标准形式，标准鞍座的选型可参照第 6 章进行。

根据 NB/T 47042—2014《卧式容器》规定，当卧式储罐的鞍式支座按鞍座标准选取时，在满足鞍座标准所规定的条件时，可免去对鞍式支座的强度校核；否则应对储罐进行强度和稳定性的校核。

## 7.3.2 强度及稳定性设计

### 7.3.2.1 设计载荷

卧式储罐的设计载荷包括长期载荷、短期载荷和附加载荷。

① 长期载荷　设计压力，内压或外压（真空）；储罐质量载荷，除自身质量外，还包括储罐所容纳的物料质量，保温层、接管等附加质量载荷。

② 短期载荷　雪载荷、风载荷、地震载荷，水压试验充水重量。

③ 附加载荷　指卧罐上高度不大于 10m 的附属设备（如精馏塔、除氧头、液下泵和搅拌器等）受重力及地震影响所产生的载荷。

在卧式储罐常规设计中通常考虑两种载荷工况——正常操作工况和压力试验工况，且只考虑压力载荷和重力载荷。当地震烈度大于 8 时，对鞍座要考虑地震载荷的影响。

### 7.3.2.2 载荷分析

对称分布的双鞍座卧式储罐所受的外力包括重力载荷和支座反力，储罐受重力作用时，可以近似地看成支承在两个铰支点上受均布载荷的外伸筒支梁。

双鞍座卧式储罐简化结构如图 7-8（a）所示，两封头切线间距为 $L$，支座与封头切线间距为 $A$，储罐总重为 $2F$（包括储罐重量及物料重量，轻的储罐则将用水压试验时的水重代替物料重量）。为简化计算，将半球形、椭圆形或碟形等凸形封头，折算为同直径的长度为 $2H/3$ 的圆筒（$H$ 为封头的曲面深度），如图 7-8（b）所示，重量载荷作用的总长度为 $L+4H/3$。设储罐总重沿长度方向均匀分布，则作用在总长度上的单位长度均布载荷为 $q=2F/(L+4H/3)$。

封头受力包括本身和物料的重量及罐内充满的液体后对封头形成的水平推力，在封头切线处会产生剪力和弯矩，如图 7-8（b）所示。凸形封头（包括物料）重量近似在简支梁端点的等效载荷为剪力 $F_q=\frac{2}{3}Hq$，力偶 $m_1=\frac{H^2}{4}q$；罐内充满的液体对封头推力力矩近似 $m_2=\frac{qR_i^2}{4}$。因此，两端点力偶 $M=m_2-m_1=\frac{q^2}{4}(R_i^2-H^2)$。

从上面分析可知，双鞍座卧式储罐被简化为一受均布载荷的外伸筒支梁，所受力包括：作用在整个容器上的重力（均布载荷 $q$），作用在支座处的支座反力 $F$，梁的两个端点还分别受到横剪力 $F_q$ 和力偶 $M$ 的作用，如图 7-8(c) 所示。这时筒体的剪力图和弯矩图如图 7-8(d) 和图 7-8(e) 所示，筒体承受的最大剪力在支座处，用 $V$ 表示；最大弯矩在跨距中心和支座处，跨距中心为正弯矩 $M_1$，支座处为负弯矩 $M_2$。

① 跨距中心截面处的弯矩

$$M_1=\frac{q^2}{4}(R_i^2-H^2)-\frac{2}{3}Hq\left(\frac{L}{2}\right)+F\left(\frac{L}{2}-A\right)-q\left(\frac{L}{2}\right)\left(\frac{L}{4}\right) \tag{7-2}$$

$M_1$ 通常为正，表示筒体上半部受压，下半部受拉。

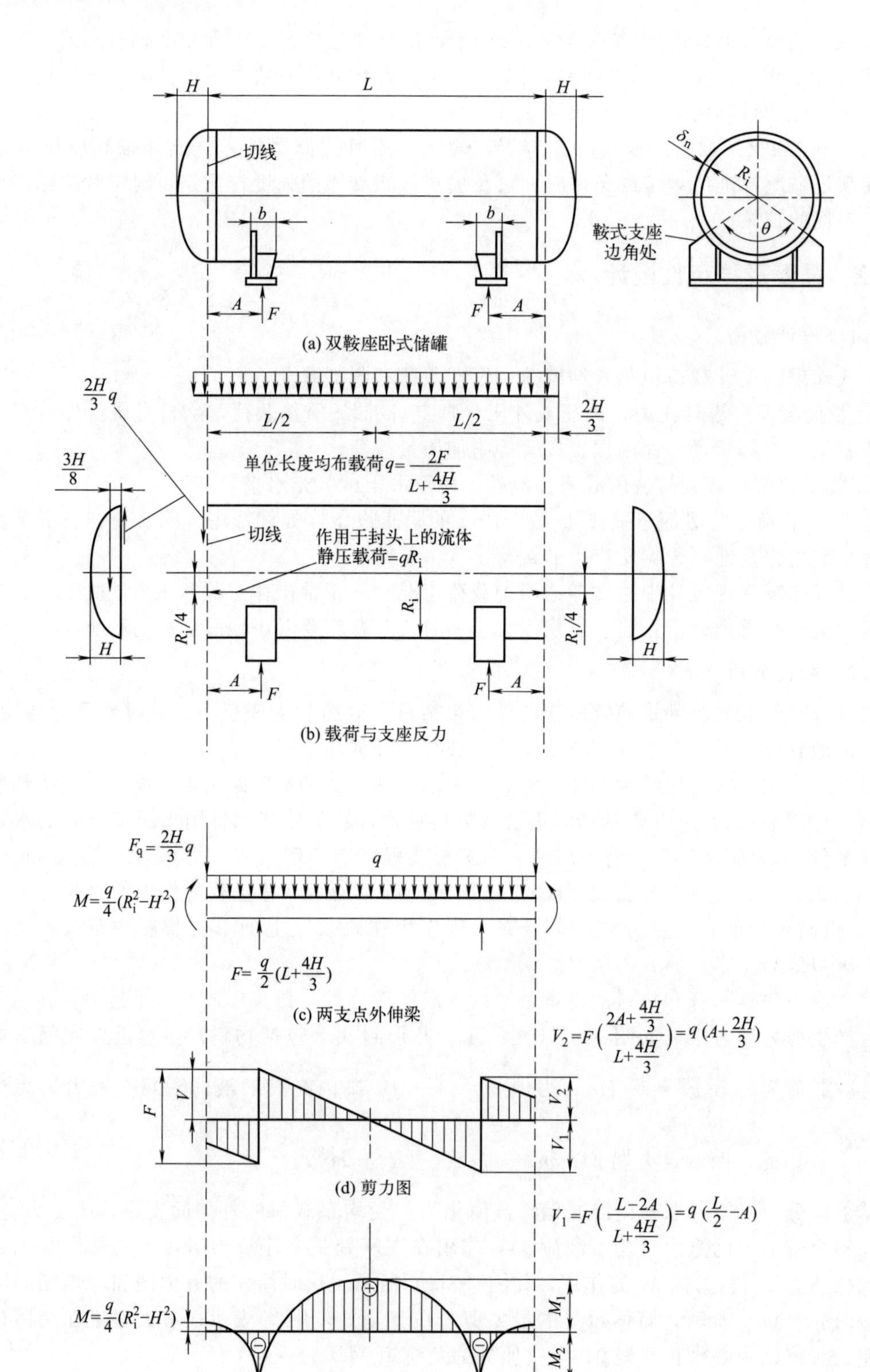


图 7-8　双鞍座卧式储罐结构、受力分析、弯矩图与剪力图

② 支座截面处的弯矩

$$M_2=\frac{q}{4}(R_i^2-H^2)-\frac{2}{3}HqA-qA\left(\frac{A}{2}\right) \tag{7-3}$$

$M_2$ 一般为负，表示筒体上半部受拉，下半部受压。

③ 支座截面上的剪力

当支座离封头切线距离 $A>0.5R_i$ 时，应计及外伸圆筒和封头两部分重量的影响。支座处截面上剪力为

$$V=F-q\left(A+\frac{2}{3}H\right)=F\left(\frac{L-2A}{L+\frac{4}{3}H}\right) \tag{7-4}$$

当支座离封头切线距离 $A\leqslant 0.5R_i$ 时，支座处截面上剪力为

$$V=F \tag{7-5}$$

#### 7.3.2.3 强度设计

卧式容器的强度设计首先仅考虑压力载荷，按照第 5 章对圆筒与封头进行强度设计和压力试验校核，初步确定筒体和封头的材料和名义厚度。再考虑重力载荷和支座反力，对筒体和封头进行强度和稳定性校核。

#### 7.3.2.4 筒体强度及稳定性校核

先计算重力载荷和支座反力，根据载荷分析计算公式（7-2）～式（7-5），计算筒体和封头危险点处的弯矩和剪力，求出对应的应力进行筒体和封头的稳定性校核。

（1）圆筒轴向应力及校核

圆筒最大弯矩在跨距中心点和支座处，因此需要校核两支座跨中截面处圆筒的轴向应力和支座截面处圆筒的轴向应力。计算轴向应力 $\sigma_1$～$\sigma_4$ 时，注意应根据操作和水压试验时的两种危险工况，分别求出可能产生的最大应力，包括最大拉应力和最大压缩应力，按要求分别进行强度校核和稳定性校核。

当圆筒不设加强圈，且 $A>0.5R_i$ 时，支座处截面受剪力作用而产生周向弯矩，在周向弯矩的作用下，支座处圆筒的上半部发生变形，产生所谓“扁塌”现象。扁塌一旦发生，支座处圆筒截面的上部就成为难以抵抗轴向弯矩的无效截面，而剩下的圆筒下部截面才是能够承担轴向弯矩的有效截面。如图 7-9 中的无效区是指发生扁塌后，圆筒上部不能作为承受弯矩 $M_2$ 的截面面积。

（2）圆筒和封头切向应力及校核

筒体剪力总是在支座截面处最大，该剪力在圆筒壁中引起切向应力。

（3）支座截面处圆筒的周向应力及校核

① 支座反力在鞍座接触的圆筒上产生周向压缩力 $p$，如图 7-10 所示。在截面最低点处的周向压应力最大，用 $\sigma_5$ 表示。

② 支座反力在支座截面处引起切向切应力，导致在圆筒径向截面产生周向弯矩 $M_t$，在鞍座边角处有最大值（无加强圈），最大周向应力用 $\sigma_6$ 表示。鞍座垫板边缘处圆筒中的周向应力用 $\sigma_6'$表示，如图 7-11 所示。

设置鞍座后进行筒体强度和稳定性校核，在初定结构参数后要审查各应力是否合理或超标。如果校核不合格，则依应力情况可调整各结构参数重新设计。一般步骤为：使 $A\leqslant 0.5R_o$→增设鞍座垫板→增加鞍座包角→增设加强圈。

具体设计校核过程可查阅 NB/T 47042—2014《卧式容器》，本书采用 SW6 辅助设计完成。

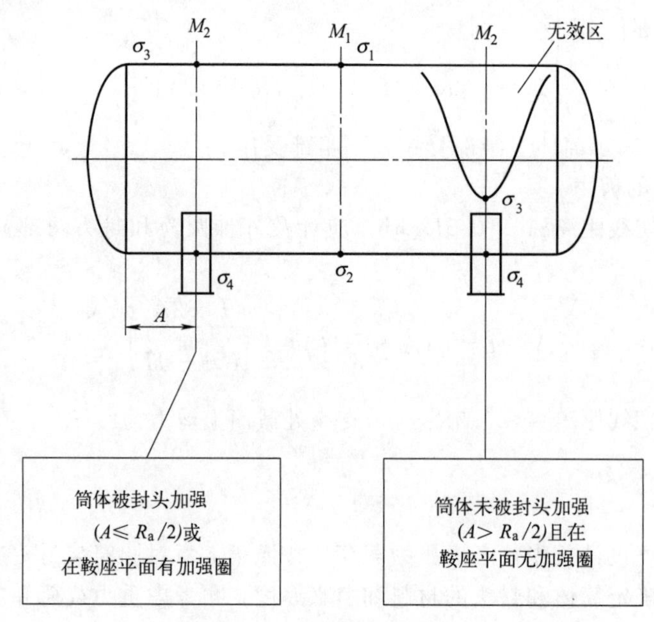


图 7-9　圆筒的轴向应力

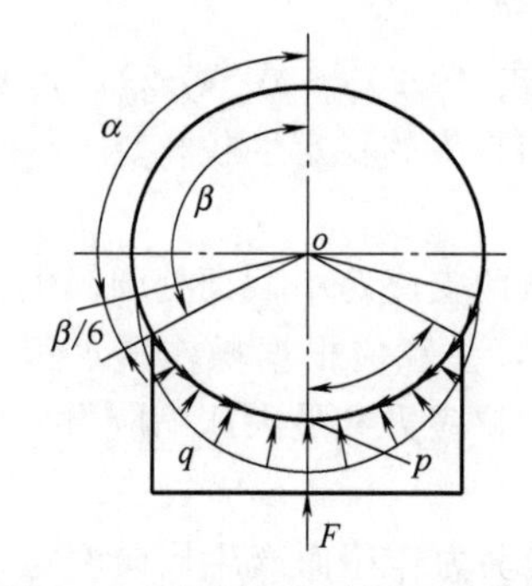


图 7-10　支座处圆筒周向压缩力

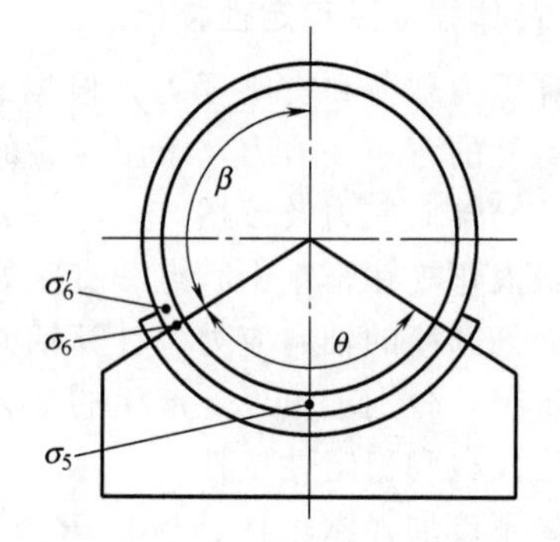


图 7-11　支座处圆筒周向应力

# 7.4　卧式储罐设计示例

设计条件单见本书附录 F。

## 7.4.1　设计参数确定

液氯为黄绿色有刺激性气味的液体，沸点－34.6℃，熔点－100.98℃，相对密度为1.47、氯气的临界温度为144℃，临界压力为7.7MPa，在常压下即汽化成气体，人吸入会严重中毒，它有剧烈刺激作用和腐蚀性，在日光下与其他易燃气体混合时发生燃烧和爆炸。氯是很活泼的物质，可以和大多数元素（或化合物）起反应。氯气为有毒气体，毒性程度为高度危害。

（1）设计温度和设计压力

设计储罐安装地点为湖北省荆门市，查当地气象信息可知环境温度为－10～40℃。已知工作温度为$-20\sim45$℃，氯气的临界温度为144℃，可确定设计温度$-20\sim50$℃，不需设置保温保冷措施。

因无保温保冷措施，液氯50℃的饱和蒸气压为1.42MPa，设置安全阀，并将安全阀开启压力定为1.52MPa，为使安全阀尽量不起跳，取设计压力为1.62MPa。

（2）筒体和封头结构尺寸

$V=V_{筒}+2V_{封}$，其中$V$表示全容积，$V_{筒}$和$V_{封}$分别表示筒体容积和封头容积。

取5%富裕量，根据公式$\frac{\pi}{4}D_i^2L=15\text{m}^3(1+5\%)$，取长径比$L/D_i=4$代入，计算圆整后，$D_i\approx1711\text{mm}$。

采用标准椭圆形封头，查标准GB/T 25198—2010《压力容器封头》中表1，得公称直径$\text{DN}=D_i=1700\text{mm}$，封头深度$H=450\text{mm}$，容积为$V_{封}=0.6999\text{m}^3$。

根据

$$V=V_{筒}+2V_{封}=V_g\times1.05$$

即

$$\frac{\pi}{4}D_i^2L+0.6999\times2=15\times1.05$$

得筒体$L=6.322\text{m}$，圆整得$L=6300\text{mm}$，即

$$V_{筒}+2V_{封}=15.6995\text{m}^3$$

所以计算容积为$15.7\text{m}^3$，操作容积为$15.7\times0.9=14.13(\text{m}^3)$。

## 7.4.2 容器类别划分

液氯属液化气体，且为高度危害介质，属于第一组介质。计算$pV$积，查阅TSG 21—2016容器类别划分图——第一组介质（图2-5），容器属于第Ⅱ类压力容器。

## 7.4.3 筒体和封头强度

考虑压力载荷，对筒体、封头进行强度计算，设计方法与第5章圆筒和封头设计相同。

（1）新建文件

打开SW6软件中的卧式容器程序，新建“15立方米液氯储罐”文件，并保存在“卧式容器”文件夹中。

（2）筒体设计

① 确定材料　根据储存介质的特性、温度和设计压力，初步选用Q345R。

② 计算液柱静压力

$$p_{液}=\rho gh=1470\times9.81\times1.7=0.0245(\text{MPa})<5\%p$$

故液柱静压力可以忽略，即$p_c=p=1.62\text{MPa}$

③ 确定腐蚀裕量　液氯轻微腐蚀，单面腐蚀取腐蚀裕量为2mm。

④ 确定焊接接头系数　高度危害介质危害性强，故选用全焊透结构且进行100%全部检测探伤，故取值为1。

（3）左右封头设计

根据前面的结构选型，采用标准椭圆形封头。封头与筒体采用焊接，与筒体选择相同材料，其他设计参数与筒体基本相同。

参照第5章方法将主体设计参数、筒体和封头设计参数输入到程序模块中，筒体和封头名义厚度取值为10mm，计算过程见本书附录E。

## 7.4.4 零部件设计及选型

### 7.4.4.1 接管设计

由附录F接管表可知，设计的储罐有以下10个接管，5个工艺类接管，5个仪表类接管。

具体情况如表7-3所示：

表7-3 液氯储罐接管表

| 管口序号 | 用途 | 类别 | 公称直径/mm | 外径/mm | 壁厚/mm |
|---|---|---|---|---|---|
| A | 排污口 | 工艺类 | 50 | 57 | 5 |
| B | 放空口 | 工艺类 | 50 | 57 | 5 |
| C | 进料口 | 工艺类 | 50 | 57 | 5 |
| D | 备用口 | 工艺类 | 50 | 57 | 5 |
| E | 温度计口 | 仪表类 | 20 | 25 | 3.5 |
| F | 压力表口 | 仪表类 | 20 | 25 | 3.5 |
| G | 安全阀口 | 仪表类 | 80 | 89 | 6 |
| H | 出料口 | 工艺类 | 65 | 76 | 6 |
| LG1,LG2 | 液位计口 | 仪表类 | 20 | 25 | 3.5 |

① 确定接管材料，设计温度50℃，选20钢管（GB/T 8163），根据公称直径和设计压力，确定接管规格，首先查标准获取外径，其次进行强度计算并选取恰当的厚度（见6.1.1），选择时尽量选取不需另行补强的厚度，结果如表7-3所示。

② 接管的位置见附录F。

③ 排污口和出料口接管伸出长度应符合工艺要求，见条件图（见附录F简图），因为没有保温层，其他接管的伸出长度取值为150mm。

④ 接管安装形式确定。

进料管为防料液飞溅，内插深度较深（见附录F），下部需采用套管定位以防止振动。为防止由于虹吸作用而出现液体倒流现象，在进料管上部需钻2个直径$\phi 6 \sim \phi 10$的小孔。出料管也采用内伸式，内伸高度为50mm。其他接管一律采用平齐式接管。

液位计口、出料口和排污口伸出较长，需要设置加强筋板，平齐式接管筋板一般为2个。

⑤ 接管法兰选配。因液氯为高危介质，接管采用带颈对焊法兰（WN型），材料选用20锻钢，公称压力选用PN25，密封面形式为凹凸面密封（MFM），容器的法兰位于容器上侧或垂直位置，因此全部为凹面法兰。

### 7.4.4.2 人孔选配

容器为DN1700且长度为6300mm，因此需设置2个DN500人孔，分别放在筒体的两侧。由于直径较大，因此在人孔下部应设置扶梯。

人孔位于筒体上部，根据设计压力和公称直径选择水平吊盖带颈对焊法兰人孔（HG/T 21524—2014）。查阅标准，材料选择Ⅲ类，筒节材质为Q345R钢，法兰材质为16MnⅡ钢，50℃时最高允许压力为2.5MPa，选择密封面形式为凹凸面密封，金属包垫片（W·B-0232）。人孔质量为338kg。

### 7.4.5 开孔补强

容器的所有开孔都可用 SW6 进行开孔补强校核，方法见第 6 章。

除人孔需补强外，其他接管均不需补强。

人孔公称直径为 DN500，查标准，得其筒体接管规格为 $\phi530\times12$mm，伸出高度为 350mm，材质为 Q345R 钢。

计算结果如下：

* * * * * * * * * * * 开孔补强计算结果 * * * * * * * * * * *

管口 M：圆形筒体上开孔

计算方法：GB/T150—2011 等面积法

计算压力 1.62MPa

壳体材料 Q345R，名义厚度 10mm

接管材料 Q345R，规格 $\phi530\times12$

A1＝195，　A2＝1351，　A3＝32，　A4＝0

A1＋A2＋A3＋A4＝1578　＜　A＝3721.5

不合格（－58％）

增设补强圈，与筒体材料相同、厚度相同，查表 6-12 获取补强圈外径为 840mm，继续计算校核：

* * * * * * * * * * * 开孔补强计算结果 * * * * * * * * * * *

管口 M：圆形筒体上开孔

计算方法：GB/T150—2011 等面积法

计算压力 1.62MPa

壳体材料 Q345R，名义厚度 10mm

接管材料 Q345R，规格 $\phi530\times12$

补强圈材料 Q345R，外径 $\phi840$mm，名义厚度 10mm

A1＝195，A2＝1351，A3＝32，A4＝3007

A1＋A2＋A3＋A4＝4585　＞＝　A＝3721.5

请注意补强圈使用条件，并保证任意方向上补强圈宽度≥计算截面的补强圈宽度

合格（＋23％）

### 7.4.6 鞍座选型设计

① 该卧式容器采用双鞍式支座，材料选用 Q235A。

② 计算设备总重，算出作用在每个鞍座的实际负荷 $Q$。当使用 SW6 软件辅助设计时，可直接查取各零部件的重量。

估算鞍座的负荷：

储罐总质量为

$$m=m_1+2m_2+m_3+m_4 \tag{7-6}$$

式中 $m_1$——筒体质量，kg，可查阅 SW6 计算书（附录 E）获取，$m_1=2656.70$kg，也可通过公式 $m_1=\pi D_i L\delta_n\rho$ 自行计算（$\rho$ 为钢材密度，$\rho=7.85\times10^3\text{kg/m}^3$）；

$m_2$——单个封头的质量，kg，可查附录 E 获取，也可查标准 GB/T 25198—2010 获取，$m_2=251.6$kg；

$m_3$——充液质量，因 $\rho_{水}<\rho_{液氯}$，故 $m_3=\rho_{液氯}V=1470\times15.7=23079(\text{kg})$；

$m_4$——附件质量（包括保温层、人孔等附件），人孔质量为 338kg，其他接管质量总和计 100kg，即 $m_4=438$kg。

容器筒体和封头重量也可通过 SW6 计算书（附录 E）直接获取。

综上所述，$m=m_1+2m_2+m_3+m_4=26677\text{kg}$

由 $G=mg=261.4\text{kN}$，得每个鞍座承受的重量为 130.7N。

③ 鞍座选型：根据设备的公称直径和支座高度，从 NB/T 47065 中查出轻型（A 型）和重型（B 型）二个允许负荷［$Q$］。按照［$Q$］大于等于 $Q$ 的原则选定轻型（A 型）或重型（B 型）。如果 $Q$ 超过重型鞍座的［$Q$］值时，可加大腹板和筋板的厚度，并进行设计计算。

由此查 NB/T 47065，选取轻型（A 型）包角为 120°带垫板的鞍座，鞍座结构尺寸见表 7-4。

**表 7-4　鞍式支座结构尺寸**　　单位：mm

| 尺寸 | | 数值 | 尺寸 | | 数值 | 尺寸 | | 数值 |
|---|---|---|---|---|---|---|---|---|
| 公称直径 | DN | 1700 | 底板尺寸 | $l_1$ | 1200 | 筋板尺寸 | $l_3$ | 275 |
| 允许载荷 | $Q$/kN | 275 | | $b_1$ | 200 | | $b_3$ | 170 |
| 鞍座高度 | $h$ | 250 | | $\delta_1$ | 12 | | $b_3$ | 240 |
| 腹板 | $\delta_2$ | 8 | 垫板尺寸 | $b_4$ | 390 | | $\delta_3$ | 8 |
| 螺栓间距 | $l_2$ | 1040 | | $\delta_4$ | 8 | 垫板尺寸 | $e$ | 70 |

④ 鞍座结构数据：鞍座的跨距 $L_1=L-2A$，其中，$L$ 为筒体长度，$A$ 为鞍座中心线到封头切线的距离。故

$$A\leqslant 0.2L=0.2\times(6300+2\times25)=1272(\text{mm})$$

$$R_{\text{m}}=\frac{D_{\text{o}}}{2}=\frac{D_{\text{i}}+\delta_{\text{n}}}{2}=(1700+20)/2=860(\text{mm})$$

最好使 $A\leqslant 0.5R_{\text{m}}$，但因容器条件图中容器下方设有排污口和出料口，暂取 $A=800\text{mm}$ 试算，若筒体轴向应力校核不合格可将 $A$ 值调小。

故鞍座跨距 $L_1=L-2A=6300+2\times25-2\times800=4750(\text{mm})$。

按图 7-12 输入相关数据后，单击图示下方的"计算腹板与筋板组合截面积和抗弯截面系数"按钮，由程序来自动计算，此时会弹出如图 7-13 所示的"腹板和筋板数据输入"对话框，腹板和筋板数据必须输入，用户可根据工程实际选取一种截面形状，或者可套用标准鞍座数据。

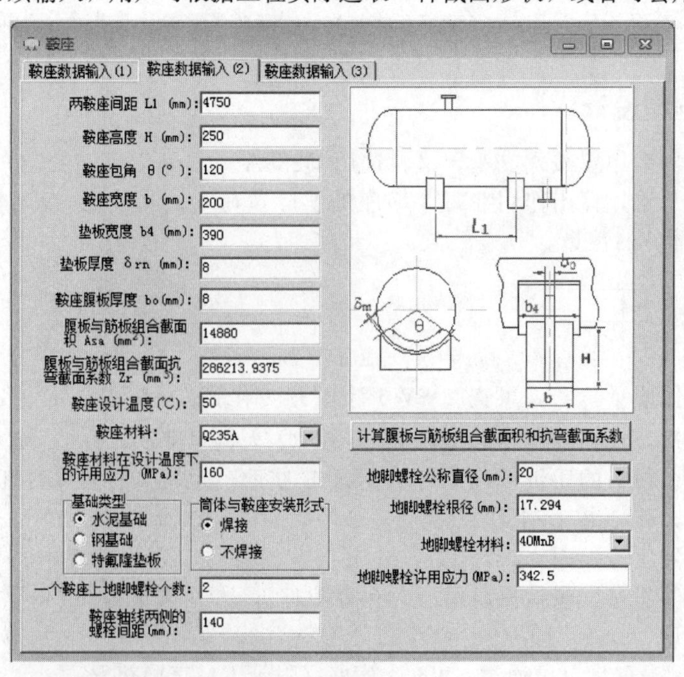


图 7-12　鞍座数据输入（一）

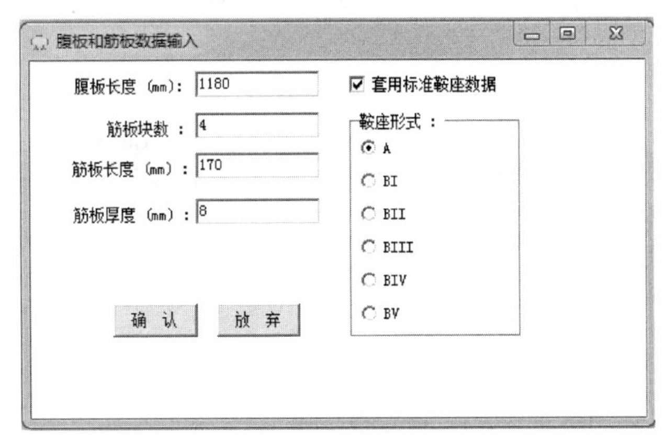


图 7-13　鞍座数据输入（二）

鞍座数据输入 SW6 软件后，运行计算通过。具体计算说明过程可查阅附录 E。

## 7.4.7　制造与检测

### 7.4.7.1　焊接设计

（1）接头结构

所有焊接接头均采用全焊透结构。A、B 类对接接头采用 DU8 型（HG/T 20583—2020）（如图 7-14 所示）；接管与壳体连接时的 D 类焊接接头，内伸式采用 G4，平齐式采用 G6（图 7-15、图 7-16）。

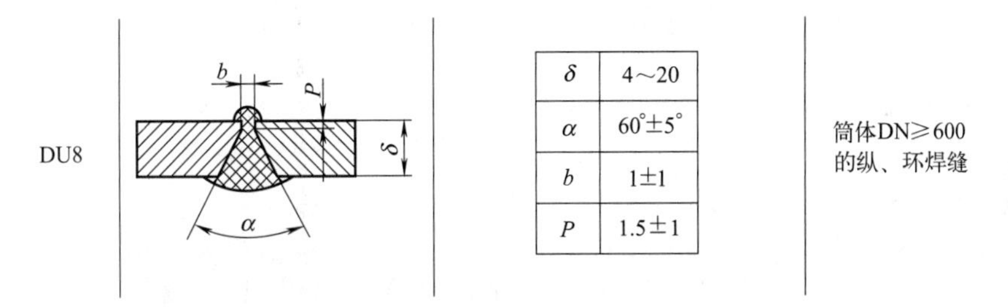


| δ | 4～20 |
|---|---|
| α | 60°±5° |
| b | 1±1 |
| P | 1.5±1 |

图 7-14　A、B 类焊缝代号、型式、尺寸（mm）及适用范围

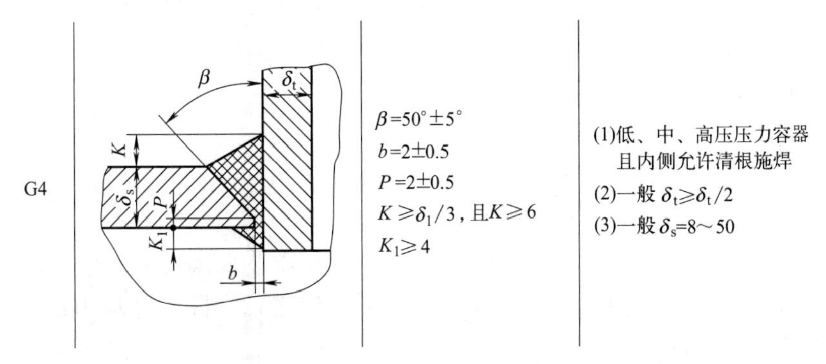


图 7-15　D 类焊缝（内伸式接管）代号、型式、尺寸（mm）及适用范围

人孔焊缝采用带补强圈焊缝 G29，如图 7-17 所示。

（2）焊接材料

按 NB/T 47015—2011 规定，焊材牌号为：

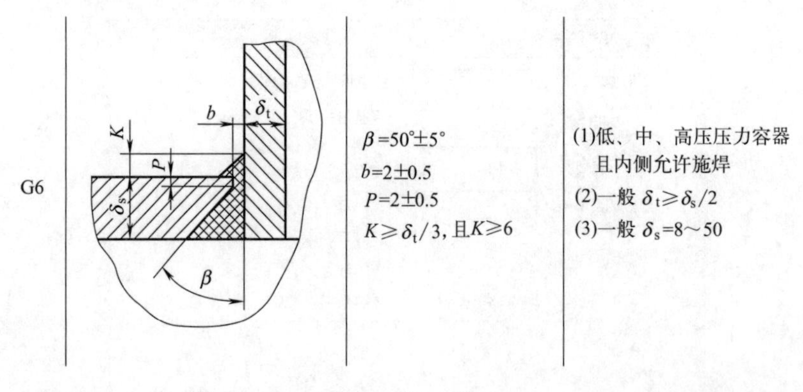


图 7-16　D类焊缝（平齐式接管）代号、型式、尺寸（mm）及适用范围

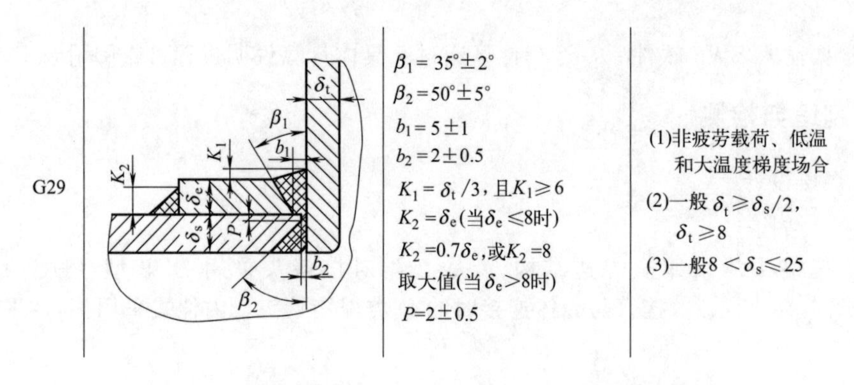


图 7-17　人孔焊缝代号、型式、尺寸（mm）及适用范围

① 手工焊接　Q345R之间采用J507，Q345R和Q235B之间、Q235B之间可用J427。

② 自动埋弧焊　A、B类焊缝可采用自动埋弧焊，Q345R之间焊接，焊丝采用H08MnA，焊剂为HJ431。

(3) 检测要求

参照NB/T 47013.1～47013.13—2015《承压设备无损检测》，液氯为高度危害介质，需要对所有A、B类焊缝进行100%无损检测。

筒体和封头A、B类焊缝均为100%RT-Ⅱ，射线检测技术等级不低于AB级。

公称直径小于250mm的接管与接管、接管与带颈对焊法兰的焊接接头属于B类焊缝，要进行磁粉探伤，进行100%MT-Ⅰ合格。

#### 7.4.7.2　制造

筒体钢板材质为Q345R，厚度为10mm，储存介质为高度危害，供货状态选择正火，需要对钢板逐张进行超声检测，且不低于UT-Ⅱ级。

钢板应进行−20℃ V型缺口夏比冲击试验，冲击功应至少达到41J的要求。

压力容器焊接工作全部结束并进行检验合格后，应进行消除残余应力的整体焊接热处理。热处理在耐压试验前进行。

#### 7.4.7.3　压力试验

先采用液压试验，由于温度不高，不需温度修正，水压试验压力为设计压力的1.25倍，$p_{水压}=2.0\text{MPa}$。进行水压实验时，水温不得低于5℃。

对于高度危害介质应当进行泄漏试验。本设计采用气密性试验，试验压力为1.62MPa。

### 7.4.8 装配图绘制

卧式容器装配图示例见附录G。

习 题

**思考题**

7-1 储罐有哪几种形式？分别用于哪些场合？

7-2 储罐的设计参数是如何确定的？

7-3 双鞍座卧式储罐的支座位置设计有哪些原则？为什么？

7-4 卧式储罐的重力载荷如何计算？

7-5 双鞍座卧式储罐的危险点在何处？如何校核其应力？

**工程应用题**

试设计一双鞍座支承的卧式内压容器，其设计条件如下：

容器内径 $D_i=2000\text{mm}$，圆筒长度 $L=6000\text{mm}$，设计压力 $p=0.3\text{MPa}$，设计温度 $T=100℃$

焊接接头系数 $\phi=0.85$，腐蚀裕量 $C_2=1.5\text{mm}$，物料密度 $\rho=1500\text{kg/m}^3$，设备材料Q245R，设备不保温。

# 8 管壳式换热器设计

换热器是一种实现物料之间热量传递的节能设备，是在石油、化工、冶金、电力、食品等行业普遍应用的一种工艺设备。在管壳式换热器中，管程和壳程流过不同温度的流体，通过热交换完成换热。管壳式换热器是应用最广泛、使用量最大的换热器形式。

换热器设计包括工艺设计和机械设计两部分。首先是工艺设计人员根据物料处理量和物料进出口温度条件进行换热器选型和工艺计算，校核传热系数，计算出实际换热面积。计算完成后，由工艺设计人员向机械设计人员提出设备设计条件表，由机械设计人员完成设备结构设计和强度设计，最后提出制造要求，并完成相应图纸的绘制。

（1）设计条件单

工艺计算过程中需根据工艺条件，确定换热器放置方式（立式或卧式）、换热管规格、排列方式、换热面积（传热面积）、筒体直径、工艺接管等参数，并将设计参数填入设计数据特性表中。设计数据特性表中还必须提出机械设计所需的原始条件，包括工作压力、工作温度、介质性质、管口信息、设备地点及地质条件等参数，必要时还需绘制设备简图。

（2）机械设计内容

管壳式换热器机械设计包括两个方面，一是结构设计，需要选择既合理又经济的结构形式，主要是确定管程和壳程有关部件的结构形式、结构尺寸及零件之间的连接形式等，如管箱结构、管板结构、折流板结构等；二是进行受力元件的应力计算与强度校核，以保证换热器安全运行，如管箱、壳体和管板计算等。

本章以混合气换热器设计为例，按设备结构设计、设备强度计算的设计顺序，遵循GB/T 151—2014 标准要求依次对零部件进行结构设计，然后采用 SW6 对其进行强度设计和校核，最后形成合理的设计方案。

## 8.1 选型

根据管壳式换热器的结构特点，可分为固定管板式换热器、浮头式换热器、U 形管式换热器、填料函式换热器和釜式重沸器五类。

（1）固定管板式换热器

固定管板式换热器的典型结构如图 8-1 所示，管束连接在管板上，管板与壳体焊接。其优点是结构简单、紧凑，能承受较高的压力，造价低，管程清洗方便，管子损坏时易于堵管或更换；缺点是当管束与壳体的壁温或材料的线胀系数相差较大时，壳体和管束中将产生较大的热应力。这种换热器适用于壳侧介质清洁且不易结垢并能进行清洗，管程、壳程两侧温差不大或温差较大但壳程侧压力不高的场合。为减少热应力，通常在固定管板式换热器中设置柔性元件（如膨胀节、挠性管板等），来吸收热膨胀差。

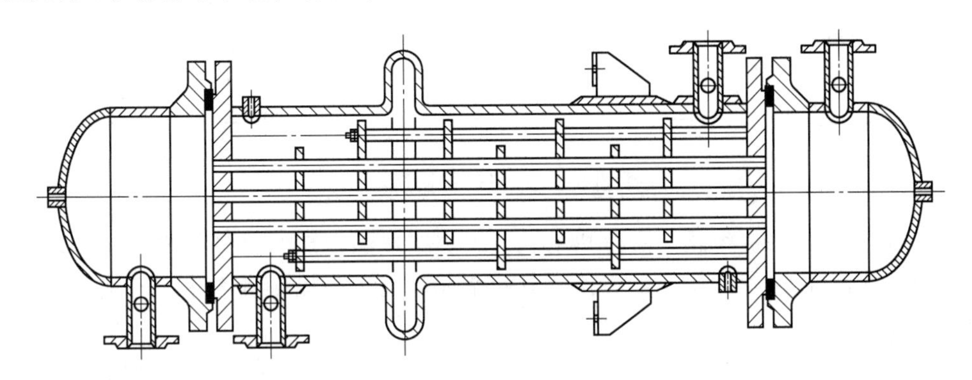

图 8-1　固定管板式换热器

（2）浮头式换热器

浮头式换热器的典型结构如图 8-2 所示，两管板中只有一端与壳体固定，另一端可相对壳体自由移动，称为浮头。浮头由浮动管板、钩圈和浮头端盖组成，是可拆连接，管束可从壳体内抽出。管束与壳体的热变形互不约束，因而不会产生热应力。

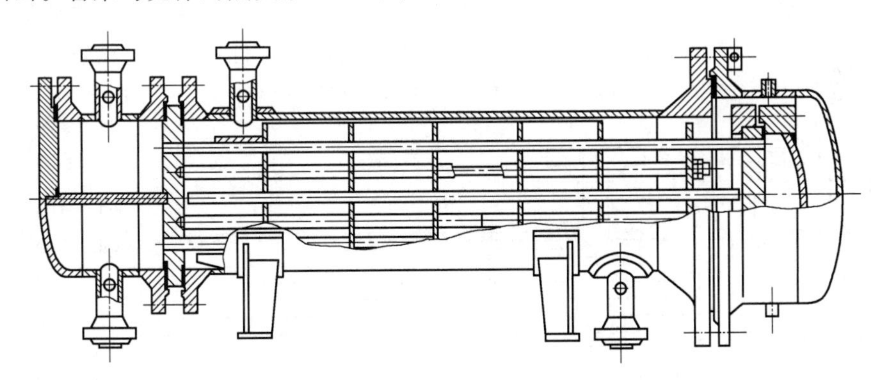

图 8-2　浮头式换热器

浮头式换热器的特点是管间和管内清洗方便，不会产生热应力；但其结构复杂，造价比固定管板式换热器高，设备笨重，材料消耗量大，且浮头端小盖在操作中无法检查，制造时对密封性要求较高。只适用于管、壳壁温差较大或壳程介质易结垢的场合。

（3）U 形管式换热器

U 形管式换热器的典型结构如图 8-3 所示，这种换热器的结构特点是，只有一块管板，管束由多根 U 形管组成，管的两端固定在同一块管板上，管子可以自由伸缩。当壳体与 U 形换热管有温差时，不会产生热应力。

由于受弯管曲率半径的限制，其换热管排布较少，管束最内层管间距较大，管板的利用

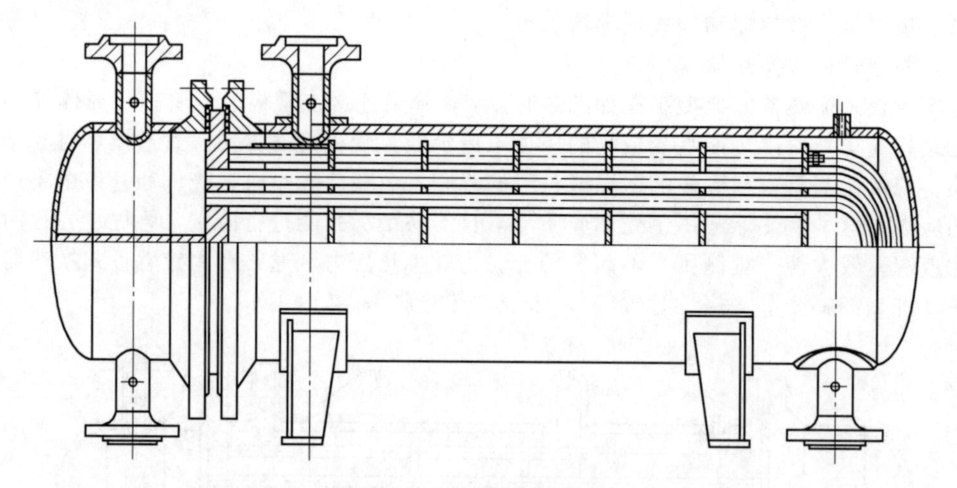

图 8-3 U形管式换热器

率较低，壳程流体易形成短路，对传热不利。当管子泄漏损坏时，只有管束外围处的 U 形管便于更换，内层换热管坏了不能更换，只能堵死，而坏一根 U 形管相当于坏两根管，报废率较高。

结构比较简单，价格便宜，承压能力强，适用于管、壳壁温差较大或壳程介质易结垢，需要清洗，又不适合采用浮头式和固定管板式的场合。特别适用于管内经过清洁而不易结垢的高温、高压、腐蚀性大的物料。

（4）填料函式换热器

填料函式换热器的结构如图 8-4 所示，这种换热器的结构特点与浮头式换热器相类似，浮头部分露在壳体以外，在浮头与壳体的滑动接触面处采用填料函式密封结构。由于采用填料函式密封结构，因此管束在壳体轴向可以自由伸缩，不会产生壳壁与管壁热变形差而引起的热应力。其结构较浮头式换热器简单，加工制造方便，节省材料，造价比较低廉，且管束从壳体内可以抽出，管内、管间都能进行清洗，维修方便。

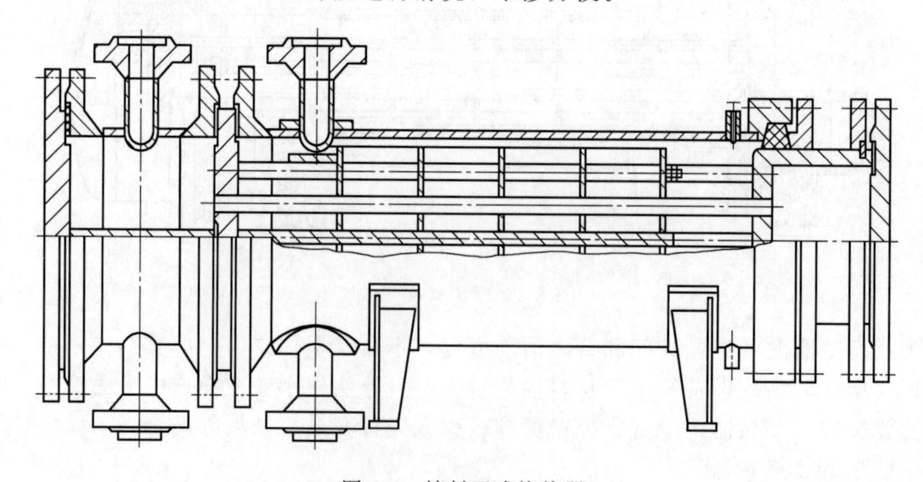

图 8-4 填料函式换热器

因填料处易产生泄漏，填料函式换热器一般适用于 4MPa 以下的工作环境，且不适用于易挥发、易燃、易爆、有毒及贵重介质，使用温度也受填料的物性限制。填料函式换热器现在已很少采用。

(5) 釜式重沸器

釜式重沸器的结构如图 8-5 所示，这种换热器的管束可以为浮头式、U 形管式和固定管板式结构，所以它具有浮头式、U 形管式换热器的特性。在结构上与其他换热器不同之处在于壳体上部设置有一个蒸发空间，蒸发空间的大小由产气量和所要求的蒸气品质所决定。产气量大、蒸气品质要求高者蒸发空间大，否则可以小些。

此换热器与浮头式、U 形管式换热器一样，清洗维修方便，可处理不清洁、易结垢的介质，并能承受高温、高压。

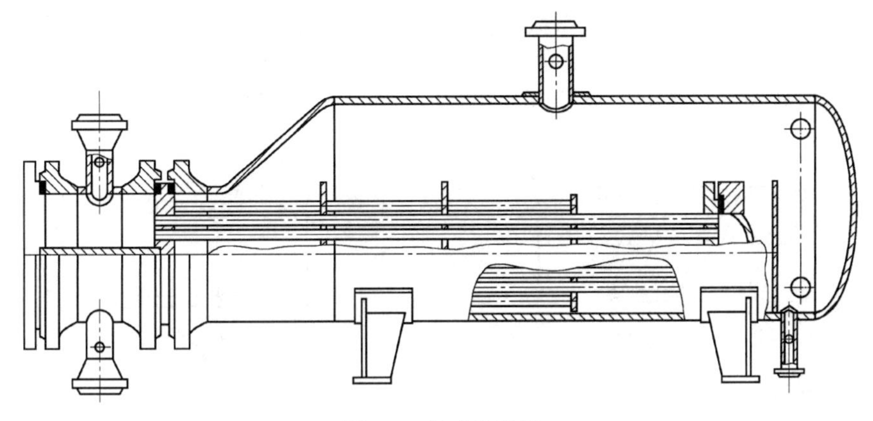

图 8-5 釜式重沸器

## 8.2 结构设计

管壳式换热器的结构设计包括管程结构、壳程结构和管板三部分。管程是与管束中流体相通的空间，管程结构主要由换热管和管箱等组成。壳程是指换热管外面流体及其相通空间，主要由壳体、折流板及其固定支承结构、防冲击防短路等结构组成。管板是分隔管程流体和壳程流体的结构。

各类换热器的结构略有不同，本章主要以固定管板式换热器为例说明换热器结构设计内容、原则和方法。固定管板式换热器结构图如图 8-6 所示。

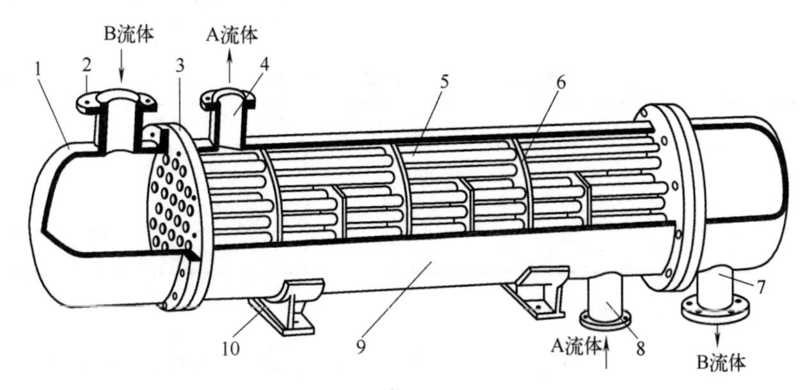


图 8-6 固定管板式换热器结构图

1—管箱；2—管程流体入口接管；3—管板；4—壳程流体出口接管；5—换热管；6—折流板；7—管程流体出口接管；8—壳程流体入口接管；9—壳体；10—支座

## 8.2.1 管程结构

流体流经换热管内的通道及其贯通部分称为管程。管程结构由换热管、前端管箱和后端管箱三大零部件组成。

### 8.2.1.1 换热管

（1）换热管形式

换热管式换热器的传热面，一般使用光管，因为它结构简单，制造容易。当强化传热性能不够时，特别是当流体表面传热系数很低时，可采用各种结构形式的强化换热管，如螺旋槽管（图 8-7）、横纹槽管（图 8-8）和翅片管等。翅片管分为内翅管（图 8-9）和外翅管，当管内外传热系数相差较大时，翅片管的翅片应布置在传热系数低侧。

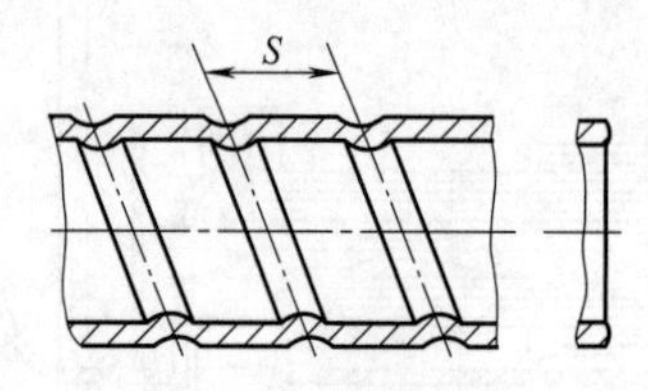

图 8-7 螺旋槽管

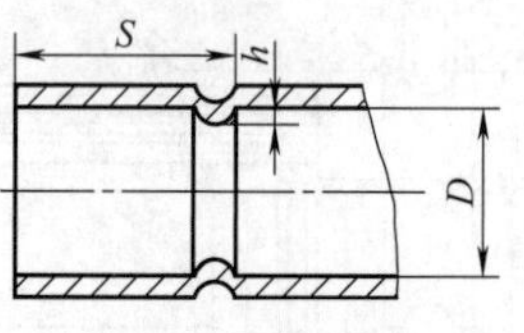

图 8-8 横纹槽管

（2）换热管材料

换热管常用的金属材料有碳素钢、低合金钢、不锈钢和铜、铝合金等，非金属材料有石墨、陶瓷和聚四氟乙烯等。设计时应根据工作压力、温度、介质腐蚀性等选择合适的材料。

图 8-9 内翅管

管束的质量分为Ⅰ级和Ⅱ级。Ⅰ级管束由较高精度的换热管组成，Ⅱ级管束由普通精度的换热管组成（见表 8-1）。Ⅰ级管束换热管质量优于Ⅱ级管束换热管质量，且Ⅰ级管束管板及折流板上的管孔加工偏差较Ⅱ级管束的小，因而Ⅰ级管束可得到更高质量的胀接和焊接接头，并有利于防止和减小换热管的振动，对整个管束的附加应力也较小。Ⅰ级管束适用于无相变、大流速和易产生振动等苛刻工况，Ⅱ级管束适用于重沸、冷凝传热和无振动的工况。

**表 8-1 钢制换热管外径偏差** 单位：mm

| 类型 | 不同规格(外径)换热管的外径偏差 | | | |
|---|---|---|---|---|
| | ≤25 | >25～38 | >38～50 | >50～57 |
| Ⅰ级管束 | ±0.10 | ±0.15 | ±0.20 | ±0.25 |
| Ⅱ级管束 | ±0.15 | ±0.20 | ±0.25 | ±0.40 |

（3）换热管规格

常用换热管的外径、厚度和尺寸偏差见表 8-1。换热管常选用的规格主要有 $\phi 19\times 2$mm、$\phi 25\times 2.5$mm、$\phi 38\times 2.5$mm 的无缝钢管以及 $\phi 25\times 2$mm 和 $\phi 38\times 2.5$mm 的不锈钢管。换热管的尺寸和形状对传热有很大的影响，采用小管径可使单位体积传热面积增大、结构紧凑、金属耗量减少、传热系数提高；但小管径阻力大，不便清洗，易结垢堵塞。一般大管径用于黏性大或污浊的流体，小管径用于较清洁的流体。

（4）换热管长度

换热管的长度推荐采用 1000mm，1500mm，2000mm，2500mm，3000mm，4500mm，6000mm，7500mm，9000mm，12000mm。卧式换热器的换热管长度与公称直径之比一般为 4～25，常设置在 6～10 之间；立式换热器的比值多为 4～6。

（5）换热管排列形式

换热管在管板上的排列方式常用的有三角形和正方形形式，如图 8-10 所示。

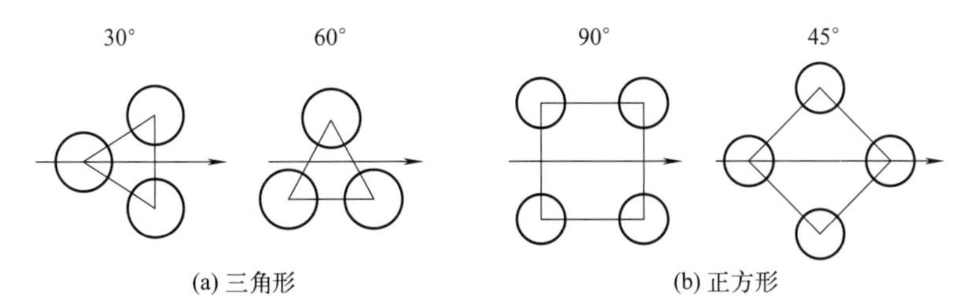


图 8-10　换热管排列方式

三角形排列是最为常见的换热管排列方式之一，它的特点是将换热管尽可能地密集排列在管板上。这种排列方式不仅可以最大程度地利用管板的面积，减小设备的体积，同时还能提高换热效率。由于换热管之间的距离较小，热能传递效果比较好，冷、热介质之间的温差也会减小，有利于提高设备的耐久性。不过，三角形排列也存在一定的缺陷，管线之间不易维修和清理。

正方形排列是将换热管呈正方形地排列在管板上，形成与管道坐标平行的排布方式。这种排列方式易于定位和维护管线，对于那些需要频繁清理和检修的设备来说更为适用。另外，由于管道之间的距离较大，压力损失也会相应地减小，设备的稳定性和耐用性会更高一些。不过，相对于三角形排列方式，正方形排列形成的管网密度和换热效率都相对较低。

在多程换热器中，为了便于安装隔板，每一程间用三角形排列，但在各程之间采用正方形排列法。这种排列法称为组合排列法。

（6）换热管中心距

换热管中心距要保证换热管和管板连接时，管桥（相邻两管之间的净空距离）处有足够的强度和宽度，管间需要机械清洗时还要保证留有进行清洗的通道。换热管的中心距宜不小于 1.25 倍的换热管外径，常见的换热管中心距见表 8-2。

**表 8-2　常见换热管中心距（摘自 GB/T 151—2014）**　　单位：mm

| 换热管外径 $d_o$ | 12 | 14 | 19 | 25 | 32 | 38 | 45 | 57 |
|---|---|---|---|---|---|---|---|---|
| 换热管中心距 $S$ | 16 | 19 | 25 | 32 | 40 | 48 | 57 | 72 |
| 分程隔板槽两侧相邻换热管的中心距 | 30 | 32 | 38 | 44 | 52 | 60 | 68 | 80 |

注：换热管间需要机械清洗时，应采用正方形排列，相邻两管之间的净空距离（$S-d_o$）不宜小于 6mm。外径为 25mm 的换热管，当用转角正方形排列时，其分程隔板槽两侧相邻换热管的中心距应为 32mm×32mm 正方形的对角线长 $32\sqrt{2}$mm。

（7）管束分程

管内流动的流体从换热管的一端流到另一端，称为一个管程，在管壳式换热器中最常用的是单管程的换热器。如果根据换热器工艺设计要求，需要加大换热面积，可采取增加管长或管数的方法。单纯增加管长受加工、运输、安装和维修的限制，而增加管数会使介质流速下降，反而使传热系数下降。为保持较大流速，工程上常采用多管程的方式使流体依次流过各程换热管，管程数一般有 1、2、4、6、8、10、12 七种，常用管束分程布置如图 8-11 所示。布管时应尽可能使各管程的换热管数大致相等、分程隔板形状简单、密封面长度短。

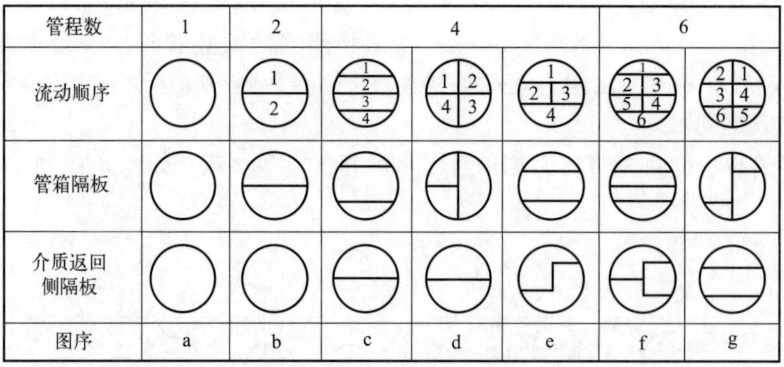

| 管程数 | 1 | 2 | 4 | | | 6 | |
|---|---|---|---|---|---|---|---|
| 流动顺序 | | 1 2 | 1 2 3 4 | 1 2 4 3 | 1 2 3 4 | 1 2 3 5 4 6 | 2 1 3 4 6 5 |
| 管箱隔板 | | | | | | | |
| 介质返回侧隔板 | | | | | | | |
| 图序 | a | b | c | d | e | f | g |

图 8-11 管束分程布置图

### 8.2.1.2 管箱

管箱位于管壳式换热器的两端，管箱的作用是把从管道输送来的流体均匀送入换热管和把管内流体汇集在一起送出换热器，在多管程结构中，还起到改变流体流向的作用。管箱由管箱筒节、封头、法兰和接管等组成。管束分程时管箱内还设置分程隔板，分程隔板材料与圆筒短节相同，焊于管箱内表面上。

(1) 管箱结构形式

管箱的结构形式主要根据换热器是否需要清洗或管束是否需要分程等因素决定。图 8-12 为管箱常用的几种结构形式。

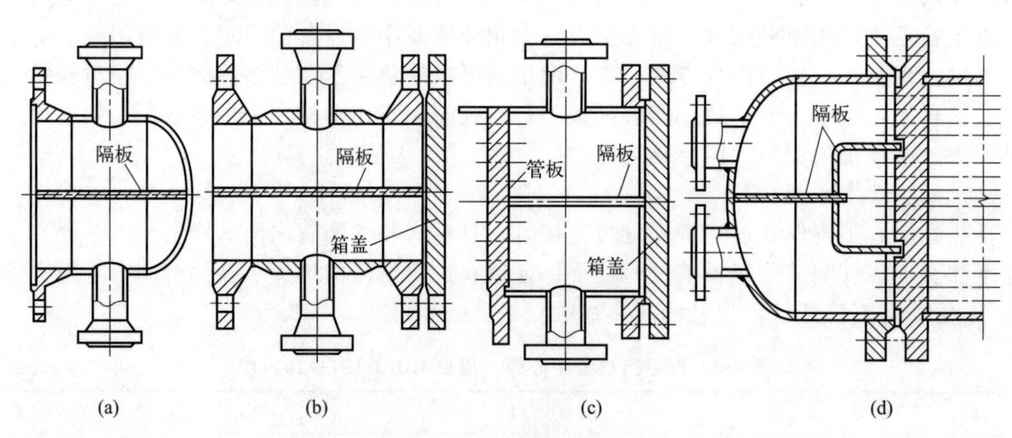


图 8-12 管箱结构形式

封头管箱型，如图 8-12(a) 所示，为单程或多程管箱，优点是结构简单，便于制造，具有不可拆管内的薄壳封头，壁薄省材料。因检查或清洗时，必须拆下接管连接，不太方便，仅适用于管程较清洁介质。

平盖管箱型，如图 8-12(b) 所示装有管箱平盖（或称盲板），检查清洗管内时不必拆下整个管箱和与管箱相连的管路，仅将平盖拆下即可，缺点是盲板结构用材多，尺寸较大时需用锻件，提高了制造成本，并增加一道密封的泄漏可能。一般用于 DN<900mm 的浮头式换热器中。

图 8-12(c) 将管箱与管板焊为一体，完全避免了管板密封处的泄漏，但管箱不能单独拆

下，检查、清洗不方便，很少使用。

图 8-12(d) 是一种多管程隔板的安置形式。

(2) 管箱筒节

无论哪种管箱，其管箱的最小内侧深度应该满足使连接间流体流动的横截面积至少大于或等于单管程通过的截面这一基本要求。由 GB/T 151—2014《热交换器》6.3.4 可知，对于轴向开口的单管程管箱，开口中心处的最小深度应不小于接管内直径的 1/3，多管程管箱的内侧深度应保证两程之间的最小流通面积不小于每程换热管流通面积的 1.3 倍，当操作允许时，也可等于每程换热管的流通面积。对于径向开口的管箱主要考虑接管焊缝与封头焊缝或管箱法兰焊缝的最小间距。

(3) 分程隔板

分程隔板位置尺寸是由排管图确定，分程隔板的固定方式有三边固定一边简支、长边固定短边简支和短边固定长边简支三种方式。分程隔板的厚度可根据固定方式和两边压差计算得到，具体计算可查阅 GB/T 151，但最小厚度应不小于表 8-3 的规定。

**表 8-3　分程隔板的最小厚度（摘自 GB/T 151—2014）**　　单位：mm

| 公称直径 DN | 隔板最小厚度 | |
|---|---|---|
| | 碳素钢、低合金钢 | 高合金钢 |
| ≤600 | 10 | 6 |
| >600～1200 | 12 | 10 |
| >1200～1800 | 14 | 11 |
| >1800～2600 | 16 | 12 |

(4) 管箱封头

可根据管程压力和管箱结构选择封头类型，具体选型方法见第 5 章。

(5) 管箱法兰

可根据管程压力、温度、介质选用法兰类型，具体选型方法见第 6 章。

(6) 管箱接管

管箱接管应尽量沿径向或轴向设置，并与壳体内表面平齐，并在该部位打磨平滑，以免妨碍管束的拆装。设计温度高于或等于 300℃时，应采用对焊法兰；对于不能利用接管进行排气和排液的换热器，应在最高点设置排气口，在最低点设置排液口，最小公称直径为 20mm；必要时应设置温度计、压力表及液面计接口。

管箱进出口接管尽量靠近管箱法兰，可缩短管箱、壳体长度，减轻设备重量。管程接管径向布置时，接管位置最小尺寸应满足焊缝最小距离 $C$ 的要求，如图 8-13 所示。

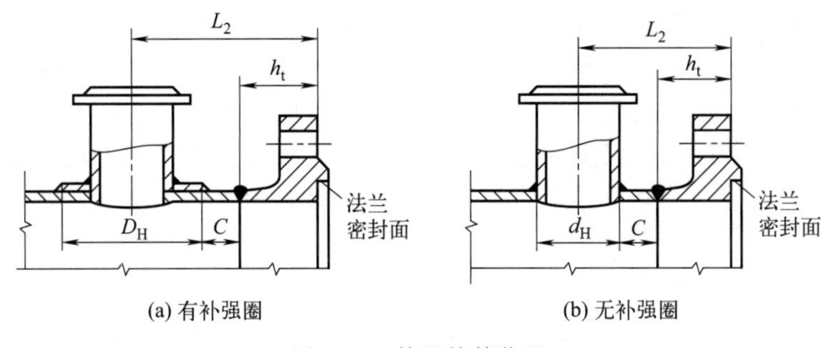


图 8-13　管程接管位置

无补强圈：　$$L_1 \geqslant d_H/2+h_t+C \quad (8\text{-}1)$$

有补强圈：　$$L_1 \geqslant D_H/2+h_t+C \quad (8\text{-}2)$$

式中　$L_1$——管程接管位置最小尺寸，mm；

$d_H$——接管外径，mm；

$D_H$——补强圈外圆直径，mm；

$C$——角焊缝最小间距，$C \geqslant 4\delta$（$\delta$ 为管箱壳体壁厚）且不小于 30mm。

## 8.2.2　壳程结构

### 8.2.2.1　壳体

壳体一般为圆筒形，在壳壁上焊有接管，供壳程流体进入和排出。壳体一般为钢板卷制，公称直径 DN≤400mm 的圆筒常用无缝钢管制作。

圆筒的厚度按 GB/T 150 方法计算，但碳素钢和低合金钢制圆筒的最小厚度不得小于表 8-4 的规定，高合金钢制圆筒的最小厚度不得小于表 8-5 的规定。

表 8-4　碳素钢和低合金钢制圆筒的最小厚度（摘自 GB/T 151—2014）　单位：mm

| 类型 | 公称直径 | | | | |
|---|---|---|---|---|---|
| | 400～700 | >700～1000 | >1000～1500 | >1500～2000 | >2000～2600 |
| 浮头式、U形管式 | 8 | 10 | 12 | 14 | 16 |
| 固定管板式 | 6 | 8 | 10 | 12 | 14 |

表 8-5　高合金钢的最小厚度（摘自 GB/T 151—2014）　单位：mm

| 公称直径 | 400～700 | >700～1000 | >1000～1500 | >1500～2000 | >2000～2600 |
|---|---|---|---|---|---|
| 浮头式、U形管式、固定管板式 | 5 | 7 | 8 | 10 | 12 |

### 8.2.2.2　折流板

设置折流板的目的是提高壳程流体流速，增加湍动程度，并使壳程流体垂直冲刷管束，提高壳程传热系数，同时减少结垢，通常在工艺计算中根据介质性质和流量以及换热器大小确定折流板的型式、间距和数量，并填入设计条件单中。在卧式换热器中，折流板还有支承管束的作用。

（1）型式

常用的折流板和支持板的型式有弓形和圆盘-圆环形（盘环形）两种。弓形折流板有单弓形、双弓形和三弓形三种，如图 8-14 所示。在弓形折流板中，流体在板间错流冲刷管子，而流经折流板弓形缺口时是顺流经过管子后进入下一板间，改变方向，流动中死区较少，结构较简单，一般标准换热器中只采用这种。盘环形折流板制造不方便，流体在管束中为轴向流动，效率较低，而且要求介质必须是清洁的，否则管束中为轴向流动，效率较低。

（2）间距

折流板间距应根据壳体直径、壳程介质的流量和黏度确定，在管壳式换热器中，折流板间距一般取 $0.3D$，最小间距为换热器壳体内径的 1/5，且不小于 50mm，最大间距不得大于换热器壳体内径，且不得超过 GB/T 151 中规定的各种直径换热管的最大无支承跨距的数

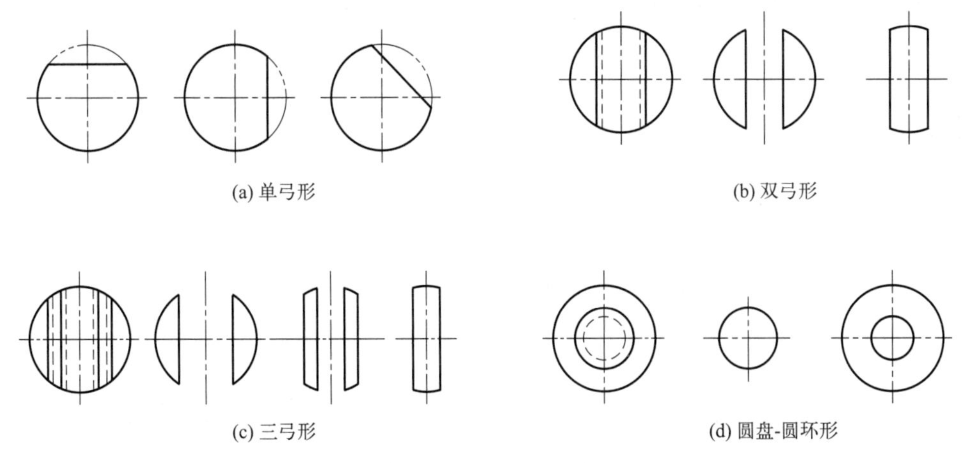


图 8-14 折流板型式

值（见表 8-6）。折流板距离越小，对流体的阻力就越大，因此如果流体黏度大，则折流板间距需要加大以减小阻力，保证流体可以正常通过；而如果流体黏度较小，折流板间距可以适当缩小，提高湍动程度。

从传热角度考虑，有些换热器不需要设置折流板。但为了增加换热管刚度，防止产生过大挠度或引起管子振动，当换热管较长时或浮头换热器浮头端较重，换热器无支承跨距超过标准的规定值时，必须设置一定数量支承板，以防止换热管产生过大的挠度，形状与尺寸均按折流板的规定来处理。

**表 8-6 换热管的最大无支承跨距（摘自 GB/T 151—2014）** 单位：mm

| 换热管外径 | | 10 | 12 | 14 | 16 | 19 | 25 | 38 | 45 | 57 |
|---|---|---|---|---|---|---|---|---|---|---|
| 最大无支承跨距 | 钢管 | 900 | 1000 | 1100 | 1300 | 1500 | 1850 | 2500 | 2750 | 3150 |
| | 有色金属管 | 750 | 850 | 950 | 1100 | 1300 | 1600 | 2200 | 2400 | 2750 |

（3）折流板和支持板尺寸

① 弓形缺口高度 $h$ 应使流体流过缺口时与横向流过管束时的流速相近。缺口大小用弓形弦高占壳体内直径的百分率来表示，如单弓形折流板，$h$ 一般取 $0.20 \sim 0.45D_i$，最常用 $0.25D_i$。

② 最小厚度 折流板的厚度与壳体直径、换热管无支承长度有关，必须符合表 8-7 规定。

**表 8-7 折流板和支持板的最小厚度（摘自 GB/T 151—2014）** 单位：mm

| 公称直径 DN | 换热管无支承跨距 $L$ | | | | | |
|---|---|---|---|---|---|---|
| | ≤300 | >300～600 | >600～900 | >900～1200 | >1200～1500 | >1500 |
| | 折流板和支持板的最小厚度 | | | | | |
| <400 | 3 | 4 | 5 | 8 | 10 | 10 |
| 400～700 | 4 | 5 | 6 | 10 | 10 | 12 |
| >700～900 | 5 | 6 | 8 | 10 | 12 | 16 |
| >900～1500 | 6 | 8 | 10 | 12 | 16 | 16 |
| >1500～2000 | — | 10 | 12 | 16 | 20 | 20 |
| >2000～2600 | — | 12 | 14 | 18 | 20 | 22 |

③ 管孔尺寸　管孔尺寸过大会导致泄漏严重，不利于传热，还易引起振动，过小则安装困难。因此需根据传热及介质要求选择适当的管孔尺寸。

Ⅰ级管束（适用于碳素钢、低合金钢、不锈钢换热管）折流板和支持板的管孔直径允许偏差为 $d_{0}^{+0.3}$：当 $d>32$ 或 $L\leqslant 900$ 时，管孔直径 $=d+0.7$mm；当 $L>900$ 且 $d\leqslant 32$ 时，管孔直径为 $d+0.4$mm。Ⅱ级管束（适用于碳素钢、低合金钢换热管）折流板和支持板的管孔直径和允许偏差可查阅 GB/T 151。

④ 外直径　折流板外周与壳体内径之间的间隙越小，则壳体流体介质在此处的泄漏越小，传热效率越高，但同时间隙越小，又给制造、安装带来困难。根据 GB/T 151—2014 选取折流板的外直径和允许偏差，即必须符合表 8-8 的规定。

**表 8-8　折流板和支持板的外直径和允许偏差（摘自 GB/T 151—2014）**　　单位：mm

| 公称直径 DN | <400 | 400～500 | >500～900 | >900～1300 | >1300～1700 | >1700～2100 | >2100～2300 | >2300～2600 |
|---|---|---|---|---|---|---|---|---|
| 折流板外直径 | DN−2.5 | DN−3.5 | DN−4.5 | DN−6 | DN−7 | DN−8.5 | DN−12 | DN−14 |
| 允许偏差 | 0<br>−0.5 | | 0<br>−0.8 | | 0<br>−1.2 | | 0<br>−1.4 | 0<br>−1.6 |

（4）布置

折流板一般等距布置，管束两端的折流板尽量靠近壳程进出口接管。卧式换热器的壳程为单相清洁液体时，折流板缺口应水平上下布置，若气体中含少量液体，应在缺口朝上的折流板的最低处开通液口；若液体中含少量气体，应在缺口朝下的折流板的最高处开通气口。

卧式换热器、冷凝器和重沸器的壳程介质为气液相共存或液体中含有固体颗粒时，折流板缺口应垂直左右布置，并在折流板最低处开通液口，如图 8-15 所示。

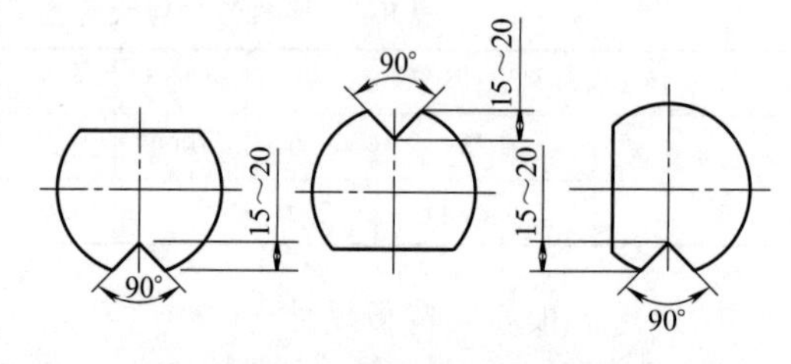

图 8-15　折流板缺口布置

### 8.2.2.3　拉杆

折流板一般通过拉杆固定，但管板较薄时可采用其他结构。

（1）拉杆结构

常见的拉杆型式有两种：拉杆定距管结构适用于换热管外径≥19mm 的管束，拉杆与折流板点焊结构适用于换热管外径≤14mm 的管束，如图 8-16 所示。拉杆定距管结构，即拉杆一端通过螺纹旋合固定在管板上，折流板通过定距管保证距离并固定，另一端通过螺母旋合固定。

（2）拉杆的直径和数量

根据 GB/T 151 要求，拉杆的直径和数量不少于表 8-9 和表 8-10 的规定。

（3）拉杆的尺寸

拉杆的连接尺寸按图 8-17 和表 8-11 的规定选定，拉杆长度按需要确定（通常在装配图设计完成后确定）。

**表 8-9　拉杆的直径（摘自 GB/T 151—2014）**　　单位：mm

| 换热管外径 $d$ | $10\leqslant d\leqslant 14$ | $14<d<25$ | $25\leqslant d\leqslant 57$ |
|---|---|---|---|
| 拉杆的直径 $d_m$ | 10 | 12 | 16 |

表 8-10　拉杆的数量（摘自 GB/T 151—2014）

| 拉杆的直径 $d_m$/mm | 公称直径 DN/mm | | | | | | | | |
|---|---|---|---|---|---|---|---|---|---|
| | <400 | 400～700 | >700～900 | >900～1300 | >1300～1500 | >1500～1800 | >1800～2000 | >2000～2300 | >2300～2600 |
| 10 | 4 | 6 | 10 | 12 | 16 | 18 | 24 | 32 | 40 |
| 12 | 4 | 4 | 8 | 10 | 12 | 14 | 18 | 24 | 28 |
| 16 | 4 | 4 | 6 | 6 | 8 | 10 | 12 | 14 | 16 |

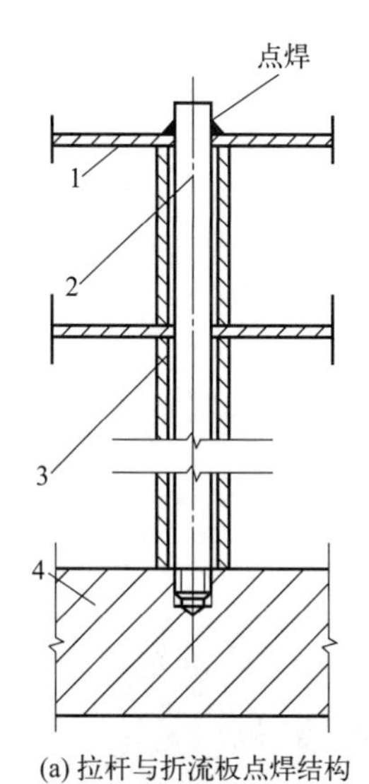


(a) 拉杆与折流板点焊结构

(b) 拉杆定距管结构

图 8-16　拉杆结构

1—折流板；2—拉杆；3—定距管；4—管板

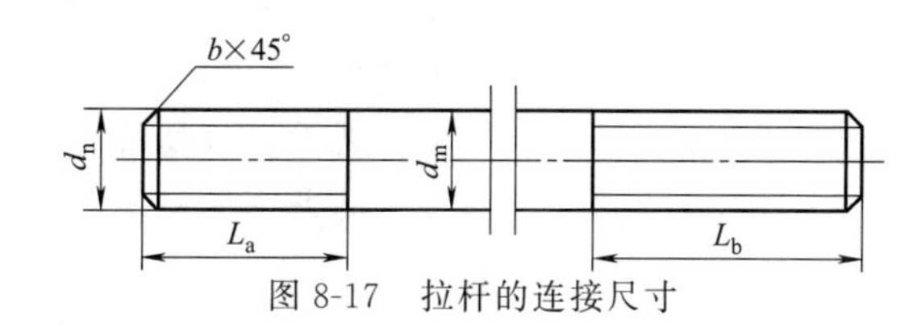


图 8-17　拉杆的连接尺寸

表 8-11　拉杆连接尺寸（摘自 GB/T 151—2014）　　单位：mm

| 拉杆直径 $d_m$ | 拉杆螺纹公称直径 $d_n$ | $L_a$ | $L_b$ | $b$ |
|---|---|---|---|---|
| 10 | 10 | 13 | ≥40 | 1.5 |
| 12 | 12 | 16 | ≥50 | 2.0 |
| 16 | 16 | 22 | ≥60 | 2.0 |

（4）拉杆的布置

拉杆应尽量均匀布置在管束的外边缘。对于大直径的换热器，在布管区或靠近折流板缺口处应布置适当数量的拉杆，任何折流板应有不小于 3 个支承点，具体位置设计需通过管板布管完成。

#### 8.2.2.4　壳程法兰

可根据管程压力、温度、介质选用法兰类型。

#### 8.2.2.5　壳程接管

壳程接管要求基本与管程要求相同。为了使传热面积得以充分利用，壳程流体进出口接管应尽量接近两端管板，可缩短壳体长度，减轻设备重量。然而，为了保证设备的制造安装，管口距管板的距离也不能靠得太近，它同样受到最小位置的限制。

#### 8.2.2.6　防冲和导流结构

为防止进口流体直接冲击管束造成管子的侵蚀和振动而安装在壳程进口接管处的缓冲结构称为防冲挡板，如图 8-18 所示。当壳程流体进出口接管距离管板较远时，流体滞留区过大，为改善两端流体的分布，增加换热管的有效换热长度，提高传热效率，壳程可设置导流结构，如图 8-19 所示，导流结构也可起防冲挡板的作用。

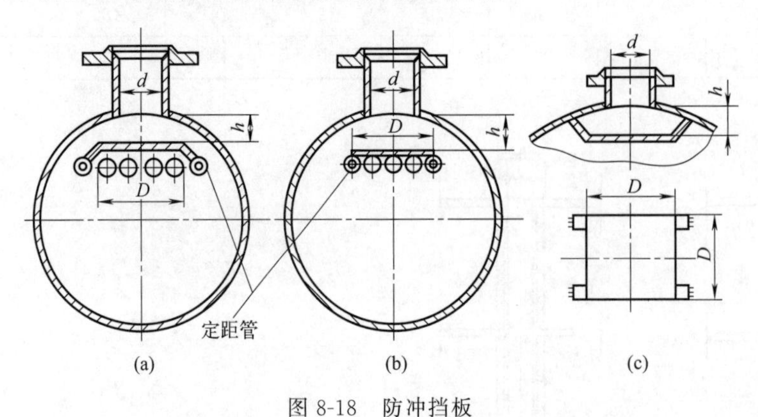


图 8-18　防冲挡板

（1）设置条件

当管程采用轴向入口接管或换热管内流体流速超过 3m/s 时，应设置防冲板，以减少流体的不均匀对换热管的冲蚀。当壳程介质是腐蚀和磨蚀性的气体、蒸汽或气液混合物时，应设置防冲板。设置防冲板的具体条件可查阅 GB/T 151。

图 8-19　导流结构

（2）防冲板尺寸

防冲板在壳体内的位置，应使防冲板周边与壳体内壁所形成的流通面积不小于进出口接管截面积，一般取 1～1.25 倍。防冲板尺寸可通过流通面积来计算，具体计算方法可查阅标准。

根据 GB/T 151—2014 规定，防冲板的最小厚度为：当壳程进口接管直径小于 300mm 时，对碳钢、低合金钢取 4.5mm；对不锈钢取 3mm。当壳程进口接管直径大于 300mm 时，对碳钢、低合金钢取 6mm；对不锈钢取 4mm。

#### 8.2.2.7　防短路结构

为了防止壳程流体流动在某些区域发生短路，降低传热效率，常需要采用防短路结构。常用的防短路结构有以下几种。

（1）旁路挡板

为了防止壳程边缘介质发生短路，需设置旁路挡板，以迫使壳程流体通过管束。旁路挡板可用钢板或扁钢制成，其厚度一般与折流板相同。旁路挡板嵌入折流板槽内，并与折流板焊接，如图 8-20 所示。壳体公称直径 DN≤500mm 时，增设一对旁路挡板；500mm＜DN＜1000mm 时，增设两对旁路挡板；DN≥1000mm 时，增设三对旁路挡板。

（2）挡管

当换热器采用多管程时，为了安排管箱分程隔板，在每程隔板中心管间不排列换热管，

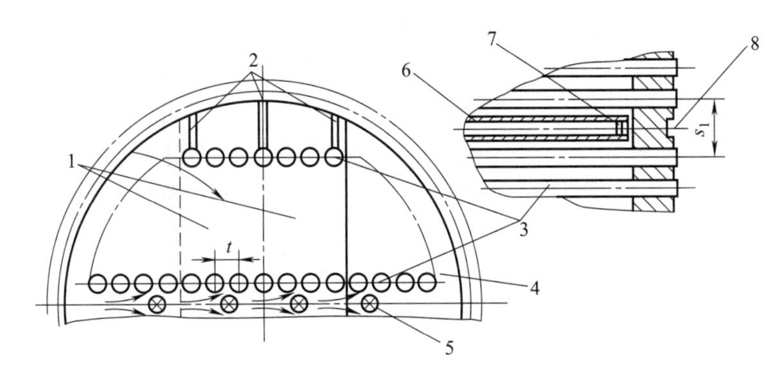


图 8-20 旁路挡板和挡管

1—单弓形折流板；2—旁路挡板；3—换热管；4—管板；5、6—挡管；7—堵头；8—分程隔板槽

导致管间短路，影响传热效率。为此，在换热器分程隔板槽背面两管板之间设置两端堵死的管子，即挡管，如图 8-21 所示。挡管一般与换热管规格相同，可与折流板点焊固定，也可用拉杆（带定距管或不带定距管）代替。挡管每隔 3～4 排换热管设置一根，但不设置在折流板缺口处。

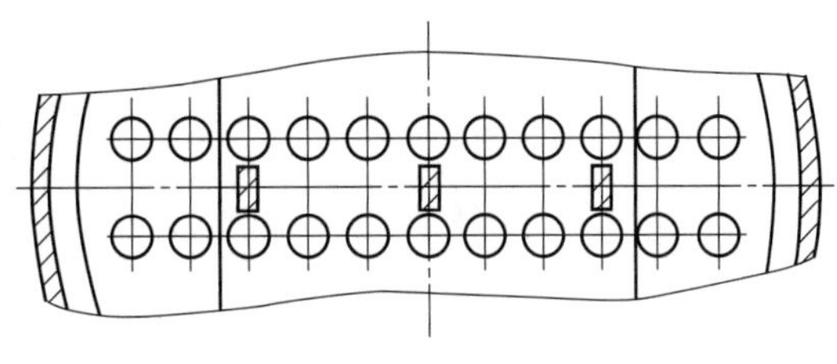

图 8-21 中间挡板

（3）中间挡板

在 U 形管换热器中，U 形管束中心部分存在较大间隙，防止管间短路，在 U 形管束中间通道设置中间挡板，如图 8-21 所示。中间挡板一般与折流板点焊固定。中间挡板的数量：DN≤500mm 时，设置 1 块挡板；500mm＜DN＜1000mm 时，设置 2 块挡板；DN≥1000mm 时，设置不少于 3 块挡板。

## 8.2.3 管板

管板是管壳式换热器最重要的零部件之一，用来排布换热管，将管程和壳程流体分开，避免冷热流体混合，并同时承受管程、壳程压力和温度的载荷作用。

在选择管板材料时，除力学性能外，还应考虑管程和壳程流体的腐蚀性，以及管板和换热管之间的电位差对腐蚀的影响。当流体无腐蚀性或有轻微腐蚀时，管板一般采用压力容器用碳素钢或低合金钢或锻件制造。当流体腐蚀性较强时，管板应采用不锈钢、铜、铝、钛等耐腐蚀材料，当管板较厚时，为经济考虑，采用复合钢板或堆焊衬里。

### 8.2.3.1 管板与壳体的连接

管板与壳体的连接依换热器的结构形式分为可拆连接及不可拆连接。可拆连接主要用于浮头式、U 形管式和填料函式换热器的固定端管板，不可拆连接则在刚性结构换热器中采用，其两端管板的内侧面直接焊在壳体上，而根据两端管板的外侧面连接形式又分为管板兼作法兰和不兼作法兰。前者用于管侧介质压力及密封性能要求不高的场合，通常称为固定管板式换热器；后者多见于管侧压力很高或密封性能要求也高的高压高温换热器中，如合成氨系统中的废热锅炉及合成换热器中。

如图 8-22 所示为常见的兼作法兰的管板与壳体连接结构，根据具体情况也可选用其他形式的结构。其使用压力及场合主要依据焊缝能否焊透及焊缝受力情况。可焊透结构及对接焊缝使用压力较高，反之则较低。

图 8-22(a) 为角焊缝，无论壳体其他环焊缝质量多高，如采用对接双面焊结构等，进行壳程强度计算时，只能依据这里的焊缝为最薄弱环节取用焊缝系数。管板上开槽，筒壳焊缝坡口钝边与管板垂直，焊接应力大，焊透性差，焊接质量不理想，限用于壳程设计压力不大于 1.0MPa，不是易燃、易爆、有毒介质及壳壁厚度在 12mm 以下的场合。

图 8-22(b) 管板上具有圆弧过渡的坡口钝边，与筒壳坡口钝边对接相连，利于焊透和减小局部应力的，其适用压力可扩大至壳程设计压力为 4MPa 的场合。

图 8-22(c) 管板带有圆弧过渡凸肩，使连接由角接变为等厚对接全焊透结构，可减少边缘应力、焊接应力和应力集中，还能较方便地采用射线对焊缝进行探伤，进一步保证了焊接质量，适用于壳程设计压力不大于 4MPa 的场合。

对于易燃、极度及高度危害介质，设计温度高及低温、疲劳、有间隙腐蚀工况亦应采用图 8-22(d) 的全焊透结构。但要注意，有间隙腐蚀时，焊缝背面均不得采用垫板，以防产生间隙。

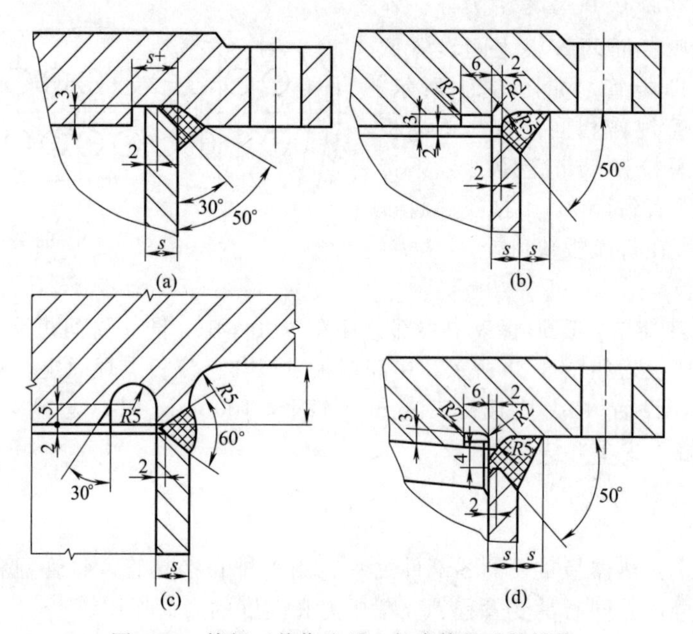


图 8-22 管板（兼作法兰）与壳体的连接结构

### 8.2.3.2 换热管与管板的连接

换热管与管板的连接，在管壳式换热器的设计中，是一个比较重要的结构部分。它不仅加工工作量大，而且必须使每个连接处在设备的运行中，保证介质无泄漏及有承受介质压力的能力。

换热管与管板的连接形式有强度胀接、强度焊接和胀焊并用。无论采用何种连接形式，都必须满足以下两种条件：一是连接处保证介质无泄漏的充分气密性；二是承受介质压力的充分结合力。

(1) 强度胀接

强度胀接是指保证换热管与管板连接的密封性能及抗拉脱强度的胀接。胀接是用胀管器挤压伸入管板孔中的管子端部，使管端发生塑性变形，管板孔同时发生弹性变形；当取出胀管器后，管板孔弹性收缩，管板与管子间就产生一定的挤紧压力，紧密地贴在一起，达到密封、紧固连接的目的。常用的胀接有非均匀胀接（机械滚珠胀接）和均匀胀接（液压胀接、液袋胀接、橡胶胀接和爆炸胀接等）两大类。

强度胀接结构简单，换热管修补容易，但随着温度的升高，接头间的残余应力会逐渐消失，使管端失去密封与紧固能力。因此，胀接结构一般用在碳素钢管上，管板为碳素钢或低合金钢，主要适用于设计压力小于等于 4MPa，设计温度小于等于 300℃，操作中无剧烈振动、无过大温度波动及无明显应力腐蚀等场合。

管板孔有孔壁开槽的与孔壁不开槽的（光孔）两种。孔壁开槽可以增加连接强度和紧密性，当胀管后管子发生塑性变形，管壁被嵌入小槽中。胀接形式及尺寸见图 8-23。

（2）强度焊接

强度焊接是指保证换热管与管板连接密封性能及抗拉脱强度的焊接。焊接比胀接有以下的优越性：在高温高压条件下，焊接能保持连接的紧密性；管板孔加工要求低，可节省孔的加工工时；焊接工艺比胀接工艺简单，在压力不太高时可使用较薄的管板。焊接的缺点是在焊接接头处产生的热应力可能造成应力腐蚀和破裂，同时换热管与管板之间存在间隙，如图 8-24 所示，这些间隙内的流体不流动，很容易造成间隙腐蚀。

强度焊接制造加工简单，焊接强度高，抗拉脱力强，在高温高压下也能保证连接处的密封性能和抗拉脱能力。一般强度焊接适用压力和温度无限制，但不适用于有较大振动及有间隙腐蚀的场合。

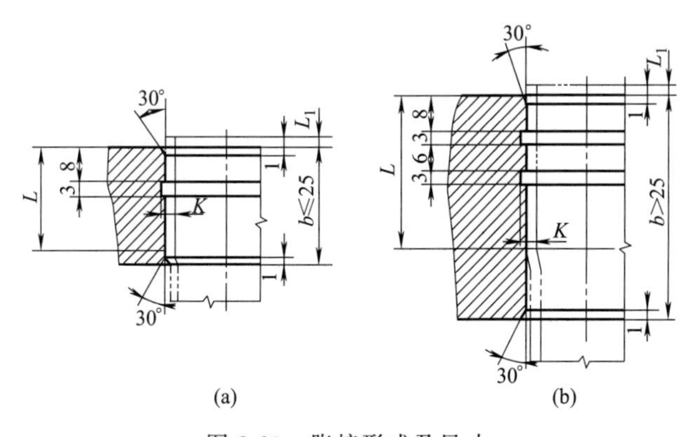


图 8-23 胀接形式及尺寸

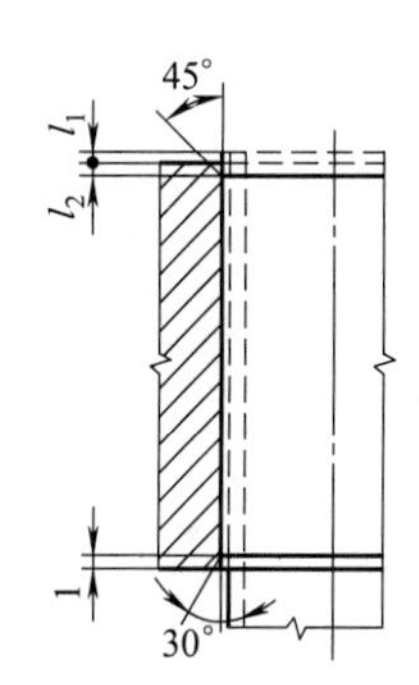


图 8-24 换热管与管板焊接

（3）胀焊并用

在高温、高压条件下采用焊接较胀接可靠，但换热管与管板之间往往存在间隙腐蚀，焊接应力也可能引起应力腐蚀。尤其在高温高压下，连接接头在反复的热冲击、热变形、热腐蚀及介质压力的作用下，工作环境极其苛刻，容易发生破坏，这时无论采用胀接或焊接均难以满足要求。目前广泛采用的是胀焊并用的方法，这种连接方法能提高连接处的抗疲劳性能，消除应力腐蚀和间隙腐蚀，提高连接接头的使用寿命。

胀焊并用有强度胀加密封焊与强度焊加贴胀两种方式。

强度焊既能保证焊缝的严密性，又能保证有足够的抗拉脱强度，加贴胀仅为消除管子与管板孔之间的间隙，并不承担管子拉脱力；强度胀是满足一般胀接强度的胀接，加密封焊不保证强度，是单纯防止泄漏而施行的焊接，如图 8-25 所示。

### 8.2.3.3 分程隔板槽

分程隔板有单程和双程两种。单程隔板与管板的密封结构如图 8-26 所示。隔板的密封面宽度应为隔板厚度加 2mm，隔板材料应与封头材料相同。

分程隔板槽结构如图 8-27 所示，槽深应大于垫片厚度且不小于 4mm。宽度为 8～14mm。分程隔板槽处的倒角一般为 45°，倒角宽度 $b$ 近似等于分程垫片的圆角半径。

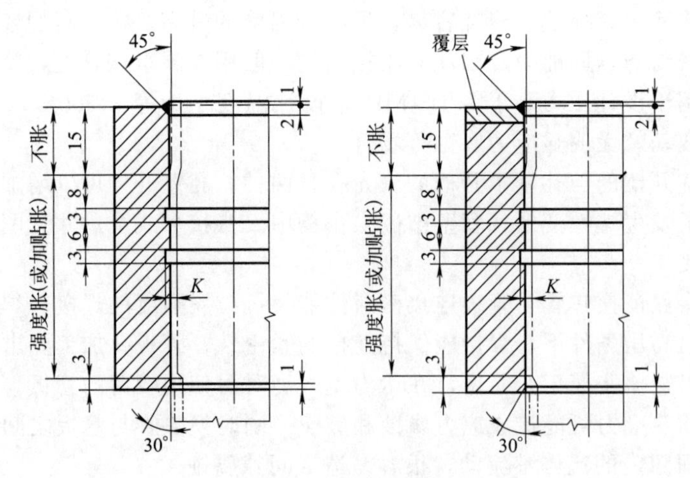


图 8-25 强度胀加密封焊

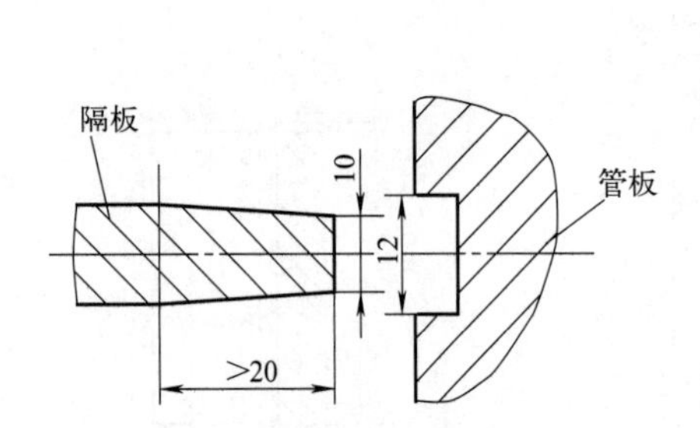


图 8-26 单程隔板与管板的密封结构

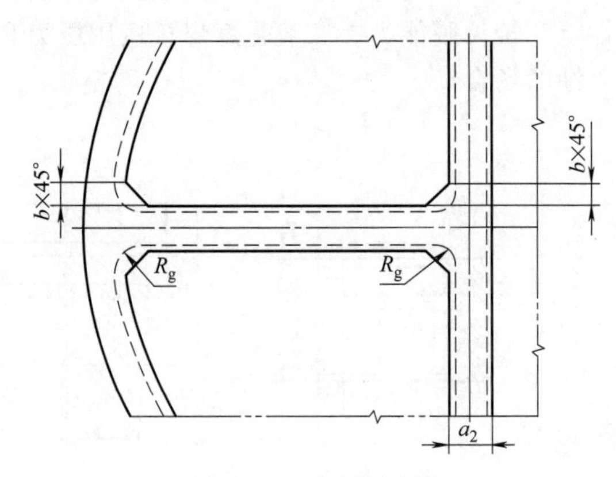


图 8-27 分程隔板槽

### 8.2.3.4 布管

布管就是将换热管正确地布置在管板上（图 8-28）。在布置之前要注意布管限定圆直径必须满足 GB/T 151 的要求。

对于固定管板式换热器，布管限定圆直径 $D_L = D_i - b_3$，其中 $b_3$ 为固定管板式换热器管束最外层换热管外表面至壳体内壁的最短距离，$b_3$ 一般不小于 8mm。如图 8-28 所示为双管程换热器布管图。

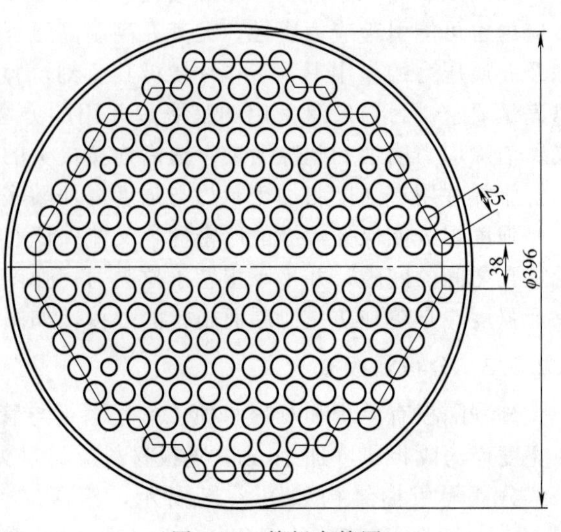


图 8-28 管板布管图

### 8.2.3.5 拉杆孔

拉杆孔为拉杆与管板的连接结构。当拉杆直径 $d \leqslant 10$ 时，拉杆孔为光孔，通过焊接将拉杆与管板进行连接，孔深 $l_1 = d_1$，$d_1 = d + 1$mm，$d$ 为拉杆直径。当拉杆直径 $d \geqslant 12$ 时，拉杆孔为螺纹孔，将拉杆上的螺纹直接旋合到管板螺纹孔中，孔深 $l_2 = 1.5 d_n$，$d_n$ 为拉杆螺孔公称直径。

## 8.3 强度设计

换热器的强度计算必须分管程、壳程和管板分别计算。

管程强度包括管箱筒体和管箱封头的强度计算，按管程介质、管程温度和管程压力进行选材并计算壁厚，计算方法与一般容器设计方法一致，值得注意的是，计算最终的名义厚度的最小值必须满足 GB/T 151 的最小壁厚要求。

壳程强度计算主要是壳程筒体的强度计算，按壳程介质、壳程温度和壳程压力进行选材并计算壁厚，要求与管程筒体相同。

管板是管壳式换热器的主要部件之一。管板除了承受管程与壳程介质压力外，还承受换热管和壳程温差应力。

管板受力复杂，管板强度计算的基本思路是把实际的管板简化为承受均布载荷、放置在弹性基础上且受管孔均匀削弱的当量圆平板。考虑管束对管板挠度的约束作用，但忽略管束对管板转角的约束作用；把管板分为靠近中央部分的布管区和靠近周边处较窄的不布管区，按其面积简化为圆环形实心板；不同结构形式的换热器，管板边缘有不同形式的连接结构，根据具体情况，考虑壳体、管箱、法兰、封头、垫片等元件对管板边缘转角的约束作用。

如果不能保证换热器壳程压力 $p_s$ 与管程压力 $p_t$ 在任何情况下都能同时作用，则不允许以壳程压力和管程压力的压差进行管板设计。如果 $p_s$ 和 $p_t$ 之一为负压，则应考虑压差的危险组合。管板是否兼作法兰等结构不同，危险工况组合也不同。

对于固定管板换热器，管板分析时应考虑下列危险工况：

只有壳程压力 $p_s$，而管程压力 $p_t=0$，不计热膨胀差；

只有壳程压力 $p_s$，而管程压力 $p_t=0$，同时考虑热膨胀差；

只有管程压力 $p_t$，而壳程压力 $p_s=0$，不计热膨胀差；

只有管程压力 $p_t$，而壳程压力 $p_s=0$，同时考虑热膨胀差。

管板计算需计算出的进行校核的应力有管板布管区应力、环形板的应力、壳体法兰应力、换热管轴向应力、换热管与管板连接拉脱力。在不同的危险工况组合下，计算出相应的应力并校核。

管板结构不同，设计公式和参数也不同，具体计算方法可查阅 GB/T 151—2014。为减少繁重劳动，在实际计算中常采用 SW6 等辅助设计软件来进行。

管板厚度过大，将大大增加成本和加工难度，可以通过增加膨胀节的方法降低由温差引起的膨胀差，从而降低管板应力，减薄管板厚度。

## 8.4 膨胀节设计

在固定管板式换热器设计中，当管板应力超过许用应力时，为满足强度要求，可以增加管板厚度，从而提高管板的抗弯截面模量，有效降低管板应力。当管束与壳壁温差较大时，换热管和壳体上将产生很大的温差应力，为避免管板厚度过大，常采用降低壳体轴向刚度的方法，如设置膨胀节。

膨胀节是一种能自由伸缩的弹性补偿元件，能有效起到补偿轴向变形的作用。在壳体上设置膨胀节可以降低由于管束和壳体间热膨胀差所引起的管板应力、换热管与壳体上的轴向应力以及管板与换热管间的拉脱力。

膨胀节的结构形式较多，一般有波形（U 形）膨胀节、Ω 形膨胀节、平板膨胀节等。在实际工程应用中，U 形膨胀节应用得最为广泛，如图 8-29 所示，其次是 Ω 形膨胀节。前者一般用于需要补偿量较大的场合，后者则多用于压力较高的场合。

固定管板式换热器是否设置膨胀节，不能简单地按温差大小来确定，而必须按 GB/T 151—2014 中有温差的各种工况所计算出的管子轴向力 $\sigma_t$、壳体轴向应力 $\sigma_s$ 和管子与管板连接的拉脱力 $q$ 来判定。当三者中有一个不满足限制条件时，首先考虑可否通过调整材料或有关元件的结构尺寸，或改变管子与管板的连接方式（如胀接改为焊接）的方法予以满足，否则应在壳体上设置膨胀节。

有关膨胀节的设计计算参见 GB/T 16749—2018《压力容器波形膨胀节》。

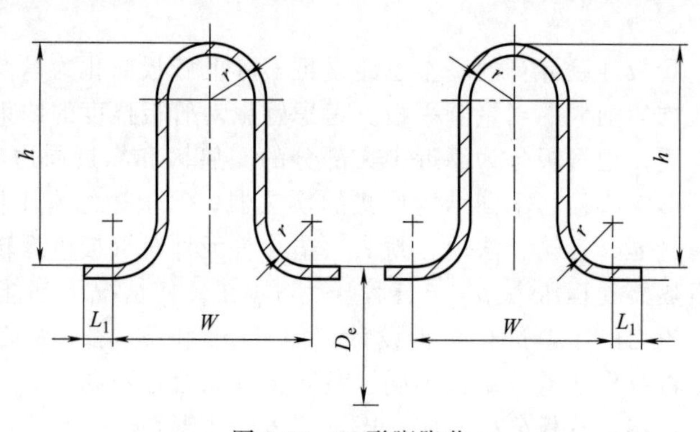


图 8-29　U 形膨胀节

# 8.5 其他设计

## 8.5.1 其他零部件

卧式换热器常选用双鞍式支座，鞍式支座的选型方式与卧式储罐设计一致，值得注意的是双鞍座的位置与卧式储罐要求略有区别，在换热器上的分布应按下列原则确定：

① 当两管板端面之间的距离 $L \leqslant 3000\text{mm}$ 时，取支座跨距 $L_s=(0.4\sim0.6)L$；

② 当 $L>3000\text{mm}$ 时取 $L_s=(0.5\sim0.7)L$。

立式换热器根据其质量和高度要求，可选用耳座或裙座。

开孔补强计算与卧式容器一致，此处就不再说明。

## 8.5.2 制造与检测

焊接结构设计：在卧式容器基础上，还需增加管箱法兰与筒体的焊接结构、换热管与管板焊接结构、管板与壳程筒体焊接结构设计等。

压力试验：根据要求分别进行管程和壳程压力试验。对于立式换热器按卧式进行压力试验。

制造技术要求见相关标准。

### 8.5.3 设计图纸

除换热器总装配图外，还必须绘制必要的零部件图，如管板零件图、折流板零件图、管箱部件图和管束部件图等。

## 8.6 设计示例

### 8.6.1 设计条件

表 8-12 和表 8-13 是混合气换热器（卧式）的设计数据表和管口表。

**表 8-12 设计数据表**

| 项目 | 设计数据 | 项目 | 设计数据 |
|---|---|---|---|
| 管程介质 | 甲醇和水混合气(1∶1.5) | 壳程介质 | 320 导热油 |
| 管程工作压力/MPa | 1.5 | 壳程工作压力/MPa | 0.5 |
| 管程设计压力/MPa | 1.65 | 壳程设计压力/MPa | 0.55 |
| 管程入口温度/℃ | 175 | 壳程入口温度/℃ | 315 |
| 管程出口温度/℃ | 280 | 壳程出口温度/℃ | 312 |
| 换热器形式 | 固定管板式 | 壳程数 | 1 |
| 壳体内径/mm | 400 | 管程数 | 2 |
| 管径/mm | $\phi 19\times 2$ | 管子排列 | 三角形 |
| 管长/mm | 6000 | 传热面积/$m^2$ | 57.8 |
| 管数目/根 | 164 | 管心距/mm | 25 |
| 管程接管直径/mm | 80 | 壳程接管直径/mm | 25 |
| 管程介质密度/($kg/m^3$) | 8.5 | 壳程介质密度/($kg/m^3$) | 850 |
| 折流板间距/mm | 300 | 折流板数目 | 19 |

**表 8-13 管口表**

| 编号 | 名称 | 公称直径/mm |
|---|---|---|
| a | 管程物料入口 | 80 |
| b | 管程物料出口 | 80 |
| c | 壳程物料入口 | 25 |
| d | 壳程物料出口 | 25 |
| e | 排气口 | 20 |
| f | 排液口 | 20 |
| j1,j2 | 温度计口 | M27 |
| K1,K2 | 压力计口 | 1/2″ |

## 8.6.2 确定设计参数

甲醇具有毒性，甲醇的毒性对人体的神经系统和血液系统影响最大，它经消化道、呼吸道或皮肤摄入都会产生毒性反应，甲醇蒸气能损害人的呼吸道黏膜和视力。甲醇爆炸上限是36.5%，爆炸下限为6%，为易爆气体。

管程介质为甲醇和水混合气，进出口温度分别为175℃和280℃，考虑到生产控温的需要，将设计温度提高为300℃；壳程介质为320导热油，进出口温度分别为312℃和315℃，同理将设计温度提高为320℃。

换热器设备本体一般不安装安全阀等安全装置，管程介质工作压力为1.5MPa，取设计压力为1.65MPa，壳程介质工作压力为0.5MPa，取设计压力为0.55MPa。

由于该换热器温差小、壳程压力低且壳程不需清洗，所以选择固定管板式换热器。

## 8.6.3 结构设计

① 换热管　选择低成本的$\phi$19×2mm光管，材料选用GB/T 8163中的16Mn低合金钢管材，Ⅰ级管束。因为是双管程，选用图8-11中的b型管束分程结构，前端管箱有分程隔板，后端管箱没有隔板。换热管采用组合形排管，分程隔板槽两侧相邻管子的中心距为38mm，其他管心距则为25mm。

② 管箱　管程设计压力为1.65MPa，设计温度300℃，管箱材料选用Q345R。双管程且压力不高，选用图8-12(a)所示的管箱结构，选用标准椭圆形封头，材料选用Q345R。分程隔板材料与筒体一致，选用Q345R，故厚度为10mm（查表8-3）。

管程介质为甲醇和水混合气，有毒且甲醇为易爆气体，故管箱法兰选择长颈对焊法兰。查NB/T 47020—2012表7可选用材料为16Mn（锻件），PN为2.5MPa的标准法兰，密封面形式为凹凸面密封。法兰标记为：法兰-M 400-2.5 NB/T 47023—2012。温度较高，选取金属包垫片。

管程接管规格为$\phi$89×6mm，接管材料选择20钢管，选择长颈对焊法兰，法兰为锻件，选择法兰材料为16Mn，材料类别号1C1，选PN为2.5MPa的标准法兰，密封面形式为凹凸面密封。

标记：

上端接管法兰：HG/T 20592　法兰　SO 80-25 FM 16Mn

下端接管法兰：HG/T 20592　法兰　SO 80-25 M 16Mn

采用径向接管，管箱筒节长度根据两条焊缝的最小间距不小于30mm且大于4倍壁厚的原则布置接管，前端管箱的长度暂定为200mm。

③ 壳程筒体　壳程介质为320导热油，设计压力为0.55MPa，设计温度320℃，选用Q345R板材卷制。

④ 折流板　采用单弓形折流板，壳程介质为320导热油，黏度大，需适当增大间距，中间的折流板则尽量等距布置，间距$B$=300mm，折流板数量为19。弓形缺口高度$h$=0.25$D_i$=100mm。折流板厚度确定为4mm（查表8-7）。为Ⅰ级管束，故管孔尺寸为19.7mm，尺寸上偏差为0.3mm；管孔中心距$t$=25mm，公差为相邻两孔+0.30mm，任意两孔为+1.0m，管孔加工后两端必须倒角$C$0.5。折流板外直径$D$=DN−3.5=396.5(mm)（查表8-8）。导热油为液态介质，可选择水平上下布置，并在下侧设置通液口，深度定

为 15mm。

⑤ 拉杆　拉杆直径为 12mm，拉杆数量为 4 根（查表 8-9、表 8-10）。拉杆螺纹规格为 M12，与管板连接段螺纹长度为 15mm，另一端螺纹长度为≥50mm（查表 8-11）。

⑥ 壳程法兰　选择乙型平焊法兰。查 NB/T 47020—2012 表 7 可选用材料 Q345R，PN 为 1.0MPa 的标准法兰，密封面形式为凹面密封。

标记：法兰-FM　400-1.0　NB/T 47022—2012

⑦ 壳程接管　规格为 $\phi 32\times 3.5$mm，接管材料选择 16Mn 钢管，选择带颈平焊法兰，法兰为锻件，选择法兰材料为 16Mn，材料类别号 1C1，PN 为 1.0MPa 的标准法兰，密封面形式为凹凸面密封。

标记：

上端接管法兰：HG/T 20592　法兰　SO 25-10 FM 16Mn

下端接管法兰：HG/T 20592　法兰　SO 25-10 M 16Mn

接管的高度（伸出长度）与管程接管相同，设定为 150mm，接管位置满足最小位置要求。

⑧ 挡管　设计一对旁路挡板，焊接在折流板上，必须设计挡管，具体数量在布管时确定。

⑨ 管板　壳程压力低，采用管板兼作法兰结构，选用图 8-22(a) 所示管板结构，换热管与管板采用强度焊方式连接。分程隔板槽深 4mm，宽度为 12mm。

布管限定圆直径 $D_L=D_i-b_3$，$b_3$ 一般不小于 8mm。本设计 $D_L=400-8=392$(mm)。布管限定圆范围内布管 164 根，预留 4 根拉杆孔位置，如图 8-27 所示。

选择螺纹连接的拉杆孔，拉杆直径 12mm，螺孔深度为 18mm。

## 8.6.4 强度设计

壳程主体设计可以通过强度计算完成，也可通过 SW6 软件辅助设计。

打开 SW 6 的“固定管板式换热器”文件，新建文件，存盘为“混合气换热器.FX2”。

管箱筒体和封头、管箱法兰、壳程筒体、开孔补强数据输入及运算过程可参照第 5、6 章进行。

输入参数：

① 主体设计参数　壳体内径 $D_i=400$mm，壳程设计压力 $p_s=0.55$MPa，管程设计压力 $p_t=1.65$MPa，壳程设计温度 $T_s=320$ ℃，管程设计温度 $T_t=300$℃。

② 前、后端管箱筒体和封头　筒体内径 400mm，筒体长度 200mm，腐蚀裕量 2mm，负偏差 0.3mm，焊接接头系数 1，材料 Q345R。

③ 壳程筒体　筒体内径 400mm，筒体长度 200mm，腐蚀裕量 2mm，负偏差 0.3mm，焊接接头系数 1，材料 Q345R。

运行计算，结果如下：

管箱筒体和封头厚度 6mm，水压试验值 2.6MPa，许用应力 2.80MPa。

壳程筒体厚度 6mm，水压试验值 0.9MPa，许用应力 3.46MPa。

按图 8-30 所示输入管板设计数据，进行管板计算，发现管板校核没通过，此时程序建议增加管板厚度。依次增加管板厚度，重新计算，发现当管板厚度增加为 60mm 后校核通过。也可增设膨胀节重新设计。

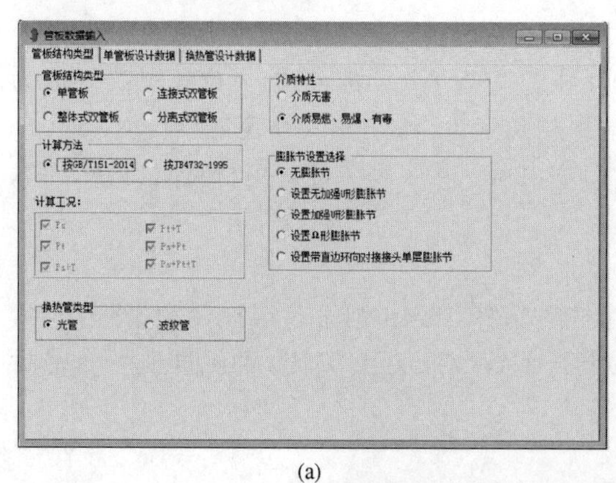


(a)

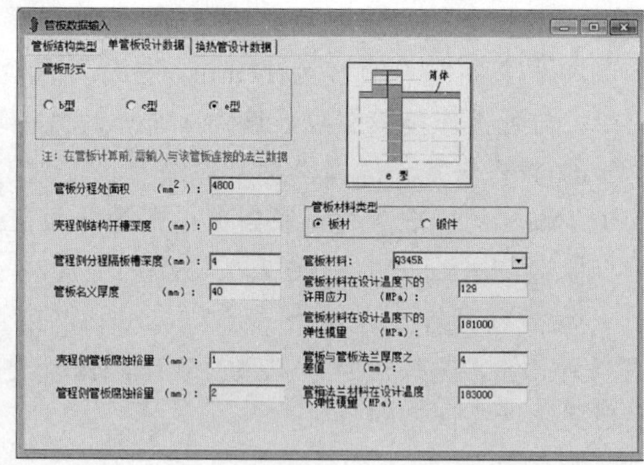


(b)

(c)

图 8-30　管板设计数据输入界面

# 习　题

## 思考题

8-1　管壳式换热器有几种类型？各有何优缺点？

8-2　管壳式换热器的管程结构有哪些？涉及哪些内容？

8-3　管壳式换热器的壳程结构有哪些？涉及哪些内容？

8-4　管壳式换热器的管板结构设计有哪些内容？

8-5　管壳式换热器的强度计算包含哪些内容？

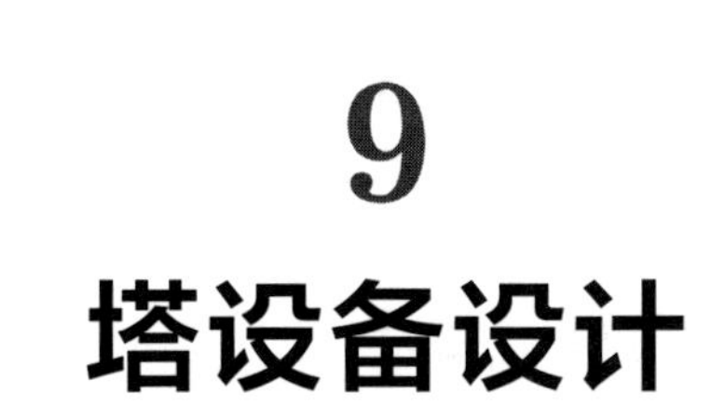

# 9 塔设备设计

塔设备是化工、炼油生产等过程装备中的重要单元操作设备之一，广泛应用于化工、炼油、医药、食品及环境保护等工业领域。塔设备的投资比重在化工设备中所占的较大，特别是在石油炼制工业中，塔设备的投资比重约占全体投资的10%～20%。

化工生产过程中的吸收、精馏、萃取等操作需在塔设备中进行。在塔设备中所进行的工艺过程虽然各不相同，但从传质的必要条件看，都要求物料在塔内有足够的时间和足够的空间进行接触，同时为提高传质效果，必须使物料的接触尽可能地密切，接触面积尽可能大。为此常在塔内设置各种结构形式的内件，以把气体和液体物料分散成许多细小的气泡和液滴。根据塔内的内件的不同，可将塔设备分为填料塔和板式塔。

相关标准和手册主要是以 TSG 21—2016、GB/T 150、NB/T 47041—2014 和 HG/T 20580～20585—2020。

## 9.1 概述

塔设备的设计包括工艺设计和机械设计两部分。工艺设计是工艺人员根据工艺流程要求为满足生产要求确定塔型式和工艺结构尺寸，计算完成后，由工艺设计人员向设备专业人员提出设备设计条件表，由设备设计人员完成设备结构设计和强度设计，最后提出制造要求。

（1）塔设备设计条件

板式塔的工艺设计是根据给定的操作条件（如蒸馏），先用图解法或其他方法计算理论塔盘（又称塔板）数，选定或估算塔盘效率，求得实际塔盘数，确定塔盘间距；然后进行塔高的计算（包括塔的主体高度、顶部与底部空间的高度以及裙座的高度）、塔径的计算、塔内件（塔盘）的设计，此外还包括塔的进出口、防冲挡板、除沫器等的设计计算，最后进行压力降的计算。

填料塔的工艺设计是根据已知的操作条件及过程的性质（如吸收），选择填料、计算塔高（包括填料层的高度，喷淋装置、再分布器、气液进出口所需高度、顶部与底部空间的高度以及裙座的高度）、计算塔径，此外还包括塔的进出口、防冲挡板、除沫器等的设计计算，最后进行压力降的计算。

计算完成后，必须出具设计条件单，绘制结构简图，标注出结构尺寸，给出数据特性参数表和管口表，以便于设备设计人员根据要求进行设备设计。

（2）塔设备的机械设计

把工艺参数以及尺寸作为已知条件，在满足工艺条件的基础上，从制造、安装、检修、使用等方面进行结构设计，最后对塔设备进行强度、刚度及稳定性计算，确定各部分结构尺寸。

## 9.2　塔设备的总体结构

无论是板式塔还是填料塔，除内部结构差异较大外，外形结构基本相同。塔设备的总体结构由以下几部分组成，如图 9-1 和图 9-2 所示。

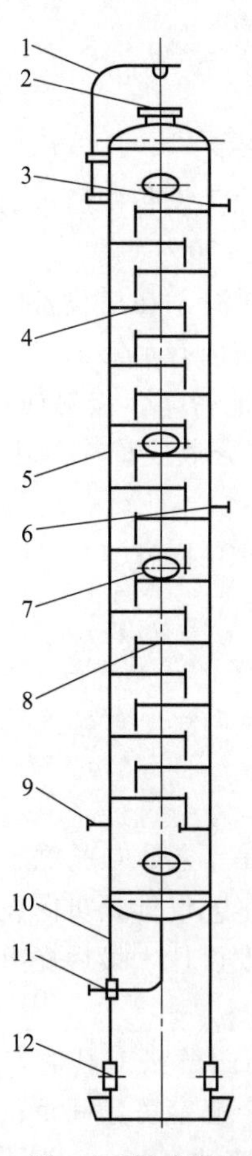


图 9-1　板式塔

1—吊柱；2—气体出口；3—回流液入口；4—精馏段塔盘；5—塔体；6—料液进口；7—人孔；8—提馏段塔盘；9—气体入口；10—裙座；11—釜液出口；12—检查孔

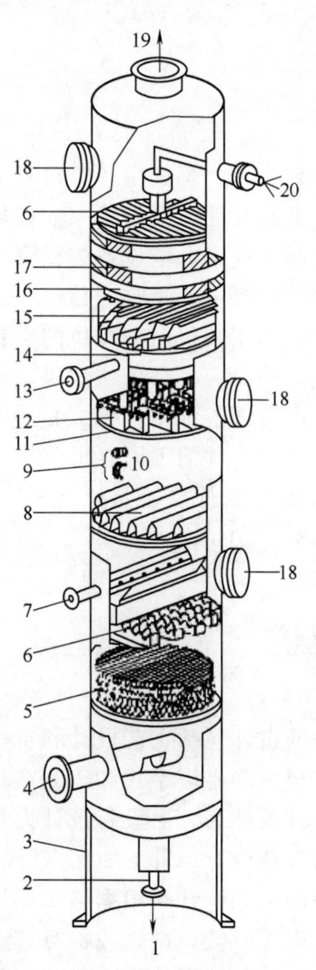


图 9-2　填料塔

1—塔底产品出口；2—再沸器入口；3—裙座；4—再沸器循环口；5，17—规整填料；6，12—液体分布器；7—蒸气出口；8—支承板；9—散装填料；10—拉西环或鞍形填料；11—床层限制栅；13—液体进料口；14—环形沟；15—液体收集器；16—支承格栅；18—人孔；19—气体出口；20—回流液口

① 塔体　塔体是塔设备的外壳。常见的塔体是由等直径、等壁厚的圆筒及上、下椭圆形封头所组成。随着装置的大型化，为了节省材料，也有用不等直径、不等壁厚的塔体。塔体除应满足工艺条件下的强度要求外，还应校核风力、地震、偏心等载荷作用下的强度和刚度，以及水压试验、吊装、运输、开停车情况下的强度和刚度。另外对塔体安装的不垂直度和弯曲度也有一定的要求。

② 内件　物料进行工艺过程的地方。板式塔的内件主要是塔盘及其附件，填料塔的内件主要是填料及其支承装置。

③ 支座　塔体与基础的连接装置。由于塔设备较高且重量较大，为保证足够的强度和刚度，一般采用裙式支座。

④ 接管　接管用于连接工艺管路，使塔与相关设备连成系统。按作用分为进液管、出液管、进气管、出气管、回流管、取样管、仪表接管等。

⑤ 人孔和手孔　人孔和手孔一般是为了安装、检修、检查和装卸塔盘、填料等内件而设置的。

⑥ 吊柱和吊耳　在塔顶设置吊柱是为了安装和检修时方便塔内部件的运送。吊耳则是为了塔设备的运输和安装，一般焊接在塔设备上。

⑦ 除沫装置　用于捕集夹带在气流中的液滴。

⑧ 扶梯和操作平台　为方便安装和检修而设置。

# 9.3 板式塔

塔盘是完成气液接触和传质的基本构件，气体自塔底向上以鼓泡或喷射的形式穿过塔盘上的液层，使气-液相密切接触而进行传质与传热，两相的组分浓度呈阶梯式变化。板式塔的塔盘按气液两相流动方式分为错流式和逆流式两大类（图 9-3），或称有降液管的塔盘和无降液管的塔盘，有降液管的塔盘应用较广。

板式塔的内部有许多层塔盘。错流式塔盘内气液流向如图 9-4 所示。各层塔盘的结构是相同的，由塔盘、受液盘、降液管、溢流堰以及支承件、紧固件所构成。一般塔盘间距相同，板间距由工艺计算确定。开有人孔的塔盘间距较大，通常为 700mm。最底层塔盘到塔底的距离也比塔盘间距高，因为塔底空间起着储槽的作用，这样可以保证料液有足够的储存空间，使塔底液体不致流空。最高一层塔盘和塔顶距离也高于塔盘间距。在许多情况下，在这一段上还装有除沫器。

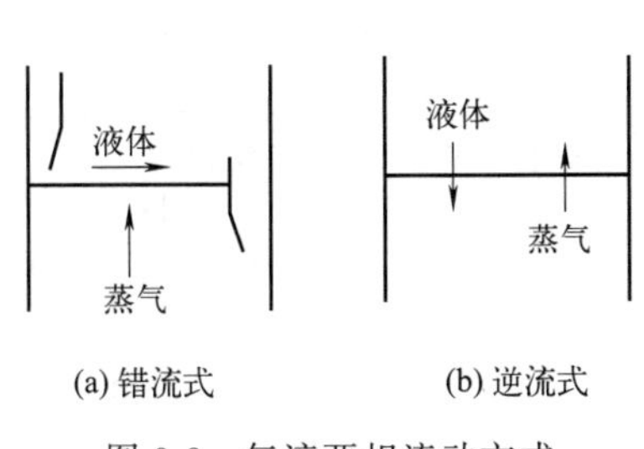


图 9-3　气液两相流动方式

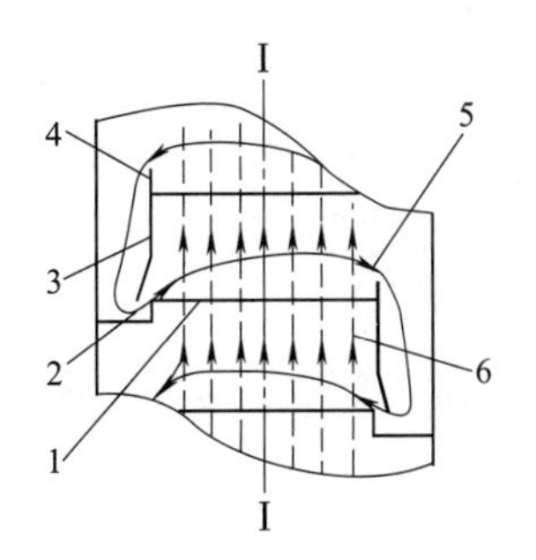


图 9-4　错流式塔盘气液流向

1—塔盘；2—受液盘；3—降液管；4—溢流堰；5—液态介质流向；6—气态介质流向

## 9.3.1　塔盘

塔盘的结构又分为泡罩、筛板塔、浮阀塔、舌形塔等，其具体结构形式由工艺设计确定并填入设计条件单。

塔盘按结构可分为整块式塔盘和分块式塔盘两种类型。当塔径 DN≤700mm 时，采用整块式塔盘；当塔径 DN≥800mm，采用分块式塔盘；当塔径 DN 为 700～800mm 时，任意选择。

### 9.3.1.1　整块式塔盘

采用整块式塔盘时，塔体由若干塔节组成，内装有一定数量的塔盘，塔节间用法兰连接。整块式塔盘按组装方式分为定距管式和重叠式。

(1) 整块式塔盘结构分类

① 定距管式塔盘　用定距管和拉杆将同一塔节内的几块塔盘支承并固定在塔节内的支座上，定距管起支承塔盘和保持塔盘间距的作用。塔盘与塔体之间的间隙，以软填料密封并用压板或压圈压紧，见图 9-5。

对定距管式塔盘，塔节高度随塔径增加。塔径 DN＝300～500mm 时，塔节高度 $L$＝800～1000mm；塔径 DN＝600～700mm 时，塔节高度 $L$＝1200～1500mm。为方便安装，每个塔节中的塔盘数为 5～6 块。

② 重叠式塔盘　塔节下部焊有一组支座，底层塔盘支承在支座上，依次装入上一层塔盘，塔盘间距由其下方的支柱保证，并可用三只调节螺钉调节塔盘的水平。塔盘与塔壁之间的间隙，同样采用软填料密封，用压圈压紧，见图 9-6。

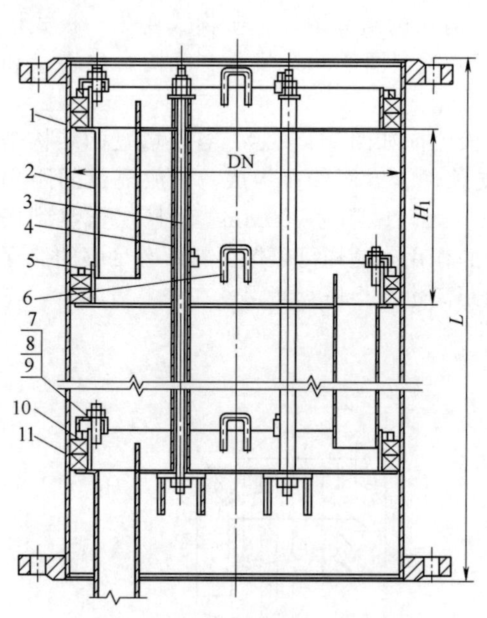


图 9-5　定距管式塔盘结构

1—塔盘；2—降液管；3—拉杆；4—定距管；5—塔盘圈；6—吊耳；7—螺栓；8—螺母；9—压板；10—压圈；11—石棉线

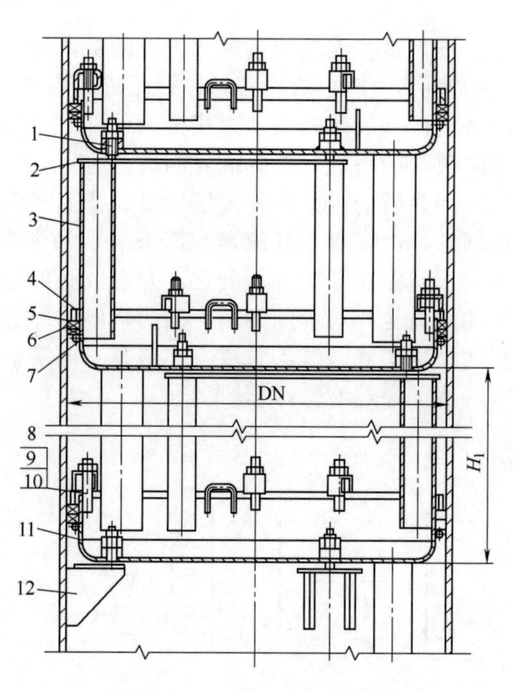


图 9-6　重叠式塔盘结构

1—调节螺栓；2—支承板；3—支柱；4—压圈；5—塔盘圈；6—填料；7—支承圈；8—压板；9—螺母；10—螺柱；11—塔盘；12—支座

（2）整块式塔盘的结构尺寸

整块式塔盘有两种结构，即角焊结构和翻边结构。设计时应根据制造厂条件选择塔盘结构。

① 角焊结构　见图 9-7(a)、(b)。将塔盘圈角焊于塔盘上。没特殊要求时，可采用单面角焊，焊缝可在塔盘圈外侧或内侧。这种塔盘结构简单，制造方便，但应注意采取措施，减小焊接变形引起的塔盘不平。

② 翻边结构　见图 9-7(c)、(d)。塔盘圈直接由塔盘翻边而成，可避免焊接变形，保证尺寸正确，但缺点是需要冲压模具。

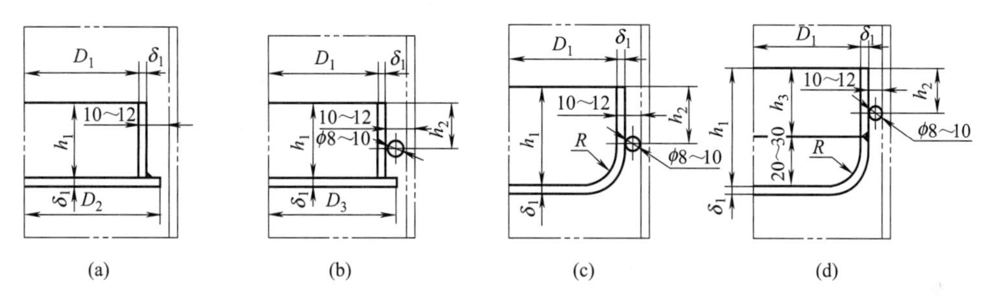


图 9-7　塔盘固定结构

塔盘圈的高度 $h_1$ 一般可取 70mm，但不得低于溢流堰高度。塔盘圈外表面与塔内壁面之间的间隙一般为 10～12mm。填料支承圈用 $\phi$8～10mm 的圆钢弯制并焊于塔盘圈上，其焊接位置 $h_2$ 随填料圈数而定，一般距塔盘圈顶面距离为 30～40mm。

（3）密封结构

整块式塔盘与塔内壁环隙的密封采用软填料密封，软填料可采用石棉线和聚四氟乙烯纤维编织填料，其密封结构如图 9-8 所示。

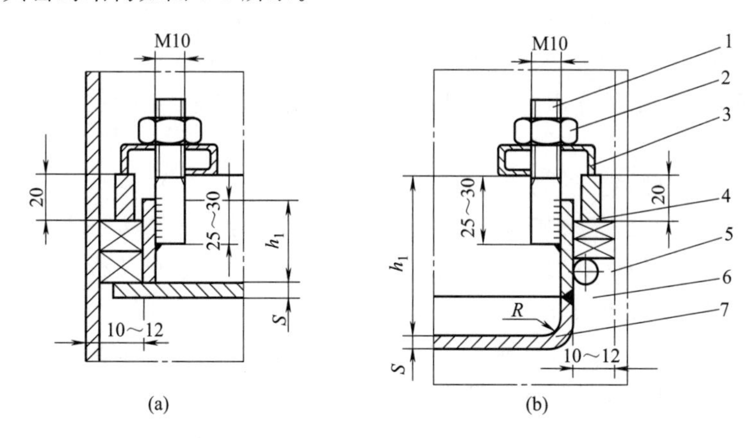


图 9-8　整块式塔盘的密封结构

1—螺栓；2—螺母；3—压板；4—压圈；5—填料；6—圆钢圈；7—塔盘

#### 9.3.1.2　分块式塔盘

根据塔径大小，分块式塔盘又分为单溢流塔盘、双溢流塔盘及多溢流塔盘。当塔径为 800～900mm 时，可采用单溢流塔盘；塔径为 2200～4200mm 时可采用双溢流塔盘，上一层的降液管在塔中央，下一层的降液管则在塔两侧，使流道变短。当采用双溢流塔盘后液面落差仍不能满足要求，则采用多溢流塔盘。本节仅介绍单溢流的分块式塔盘结构。

（1）塔盘分块

直径较大的板式塔，为便于制造，安装、检修，可将塔盘分成数块（如图 9-9 所示），通过人孔送入塔内，装在焊于塔体内壁塔盘支承件上，这种塔盘结构称为分块式塔盘。塔盘的分块，应结构简单，装拆方便，具有足够刚性，且便于制造、安装和维修。分块的塔盘多采用自身梁式或槽式，如图 9-10 所示，由于将塔盘冲压成带有折边的型式，使其有足够的刚性，这样既可以使塔盘结构简单，又可以节省钢材。

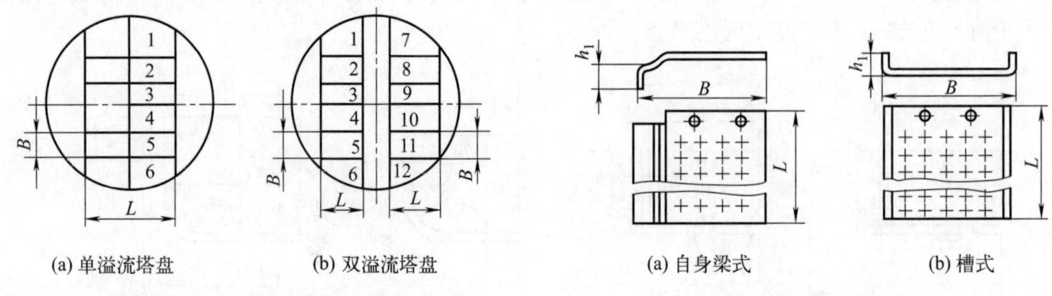


图 9-9　分块式塔盘（数字为塔盘分块序号）　　图 9-10　分块式塔盘结构

分块式塔盘的塔体通常为焊制圆筒，不分塔节。分块式塔盘的组装结构如图 9-11 所示。

塔盘的最大宽度，以能通过塔体人孔为限。确定塔盘宽度时，还应考虑它的结构强度，在塔盘上的对称均匀布置排列和具有一定的互换性等。自身梁式塔盘一般有 340mm 和 415mm 两种。对于筋板高度 $h$，自身梁式塔盘为 60～80mm，槽式塔盘约为 30mm。对于塔盘厚度，碳钢为 3～4mm，不锈钢为 2～3mm。

塔盘按形状可分为矩形板和弧形板两种，配合使用即组成塔盘。矩形塔盘用于塔盘中间部分，弧形塔盘和切角矩形塔盘用于塔壁附近，如图 9-11 所示。为检查和维修各层塔盘，在塔盘接近中央处应设置内部通道板。各层塔盘上的通道板最好开在同一垂直位置上，以利于采光和拆卸，有时也可用一块塔盘代替。当塔盘长度≤1000mm 时，通道板可与塔盘等长，但应注意通道板质量最好不超过 30kg。当塔盘长度＞1000mm 时，通道板常与塔盘联合使用。

（2）塔盘的连接与固定

在塔体的不同高度处，通常开设若干人孔，人可以由上方或下方进入。因此，塔盘之间及通道板与塔盘之间采用上下均可拆连接结构，主要紧固件为椭圆垫板及螺柱，为保证拆装的迅速方便，紧固件通常采用不锈钢材料，如图 9-12 所示。

塔盘安装在焊接于塔壁的支承圈上，塔盘与支承圈的连接使用卡子。卡子由卡板、椭圆垫板、圆头螺栓及螺母等零件组成，见图 9-13。

## 9.3.2　降液管

（1）降液管的型式和尺寸

降液管的型式分为圆形和弓形两类。圆形降液管在弓形区截面中仅有一小部分有效的降液截面，用于液体负荷低、塔径较小、不容易引起泡沫的场合。采用圆形降液管还是长圆形降液管，圆形降液管采用一根还是几根，是根据流体力学计算结果而定。为了增加溢流周边，并提供足够的分离空间，可在降液管前方设置溢流堰，如图 9-14(a)；也可将圆形降液管伸出塔盘表面兼作溢流堰，如图 9-14(b)。

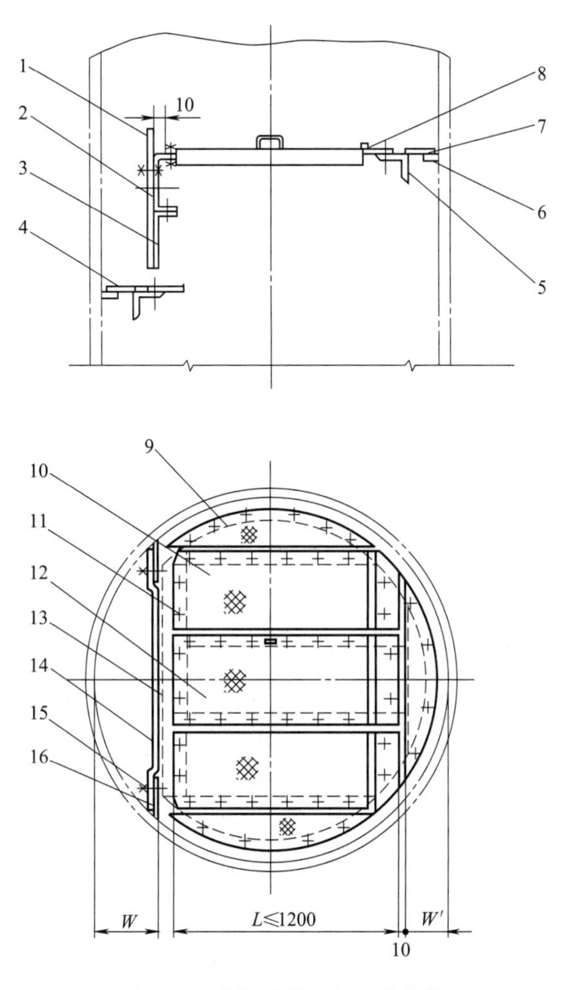


图 9-11 分块式塔盘的组装结构

1，14—出口堰；2—上段降液板；3—下段降液板；4，7—受液盘；5—支承梁；6—支承圈；8—入口堰；9—塔盘边板；10—塔盘；11，15—紧固件；12—通道板；13—降液板；16—连接板

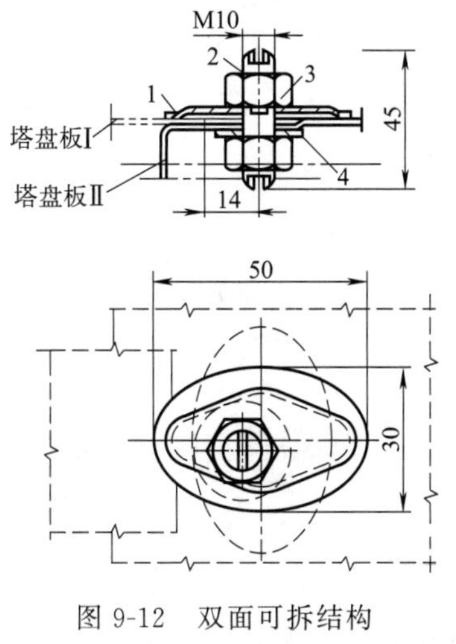


图 9-12 双面可拆结构

1—椭圆垫板；2—螺栓；3—螺母；4—垫圈

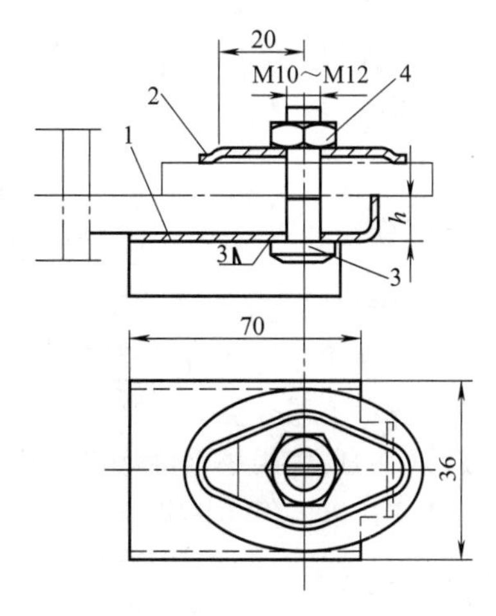


图 9-13 卡子的组装结构

1—卡板；2—椭圆垫板；3—圆头螺栓；4—螺母

弓形降液管将堰板与塔体壁面间所组成的弓形区全部截面用作降液面积。对于整块式塔盘的小直径塔，为了尽量增大降液管截面积，也可采用固定在塔盘上的弓形降液管，如图 9-14(c)。弓形降液管适用于大液量及大直径的塔，塔盘面积的利用率高，降液能力大，气液分离效果好。

降液管尺寸由工艺计算确定，应使夹带气泡的液流进入降液管后具有足够的分离空间，将气泡分离，仅有清液流往下层塔盘。为防止气体从降液管底部进入，降液管必须有一定的液封高度 $h_w$。

(2) 降液管的结构与连接形式

整块式塔盘的降液管，一般直接焊接于塔盘上。

分块式塔盘的降液管，有垂直式和倾斜式，选用时可根据工艺要求确定，如图 9-15 所示。垂直式降液管结构比较简单，用于小直径或负荷小的塔。如果降液面积占塔盘总面积12%以上，应选用倾斜式降液管，一般取倾角为 10°左右，使降液管下部的截面积为上部截面积的 55%～60%，增加塔盘的有效面积。

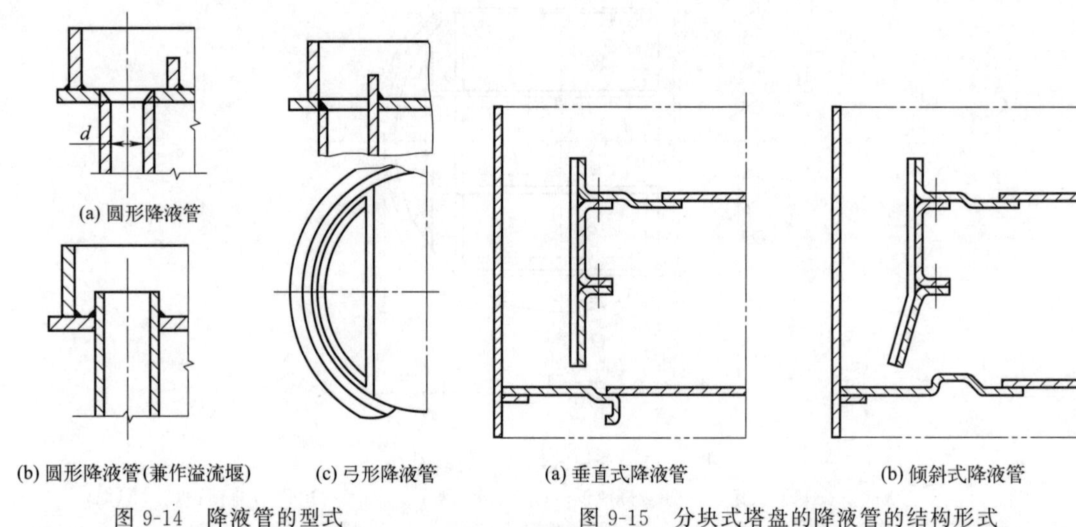


(a) 圆形降液管

(b) 圆形降液管(兼作溢流堰)　(c) 弓形降液管

图 9-14　降液管的型式

(a) 垂直式降液管　(b) 倾斜式降液管

图 9-15　分块式塔盘的降液管的结构形式

降液管与塔体的连接，有可拆式及焊接固定式两种。焊接固定式降液管的降液板，支承圈和支承板连接并焊于塔体上形成一塔盘固定件，其优点为结构简单，制造方便，但不能对降液板进行校正调节，也不便于检修，适合于介质比较干净，不易聚合，且直径较小的塔设备。

## 9.3.3 受液盘

为保证降液管出口处的液封，在塔盘上设置受液盘。受液盘有平型和凹型两种，如图 9-16 所示。受液盘的型式和性能直接影响到塔的侧线抽出、降液管的液封和流体流入塔盘的均匀性等。具体选型由工艺计算确定。

在塔或塔段的最底层塔盘降液管末端应设置液封盘，以保证降液管出口处的液封。液封盘上应开设排液孔以供停工时排液用。

## 9.3.4 溢流堰

根据溢流堰在塔盘上的位置，可分为进口堰及出口堰。当塔盘采用平型受液盘时，为保证降液管的液封，使液体均匀流入下层塔盘，并减少液流在水平方向的冲击，在液流进入端

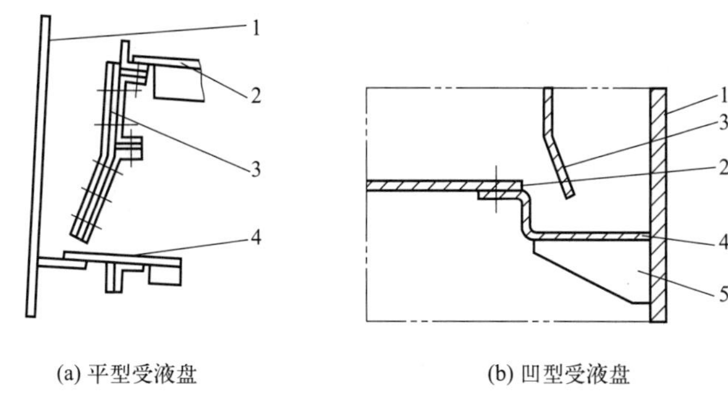


(a) 平型受液盘　　(b) 凹型受液盘

图 9-16　受液盘

1—塔壁；2—塔盘；3—降液板；4—受液盘；5—筋板

设置进口堰。而出口堰的作用是保持塔盘上液层的高度，并使流体均匀分布。溢流堰的结构尺寸根据物性、塔型、液相流量和塔盘压力降由工艺计算确定。

## 9.4 填料塔

填料塔的基本特点是结构简单，压力降小，传质效率高，便于采用耐腐蚀材料制造等。对于热敏性及容易发泡的物料，更显出其优越性。

### 9.4.1 填料

填料是塔的核心内件，提供气液两相接触的传质和换热表面，与塔的其他内件共同决定塔的性能。设计填料塔时，首先要选择适合的填料，填料的选用主要是看效率、通量和压降，它们决定塔能力的大小及操作费用，实际应用中一般选用具有中等比表面积（单位体积填料中填料的表面积，$m^2/m^3$）的填料比较经济。其次还应考虑系统的腐蚀性、成膜性和是否含有固体颗粒等因素来选择不同材料、不同种类的填料。比表面积较小的填料用于空隙率大，流体高通量、大液量及物料较脏的场合。填料选型和规格由工艺计算确定。

填料一般可分为散装填料和规整填料。

（1）散装填料

散装填料安装时以乱堆为主，也可以整砌，是具有一定外形结构的颗粒体，又称颗粒填料。散装填料按材质区分，散装填料有金属、塑料和陶瓷等。散装填料根据其形状可分为环形、鞍形及环鞍形等，常用的散装填料有拉西环、十字格环及双螺旋填料等，随后又出现了鲍尔环、阶梯环填料等，如图 9-17 所示。

（2）规整填料

规整填料在塔内按均匀的几何图形规则、整齐地堆砌。常用的规整填料有丝网波纹填料及板波纹填料等，如图 9-18 所示。

丝网波纹填料主要材质有金属和非金属两类，金属材料有不锈钢、铜、铝、铁、镍及蒙乃尔合金等，非金属材料有塑料和碳纤维等。丝网波纹填料由厚度为 0.1～0.25mm、相互垂直排列的不锈钢丝网波纹片叠合组成盘状，相邻两片波纹的方向相反，在波纹网片间形成一相互交叉又相互贯通的三角形截面的通道网。波纹片的波纹方向与塔轴的倾角为 30°或 45°，每盘的填料高度为 40～300mm。通常填料盘的直径略小于塔体的内径。

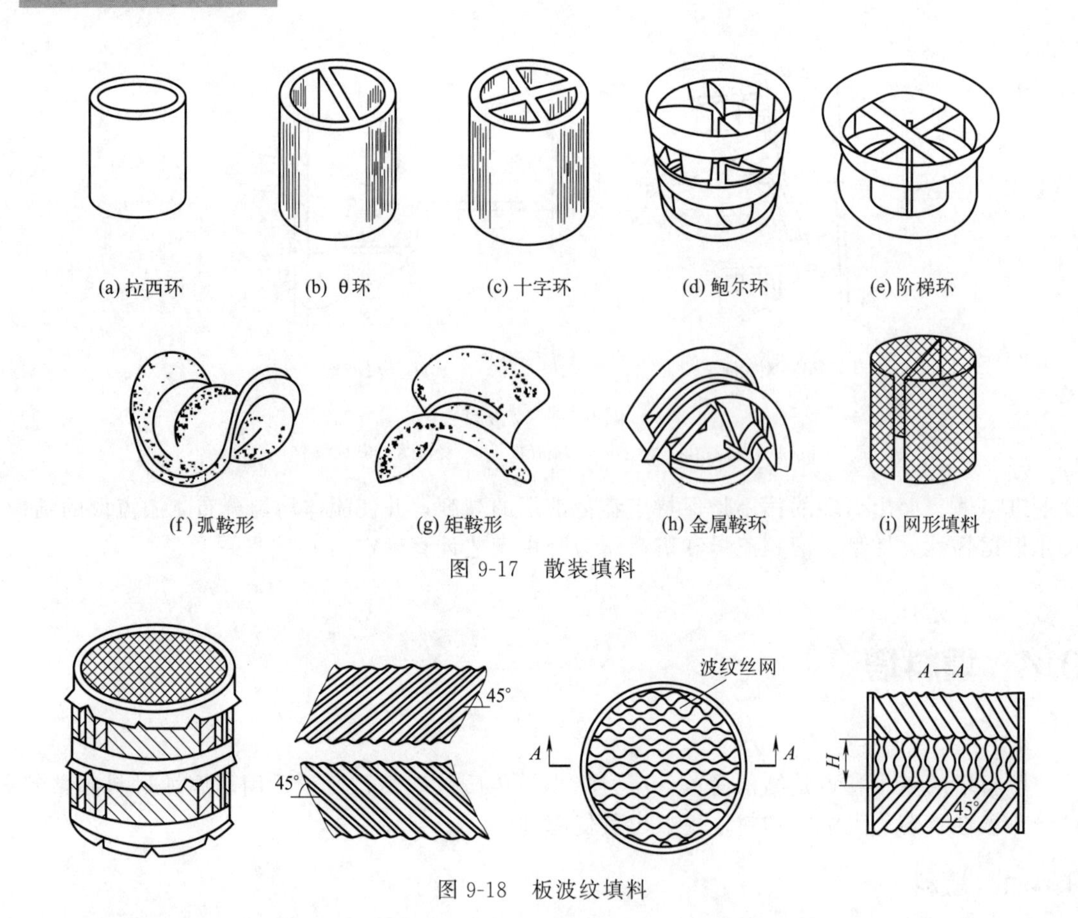


(a) 拉西环　(b) θ环　(c) 十字环　(d) 鲍尔环　(e) 阶梯环

(f) 弧鞍形　(g) 矩鞍形　(h) 金属鞍环　(i) 网形填料

图 9-17　散装填料

图 9-18　板波纹填料

板波纹填料用表面具有沟纹及小孔的金属板波纹片代替金属网波纹片，即每个填料盘由若干金属板波纹片相互叠合而成。相邻两波纹片间形成通道且波纹流道成 90°交错，上下两盘填料中波纹片的叠合方向旋转 90°。材质有金属、塑料及陶瓷三大类。金属板波纹填料保留了金属丝网波纹填料压降低、通量高、持液量小、气液分布均匀、几乎无放大效应等优点，传质效率也比较高。

## 9.4.2　填料的支承装置

填料的支承装置安装在填料层的底部，其作用是防止填料穿过支承装置而落下，支承操作时填料层的重量，保证足够的开孔率，使气液两相能自由通过。因此要求支承装置具备足够的强度及刚度，结构简单，便于安装，所用材料耐介质的腐蚀。

（1）栅板型支承装置

栅板型支承结构最简单，是最常用的填料支承装置，如图 9-19 所示。栅板由相互垂直的栅条组成，放置于焊接在塔壁的支承圈上。栅板的结构与尺寸由塔径、塔体椭圆度、填料直径、填料层高度、栅板加工制造方式及安装拆卸方式等因素确定。

当塔径 $D_i$＜350mm 时，栅板可直接焊接在塔壁上。小塔径（$D_i$＜500mm）时可用整块式栅板，大塔径时使用分块式栅板。当 $D_i$＝600～800mm 时，可分为 2 块制造安装；当 $D_i$＞900mm 时，可制成多块，每块宽度为 300～400mm，且重量不超过 700N，便于通过人孔进行拆装。栅板的结构尺寸可查阅设计手册等相关参考资料设计。

散装填料直接乱堆在栅板上时，会将空隙堵塞而减少开孔率，因此栅板型支承结构广泛用于规整填料塔。有时也可在栅板上先放置一盘板波纹填料，然后再装填散装填料。

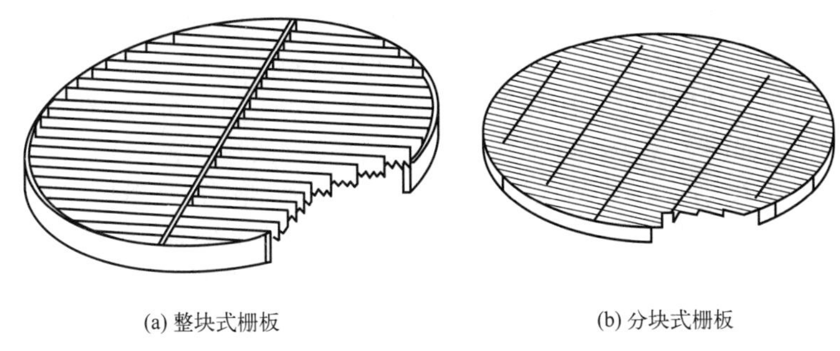

(a) 整块式栅板　　(b) 分块式栅板

图 9-19　栅板型支承装置

(2) 气液分流型支承装置

气液分流型支承装置主要应用于散装填料的支承，其工作原理主要是气体由支承板上部喷射出，而液体则由底部流下，这就避免了在孔板或栅板中气液从同一孔中逆流通过。按结构形式的不同，气液分流型支承装置可分为波纹式、驼峰式和孔管式三种，如图 9-20 所示。

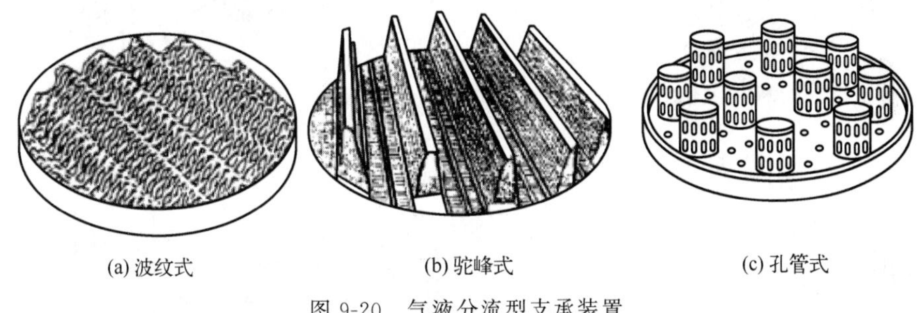

(a) 波纹式　　(b) 驼峰式　　(c) 孔管式

图 9-20　气液分流型支承装置

波纹式支承装置：由金属板加工的网板冲压成波形，然后焊接在钢圈上，网孔呈菱形，波形沿菱形的长轴冲制。这种形式的支承装置具有强度高、刚度大、透气性好等优点，适用于直径 1.2m 以下的小塔。

驼峰式支承装置：为单体组合式结构，它是目前最好的散装填料支承装置，适用于 1.5m 以上的大塔，应用较广泛。驼峰式具有长条形侧孔，用钢板冲压成型。它的液体通过量高，最大压降仅为 70Pa 左右。对于直径超 3m 的大塔，中间要加工字钢梁支承以加强刚度。

孔管式支承装置：类似升气管式液体分布装置，不同的是把升气管上口堵住，在管壁上开长孔。这种支承对气体有均匀分布的作用，对于筒体用法兰连接的小塔，可采用这种形式的支承装置。支承装置放置在焊接在塔体内壁的支承圈上。

## 9.4.3 液体分布器

液体分布器的置于填料上方，其作用是使液相进料和回流液均匀地分布到填料的表面上，形成液体的初始分布，提高填料的有效利用率。当液体分布装置设计不合理时，将导致液体分布不均匀，减少填料润湿面积、增加液体沟流和壁流现象，会直接影响填料的处理能力和分离效率。

液体分布器的结构形式有很多种，选择液体分布装置的原则是能使液体均匀分散开来，使整个塔截面的填料表面很好地润湿，结构简单，制造维修方便。设计液体分布器要考虑液体分布点密度、分布点布液方式、布液的均匀性等因素，设计包括分布器结构形式、几何尺寸确定、液位高度或压头大小、阻力等。

常用的液体分布器有管式、槽式、喷洒式及盘式液体分布器。管式液体分布器又分为重力型和压力型两种。重力型管式液体分布器用于中等以下液体负荷，及无污物的液料，特别是丝网波纹填料塔，如图 9-21 所示；压力型管式分布器靠泵的压头或高液位通过管道与分布器相连，将液体分布到填料上，结构简单，易于安装，占用空间小，适用于带有压力的液体进料。槽式液体分布器为重力型分布器，它是靠液位（液体的重力）分布液体，常用于散装填料塔中，如图 9-22 所示。喷洒式液体分布器与压力型管式分布器相似，如图 9-23 所示，在液体压力下，通过喷嘴（而不是管式分布器的喷淋孔）将液体分布在填料上，其结构简单、造价低、易于支承，气体处理量大，液体处理量的范围宽。

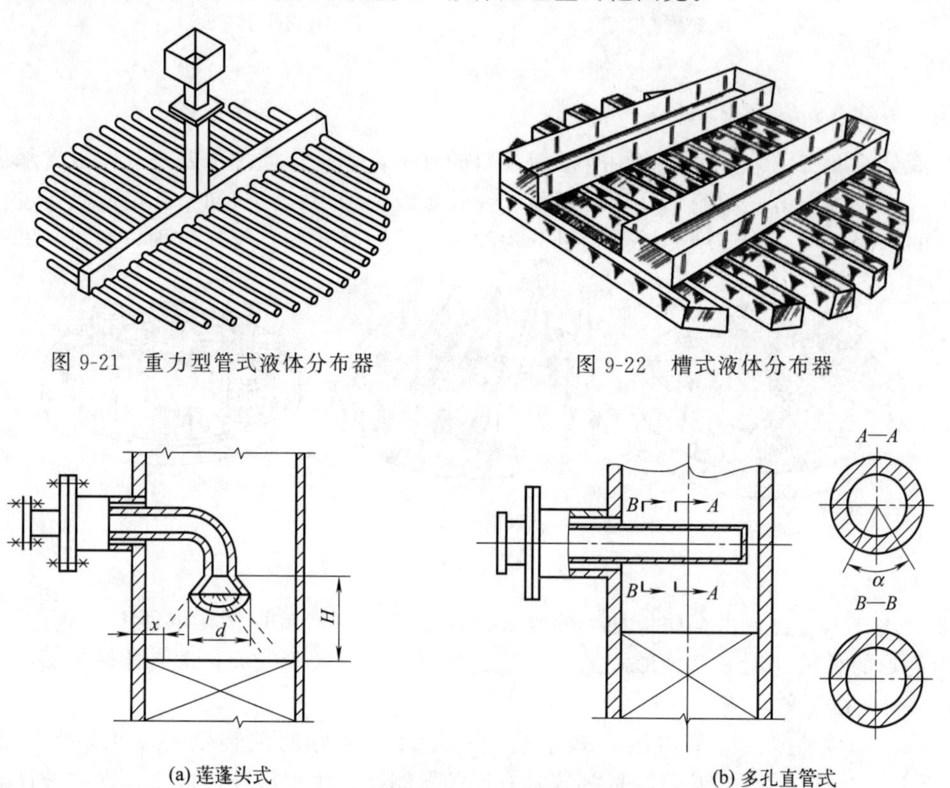


图 9-21　重力型管式液体分布器

图 9-22　槽式液体分布器

(a) 莲蓬头式

(b) 多孔直管式

图 9-23　喷洒式液体分布器

盘式孔流型液体分布器在底盘上开有液体喷淋孔并装有升气管，如图 9-24 所示。气液的流道分开，气体从升气管上升，液体在底盘上保持一定的液位，并从喷淋孔流下。升气管截面可为圆形，也可为锥形，高度一般在 200mm 以下。

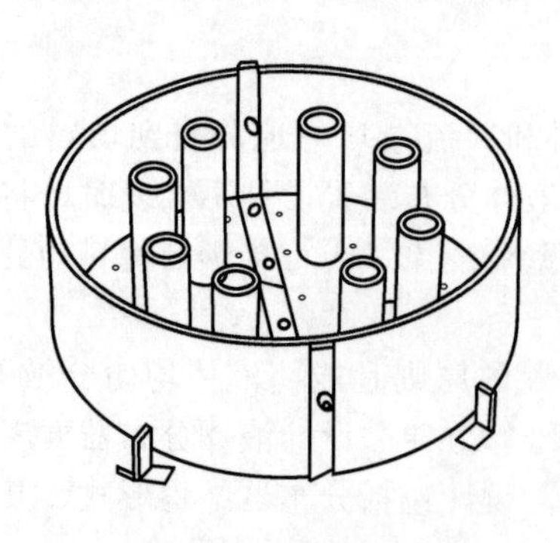

(a) 小直径塔用盘式孔流分布器

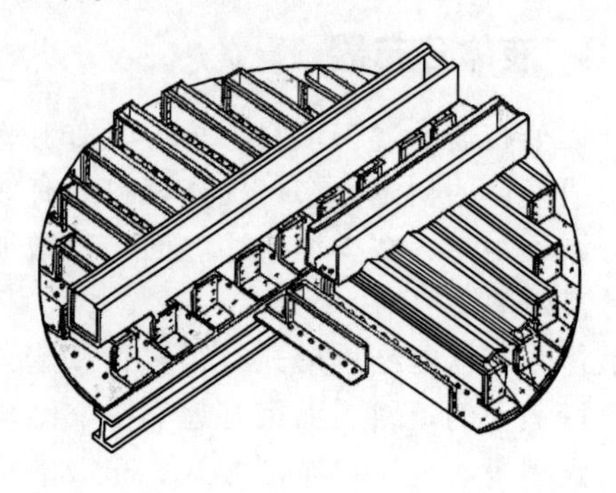

(b) 大直径塔用盘式孔流分布器

图 9-24　盘式孔流型液体分布器

对金属丝网填料及非金属丝网填料，应选用管式液体分布器；对于比较脏的物料，应优先选用槽式液体分布器；对于分批精馏的情况，应选用高弹性液体分布器。

液体分布器的安装位置，通常需要高于填料层表面150～300mm，以提供足够的自由空间，让上升气流不受约束地穿过分布器。

液体收集器的形式有多种，常用的有斜板式液体收集器和升气管式液体收集器，如图9-25、图9-26所示。斜板式液体收集器特点是自由面积大，气体阻力小，一般不超过2.5mm水柱，适用于真空操作。升气管式液体收集器优点是将填料支承和液体收集器合二为一，占空间小，气体分布均匀性好，用于气体分布性能要求高的场合；缺点是阻力较斜板式液体收集器大，填料容易挡住收集器的布液孔。

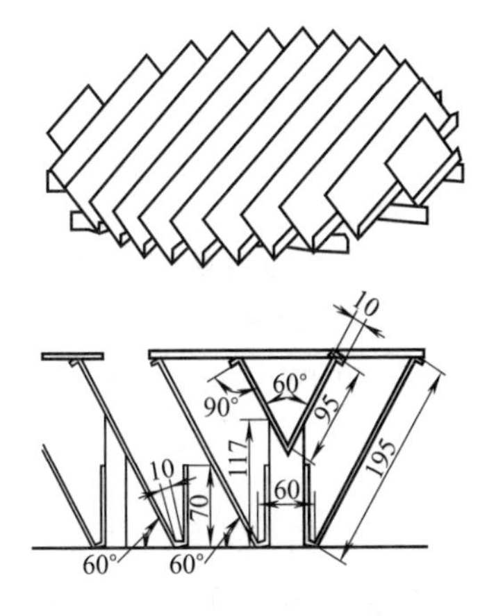

图 9-25 斜板式液体收集器

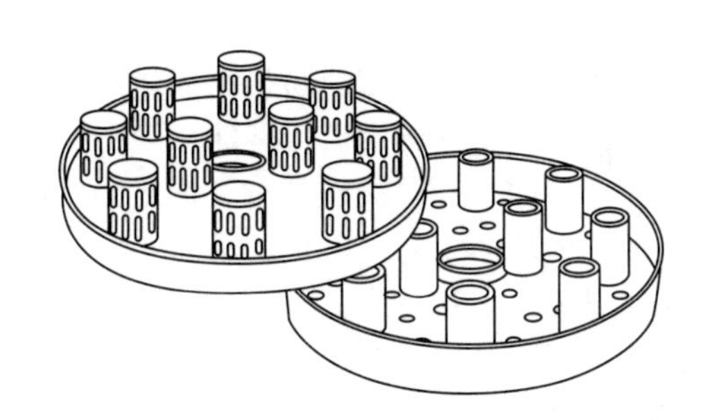
图 9-26 升气管式液体收集器

## 9.4.4 填料的压紧和限位装置

为了保持填料塔的正常、稳定操作，在填料床层的上端必须安装填料压紧器，否则在气体流速较快或压力波动较大时，填料层将发生松动，甚至填料遭到破坏、流失。填料压紧器在提供压紧作用的同时，还要求其阻力小、空隙大，不影响液体分布。

填料压紧器又称填料压板，自由放置于填料层上部，靠自身重量压紧填料。当填料层移动并下沉时，它随之一起下落，故散装填料的压板须有一定的重量。填料压紧器均可制成整体式或分块式结构，用于陶瓷、石墨等脆性散装填料。栅条式由钢圈、栅条及金属网制成，当塔径较大时，可适当增强其重量。其结构与图9-19的栅板型支承装置类似，只是空隙率大于70%。栅条间距约为填料直径的0.6～0.8，或是在底面垫金属丝网以防止填料通过栅条间隙。

填料限位器又称床层定位器，用于金属、塑料制散装填料，及所有规整填料。设置填料限位器可以防止高气速、高压降，或塔的操作出现较大波动时，填料向上移动而造成填料层出现空隙，影响塔的传质效率。金属及塑料制散装填料常用图9-27的网板结构作为填料限位器，填料限位器需要固定在塔壁上。规整填料使用栅条间距为100～500mm的栅板作为限位器。

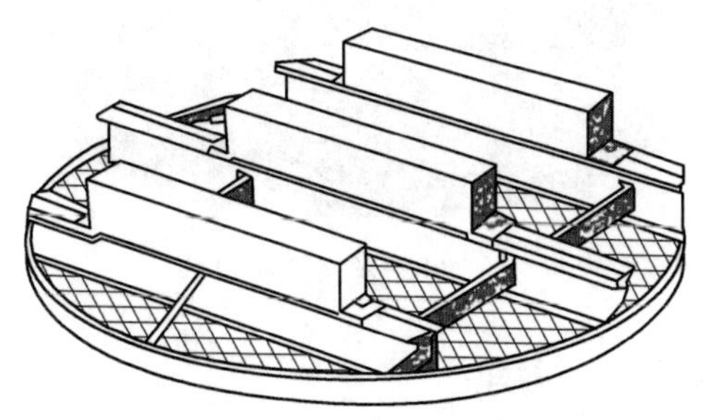
图 9-27 网板式填料限位器

# 9.5 塔附件设计

## 9.5.1 除沫装置

当气速大时，塔顶会出现雾沫夹带，造成物料流失，效率降低，污染环境。为减少液体夹带损失，确保气体纯度和后续设备正常操作，通常在塔顶设置除沫装置，分离气体中夹带的液滴。常用的除沫装置有丝网除沫器、折流板除沫器、旋流板除沫器、多孔材料除沫器、玻璃纤维除沫器、干填料层除沫器等。

丝网除沫器是用不锈钢、铜、镀锌铁、聚四氟乙烯、尼龙、聚氯乙烯等圆丝或扁丝编制并压成褶皱形网带或波纹形网带，如图 9-28 所示。丝网除沫器比表面积大，重量轻，空隙率大，使用方便，除沫效率高，压力降小，应用广泛。

丝网除沫器主要适用于清洁气体，可分离除去>5μm 的液滴，其效率可达 99%。丝网除沫器不宜用于液滴中含有或易析出固体物质的场合（如碱液、碳酸氢钠溶液等），以免液体蒸发后留下固体堵塞丝网。当雾沫中含有少量悬浮物时，应注意经常冲洗。

丝网除沫器的直径取决于气量及选定的气速。影响气速选择的因素很多，如气体与液体的密度、液体的表面张力、液体的黏度、丝网的比表面积、气体中的雾沫量等。丝网除沫器直径需要通过工艺计算得到。

丝网除沫器已经标准化，目前常用的有两种，一种固定在设备上，可根据 HG/T 21618—1998《丝网除沫器》选用；另一种可以抽出清洗或更换，参照 HG/T 21586—1998《抽屉式丝网除沫器》。

除沫器常用的安装形式有两种。当除沫器直径较小（通常 $\phi$500～600mm），并且与出气口直径接近时，宜采用图 9-29(a) 所示的安装形式，安装在塔顶出气口处；当除沫器直径与塔径相近时，宜采用图 9-29(b) 所示的形式，安装在塔顶人孔之下。除沫器与塔盘的间距，一般大于塔盘间距。

图 9-28 丝网除沫器

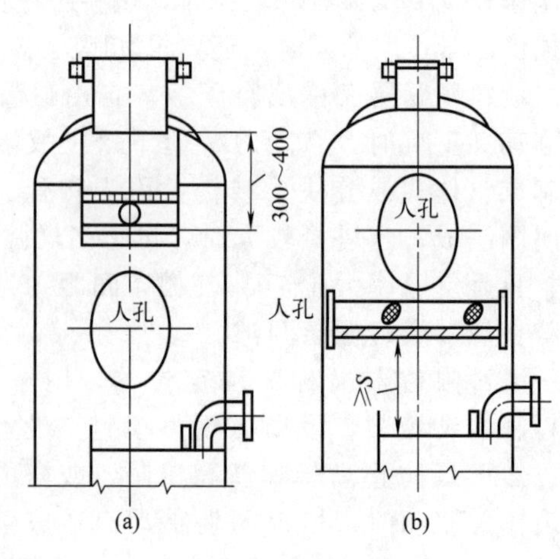


图 9-29 除沫器的安装

## 9.5.2 裙座

裙座是塔设备广泛使用的一种支座，有圆筒形和圆锥形两种，如图 9-30 所示。圆筒形裙座制造方便，经济上合理，故应用广泛。圆锥形裙座一般用于受力情况比较差、塔径小且很高的塔（如 DN＜1m，且 $H$/DN＞25，或 DN＞1m，且 $H$/DN＞30），为防止风载或地震载荷引起的弯矩造成塔翻倒，要配置较多地脚螺栓，及塔器载荷较大，混凝土基础顶面的压应力过大，需要加大基础环承压面积的情况。

① 裙座筒体　裙座筒体与塔体的连接采用焊接。焊接接头可采用对接形式或搭接形式。对接形式的裙座筒体外径与塔体下封头外径相等，焊缝必须采用全焊透连续焊，且与塔底封头外壁圆滑过渡，可以承受较大的轴向力。搭接形式的裙座搭接部位在下封头或塔体上，焊缝与下封头的环向连接焊缝距离须满足一定的要求。

裙座筒体材料的选择应考虑建塔地区环境的影响，一般取建塔地区的环境温度作为裙座的设计温度，但温度低于 0℃时，材料还需按规定进行冲击韧性试验。

一般情况下裙座筒体应采用同一种材料，因裙座不直接与塔内介质接触，也不承受塔内介质的压力，一般为普通碳素结构钢。当裙座温度 $T_S \leqslant -20$℃，选用 Q345D 或 16Mn；当 $-20$℃$<T_S \leqslant 0$℃，选用 Q235C、Q235D 或 Q345C、Q345D；当 0℃$<T_S \leqslant 50$℃，选用 Q235A、Q235B、Q235C 或 Q345A、Q345B。

当塔釜设计温度 $T>250$℃或 $T \leqslant -20$℃时，或裙座筒体与塔釜封头相焊后会影响塔釜材料性能时，需要在裙座筒体上设置一段与塔釜封头（或筒体）材料相同的过渡短节。过渡短节的设计温度等于塔釜封头（或筒体）的设计温度。过渡短节的长度与设计温度有关，当设温度 $T<-20$℃或 $T>350$℃时，过渡短节的长度是保温层厚度的 4～6 倍，且不小于 500mm；当设计温度在 $-20$℃$\leqslant T \leqslant 350$℃时，过渡短节不小于 300mm。

其他部分结构材料选用与裙座筒体材料相同。

② 地脚螺栓座　地脚螺栓座由基础环、螺栓座构成。基础环是一块环板，它将裙座传来的全部载荷均匀分布到基础上去。

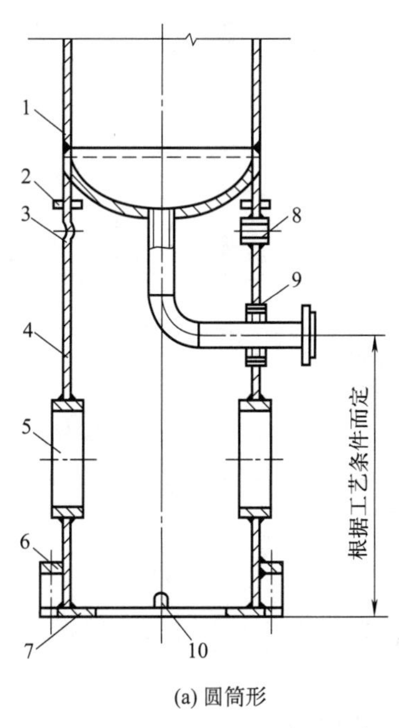


(a) 圆筒形

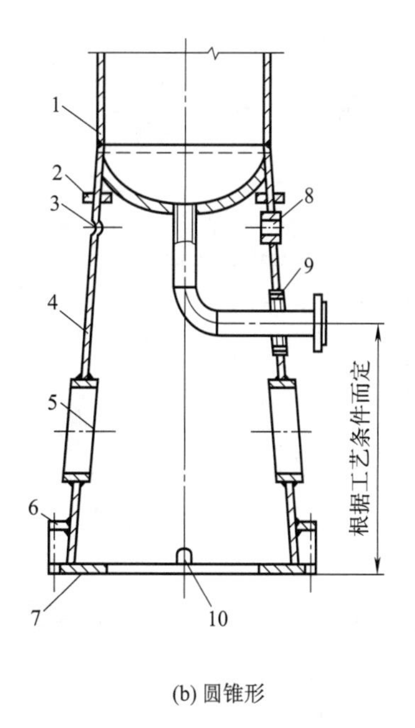


(b) 圆锥形

图 9-30　裙座的结构

1—塔体；2—保温支承圈；3—无保温时排气孔；4—裙座筒体；5—人孔；6—螺栓座；7—基础环；8—有保温时排气孔；9—引出管通道；10—排液孔

③ 检查孔 裙座上应开设检查孔或人孔，以方便检修，检查孔分圆形和长圆形两种。

④ 排气孔、排气管和隔气圈 塔运行中可能有气体逸出，会积聚在塔底封头之间的死区中，它们或者是可燃的，或者对设备有腐蚀作用，并会危及进入裙座的检修人员。因此为保证检修人员的安全，必须在裙座上部设置排气孔或排气管。当裙座不设保温（保冷、防火）层时，其上部应均匀开设排气孔。当裙座设保温（保冷、防火）层时，裙座上部应均匀设置排气管。排气管两端伸出裙座内外壁的长度，应为敷设层的厚度再加20mm。排气孔或排气管的规格和数量设计可查看设计手册。对于开有检查孔的矮裙座可不设排气孔。

⑤ 引出孔 塔式容器底部引出管一般需伸出裙座壳体外。

⑥ 保温层 塔的操作温度较高时，塔体与裙座间的温度差会引起不均匀热膨胀，使裙座与封头的连接焊缝受力情况恶化，因此须对裙座加以保温。一般塔体的保温层应设置延伸到裙座与塔釜封头的连接焊缝以下，到大概4倍保温层厚度的距离为止。需保温的塔，除带法兰的塔节之类的特殊情况外，均应设置保温圈。在塔体上布置的保温圈间距为3000～3500mm。

### 9.5.3 接管

塔设备的塔体上配有各种工艺接管和仪表接管，大多数接管与一般容器上接管结构相同，仅进料管、进气管与出气管、出料管局部结构稍具特色，对此重点介绍。

（1）进料管

填料塔中的进料管常与液体喷淋装置相连。在板式塔中进料管常选用缺口式、弯管式喷洒器结构，直接引到塔盘上的受液盘上，当进料管离塔盘较远时，可设置缓冲管。

当塔径 $D \geqslant 800$mm 时，人可以进塔检修，若物料清洁不易聚合，可选用图9-31所示结构。其中降液口尺寸 $a$、$b$、$c$ 与管径 $d_{g1}$ 有关。进料管距塔盘的高度和管长 $L$ 由工艺决定。

当塔径 $D < 800$mm 时，人不能进塔检修，进料管可选用图9-32所示的结构，进料管外带有套管，以便于清洗、检修。

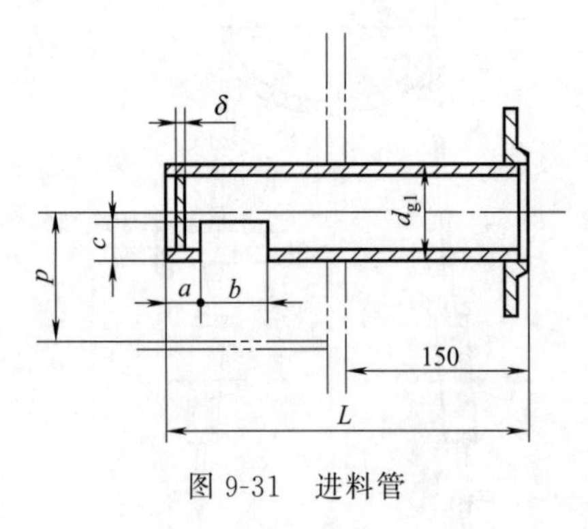

图9-31 进料管

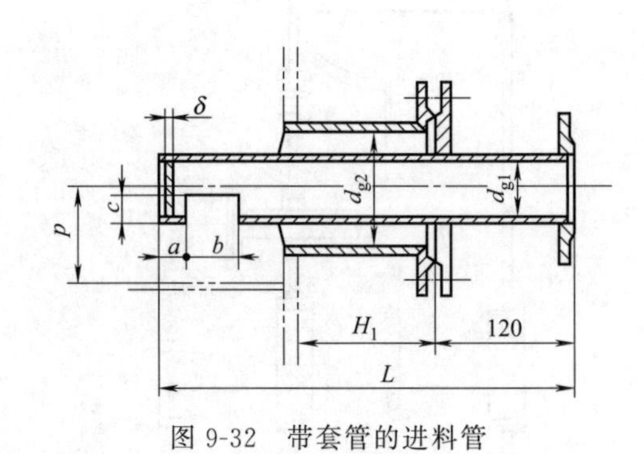

图9-32 带套管的进料管

（2）进气管与出气管

气体进口管又称进气管，其位置由工艺条件决定，常采用图9-33所示结构。为避免液体淹没气体，通道均应设置在最高液面之上。

当进塔物料为气液混合物时，一般可采用切向进气管结构。图9-34所示为塔内装有气液分离挡板的切向进气管。当气液混合物进塔后，沿着上下导向挡板流动，经过旋风分离过程，液体向下，气体向上，然后参加化工过程。

为减少塔内气体夹带液滴，气体出口管常设置挡板或在塔顶安装除沫器。

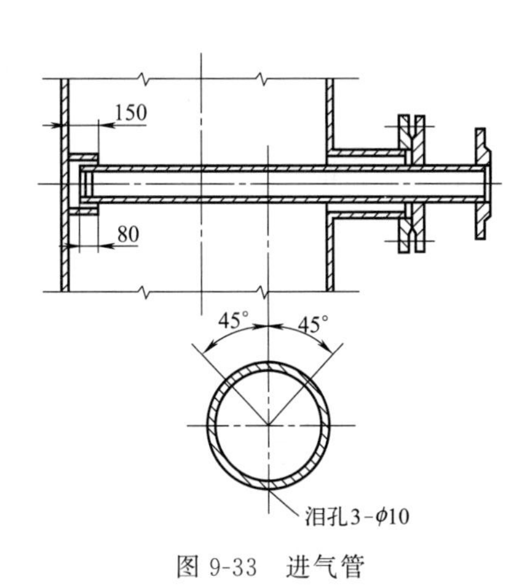


图 9-33 进气管

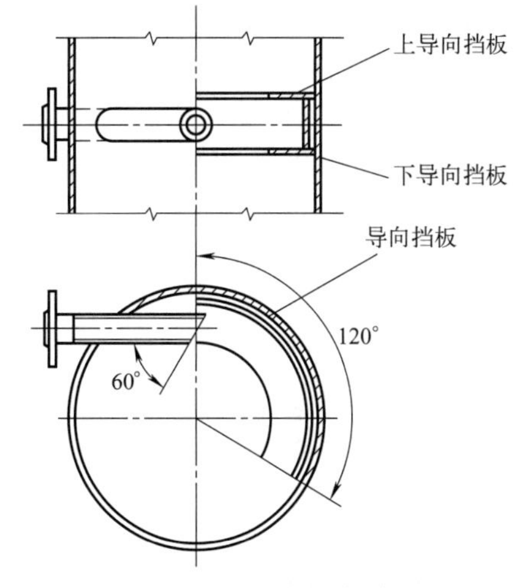


图 9-34 切向进气管

(3) 出料管

出料管常位于塔釜底部，如图 9-35、图 9-36 所示。

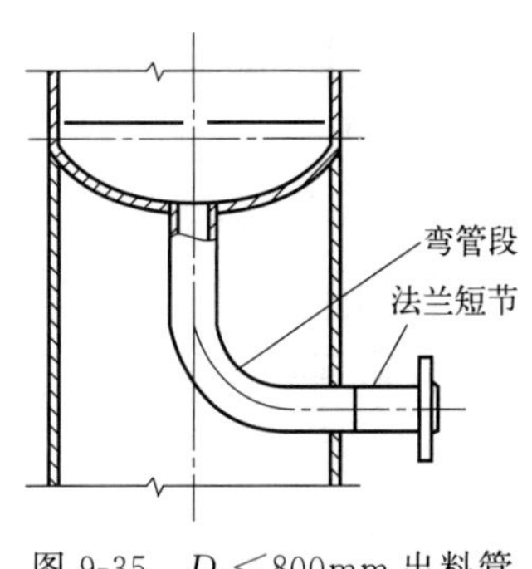


图 9-35 $D_i$ < 800mm 出料管

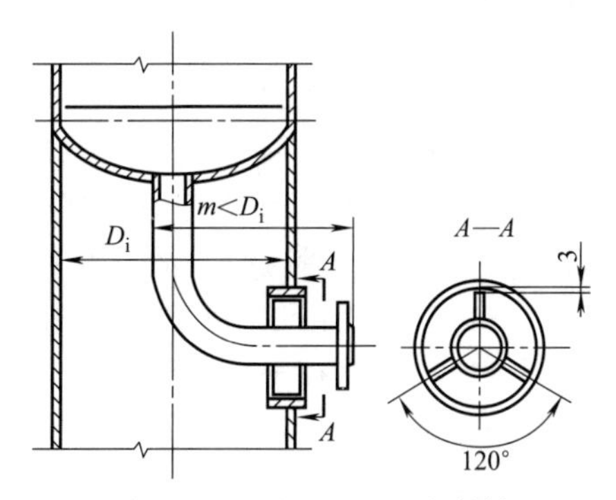


图 9-36 $D_i \geqslant$ 800mm 出料管

当裙座直径小于 800mm 时，塔底出料管一般采用如图 9-35 所示的结构。为了便于安装，这种结构的出料管分成弯管段和法兰短节两部分，先把弯管段焊在塔底封头上，待焊缝检验合格后，再把裙座焊在封头上，最后把法兰短节焊在弯管上。

当裙座直径大于或等于 800mm 时，塔底出料管可采用图 9-36 所示的典型结构。在这种出料管上，焊有三块支承扁钢，以便把出料管嵌在引出管通道里，安装检修都方便。值得注意的是，为了便于安装，出料管外形尺寸应小于裙座内径，而且引出管通道直径应大于出料管法兰直径，这样把出料管焊在塔底封头上，焊缝检验合格后，就可以把裙座焊在封头上。

填料塔底的液体出口管要考虑防止破碎填料的堵塞并便于清理，常采用图 9-37 所示的结构。

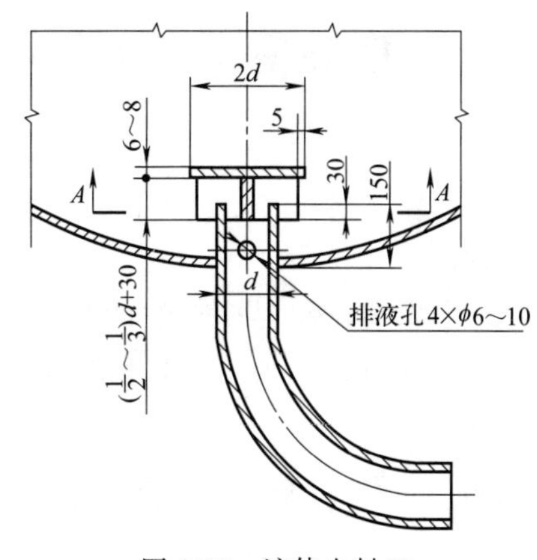


图 9-37 液体出料口

## 9.5.4 人孔与手孔

(1) 人孔

人孔是安装或检修人员进出塔内的唯一通道，人孔设置应便于人员进入任何层塔盘，一般板式塔每隔 10～

20 层塔板或 5～10m 塔段设置一个人孔。对直径大于 4800mm 的填料塔，人孔可设在每段填料层的上下方，同时兼作填料装卸孔用。在设置操作平台的地方，人孔中心高度一般比操作平台高 0.7～1m，最大不宜超过 1.2m，最小为 600mm。人孔一般设置在气液进出口等需要经常维修清理的部位。另外在塔顶和塔釜也各设置一个人孔。

塔径小于 800mm 时，在塔顶设置法兰，不在塔体上开设人孔。

设置人孔处的塔盘间距应根据人孔的直径确定，一般不小于人孔直径、塔盘支承梁高度之和加上 50mm，且不小于 600mm。

塔体上宜采用垂直吊盖人孔，但个别有妨碍操作或有保温层时，可采用回转盖人孔。塔体在出厂前一般以卧置状态进行水压试验，所以塔体人孔的压力等级选择必须考虑卧置状态试验时的试验压力。

(2) 手孔

手孔是指手能伸入的设备孔口，用于不便进入或不必进入设备即能清理、检查或修理的场合。

手孔也常作小直径填料塔装卸填料之用。在每段填料层的上下方各设置一个手孔。

### 9.5.5 塔顶吊柱及吊耳

对于较高的室外无框架的整体塔，在塔顶设置吊柱（图 9-38），以利于补充和更换填料、安装和拆卸内件。一般高度在 15m 以上的塔都设置吊柱。对于分节的塔，内件的拆卸都在塔体拆开后进行，故不设吊柱。

吊柱安装方位，应使吊柱中心线与人孔中心线间有合适夹角，当操作人员站在平台上操纵手柄时，吊钩的垂直线应可以转到人孔附近，以便于从人孔内转入或取出塔内件。

吊柱的起吊载荷按填料或零部件的重量决定，根据塔径决定其回转半径，然后按 HG/T 21639—2005《塔顶吊柱》标准选用。支座垫板材料与塔体材料相同，在塔设备的装备图上应注明支座垫板材料牌号。

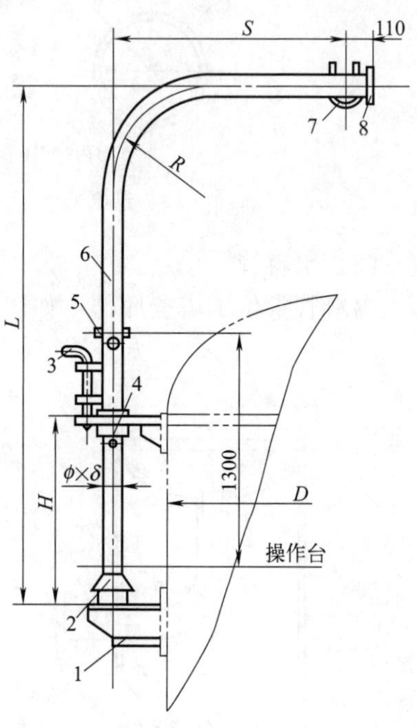


图 9-38　吊柱的结构及安装位置
1—支架；2—防雨罩；3—固定销；4—导向板；5—手柄；6—吊柱管；7—吊钩；8—挡板

## 9.6 塔设备强度和稳定性计算

在完成塔设备结构设计后，需要对其进行强度和稳定性计算，以保证塔设备的安全性和可靠性。

塔设备在操作时主要承受压力载荷、质量载荷、地震载荷、风载荷及偏心载荷的作用。为了保证塔设备在各种载荷作用下安全工作，应按照 GB/T 150 及 NB/T 47041—2014 进行设计。

### 9.6.1 塔设备的载荷计算

风载荷、地震载荷属于动载荷，在动载荷作用下，塔设备各截面变形及内力与塔的自由振动周期（或频率）及振型有关。因此在进行塔设备载荷计算及强度校核之前，必须首先计算固有（或自振）周期。一般将塔分类为等直径等厚度塔和不等直径或不等厚度塔来计算，具体计算过程可查阅 NB/T 47041—2014 标准。

#### 9.6.1.1 载荷特点及计算

（1）质量载荷

塔设备的重量包括塔体、塔内件、介质、保温层、操作平台、扶梯等附件的重量，在不同的操作工况下质量载荷有所不同。

塔设备在正常操作时的质量：$m_0=m_{01}+m_{02}+m_{03}+m_{04}+m_{05}+m_a+m_e$

塔设备在水压试验时的最大质量：$m_{max}=m_{01}+m_{02}+m_{03}+m_{04}+m_w+m_a+m_e$

塔设备在停工检修时的最小质量：$m_{min}=m_{01}+0.2m_{02}+m_{03}+m_{04}+m_a+m_e$

式中 $m_{01}$——塔体、裙座质量，kg；

$m_{02}$——塔内件如塔盘或填料的质量，kg；

$m_{03}$——保温材料的质量，kg；

$m_{04}$——操作平台及扶梯的质量，kg；

$m_{05}$——操作时物料的质量，kg；

$m_a$——塔附件如人孔、接管、法兰等质量，kg；

$m_w$——水压试验时充水的质量，kg；

$m_e$——偏心载荷，塔体上悬挂的再沸器、冷凝器等附属设备或其他附件的质量，kg。

$0.2m_{02}$ 系考虑内件焊在壳体上的部分质量，如塔盘支持圈、降液管等。当空塔吊装时，如未装保温层、平台、扶梯等，则在 $m_{min}$ 中扣除 $m_{03}$ 和 $m_{04}$。

在计算 $m_{02}$、$m_{03}$ 及 $m_{04}$ 时，若无实际资料，可参考表 9-1 进行估算。

表 9-1 塔附件、内件单位质量估算参考值

| 名称 | 笼式扶梯 | 开式扶梯 | 钢制平台 | 圆形泡罩塔盘 | 条形泡罩塔盘 |
|---|---|---|---|---|---|
| 单位质量 | 40kg/m | 15～24kg/m | 150kg/m$^2$ | 150kg/m$^2$ | 150kg/m$^2$ |
| 名称 | 筛板塔盘 | 浮阀塔盘 | 舌形塔盘 | 塔盘充液 | 磁环填料 |
| 单位质量 | 65kg/m$^2$ | 75kg/m$^2$ | 75kg/m$^2$ | 70kg/m$^2$ | 700kg/m |

质量载荷沿塔体高度方向是变化的，塔顶最小，塔底达到最大值，应力为在轴线方向的压缩应力如图 9-39(a) 所示。

（2）偏心载荷

偏心载荷 $m_e$ 是塔体上悬挂的再沸器、冷凝器等附属设备或其他附件所引起的载荷。除增加重力载荷外，还会在塔体上产生偏心弯矩，其沿塔体轴线方向大小不变，如图 9-38(b) 所示。

$$M_e=m_e ge \tag{9-1}$$

式中 $g$——重力加速度，m/s$^2$；

$e$——偏心距，即偏心质量中心至塔设备中心线间的距离，m；

$M_e$——偏心弯矩，N·m。

（3）风载荷

风载荷产生的弯矩会使塔体产生应力和变形，太大的塔体挠度会造成塔盘上流体分布不均，分离效率下降。风载荷还会使塔体产生顺风向的振动（纵向振动）和垂直于风向的诱导振动（横向振动）。

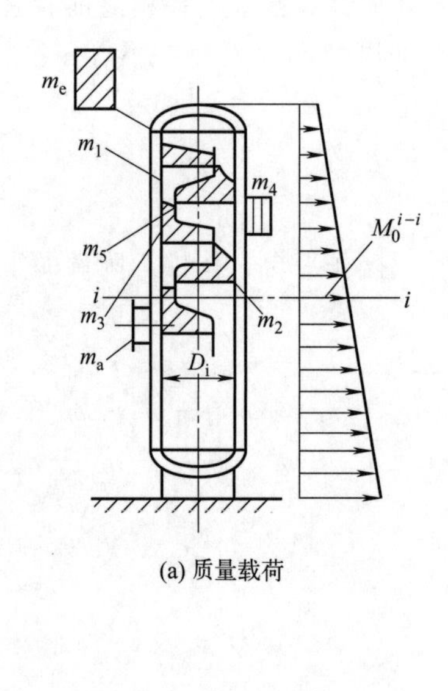

(a) 质量载荷

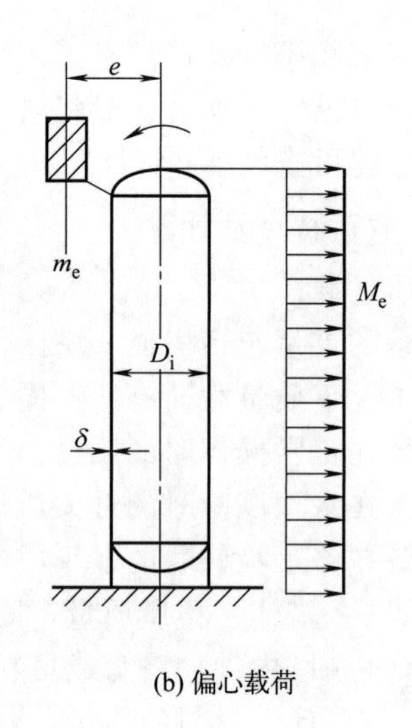

(b) 偏心载荷

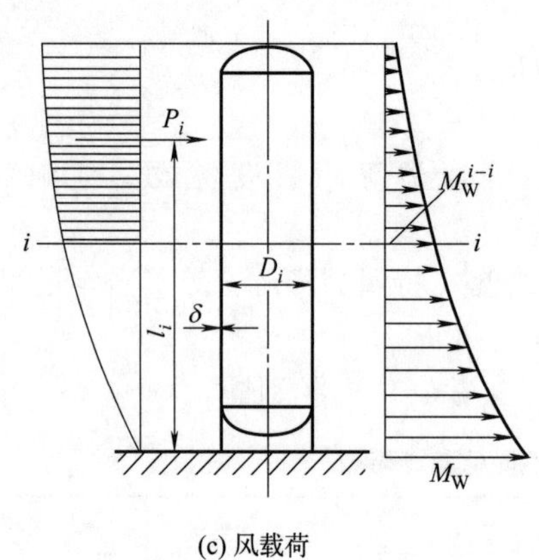

(c) 风载荷

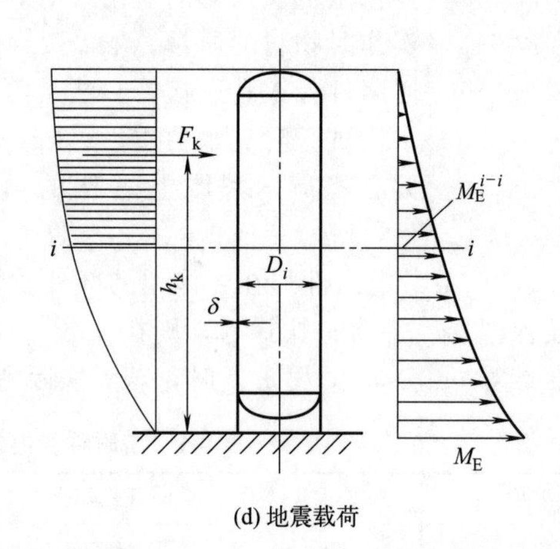

(d) 地震载荷

图 9-39 塔设备的载荷

风载荷是一种随机载荷，对于顺风向风力，认为由平均风力和脉动风力两部分组成。平均风力是风载荷的静力部分，其值等于风压和塔设备迎风面积的乘积。脉动风力是非周期性的随机作用力，是风载荷的动力部分，会引起塔设备的振动，计算时，折算成静载荷，即在静力基础上考虑与动力有关的折算系数，称风振系数。风振系数是考虑风载荷的脉动性质和塔体的动力特性的折算系数，塔设备越高，基本周期越大，塔体摇晃越剧烈，则反弹时在同样的风压下引起的风力更大。

因风力大小随塔高变化而变化，如果塔高于 10m，风载荷计算时常将塔分段，分别计算各段风载荷大小。

图 9-40 中，塔设备中第 $i$ 计算段所受的水平风力可由下式计算：

$$P_i = K_1 K_{2i} f_i q_0 l_i D_{ei} \tag{9-2}$$

式中 $P_i$——塔设备中第 $i$ 计算段的水平风力，N；

$K_1$——体型系数；在同样风速条件下，风压在不同体型结构表面分布不相同；细长圆柱形塔体结构，体型系数 $K_1 = 0.7$；

$K_{2i}$——塔设备中第 $i$ 计算段的风振系数；

$f_i$——塔设备中第 $i$ 计算段的风压高度变化系数；风速或风压除随离地面的高度变

化而变化外，还和地面的粗糙度类别有关；

$q_0$——各地区的基本风压，$N/m^2$；基本风压 $q_0$ 由相应地区的基本风速 $v_0$ 和空气密度决定，可查阅当地气象资料获取；

$l_i$——塔设备第 $i$ 计算段的计算高度，m；

$D_{ei}$——塔设备中第 $i$ 计算段迎风面的有效直径，m；即该段所有受风构件迎风面宽度总和，包括笼式扶梯与塔顶管线。

塔的分段与塔高有关，当塔高度<10m，按一段计算，以设备顶端的风压作为整个塔设备的均布风压；当塔高度≥10m，分段计算，每 10m 分为一计算段，余下的最后一段高度取其实际高度。

将塔设备沿高度分为若干段，则水平风力在任意截面处的风弯矩计算如下：

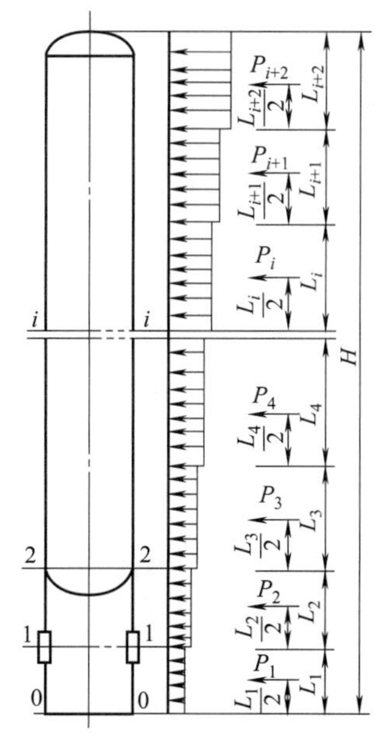

图 9-40 风弯矩计算简图

$$M_W^{i-i}=P_i\frac{l_i}{2}+P_{i+1}\left(l_i+\frac{l_{i+1}}{2}\right)$$

$$+p_{i+2}\left[l_i+l_{i+1}+\frac{l_{i+2}}{2}+\cdots+P_n\left(l_i+l_{i+1}+l_{i+2}+\cdots+\frac{l_n}{2}\right)\right] \quad (9\text{-}3)$$

风载荷产生的弯矩沿塔体高度方向是变化的，塔顶最小，塔底达到最大值，如图 9-39 (c) 所示。对于等直径、等壁厚的塔体和裙座体，风弯矩的最大值在各自的最低处，所以塔体和裙座体的最低截面为最危险截面。但对于变截面的塔体及开有人孔的裙座体，由于各截面的受载断面和风弯矩都各不相同，很难判别哪个是最危险截面。为此，必须选取各个可疑的截面作为计算截面并各自进行应力校核，各截面应能满足校核条件。图 9-40 中 0—0、1—1、2—2 各截面都是薄弱部位，可选为计算截面。

(4) 地震载荷

地震发生时，地面运动是一种复杂的空间运动，可分解为三个平动分量和三个转动分量。鉴于转动分量的实例数据很少，地震载荷计算时一般不予考虑。地面水平方向（横向）的运动会使设备产生水平方向的振动，危害较大。垂直方向（纵向）的危害较横向振动要小，只有当地震烈度为 8 度或 9 度地区的塔设备才考虑纵向振动的影响。

地震弯矩在塔设备上的分布情况与风弯矩相似，危险点仍然是 0—0、1—1、2—2 截面，如图 9-39(d) 所示。

地震力的计算比较复杂，除了与塔的振型、塔自振周期有关外，还与场地土特性有关，具体计算方法可查阅 NB/T 47041。

### 9.6.1.2 最大弯矩

确定最大弯矩时，偏保守地认为风弯矩、地震弯矩和偏心弯矩同时出现，且出现在塔设备的同一方向。考虑到最大风速和最高地震级别同时出现的可能性很小，在正常或停工检修时，取计算截面处的最大弯矩为

$$M_{max}=\max(M_W+M_e,M_E+0.25M_W+M_e) \quad (9\text{-}4)$$

在水压试验时，由于试验日期可以选择且持续时间较短，取最大弯矩为

$$M_{max}=0.3M_W+M_e \quad (9\text{-}5)$$

### 9.6.2　塔体强度及稳定性校核

塔设备的强度计算首先根据操作压力（内压或真空）计算确定塔体的厚度和内件其他尺寸。然后对应正常操作、停工检修及压力试验等工况，分别计算各工况下相应载荷，再确定危险界面的轴向组合应力，并进行强度和稳定性校核。如不满足要求，则须调整塔体厚度，重新进行应力校核。

轴向应力主要包括内压或外压在筒体中引起的轴向应力、重力及垂直地震力在筒壁中产生的轴向压应力和最大弯矩在筒体中引起的轴向应力。轴向应力的计算要考虑以下5个方面：

① 轴向应力沿塔体轴向是变化的，计算时按常规设计理论，只需取最大值，也就是找出这个危险截面，求出其应力值。

② 重力载荷和最大弯矩在各种工况下是不同的，因此三种工况下的组合应力也不同，故必须分别求出并校核，其应力校核包括迎风侧最大拉伸应力和背风侧最大压缩应力校核，用拉伸应力校核其强度，用压缩应力校核其稳定性。

③ 塔在吊装后尚未装设塔内可拆件和塔外附件时具有最小质量 $m_{0\min}$，此时 $p_c$ 为0，在检修时虽然塔内无物料，但已装设塔内可拆件和塔外附件，$p_c$ 也为0，故安装工况的组合拉应力大于检修工况。塔在正常操作时，比检修工况多了物料重量，但同时增加了介质压力载荷，故正常操作和安装工况的组合拉应力大小都需计算，按其大者进行校核。

④ 最大弯矩在筒体中引起的轴向应力沿环向是不断变化的。与沿环向均布的轴向应力相比，这种应力对塔强度或稳定失效的危害要小一些。在塔体应力校核时，对许用拉伸应力和压缩应力引入载荷组合系数 $K$，并取 $K=1.2$。

⑤ 压力试验工况的校核与其他工况校核要求不同。

具体校核计算过程可查阅标准 NB/T 47041 进行，下节通过实例使用 SW6 软件进行塔体设计和校核。

### 9.6.3　裙座强度及稳定性校核

（1）裙座筒体

受到重量和各种弯矩的作用，但不承受压力。危险截面在裙座底部截面和裙座上的检查孔或人孔处，因为裙座底部截面重量和弯矩在裙座底部截面处最大，而裙座上的检查孔或人孔、管线引出孔的孔中心所在横截面处对裙座强度有所削弱。

只需校核危险截面的最大轴向压缩应力，因为裙座筒体不受容器内压力作用，轴向组合拉伸应力总是小于轴向组合压缩应力。裙座筒体的计算和校核可参照塔体进行。

（2）裙座基础环

裙座基础环的结构分为无筋板的结构及有筋板的结构两类，如图 9-41 所示。基础环的内径 $D_{ib}$、外径 $D_{ob}$ 可按下式选取：

$$D_{ob}=D_{is}+(0.16\sim0.40)\text{m},\ D_{ib}=D_{is}-(0.16\sim0.40)\text{m} \tag{9-6}$$

式中　$D_{is}$——裙座内径，mm；

基础环上受到的力包括塔设备的重量，风载荷、地震载荷及偏心载荷引起的弯矩通过裙座筒体作用在基础环上的力。在基础环与混凝土基础接触面上，重量引起均布压缩应力，弯矩引起弯曲应力，压缩应力始终大于拉伸应力，应力分布如图 9-42 所示。基础环板应有足够厚度来承受这种应力。

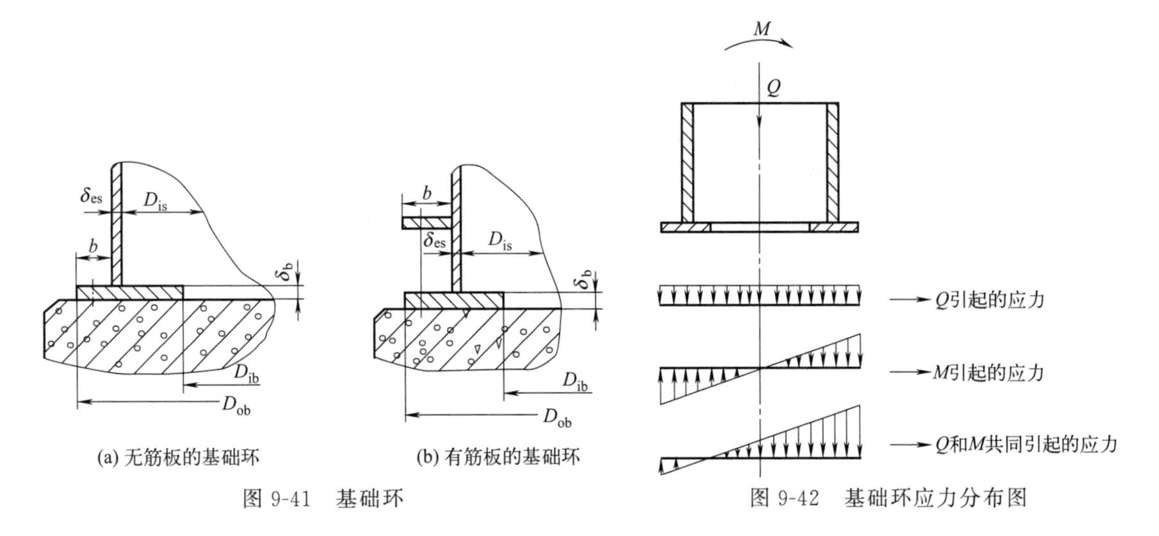


图 9-41　基础环　　　图 9-42　基础环应力分布图

（3） 地脚螺栓

地脚螺栓的作用是使高的塔设备固定在混凝土基础上，以防风弯矩或地震弯矩等使其发生倾倒。在重量和弯矩作用下，如果迎风侧地脚螺栓承受的应力小于 0，则表示塔设备自身稳定而不会倾倒，原则上可不设地脚螺栓，但是为了固定设备的位置，还应设置一定数量的地脚螺栓；如果迎风侧地脚螺栓承受的应力大于 0，则必须安装地脚螺栓并进行计算。具体计算方法与筒体相似。

（4） 裙座与塔体连接焊缝

裙座与塔体连接焊缝有搭接焊缝和对接焊缝两种。如图 9-43(a) 所示，搭接焊缝是裙座焊在壳体外侧的结构，焊缝承受由设备重量及弯矩产生的切应力，这种结构受力情况较差，但安装方便，可用于小型塔设备。

如图 9-43(b) 所示，对接焊缝要求塔体直径与裙座直径一致，将两者对焊，适用于大型塔设备，主要校核在弯矩及重力作用下迎风侧焊缝的拉应力。

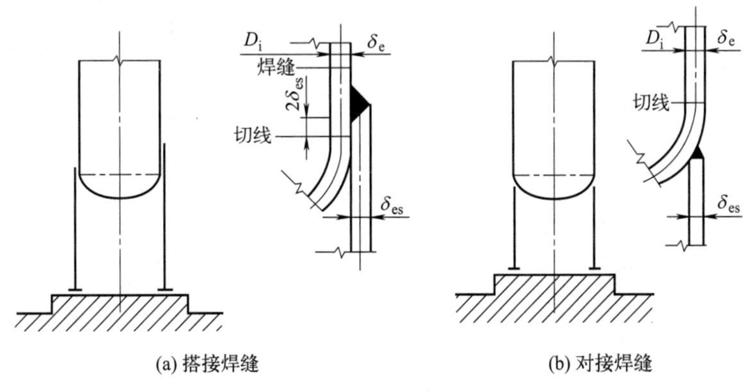


图 9-43　裙座与塔体连接焊缝

## 9.7 塔设备设计示例

现需设计一板式塔，经工艺计算，工艺参数及结构尺寸见表 9-2。

表 9-2 塔设备设计任务书

| 结构简图 | 设计参数及要求 | | | |
|---|---|---|---|---|
| | 工作压力/MPa | 1.0 | 设计寿命 | 20 |
| | 设计压力/MPa | 1.1 | 填料形式、规格和容积 | |
| | 工作温度/℃ | 170 | 填料密度/(kg/m$^3$) | |
| | 设计温度/℃ | 200 | 填料的堆积方式 | |
| | 介质名称 | | 浮阀(泡罩)规格/个 | |
| | 介质密度/(kg/m$^3$) | 800 | 浮阀(泡罩)间距/mm | |
| | 基本风压/(N/m$^2$) | 400 | 保温材料厚度/mm | 100 |
| | 抗震设防烈度/度 | 8 | 保温材料密度/(kg/m$^3$) | 300 |
| | 设计基本地震加速度 | 0.3$g$ | 塔盘上残留介质层高度/mm | 100 |
| | 场地土类型 | Ⅱ | 壳体材料 | Q345R |
| | 设计地震分组 | 第一组 | 内件材料 | Q235A |
| | 地面粗糙度类别 | B | 裙座材料 | Q235A |
| | 塔板数目 | 70 | 偏心质量/kg | 4000 |
| | 塔板间距/mm | 450 | 偏心距/mm | 2000 |
| | 腐蚀速率/(mm/a) | | | |

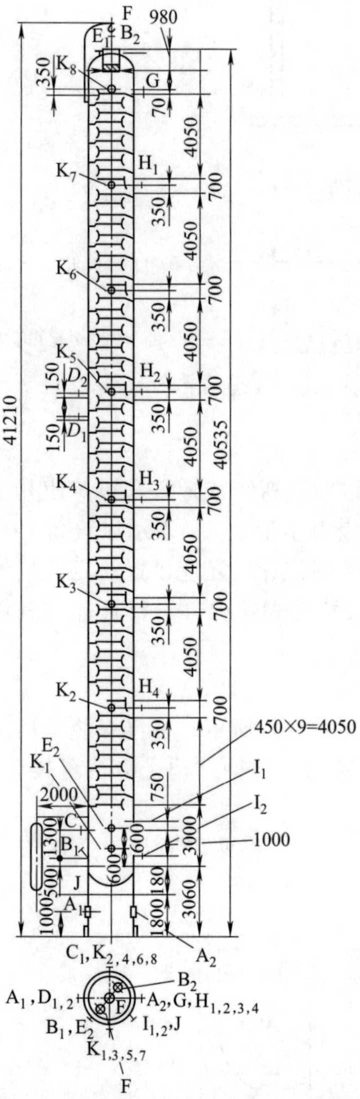

接管表

| 符号 | 公称尺寸 DN | 连接面型式 | 用途 | 符号 | 公称尺寸 DN | 连接面型式 | 用途 |
|---|---|---|---|---|---|---|---|
| $A_1$,$A_2$ | 450 | — | 人孔 | G | 100 | 突面 | 回流口 |
| $B_1$,$B_2$ | 32 | 突面 | 温度计 | $H_1$～$H_4$ | 25 | 突面 | 取样口 |
| C | 450 | 突面 | 进气口 | $I_1$,$I_2$ | 15 | 突面 | 液面计 |
| $D_1$,$D_2$ | 100 | 突面 | 加料口 | J | 125 | 突面 | 出料口 |
| $E_1$,$E_2$ | 25 | 突面 | 压力计 | $K_1$～$K_8$ | 450 | 突面 | 人孔 |
| F | 450 | 突面 | 排气口 | | | | |

打开 SW6 塔设备设计程序模块，新建文件“板式塔.cn”。

① 输入塔体参数。本设计为等直径等壁厚塔体，只有一段筒体。本设计选择液压试验。

② 按任务书要求输入塔体和封头数据，设定焊接接头系数为 0.85，预设塔体厚度为 16mm。(可参照第 5 章设计进行)

③ 按任务书条件输入塔盘数据，如图 9-44 所示。注意要求出各塔盘的位置。

④ 按任务书条件输入附件数据，如图 9-45 所示。其中最大管线外径为气体出口管外径。根据塔体上的 8 个人孔的设计要求，设计计算人孔及平台的相应位置，平台宽度根据塔盘分块确定。

⑤ 按任务书条件输入载荷数据，如图 9-46 所示。根据塔型，确定附件质量系数为 0.2，查阅资料取塔阻尼比为 0.01。根据任务书输入偏心载荷、抗震设防烈度、地面粗糙度类别、场地土类型和地震分组信息。

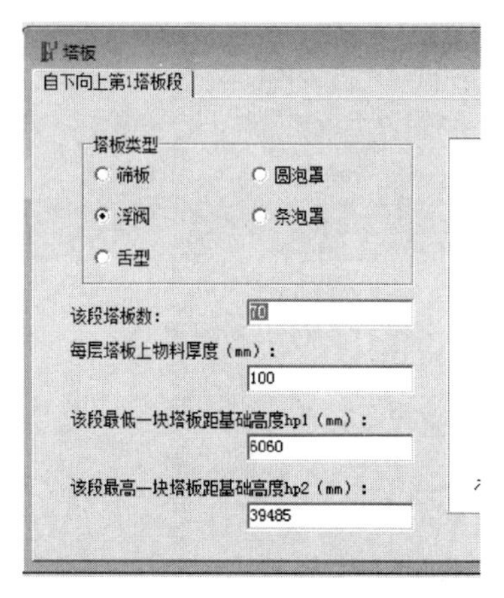


图 9-44　塔盘（塔板）数据输入

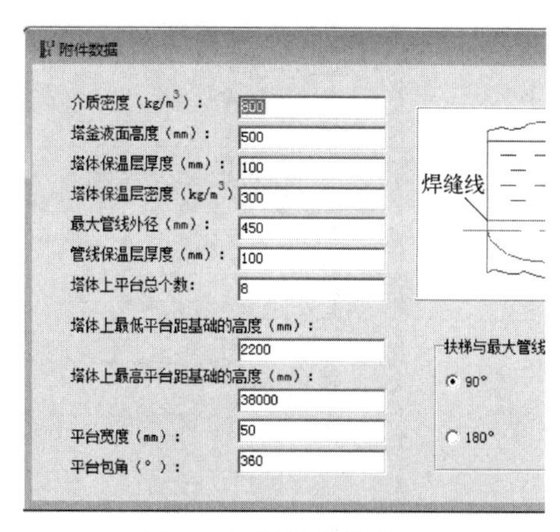


图 9-45　附件数据输入

图 9-46　载荷数据输入

⑥ 设计裙座，输入裙座结构尺寸。选择圆筒形裙座，计算裙座内径预设圈座厚度（裙座名义厚度）为 12mm，输入防火层数据，输入管孔信息，输入地脚螺栓、基础环、筋板、盖板尺寸，如图 9-47 所示。

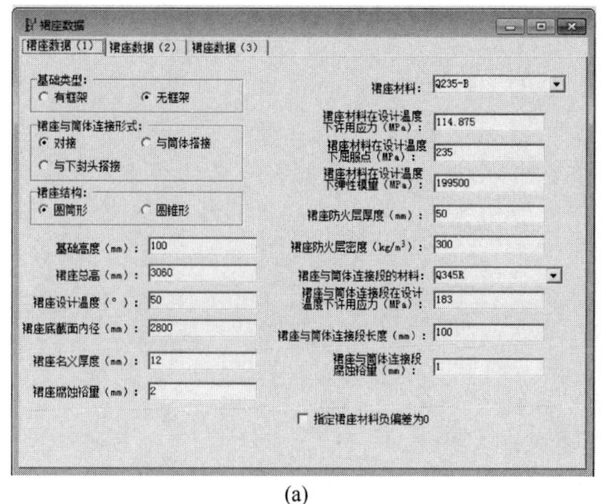


(a)

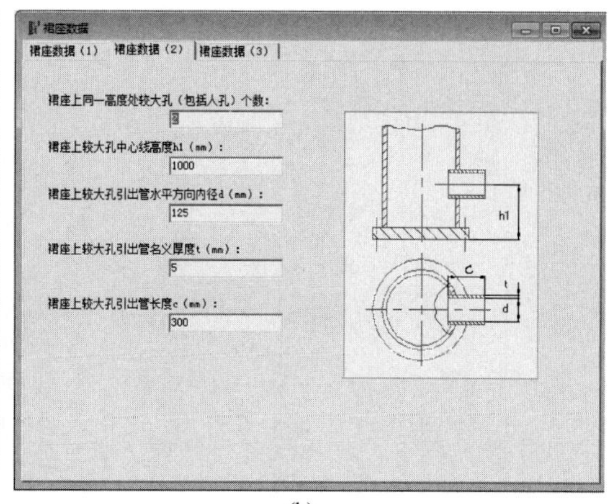


(b)

图 9-47

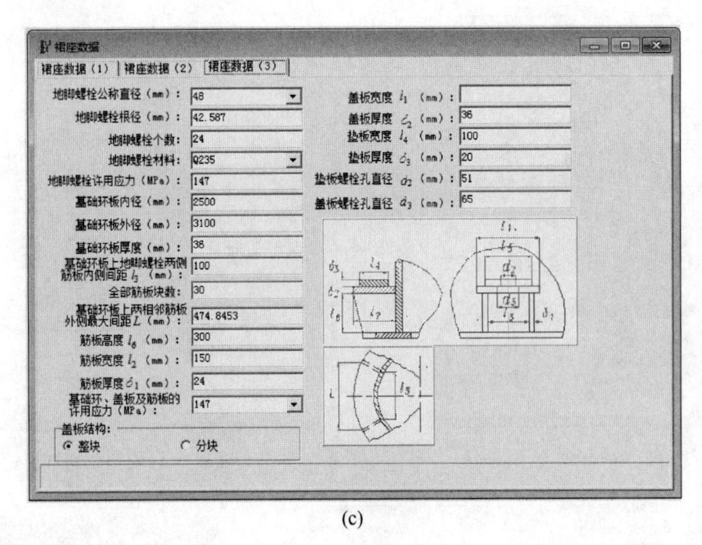


(c)

图 9-47 裙座数据输入

运行计算，校核通过。如校核不合格，修改设计尺寸重新计算。最终塔体壁厚为 20mm，裙座厚度为 12mm。

### 思考题

9-1 简述塔体的总体结构组成及其功能。

9-2 板式塔的内件有哪些？设计时需要确定哪些内容？

9-3 填料塔的内件有哪些？设计时需要确定哪些内容？

9-4 设备要承受哪些载荷？有何特点？

9-5 塔设备的载荷工况有哪几种？如何计算其载荷？

9-6 塔设备的危险点在何处？如何校核其应力？

# 10
# 搅拌式反应釜设计

搅拌反应设备广泛用于化工、轻工、制药等工业生产中。这种设备能完成搅拌过程与搅拌下的化学反应。例如，把多种液体物料相混合，把固体物料溶解在液体中，将几种不能互溶的液体制成乳浊液，将固体颗粒混在液体中制成悬浮液以及磺化、硝化、缩合、聚合等化学反应。在一定容积的容器中，在一定压力与温度下，借助搅拌器向液体物料传递必要的能量而进行搅拌过程的化学反应设备，在工业生产中通常称为搅拌反应器，习惯上也称为反应釜、搅拌罐。

机械搅拌设备主要用于物料的混合、传热、传质和反应等过程。它主要由搅拌容器、搅拌装置、传动装置和轴封装置等组成，如图 10-1 所示。搅拌装置是由搅拌器、轴及其支承组成，由电动机和减速器（减速机）等传动装置驱动搅拌轴，使搅拌器按照一定的转速旋转以实现搅拌的目的。轴封装置为搅拌罐和搅拌轴之间的动密封，用以封住罐内的流体使其不致泄漏。搅拌容器包括搅拌罐、换热元件及安装在搅拌罐上的附件。搅拌罐是反应釜的主体装置，它盛放反应物料；换热元件包括夹套、蛇管（即盘管）；附件包括工艺接管及防爆装置等。

本章主要以 $10m^3$ 的味精发酵罐设计为例，采用常规设计方法，综合考虑环境条件、液体性质等因素并参考相关标准，采用 SW6 软件辅助进行设计和校核，最后形成合理的设计方案。

## 10.1 搅拌容器设计

搅拌容器由搅拌罐（罐体）、换热元件及内构件组成。罐体为主要承压空间，常用的搅拌容器罐体是立式圆筒形容器，由顶盖、筒体和罐底组成，通过支座安装在基础或平台上。有传热要求的搅拌反应器，为维持反应的最佳温度，设置外夹套或内盘管作为加热、冷却装置。罐体上设有各种接管，以满足进料、出料、排气等要求。上封头焊有凸缘法兰，用于搅拌容器与机架的连接。小型搅拌容器用悬挂式支座，大型搅拌容器则用裙式支座或支承式支座。

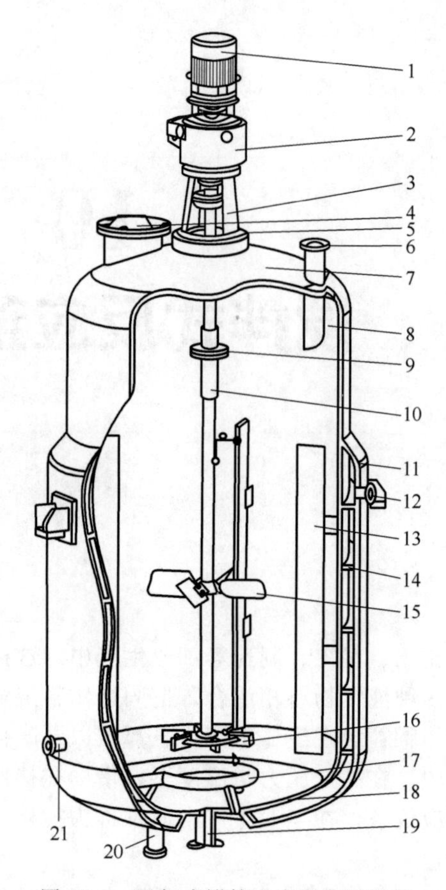


图 10-1 通气式搅拌反应器典型结构

1—电动机；2—减速器；3—机架；4—人孔；5—密封装置；6—进料口；7—上封头；8—筒体；9—联轴器；10—搅拌轴；11—夹套；12—载热介质出口；13—挡板；14—螺旋导流板；15—轴向流搅拌器；16—径向流搅拌器；17—气体分布器；18—下封头；19—出料口；20—载热介质进口；21—气体进口

## 10.1.1 罐体结构设计

罐体筒体一般为圆柱形筒体，罐底常采用椭圆形封头，为放料方便时可采用锥形封头。顶盖在受压状态下宜采用椭圆形封头，对于常压或操作压力不大而直径较大的设备，可以采用平盖，并在平盖上加设型钢制的横梁，以支承搅拌及传动装置。

罐体直径小于或等于 1200mm 时，不易采用不可拆连接，一般为法兰连接。罐体直径大于 1200mm 时常采用焊接结构形式，顶盖开人孔用于安装和检修。

HG/T 3109—2009《钢制机械搅拌容器型式与基本参数》给出了常见的结构形式。

（1）公称容积与操作容积

釜体圆筒的容积由工艺设计计算确定。釜体容积与生产能力有关。生产能力以单位时间内处理物料的重量或体积来表示。例如已知间歇操作时，每昼夜处理物料为 $V_a$，其中每批物料的反应时间为 $t$，考虑装料系数 $\phi$，则每台反应器的公称容积 $V$ 可以由下式计算：

$$V=\frac{V_a t(1+\eta)}{\phi m\times 24} \tag{10-1}$$

式中 $V_a$——每昼夜处理的物料体积，即操作容积，$m^3/24h$；

$\phi$——装料系数，即装料容积与 $V$ 的比值；装料系数是根据实际生产条件或试验结果确定的，通常 $\phi$ 的取值为 0.7～0.85，如果泡沫严重则取 0.4～0.6；

$m$——反应器的台数；

$t$——每批物料反应时间，h；

$\eta$——容积的备用系数，一般取 10%～15%。

显然，对一定的产量来讲，$m$ 和 $V$ 之间可能有多种选择，一般应该从设备投资和日常生产能力等方面综合比较其经济性。

确定搅拌容器的公称容积 $V$ 后，即可选择适合的高径比，确定筒体的直径和高度。直立式搅拌容器的公称容积为筒体和下封头两部分容积之和，卧式搅拌容器的公称容积为筒体和左右两封头容积之和。

(2) 罐体的高径比

罐体的高径比 $i=H/D_i$，其中 $H$ 指罐体筒节高度，$D_i$ 指罐体内径，如图 10-2 所示。

选择罐体的高径比应考虑的主要因素包括：①高径比对搅拌功率的影响；②高径比对传热的影响；③物料搅拌反应特性对高径比的要求。

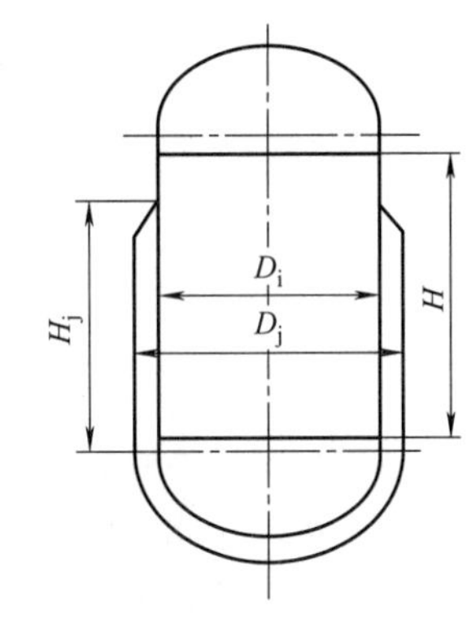

图 10-2 罐体结构尺寸

减小高径比，即减小罐体高度，放大直径，搅拌器桨叶直径也相应放大，在固定的搅拌轴转速下由于搅拌功率与搅拌器桨叶直径的 5 次方成正比，所以随着罐体直径放大，搅拌功率增加很多，这对需要较大搅拌作业功率的搅拌过程适合，否则减小高径比将无谓地损耗搅拌器功率。

容积一定时，高径比越大，则传热表面距离罐体中心越近，物料的温度梯度就越小，传热效果就越好，因此单从夹套传热的角度考虑，一般希望高径比取得大一些。某些物料的搅拌反应过程对罐体高径比有着特殊要求，例如发酵罐，为了使通入的空气与发酵液有充分的接触时间，需要足够的液位高度，就希望高径比取得大一些。

根据实践经验，几种搅拌容器的高径比取值如表 10-1 所示.

**表 10-1 常用搅拌容器的高径比**

| 种类 | 物料类型 | 高径比 |
|---|---|---|
| 一般搅拌罐 | 液-液或液-固相 | 1～1.3 |
| | 气-液相 | 1～2 |
| 聚合釜 | 悬浮液、乳化液 | 2.08～3.85 |
| 发酵罐 | 气-液相 | 1.7～2.5 |

(3) 罐体内径

为了便于计算，先忽略封头容积，认为罐体的容积 $V\approx\frac{\pi}{4}D_i^2H$，将高径比 $i=H/D_i$ 代入，预估罐体内径：

$$D_i=\sqrt[3]{\frac{4V}{\pi i}} \tag{10-2}$$

(4) 罐体筒节高度

直立式搅拌容器，$V$ 为筒体容积和下封头容积之和，即 $V=V_{筒}+V_{下封}$。则

$$H=\frac{4(V-V_{下封})}{\pi D_i^2} \tag{10-3}$$

向上取整可得罐体筒节高度。

## 10.1.2 换热元件

### 10.1.2.1 换热元件选型

常用的换热元件有夹套和盘管，如图 10-3 所示。

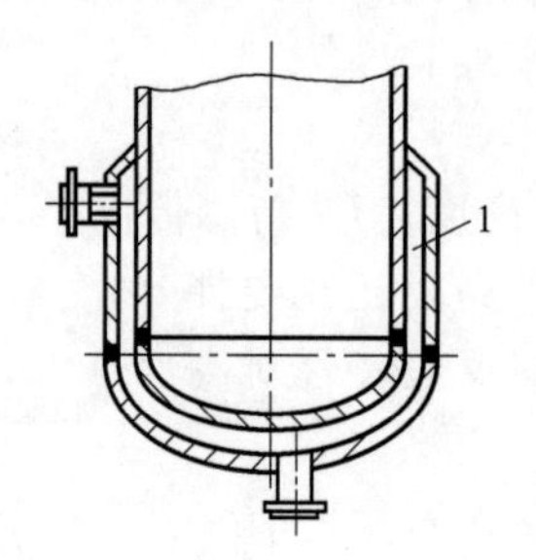


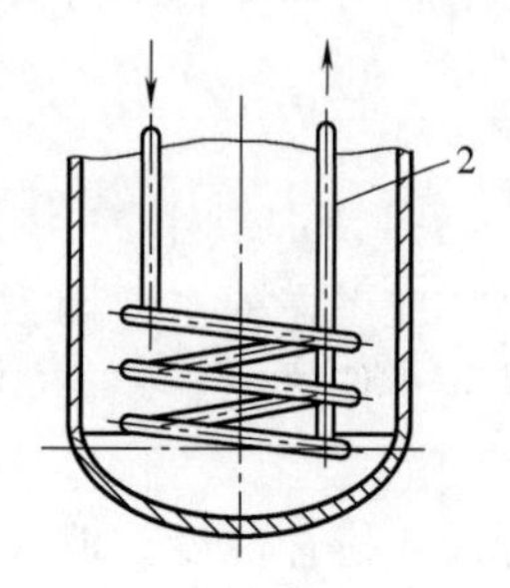


图 10-3 换热元件的形式

1—夹套；2—盘管

夹套在容器外侧，用焊接或法兰连接方式装设各种形状的钢结构，使其与容器外壁形成密闭的空间，在此空间内通入加热或冷却介质，可加热或冷却容器内的物料。当夹套的换热面积能满足传热要求时，应优先采用夹套，减少容器内构件，便于清洗，不占用容器的有效容积。当反应器的热量仅靠外夹套传热，换热面积不够时或筒体有内衬材料不易使用夹套时，可在容器内设置盘管（内盘管），内盘管通常浸没在物料中，热量损失小，传热效果好，但检修较困难，盘管内部难清洗、易挂料。

(1) 夹套结构

夹套按结构形式可分为整体夹套、型钢夹套、蜂窝夹套、半圆管夹套等，表 10-2 所示为常用的夹套结构形式。

整体夹套的载热介质流经夹套与筒体的环形面积，流道面积大，流速低，传热性能差。为提高传热效率，可以通过在筒体上焊接螺旋导流板，在进口处安装扰流喷嘴，在夹套的不同高度处安装切向进口等措施来提高流体流速，增加传热系数，如表 10-2 所示。

型钢夹套由角钢与筒体焊接组成，可以沿筒体外壁轴向布置，也可沿筒体外壁螺旋布置。但型钢的刚度大，弯曲成螺旋形时加工难度大。

蜂窝夹套以整体夹套为基础，采取折边或短管等加强措施，提高筒体的刚度和夹套的承压能力，减少流道面积，减薄筒体壁厚，强化传热效果。

半圆管夹套由半圆管或弓形管由带材压制而成，加工方便。当载热介质流量小时宜采用弓形管。缺点是焊缝多，焊接工作量大，筒体较薄时易造成焊接变形。

当釜体直径较大时或传热介质压力较高时，可使用型钢夹套、半圆管夹套、蜂窝夹套等结构形式。这样不但能提高传热介质的流速，改善传热效果，还能提高罐体抵抗外压的刚度，减小筒体的厚度。表 10-3 列出了几种碳钢夹套的适用温度和压力范围，选型时可参考进行。

（2）整体夹套结构

整体夹套结构简单，是最常用的夹套型式。整体夹套分为 U 形和圆筒形。U 形夹套在筒体和下封头部分都包有夹套，换热面积大，是最常用结构形式。当换热面积较小，可以使用圆筒形夹套，只在筒体部分设置夹套，适用于换热量要求不大的场合，如图 10-4 所示。

整体夹套有可拆式和不可拆式两种连接方式。可拆式的法兰连接用于夹套内载热介质易结垢、需经常清洗的场合，工程上使用较多的是不可拆式夹套，见表 10-2。不可拆式在夹套肩与筒体的连接处焊接，做成锥形的称为封口锥，做成环形的称为封口环，如图 10-5 所示。

**表 10-2　常用夹套结构形式**

| 图示 | | | |
|---|---|---|---|
| 名称 | 可拆式整体夹套 | 不可拆式整体夹套 | 带螺旋导流板整体夹套 |
| 图示 | | | |
| 名称 | 型钢夹套 | 折边式蜂窝夹套 | 半圆管夹套 |

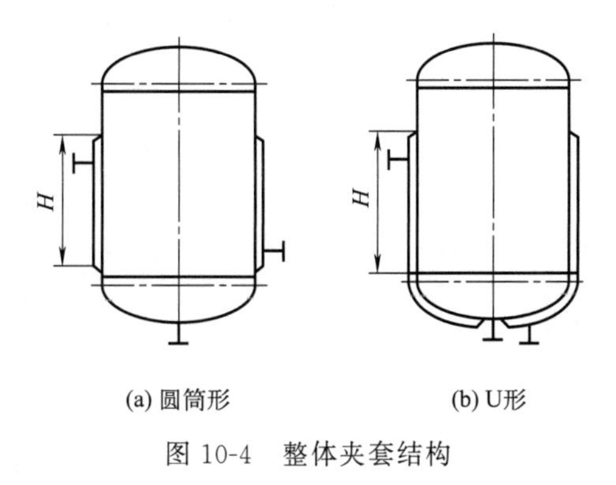

(a) 圆筒形　(b) U形

图 10-4　整体夹套结构

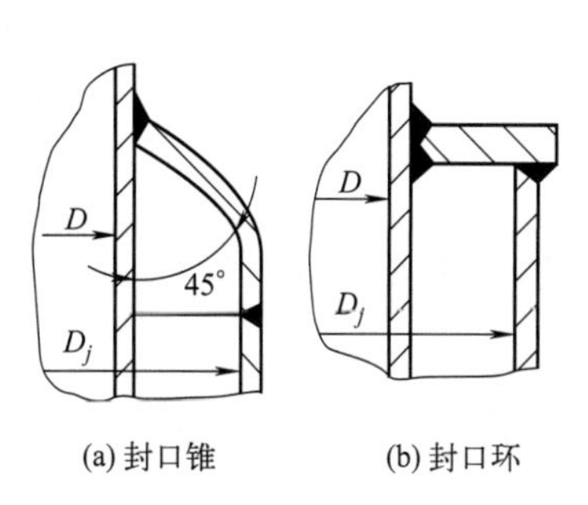

(a) 封口锥　(b) 封口环

图 10-5　夹套肩与筒体的连接结构

表 10-3 几种碳钢夹套的适用温度和压力范围

| 夹套型式 | | 最高温度/℃ | 最高压力/MPa |
|---|---|---|---|
| 整体夹套 | U形 | 350 | 0.6 |
| | 圆筒形 | 300 | 1.6 |
| 型钢夹套 | | 200 | 2.5 |
| 蜂窝夹套 | 折边式 | 250 | 4.0 |
| 半圆管夹套 | | 350 | 6.4 |

(3) 内盘管结构

内盘管有螺旋形盘管［图 10-6(a)］和竖式盘管［图 10-6(b)］两种形式。前者在盘管螺距较小时有导流筒的作用，后者可起到挡板的作用。当盘管换热面积也不足时，可采用夹套和盘管的组合结构，以满足换热的要求。

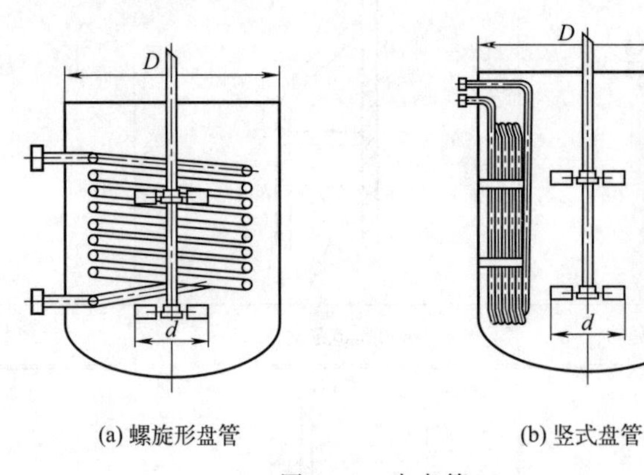


(a) 螺旋形盘管　　(b) 竖式盘管

图 10-6 内盘管

## 10.1.2.2 夹套结构设计

夹套的内径 $D_{2i}$ 可根据筒体内径 $D_i$ 按表 10-4 来确定。

表 10-4 夹套内径 $D_{2i}$　　单位：mm

| $D_i$ | 500～600 | 700～1800 | 2000～3000 |
|---|---|---|---|
| $D_{2i}$ | $D_i+50$ | $D_i+100$ | $D_i+200$ |

夹套高度 $H_{夹}$ 由传热面积 $F$ 决定，而搅拌容器的传热面积则根据传热量和传热速率，由工艺计算获取。夹套高度 $H_{夹}$ 一般不高于料液的静止高度。

液面高度（$\phi$ 为装料系数，$V$ 为公称容积）为

$$H_{液}=\frac{\phi V-V_{下封}}{\pi\frac{D_i^{\ 2}}{4}} \tag{10-4}$$

传热所需筒体高度为

$$H_{需}=\frac{F}{\pi D_i} \tag{10-5}$$

当 $H_{需}<H_{液}$ 时，采用圆筒形夹套，$H_{夹}=H_{需}$。

当 $H_{需}>H_{液}$ 时，选用 U 形夹套，传热所需夹套高度 $H_{夹}=\frac{F-F_{下封}}{\pi D_i}$，如果此时 $H_{夹}>$

$H_{液}$，必须使用内盘管来加强传热。

### 10.1.3 工艺接管结构设计

工艺接管主要满足进料、出料、排气等要求，仪表接管用于安装测量反应物的温度、压力、成分及其他参数的传感器。

（1）进料管

进料管一般从顶部进入。接管一般伸进设备内，可避免物料沿釜体内壁流动，减少物料对釜壁的局部磨损和腐蚀。管端一般制成45°斜口，可以避免物料喷溅到内壁上，如图10-7（a）所示。对于易磨蚀、易堵塞的物料，宜用可拆式管口，以便清洗和检修，如图10-7(b)所示。进料管如需沉浸于料液中以减少冲击液面而产生泡沫，管可稍长，但是需在液面以上部分开小孔以防止虹吸现象。

（2）出料管

出料管有上出料（压料管）和下出料等形式。当反应釜内液体物料需要输送到位置更高或与它并列的另一设备中去时，可以采用压料管装置，利用压缩空气或惰性气体的压力，将物料压出。压料管一般做成可拆式，釜体上的管口大小要保证压料管能顺利取出。为防止压料管在釜内因搅拌影响而晃动，除应使其基本与釜体贴合外，还需以管卡或挡板固定。压料管如图10-8所示。

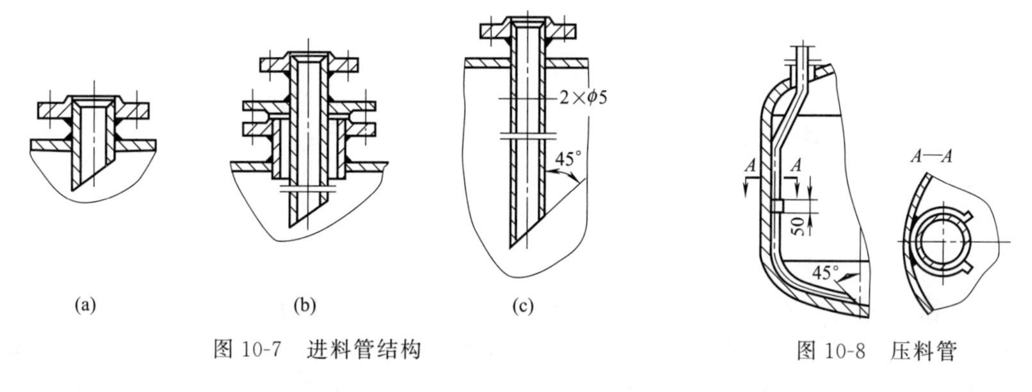


图10-7　进料管结构

图10-8　压料管

反应釜中的物料需要输送到位置较低的设备或容器中时，以及对于黏稠或含固体颗粒的物料，可以采用向下放料的方式。下出料管及夹套处的结构如图10-9所示。

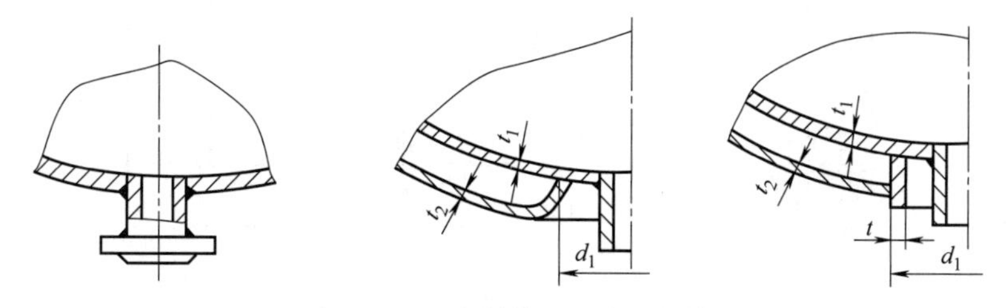


图10-9　下出料管及夹套处结构

（3）安全附件管口

为了观察和监测反应釜物料反应和流体流动情况，需在搅拌容器上设置温度计、压力表和视镜。温度计一般需插入到液层中，为了保护温度计不受损坏，一般将温度计放入金属套管中，套管与筒壁焊接。视镜装在上封头上，为防止设备内液体泡沫飞溅到镜片上或镜片结雾影响观察，可设置镜片冲洗管，必要时可用液体或蒸汽冲扫。

### 10.1.4 夹套反应釜的强度计算和稳定性校核

当搅拌容器的几何尺寸确定后，要根据已知的公称直径、压力、温度进行强度计算和稳定性校核，以确定罐体及夹套的筒体和封头的厚度。无夹套的搅拌容器设计方法与普通容器相同。

带夹套的搅拌容器强度计算及稳定性校核时要依据可能出现的最危险工况来设计，分以下几种不同情况：

① 罐体内为常压，外带夹套 被夹套包围部分的筒体按外压（指夹套压力）圆筒设计，其余部分按常压容器设计。

② 罐体内为真空，外带夹套 被夹套包围部分的筒体按外压（夹套压力＋0.1MPa）圆筒设计，其余部分按真空容器设计。

③ 罐体内为正压，外带夹套 被夹套包围部分的筒体分别按内压圆筒和外压（指夹套压力）圆筒设计，取其中的较大值，其余部分按内压容器设计。

④ 夹套和罐体需要分别进行耐压试验 按照各自的设计压力确定耐压试验压力，并按照GB/T 150.1规定进行耐压试验应力校核，同时需要校核罐体在夹套耐压试验压力下的稳定性。

## 10.2 搅拌装置设计

搅拌装置由搅拌器、搅拌轴及其支承组成。

### 10.2.1 搅拌器

#### 10.2.1.1 搅拌器流型

搅拌器又称搅拌桨或搅拌叶轮，是搅拌反应器的关键部件，其功能是提供搅拌过程所需要的能量和适宜的流动状态，以达到搅拌的目的。搅拌器旋转时把机械能传递给流体，在搅拌器附近形成高湍动的充分混合区，并产生一股高速射流推动液体在搅拌容器内循环流动。这种循环流动的途径称为流型。搅拌器顶插式中心安装的立式圆筒有三种基本流型（见图10-10）。

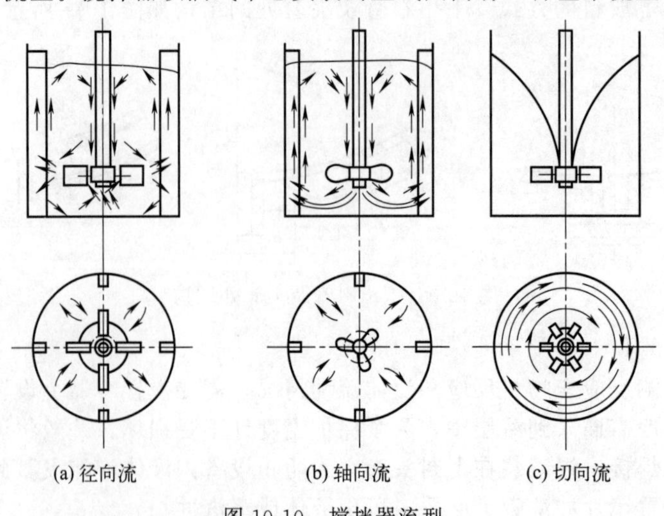


图10-10 搅拌器流型

① 径向流 流体流动方向垂直于搅拌轴，沿径向流动，碰到容器壁面分成两股流体分别向上、向下流动，再回到叶端，不穿过叶片，形成上下两个循环流动。

② 轴向流 流体流动方向平行于搅拌轴，流体由桨叶推动，使流体向下流动，遇到容器底面再向上翻，形成上下循环流。

③ 切向流 无挡板的容器内，流体绕轴做旋转运动，流速高时液体表面会形成漩涡，流体从桨叶周围周向卷吸至桨叶区的流量很小，混合效果很差。

上述三种流型通常同时存在，其中轴向流与径向流对混合起主要作用，而切向流应加以抑制，采用挡板可削弱切向流，增强轴向流和径向流。搅拌器的改进和新型搅拌器的开发往往从流型着手。搅拌容器内的流型取决于搅拌器的形式、搅拌容器和内构件几何特征，以及流体性质、搅拌器转速等因素。流型与搅拌效果、搅拌功率的关系十分密切。

#### 10.2.1.2 搅拌器型式

由于搅拌过程种类繁多，介质千差万别，所以搅拌器的型式也是多种多样，以满足各种操作需要。本节主要介绍生产中广泛使用的几种搅拌器，其他型式的搅拌器可参考相关资料。

桨式、推进式、涡轮式和锚式搅拌器在搅拌反应设备中应用最为广泛，据统计约占搅拌器总数的75％～80％。

（1）桨式搅拌器

桨式搅拌器叶片用扁钢制成，焊接或用螺栓固定在轮毂上，叶片形式可分为平直叶式和折叶式两种，叶片数是2～4片。桨式搅拌器主要用于流体的循环，平直叶桨式搅拌器产生的是径向力，折叶桨式搅拌器产生的是轴向力。由于在同样排量下，折叶式比平直叶式的功耗少，操作费用低，故折叶式使用较多，如图10-11所示。桨式搅拌器结构简单，成本低，主要用于低黏流体搅拌，也用于高黏流体搅拌，促进流体的上下交换，代替价格高的螺带式搅拌器，能获得良好的效果。桨式搅拌器的转速一般为20～100r/min，最高黏度为20Pa·s。

（2）推进式搅拌器

推进式搅拌器通常有三瓣螺旋形叶片，搅拌时流体由桨叶上方吸入，下方以圆筒状螺旋形排出，流体至容器底再沿壁面返至桨叶上方，形成轴向流动，如图10-12所示。推进式搅拌器搅拌时流体的湍流程度不高，循环量大，结构简单，制造方便。推进式搅拌器容器内装挡板，搅拌轴偏心安装，搅拌器倾斜，可防止漩涡形成。推进式搅拌器主要应用于黏度低、流量大的场合，用较小的搅拌功率，通过高速转动的桨叶能获得较好的搅拌效果。

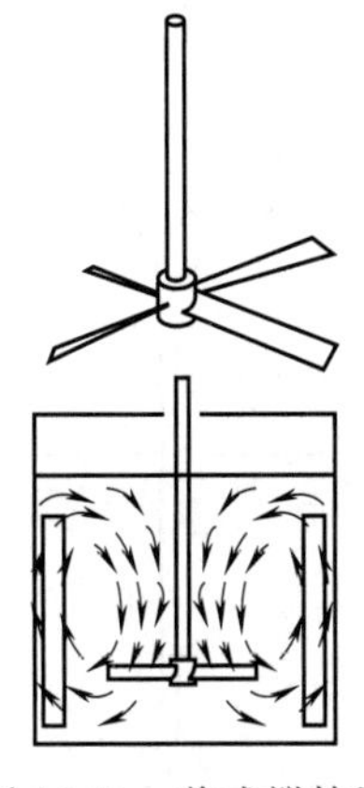

图10-11 桨式搅拌器

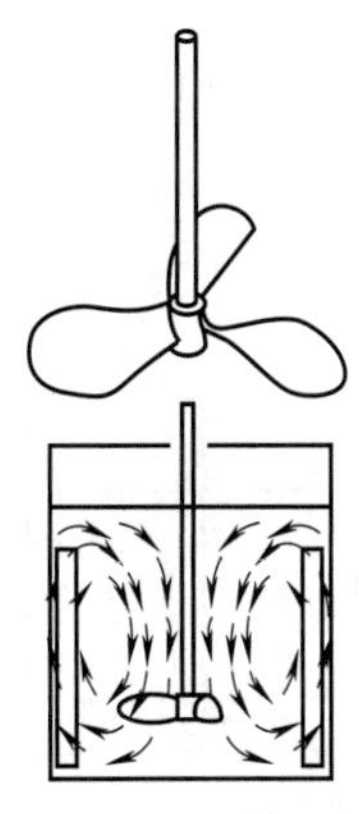

图10-12 推进式搅拌器

（3）涡轮式搅拌器

涡轮式搅拌器，是应用较广的一种搅拌器，通过涡轮旋转强迫物料、气体介质对流并均匀混合，能有效地完成几乎所有的搅拌操作，并能处理黏度范围很广的流体。涡轮式搅拌器可分为开式和盘式两类，搅拌器的叶片直接安装在轮毂上，开式涡轮有平直叶、斜叶、弯叶等，常用的叶片数为2叶和4叶，盘式涡轮以6叶最常见。为改善流动状况，有时把桨叶制成凹形或箭形。

涡轮式搅拌器有较大的剪切力，可同时产生很强的切向流和轴向流，可使流体微团分散得很细，如图10-13所示。适用于低黏度到中等黏度流体的混合、气-液分散、液-固悬浮，以及促进良好的传热、传质和化学反应。平直叶剪切作用较大，属剪切型搅拌器。弯叶指叶片朝着流动方向弯曲，可降低功率消耗，适用于含有易碎固体颗粒的流体搅拌。

（4）锚式搅拌器

锚式搅拌器结构简单，如图10-14所示，适用于黏度在100Pa·s以下的流体搅拌，当流体黏度在10～100Pa·s时，可在锚式桨中间加一横桨叶，即为框式搅拌器，以增加容器中部的混合。

锚式或框式桨叶的混合效果并不理想，只适用于对混合要求不太高的场合。由于锚式搅拌器容器壁附近流体流速比其他搅拌器大，能得到大的表面传热系数，故锚式搅拌器常用于传热、晶析操作，也常用于搅拌高浓度淤浆和沉降性淤浆。当搅拌黏度大于100Pa·s的流体时，应采用螺带式或螺杆式。

搅拌器选型一般从搅拌目的、搅拌功率和搅拌容器容积的大小三个方面考虑，除满足工艺要求外，还应考虑功耗低、操作费用省，以及制造、维护和检修方便等因素。选型一般由工艺人员进行，填入设计条件单中。

搅拌器的搅拌作用由运动着的桨叶产生，因此，桨叶的形状、尺寸、数量以及转速都影响着搅拌器的功能。另外，搅拌槽的形状、尺寸，挡板的设置情况，物料在槽中的进出方式都属于工作环境的范畴，这些条件以及搅拌器在槽内的安装位置及方式都会影响搅拌器的功能。

目前，搅拌器型式已部分标准化，HG/T 3796.1—2005《搅拌器型式及基本参数》给出了其结构、尺寸参数及需用扭矩和质量。设计时选用标准结构可不做搅拌器的强度计算。

搅拌器的结构设计包括搅拌器桨径、桨宽、桨转速、桨叶数量和桨叶离槽的安装高度等。第一层搅拌桨一般安装在下封头高度处，第二层可装在液面至底层桨距离的中间或稍高的位置，第三层装在液面下200mm处。

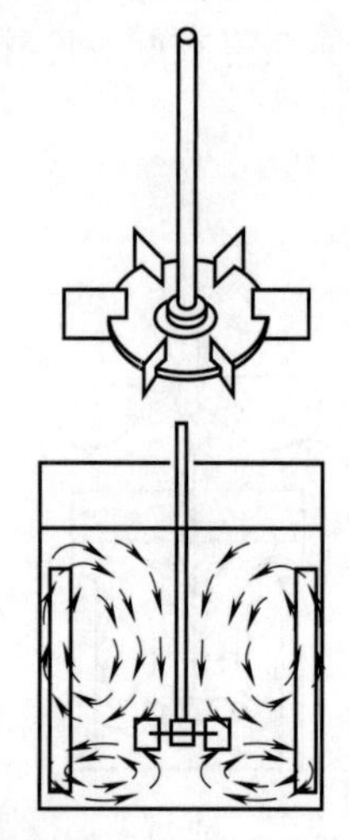

图10-13　涡轮式搅拌器

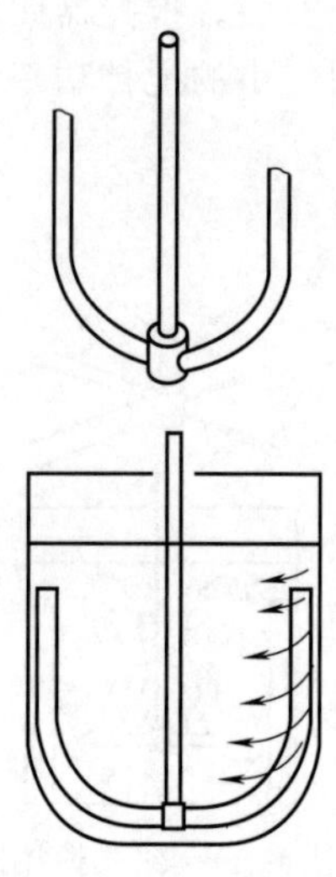

图10-14　锚式搅拌器

#### 10.2.1.3 搅拌附件

搅拌器沿容器中心线安装，搅拌物料的黏度不大，搅拌转速较高时，液体将随着桨叶旋转一起运动，容器中间部分的液体在离心力作用下涌向内壁面并上升，中心部分液面下降，形成漩涡，通常称为打漩区，如图 10-10(c) 所示。随着转速的增加，漩涡中心下凹到与桨叶接触，此时外面的空气进入桨叶被吸到液体中，液体混入气体后密度减小，从而降低混合效果。为消除这种现象，通常在容器中加入挡板。一般在容器内壁面均匀安装 4 块挡板，其宽度为容器直径的 1/12～1/10。当再增加挡板数和挡板宽度，功率消耗不再增加时，称为全挡板条件。全挡板条件与挡板数量和宽度有关。挡板的安装见图 10-15，上沿与静止液面平齐，下沿到罐底。搅拌容器中的换热管可部分或全部代替挡板，装有垂直换热管时一般可不再安装挡板。

对于轴向流为主的搅拌器，可以设置导流筒。导流筒是上下开口的圆筒，安装于容器内，在搅拌混合中起导流作用。对于涡轮式或桨式搅拌器，导流筒置于桨叶的上方；对于推进式搅拌器，导流筒套在桨叶外面，或略高于桨叶，如图 10-16 所示。其中搅拌器底间距 $c=1.2d_j$，导流筒最小直径 $d=1.1d_j$，导流筒高度 $h_2=0.5H_2$（罐体高度），导流筒上端高度 $h_1=d$。

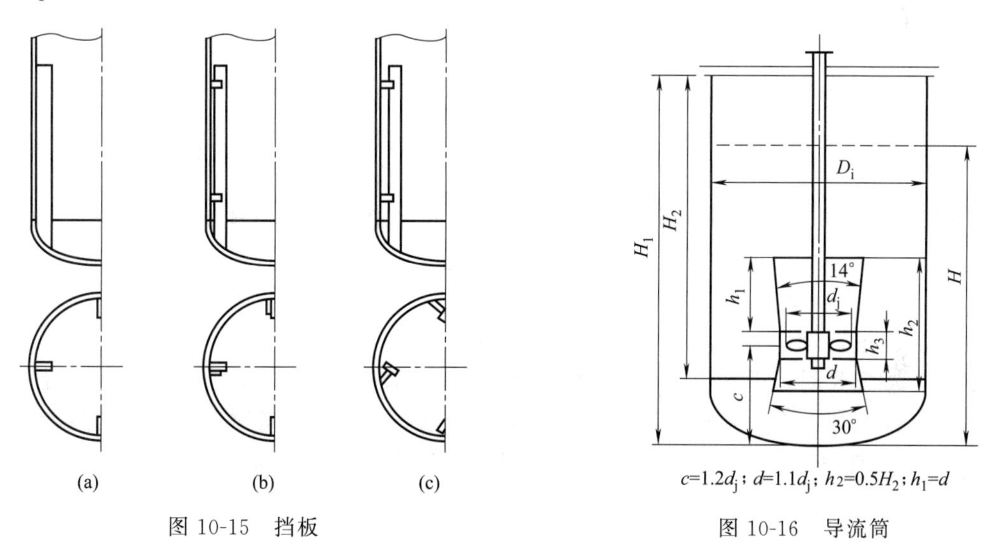


图 10-15 挡板

图 10-16 导流筒

通常导流筒上端低于静液面，筒身上开孔或槽，当液面降落后流体仍可从孔或槽进入导流筒。导流筒将搅拌容器截面分成面积相等的两部分，导流筒直径约为容器直径的 70%。当搅拌器置于导流筒之下，且容器直径又较大时，导流筒的下端直径应缩小，使下部开口小于搅拌器的直径。

## 10.2.2 搅拌轴

搅拌反应器的振动、轴封性能等直接与搅拌轴的设计相关，对于大型或高径比大的反应器尤为重要。

搅拌轴主要由轴颈、轴头和轴身三部分组成。支承轴的部分称为轴颈，安装搅拌器的部分称为轴头，其余部分称为轴身。搅拌轴工作时主要受扭转、弯曲和冲击作用，故轴的材料应该有足够的强度、刚度和韧性。

搅拌轴的设计内容包括结构设计和强度设计。结构设计包含搅拌轴的形式和安装方式。

#### 10.2.2.1 搅拌轴的结构设计

结构设计包含搅拌轴的形式和安装方式。

搅拌轴可用实心轴或空心轴，碳钢材料常选用45优质钢，对于要求较低的搅拌轴也可使用碳素钢，对于有防腐或防污染要求的场合，采用不锈钢或碳素钢包覆防腐材料。

通常减速机内用一对轴承来支承搅拌轴，搅拌轴较长而且悬伸在反应釜内进行搅拌操作，此种结构的力学模型称为悬臂轴，如图10-17所示；在径向力的作用下搅拌轴会弯曲，旋转时容易发生振动。因此，搅拌转速较快且密封要求较高时，可考虑增加中间轴承或底轴承，此时的力学模型称为单跨轴，如图10-18所示。

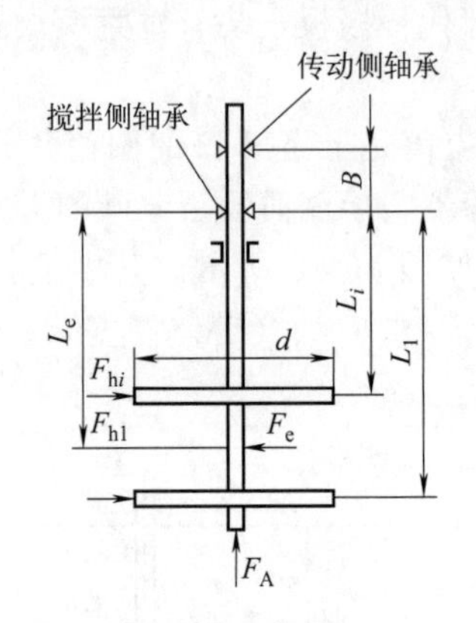


图10-17 悬臂轴

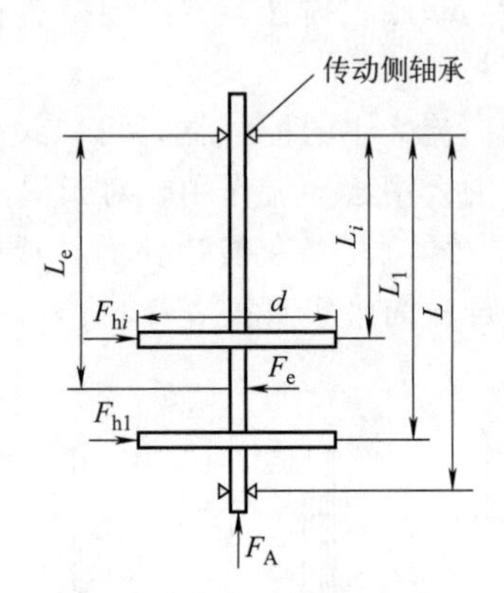


图10-18 单跨轴

图10-17、图10-18中，$d$ 指搅拌器直径，$F_A$ 指搅拌轴承受流体的轴向压力，$F_h$ 指搅拌器上流体径向力，$L_e$ 指搅拌轴及各层圆盘组合重心离轴承（对悬臂轴为搅拌侧轴承）的距离，$L_1$ 指第一个搅拌器与搅拌侧轴承之间的距离，$L_i$ 指第 $i$ 个搅拌器与搅拌侧轴承之间的距离。$B$ 指悬臂轴两支点间距离，$L$ 指单跨轴两支点间的距离。

当搅拌轴细长时，常常会使搅拌轴发生弯曲，随着离心力作用的递增，反应器发生振动，密封性能变坏，寿命降低，甚至引起破坏。根据经验，要保持搅拌轴稳定地运转，两轴承间距 $B$ 和搅拌侧轴承至搅拌器之间的悬臂长度 $L$ 应保持如下关系：

$$L/B \leqslant 4\sim5,\ L/d \leqslant 40\sim50 \tag{10-6}$$

上述关系取值原则如下：

① 轴径 $d$ 计算后，若裕量选得较大，则 $L/B$ 和 $L/d$ 取偏大值，反之取偏小值；

② 经过平衡试验的搅拌器，$L/B$ 和 $L/d$ 取偏大值，反之取偏小值；

③ 低转速下 $L/B$ 和 $L/d$ 取偏大值，高转速下取偏小值。

如果式（10-5）的条件不能满足，可采取增加底轴承（图10-19）或中间轴承（图10-20）的办法来提高搅拌轴的支承稳定性。

#### 10.2.2.2 搅拌功率计算

搅拌功率指搅拌器以一定转速进行搅拌时，对液体做功并使之发生流动所需的功率。计算搅拌功率的目的是设计或校核搅拌器和搅拌轴的强度和刚度，用于选择电机和减速机等传动装置。

影响搅拌功率的因素很多，主要有以下四个方面：

① 搅拌器的几何尺寸与转速：搅拌器直径、桨叶宽度、桨叶倾斜角、转速、单个搅拌器叶片数、搅拌器距离容器底部的距离等。

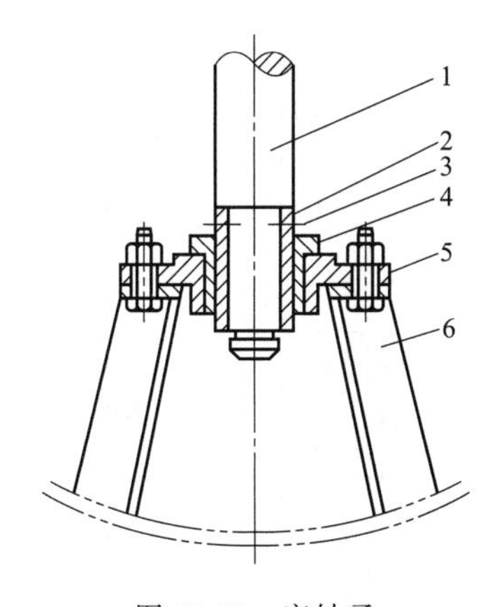


图 10-19 底轴承

1—轴；2—轴套；3—紧定螺钉；4—轴衬；5—轴承；6—支架

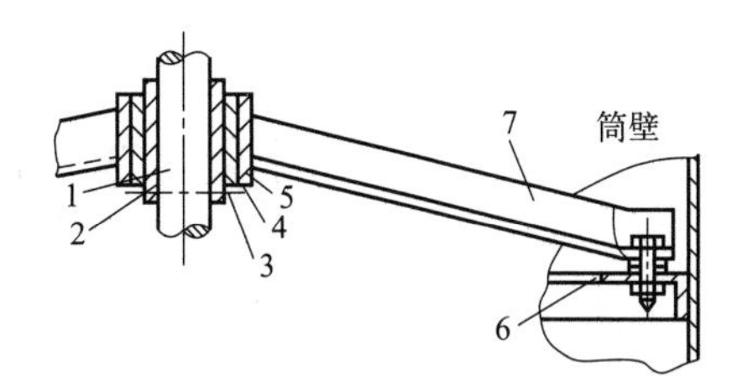


图 10-20 中间轴承

1—轴；2—轴套；3—紧定螺钉；4—轴衬；5—轴承；6—垫片；7—拉筋

② 搅拌容器的结构：容器内径、液面高度、挡板数、挡板宽度、导流筒的尺寸等。

③ 搅拌介质的特性：液体的密度、黏度。

④ 重力加速度。

单相液体的搅拌功率可由下式计算：

$$P=N_P\rho n^3 d^5 \tag{10-7}$$

式中 $P$——搅拌功率，kW；

$\rho$——密度，kg/m$^3$；

$n$——转速，r/s；

$d$——搅拌器直径，m；

$N_P$——功率准数，在特定的搅拌装置上，可以测得功率准数 $N_P$ 与雷诺数 $Re$ 的关系曲线，见图 10-17；

$Re$——雷诺数，$Re=\dfrac{d^2 n\rho}{\mu}$；

$\mu$——液体黏度，Pa·s。

功率准数 $N_P$ 随雷诺数 $Re$ 变化。计算搅拌功率时，图 10-21 所示功率曲线只适用于图示六种搅拌器的几何比例关系。如果比例关系不同，功率准数 $N_P$ 也不同。

上述功率曲线是在单一液体下测得的。对于非均相的液-液或液-固系统，用上述功率曲线计算时，需用混合物的平均密度和修正黏度代替 $\rho$、$\mu$。

### 10.2.2.3 搅拌轴的强度校核

搅拌轴的计算主要是确定轴的最小截面尺寸，即轴径。搅拌轴的计算需要进行强度、刚度计算或校核，验算轴的临界转速和挠度等，以保证搅拌轴安全可靠地运转。

(1) 刚度条件

搅拌轴扭转变形 $\theta$ 过大会造成轴的振动，使轴封失效。因此应将轴单位长度最大扭转角 $[\theta]$ 限制在允许范围内。

轴扭矩的许用扭转角 $[\theta]$ 根据实际情况按下列情况选取：

① 精密稳定的传动，$[\theta]=0.25\sim0.5(°)/m$；

② 一般传动，$[\theta]=0.5\sim1(°)/m$；

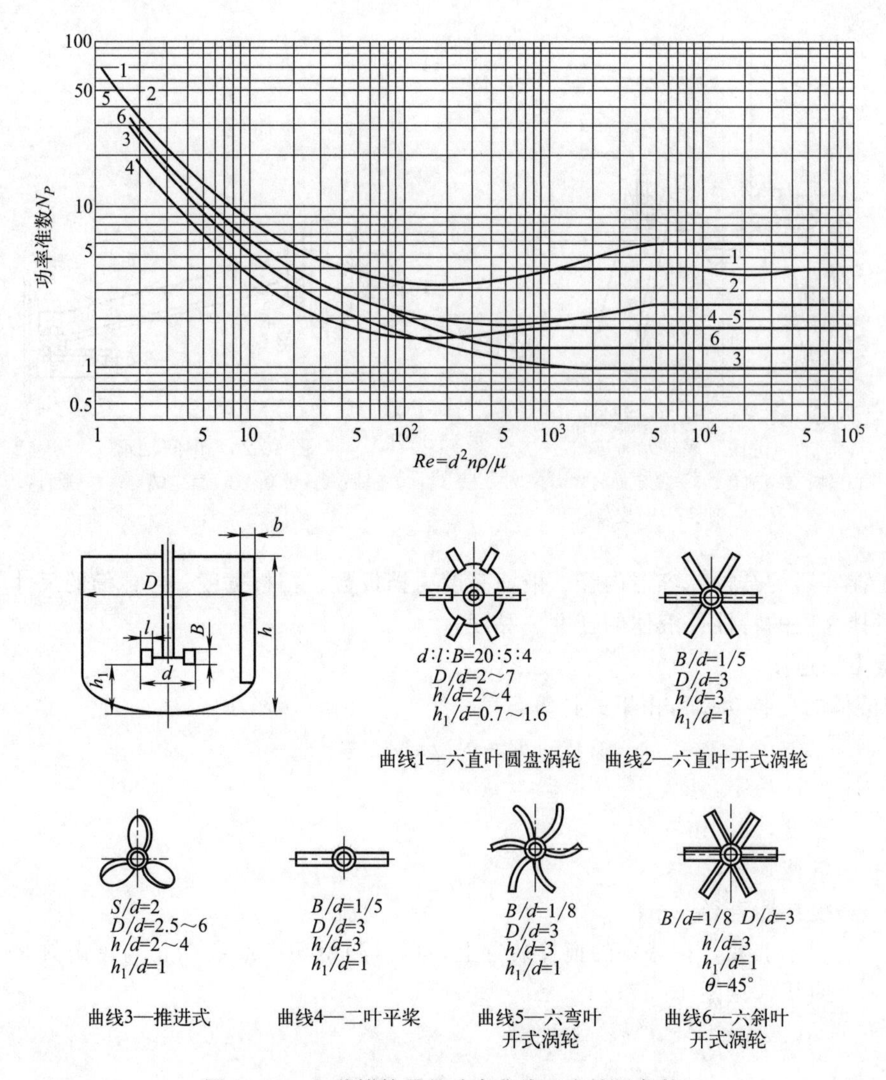


图 10-21 六种搅拌器的功率曲线（全挡板条件）

③ 精度要求低的传动，$[\theta]=2\sim4(°)/\mathrm{m}$。

（2）强度条件

搅拌轴要承受扭矩和弯矩的联合作用，其中以扭矩为主。工程上常用近似强度方法计算。将扭矩和弯矩的联合作用转化为当量转矩来校核其剪应力强度。

轴上扭矩和弯矩联合作用时的当量扭矩 $M_{\mathrm{te}}$ 为

$$M_{\mathrm{te}}=\sqrt{M_{\mathrm{n}}^2+M^2} \tag{10-8}$$

式中 $M$——弯矩，$M=M_{\mathrm{R}}+M_{\mathrm{A}}$；$M_{\mathrm{R}}$ 为由水平推力引起的轴的弯矩，N·m；$M_{\mathrm{A}}$ 为由轴向力引起的轴的弯矩，N·m；

$M_{\mathrm{n}}$——扭矩，N·m。

所得的轴径是指危险截面处的最小直径，确定轴的实际直径时，综合考虑强度和刚度条件，取其大者。另外还得考虑腐蚀裕量，最后把直径圆整为标准轴径。具体计算过程可依照例 1-12 进行。

（3）按临界转速校核搅拌轴的直径

当搅拌轴的转速达到轴自振频率时会发生强烈振动，并出现很大弯曲，这个转速称为临界转速 $n_c$。轴的转速接近临界转速时，常因强烈振动而损坏，因此工程上要求搅拌轴的工作转速 $n$ 避开临界转速。通常将工作转速低于第一临界转速的轴称为刚性轴，要求 $n \leqslant 0.7n_c$；将工作转速大于第一临界转速的轴称为柔性轴，要求 $n \geqslant 1.3n_c$。一般搅拌轴的工作转速较低，大多为低于第一临界转速下工作的刚性轴。当转速 $n > 200\text{r/min}$ 时需要校核临界转速。

临界转速与支承方式、支承点距离及轴径有关，不同型式支承轴的临界转速的计算方法不同。有关临界转速的计算可查阅标准 HG/T 20569—2013《机械搅拌设备》。

（4）按轴封处允许径向位移验算轴径

轴封处径向位移的大小直接影响密封的性能，径向位移大，易造成泄漏或导致密封失效。轴封处的径向位移主要由三个因素引起：①轴承的径向游隙；②流体形成的水平推力；③搅拌器及附件组合质量不均匀产生的离心力。要分别计算其径向位移，然后叠加，使总径向位移小于允许的径向位移。

搅拌轴直径 $d$ 必须满足强度和临界转速要求，必要时应满足扭转变形或径向位移的要求。

#### 10.2.2.4 减小轴端挠度、提高搅拌轴临界转速的措施

（1）缩短悬臂段搅拌轴的长度

受到端部集中力作用的悬臂梁，其端点挠度与悬臂长度的三次方成正比。缩短搅拌轴悬臂长度，可以降低梁端的挠度，这是减小挠度最简单的方法，但同时会改变设备的高径比，影响搅拌效果。

（2）增加轴径

对于圆形截面的轴来说，受到横向力作用时，其挠度与轴径的四次方成反比，所以增大轴径，可减小轴端挠度。但轴径增大，会导致与轴连接的零部件（轴承、联轴器、轴封等）径向尺寸增大，增加造价。

（3）设置底轴承或中间轴承

设置底轴承或中间轴承改变了轴的支承方式，增加了轴的支点，可减小搅拌轴的挠度变形。但底轴承和中间轴承浸没在物料中，润滑不好，如物料中有固体颗粒，更易磨损，需经常维修，影响生产。

（4）设置稳定器

稳定器安装在搅拌器下方或轴的下部，稳定器运动时受到介质阻尼作用，力的方向与搅拌器对搅拌轴施加的水平作用力的方向相反，可以减少轴的摆动量。稳定器摆动时，阻尼力与承受阻尼作用的面积有关，迎液面积越大，阻尼作用越明显，稳定效果越好。

稳定器有圆筒型和叶片型两种结构。圆筒型稳定器为空心圆筒，安装在搅拌器下部，如图 10-22 所示，由于稳定筒的迎液面积大，所以阻尼效果比较好。叶片型稳定器是安装在搅拌器下部或搅拌轴下端的一组矩形板片，如图 10-23 所示。安装在轴端的叶片，由于距离上部轴承较近且分布直径较小，所以阻尼效果较差。

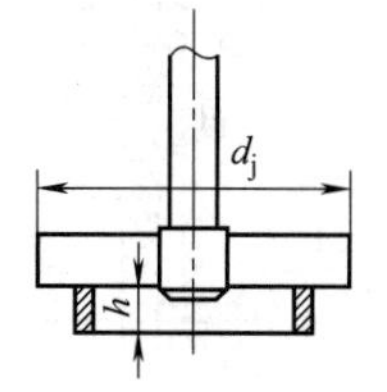

图 10-22 圆筒型稳定器

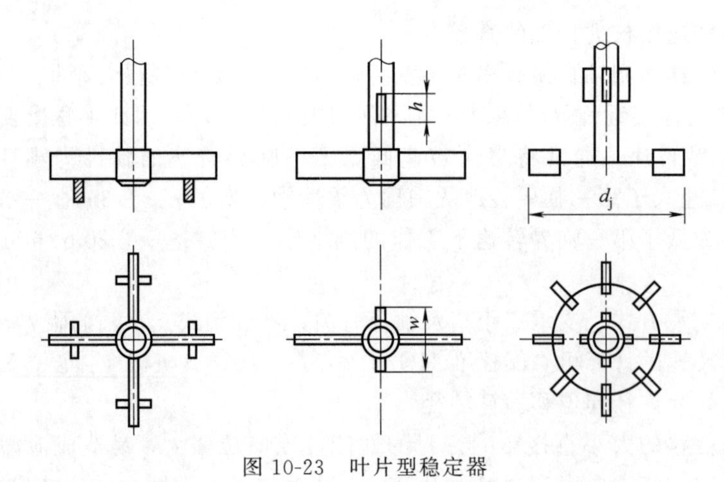


图 10-23 叶片型稳定器

# 10.3 轴封装置

轴封是搅拌设备传动轴的密封装置，是搅拌设备的重要组成部分，其作用是保证设备内处于正压或真空状态，并避免介质通过转轴从搅拌容器内泄漏或外部杂质渗入搅拌容器内。在搅拌设备中常用的轴封装置有填料密封和机械密封两种。

## 10.3.1 填料密封

填料密封又称填料箱，是搅拌设备最早采用的一种轴封结构。其结构简单且制造容易，适用于非腐蚀性和弱腐蚀性介质、密封要求不高，并允许定期维护的搅拌设备。填料箱由底环、本体、油环、填料、螺柱、压盖及油杯等组成，如图 10-24 所示。装在搅拌轴与填料箱本体之间的填料在压盖压力作用下，对搅拌轴表面产生径向压紧力。填料中含有润滑剂，在对搅拌轴产生径向压紧力的同时，形成一层极薄的液膜，一方面使搅拌轴得到润滑，另一方面阻止设备内部流体的溢出或外部流体的渗入，达到密封的目的。

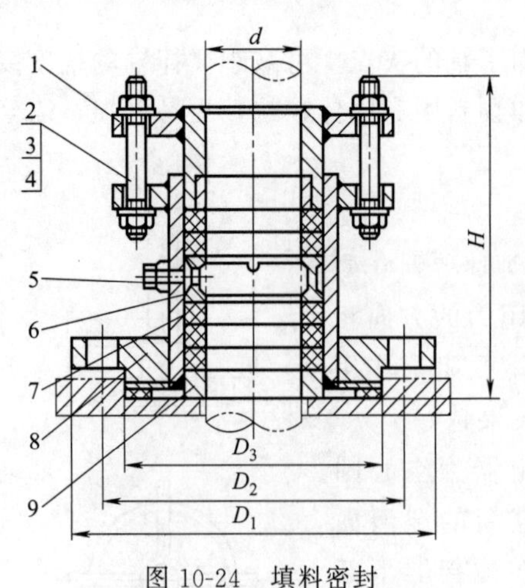


图 10-24 填料密封

1—压盖；2—双头螺柱；3—螺母；4—垫圈；5—油杯；6—油环；7—填料；8—本体；9—底环

虽然填料中存在一些润滑剂，但其数量会在运转中不断消耗，故填料箱上常设置油环，向填料内加油，保持润滑。填料密封不可能绝对不漏，增加压紧力，填料紧压在转动轴上，会加速轴与填料间的磨损，使密封更快失效。为延长密封寿命，会允许一定的泄漏量，运转过程中应适当调整压盖的压紧力，并需定期更换填料。

工程设计中常选用标准填料箱时，其适用设计压力为－0.03～1.6MPa，介质温度在300℃以下。当介质不是易燃、易爆、有毒的一般物料且压力不高时，按表 10-5 选用填料密封。当密封要求不高时，选用一般石棉或油浸石棉填料；当密封要求较高时，选用膨体聚四氟乙烯、柔性石墨等填料。

表 10-5 标准填料箱的允许压力、温度

| 材料 | 公称压力/MPa | 允许压力范围/MPa（负值指真空） | 允许温度范围/℃ | 转轴线速度/(m/s) |
|---|---|---|---|---|
| 碳钢填料箱 | 常压 | <0.1 | <200 | <1 |
| | 0.6 | −0.03～0.6 | ≤200 | |
| | 1.6 | −0.03～1.6 | −20～300 | |
| 不锈钢填料箱 | 常压 | <0.1 | <200 | <1 |
| | 0.6 | −0.03～0.6 | ≤200 | |
| | 1.6 | −0.03～1.6 | −20～300 | |

## 10.3.2 机械密封

机械密封是把转轴的密封面从轴向改为径向，通过动环和静环两个端面的相互贴合，并做相对运动达到密封的装置，又称端面密封。它具有泄漏率低、密封性能可靠、功耗小、使用寿命长等优点，在搅拌反应器中得到广泛的应用。

机械密封的结构由固定在轴上的动环、弹簧压紧装置、固定在设备上的静环以及辅助密封圈组成。当转轴旋转时，动环和固定不动的静环紧密接触，并经轴上弹簧压紧力的作用，阻止容器内介质从接触面上泄漏。

机械密封有四个密封处，如图 10-25 所示。

A 处是指动环与轴之间的密封，属静密封，密封件常用 O 形环。

B 处是指动环和静环做相对旋转运动时的端面密封，属动密封，是机械密封的关键。它是依靠弹簧压紧装置和介质的压力在相对运动的动环与静环的接触面端面上产生一定的压紧力，使两端面保持紧密接触，并形成一层极薄的液膜起密封作用。

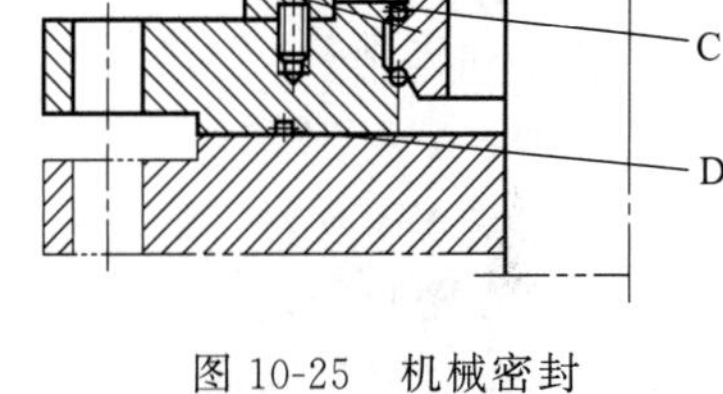


图 10-25 机械密封

1—弹簧；2—动环；3—静环

C 处是指静环与静环座之间的密封，属静密封。

D 处是指静环座与设备之间的密封，属静密封。通常设备凸缘做成凹面，静环座做成凸面，中间用垫片密封。

机械密封按密封面数目分为单端面与双端面密封。单端面密封结构简单、制造容易、维修方便、应用广泛。双端面密封有两个密封面，且可在两密封面之间的空腔中注入中性液体，使其压力略大于介质的操作压力，起到堵封及润滑的双重作用，故密封效果好。但结构复杂，制造、拆装比较困难，需一套封液输送装置，且不便于维修。

搅拌反应釜用机械密封有多部行业标准，如 HG/T 2098—2011《釜用机械密封类型、主要尺寸及标志》和 HG/T 2269—2020《釜用机械密封技术条件》等，有厂商生产并供应各种规格产品。设计者可根据物料特性、使用条件以及对密封的要求来选择结构形式和参数。

当搅拌物料为剧毒、易燃、易爆，或较为昂贵的高纯度物料，或者需要在高真空状态下操作，对密封要求很高，且填料密封和机械密封均无法满足时，可选用全封闭的磁力传动装置。

# 10.4 传动装置设计

搅拌设备具有单独的传动装置，一般由电动机、减速机、联轴器和机架组成，如图10-26所示。电动机经减速装置将转速减至工艺要求的搅拌转速再通过联轴器带动搅拌轴旋转。减速机下设置一个机架，以便将整个装置安装在与封头焊接的凸缘法兰上。

传动装置通常设置在釜顶封头的上部。随着反应釜大型化的发展，搅拌轴从设备底部伸入的底搅拌结构也逐渐增多。这是由于底搅拌轴短，不需要装设中间轴承和底轴承，轴所承受的应力小，运转稳定，有利于密封。底搅拌的传动装置可安放在地面基础上，便于维护检修，也有利于接管的排列和安装，并且可在顶封头上加夹套以冷却气相介质。

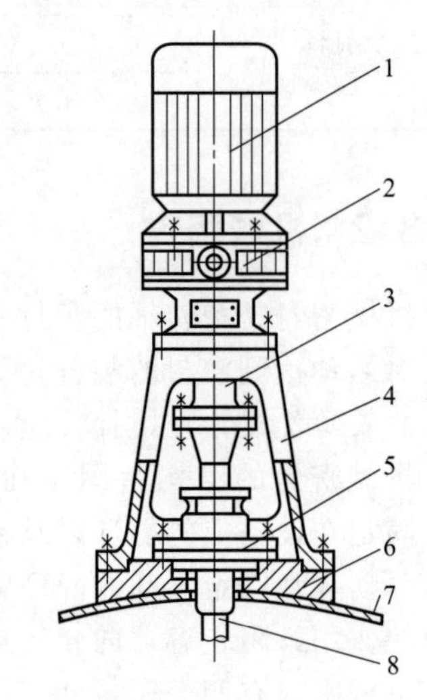

图10-26 传动装置

1—电动机；2—减速机；3—联轴器；4—机架；5—轴封装置；6—凸缘法兰；7—上封头；8—轴

## 10.4.1 电动机选型

搅拌反应釜的电动机需要按照搅拌功率和搅拌设备周围环境等（防爆、防护等级、腐蚀）因素确定，选用电动机主要是确定系列、功率、转速，以及安装形式和防爆要求等几项内容。电动机性能应符合GB/T 755—2019《旋转电机 定额和性能》。常用的电动机系列有Y、YB、YF、YXJ等几种，Y系列有封闭式和防护式之分，当有防爆要求时，可选用YB系列。如果对防火、防爆要求高，还可选用磁力搅拌设备，中间没有机械密封，不存在密封问题。

电动机的型号和功率不仅要满足设备开车时启动功率增大的要求，还要满足搅拌功率裕量要求。通常反应釜多是在非满载状态下工作，并且在实际搅拌过程中搅拌反应釜的搅拌速率会随着反应条件工艺要求发生改变。因此，在满足生产工艺要求的前提下，可以利用变频技术改变电动机转速。

电动机的功率必须满足搅拌功率与传动系统、轴封系统功率损失的要求，还要考虑在搅拌操作中会出现的不利条件造成功率过大等因素。

电动机的功率可按下式确定。

$$P_e=\frac{P+P_s}{\eta} \tag{10-9}$$

式中 $P_e$——电动机功率，kW；

$P$——搅拌功率，kW；

$P_s$——轴封消耗功率，kW；

$\eta$——传动系统的机械效率。

## 10.4.2 减速机选型

减速机是一种由封闭在刚性壳体内的齿轮传动、蜗杆传动等所组成的独立部件，用于电动机和搅拌轴之间匹配转速和传递转矩。搅拌反应釜往往在载荷变化、有振动的环境下连续工作，选择减速机时应考虑这些特点。常用的减速机有摆线针轮行星减速机、齿轮减速机、三角带式减速机和圆柱蜗杆减速机，基本特性见表 10-6。一般根据搅拌功率和搅拌所需的转速来选择减速机，优先考虑传动效率高的齿轮减速机和摆线针轮行星减速机。

**表 10-6 四种常用减速机的基本特性**

| 特性参数 | 减速机类型 | | | |
|---|---|---|---|---|
| | 摆线针轮行星减速机 | 齿轮减速机 | 三角带式减速机 | 圆柱蜗杆减速机 |
| 传动比 $i$ | 87～9 | 12～6 | 4.53～2.96 | 80～15 |
| 输出轴转速/(r/min) | 17～160 | 65～250 | 200～500 | 12～100 |
| 输入功率/kW | 0.04～55 | 0.55～315 | 0.55～200 | 0.55～55 |
| 传动效率 | 0.90～0.95 | 0.95～0.96 | 0.95～0.96 | 0.80～0.93 |
| 传动原理 | 利用少齿差内啮合行星传动 | 两级同中心距并流式斜齿轮传动 | 单级三角带传动 | 圆弧齿圆柱蜗杆传动 |
| 主要特点 | 传动效率高，传动比大，结构紧凑，拆装方便，寿命长，重量轻，体积小，承载能力高，工作平稳。对过载和冲击载荷有较强的承受能力，允许正反转，可用于防爆要求 | 在相同传动比范围内具有体积小、传动效率高、制造成本低、结构简单、装配检修方便、可以正反转的特点，不允许承受外加轴向载荷，可用于防爆要求 | 结构简单，过载时能打滑，可起安全保护作用，但传动比不能保持精确，不能用于防爆要求 | 凹凸圆弧齿廓啮合，磨损小，发热少，效率高，承载能力强，体积小，重量轻，结构紧凑，广泛用于搪玻璃反应罐，可用于防爆要求 |

## 10.4.3 机架选型

传动装置是通过机架安装在封头的凸缘法兰上的，机架上端与减速机装配，下端与凸缘装配，机架应保证减速机的输出轴与搅拌轴和轴封对中。机架内部装配有联轴器和轴封等部件，必要时还需安装中间轴承来改善搅拌轴的支承条件。

搅拌反应釜的机架常分为无支点机架、单支点机架和双支点机架三种。

无支点机架本身无支承点，搅拌轴是以减速机输出轴的两个轴承支点作为支承，适用于轴向力较小或仅受径向力、搅拌负载均匀的场合。

单支点机架设有能承受双向载荷的支承，适用均匀负载、中等冲击条件下的所有搅拌作业场合。单支点机架适用于电动机或减速机可作为一个支点，或容器内可设置中间轴承和底轴承的情况。

双支点支架设有两个独立支承，适用于重冲击负载或对搅拌装置要求较高的场合。搅拌轴与减速机输出轴的连接采用弹性联轴器，有利于搅拌轴的安装对中要求，确保减速机只承受扭矩作用。当筒体内不设置中间轴承或底轴承时，维护检修方便，因此对卫生要求高的生物反应器，减少筒体内的构件时，采用双支点支架。

选用时，一般优先考虑 HG/T 21566—1995《搅拌传动装置——单支点支架》及 HG/T 21567—1995《搅拌传动装置——双支点支架》规定的标准机架，如图 10-27、图 10-28 所示。

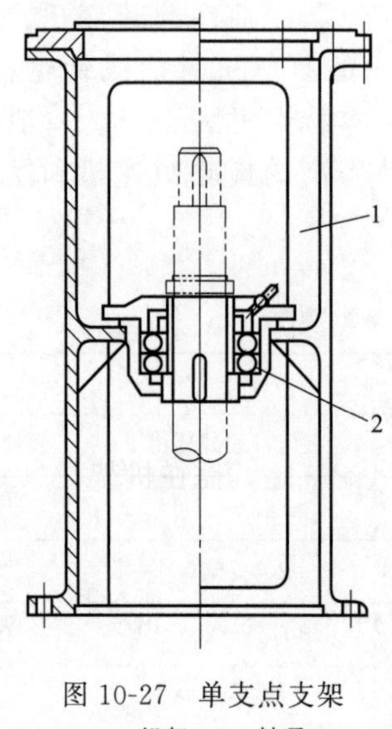


图 10-27 单支点支架

1—机架；2—轴承

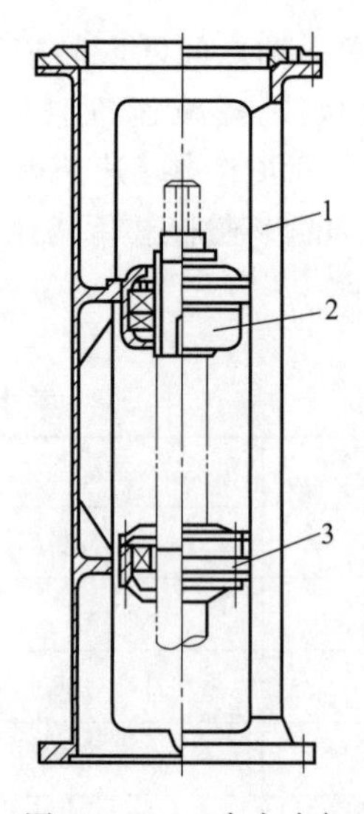


图 10-28 双支点支架

1—机架；2，3—轴承

## 10.4.4 联轴器选型

联轴器是用来连接轴与轴或轴与其他回转件，并传递运动和扭矩的。常用于立式搅拌轴上的联轴器主要有凸缘联轴器、卡壳联轴器、焊接式联轴器和弹性柱销联轴器。其中前三个为刚性联轴器，弹性柱销联轴器为弹性联轴器。

① 凸缘联轴器 如图 10-29 所示，凸缘联轴器由两个带凸缘的圆盘组成，圆盘称为半联轴器，半联轴器与轴通过键实现周边固定，通过轴上的螺纹与锁紧螺母实现二者轴向固定，两个半联轴器靠螺栓连接。结构简单，成本低，制造方便，可传递较大扭矩，但减振性差，适用于低速、振动小和刚性大的轴。

② 卡壳联轴器 如图 10-30 所示，卡壳联轴器由两个半圆夹壳组成，材质为铸铁，用一组螺栓锁紧，用平键完成周边固定，用两个半环组成的悬吊环完成轴边固定。拆装方便，不用做轴向移动，但不适用于有冲击的场合。

③ 弹性柱销联轴器 如图 10-31 所示，弹性柱销联轴器结构与凸缘联轴器相似，区别在于用一个套有弹性圈的柱销代替连接螺栓。弹性圈材料为橡胶或皮革等，减振能力强，可用于频繁正反转场合。

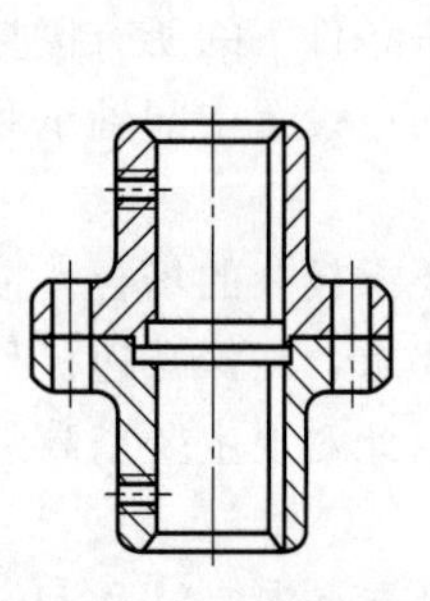

图 10-29 凸缘联轴器

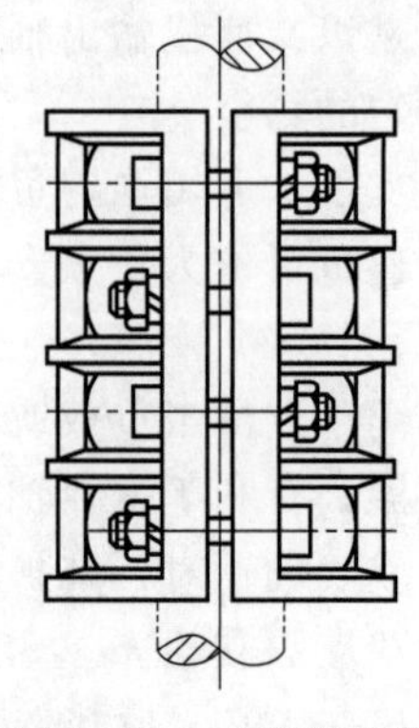

图 10-30 卡壳联轴器

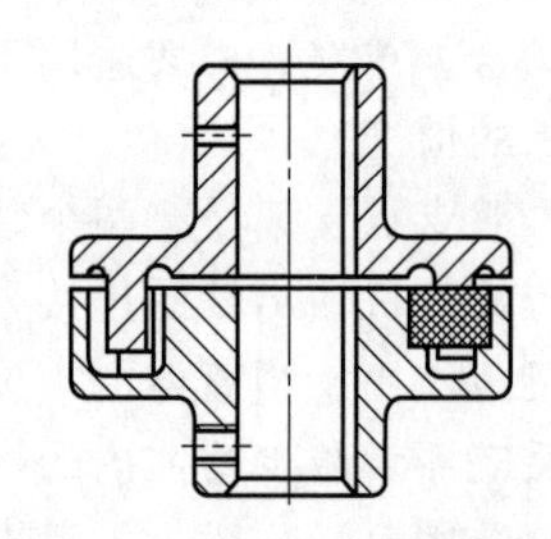

图 10-31 弹性柱销联轴器

联轴器已标准化，可依照标准选用。搅拌轴分段时，其自身的连接必须采用刚性联轴器。搅拌轴与减速机或电动机输出轴之间的联轴器一般应按以下原则选取。

① 采用无支点支架，并且除电动机或减速机支点外无其他支点时，采用刚性联轴器。

② 在传递较小功率和较小轴承载荷的情况下，可采用刚性联轴器用于无中间轴承、底轴承和轴封上也不设轴承的单支点支架上。

③ 具备以下条件之一者，应选用弹性联轴器：采用双支点支架；采用单支点支架，但底轴承或中间导向轴承或轴封本体上设有轴承作为支承点的情况。

### 10.4.5 凸缘法兰选型

当上封头为凸形封头时，为了安装机架并保持机架的稳定，需在机架与封头之间设置一块板式底座，底座与封头焊接，机架与底座通过螺栓（柱）连接以方便装拆。图 10-32 是将底座与封头接触的一面加工成与封头曲率相同的球面，方便安装，但球面加工困难。图 10-33 省略了底座下表面的加工，通过一个环形支承块将底座固定在封头上，结构较简单。

凸缘法兰一般焊接在搅拌容器封头上，用于连接搅拌传动装置，也可兼作安装、维修和检查孔用。根据介质的耐蚀性，凸缘法兰可选用整体结构或衬里结构。凸缘法兰可按 HG/T 21564—1995《搅拌传动装置——凸缘法兰》选用。

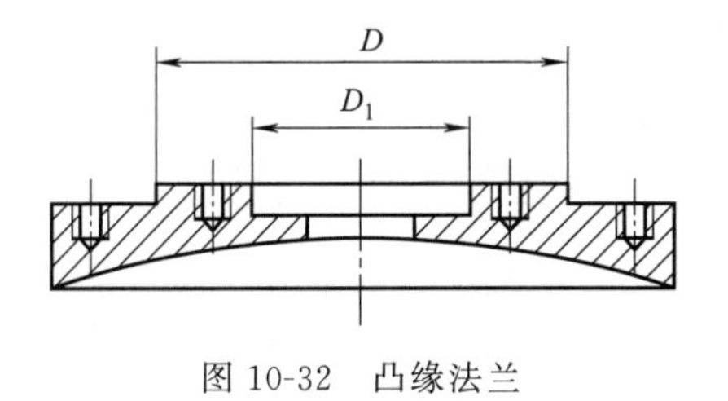


图 10-32 凸缘法兰

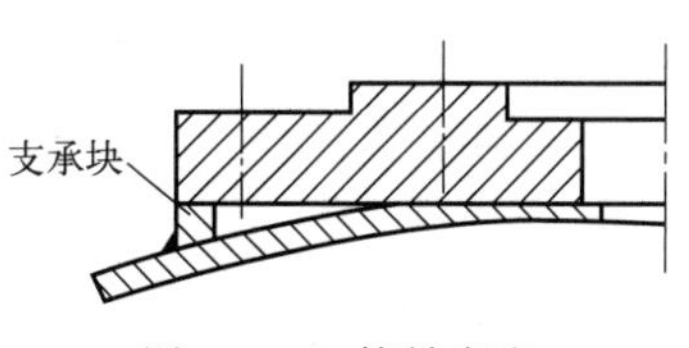


图 10-33 简易底座

## 10.5 设计示例

本节以 $10m^3$ 的发酵罐设计为例，采用常规设计方法，综合考虑环境条件、液体性质等因素并参考相关标准，采用 SW6 辅助进行设计和校核，最后形成合理的设计方案。

### 10.5.1 设计条件

搅拌设备设计条件单应给出处理量、操作方式、工作压力（或真空度）、最高（或最低）工作温度、介质物性和腐蚀情况等数据，同时还需给出传热面的形式和传热面积、搅拌器形式、搅拌转速或功率等。设计条件单中还应给出管口设置及安全控制系统采集点设置位置情况等信息，由接管表和结构简图提供，见表 10-7。

### 10.5.2 结构设计

发酵罐为食品级设备，本设计主体材料均选用 304（0Cr18Ni9）钢。

（1）罐体

本设计为发酵罐，按表 10-1 取高径比 $i=2$。上下封头均选用标准椭圆形封头，封头与筒体采用焊接方式，封头顶部开人孔。选择装料系数 $\phi$ 为 0.85，因此有

**表 10-7 搅拌反应釜设计条件单**

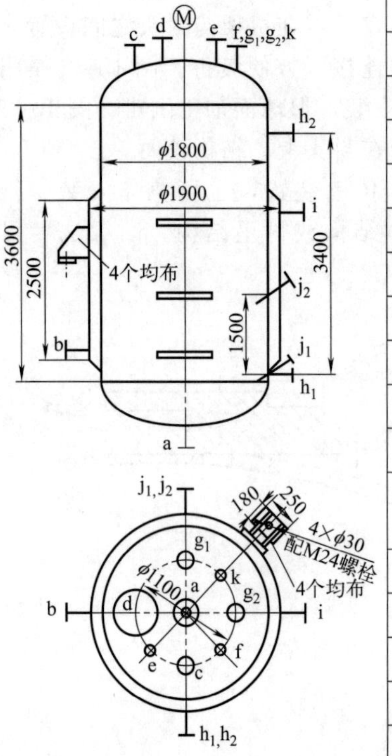

| 设计参数及要求 | 容器内 | 夹套内 |
|---|---|---|
| 工作压力/MPa | 常压(蒸汽消毒 0.1) | ≤0.2 |
| 设计压力/MPa | 常压 | 0.22 |
| 工作温度/℃ | 35(短时 121) | 25～30 |
| 设计温度/℃ | 50 | 50 |
| 全容积/$m^3$ | 10 | |
| 操作容积/$m^3$ | 8.5 | |
| 传热面积/$m^2$ | 12 | |
| 腐蚀裕量/mm | 0 | 2 |
| 壳体材料 | 0Cr18Ni9 | Q235B |
| 保温材料 | | |
| 搅拌器型式 | 六直叶圆盘涡轮式 | |
| 搅拌轴转速/(r/min) | 60 | |
| 轴功率/kW | | |
| 电动机型号、功率 | | |
| 其他要求 | | |

接管表

| 符号 | 公称直径/mm | 公称压力/bar | 连接尺寸标准 | 连接面型式 | 用途 |
|---|---|---|---|---|---|
| a | 100 | 16 | HG/T 20592 | RF | 出料口 |
| b | 50 | 16 | HG/T 20592 | RF | 冷却水入口 |
| c | 100 | 16 | HG/T 20592 | RF | 进料口 |
| d | 450 | — | — | — | 人孔 |
| e | 50 | 16 | HG/T 20592 | RF | 蒸汽进口 |
| f | 50 | 16 | HG/T 20592 | RF | 接种口 |
| $g_1$,$g_2$ | 125 | 6 | — | — | 视镜 |
| $h_1$,$h_2$ | 20 | 16 | HG/T 20592 | RF | 液面计口 |
| i | 50 | 16 | HG/T 20592 | RF | 冷却水出口 |
| $j_1$,$j_2$ | M27 | — | — | 内螺纹 | 温度计口 |
| k | 1/2″ | — | — | 外螺纹 | 压力计口 |

$$V=\frac{V_{操}}{\phi}=\frac{8.5}{0.85}=10\ (m^3)$$

代入式 (10-2) 得 $D_i=\sqrt[3]{\frac{4V}{\pi i}}=1853mm$，估算圆整 $D_i=1800mm$。

本设计下封头选用标准椭圆形封头，曲面高度 $h_i=475mm$，直边高度 $h=25mm$，容积 $V_{下封}=0.827m^3$，$H_i=\frac{4(V-V_{下封})}{\pi\times D_i^2}=\frac{4(10-0.827)}{\pi\times 1.8^2}=3.6(m)$，圆整得筒体长度 $H_i$ 为 3600mm。

（2）夹套

夹套内径取 $D_{2i}$＝1900mm。

本次设计的发酵罐选择装量系数 $\phi=0.85$，设计所需的传热面积 $F_{需}=12m^3$，按式（10-4）计算，液面高度 $H_{液}=3.02m$。

所需传热高度为 $H_{需}=\dfrac{F_{需}}{\pi D_i}=2.12m$，所以筒体部分传热面积已经足够，用圆筒形夹套即可。取圆整夹套筒体高度 $H_{夹}=2500mm$。

（3）搅拌器

本次设计要求物料搅拌均匀，采用六直叶圆盘涡轮搅拌器，查标准 HG/T 3796.1—2005《搅拌器型式及基本参数》可设计取值：

搅拌器直径 $d_j=D_i/3=1800/3=600$（mm），则由 $d_j:l:b=20:5:4$，可知搅拌器宽度 $b=0.2d_j=0.2\times600=1200$(mm)；搅拌器叶长 $l=0.25d_j=0.25\times600=150$（mm）。

搅拌器圆盘直径 $d_3=\dfrac{2}{3}d_j=400mm$。

因液层较高，为保证搅拌效果，选用三层搅拌器，第一层搅拌桨取底高 $h_1=d_j=0.6m$，第二层、第三层间距均为 0.9m（液面高度为 3m）。

（4）轴封装置

为避免污染介质，采用不锈钢填料箱。

（5）传动装置

① 搅拌功率计算　已知 $n=60r/min=1r/s$，$d_j=600mm=0.6m$，$\rho=1050kg/m^3$，$\mu=0.092Pa\cdot s$。

对于单层搅拌器，雷诺数 $Re$ 为

$$Re=\frac{\rho n d_j^2}{\mu}=\frac{1050\times1\times0.6^2}{0.092}=4108.7$$

查图 10-21 可得 $N_P=5.9$。

单层搅拌器功率计算：$P'=N_P\rho n^3 d_j^5=5.9\times1050\times1^3\times0.6^5=0.482(kW)$。

三层搅拌器，可近似为单层的 3 倍，则搅拌功率 $P=1.45kW$。

② 电动机功率计算　已知填料密封功率损失 $P_m=(10\%\sim25\%)P$，取 $P_m=0.3kW$。

减速机选用摆线针轮行星减速机 BCF2U-2.2/60Ⅱ，与电动机直接相连。传动效率 $\eta=0.88\sim0.95$，取为 0.95。

电动机功率 $P_d=\dfrac{P+P_m}{\eta}=2.04kW$。

为安全生产，选用三相防爆异步电动机，根据规格选用额定功率 $P=2.2kW$。

为安装轴封和传动装置，选用单支点机架，中间轴承选用 SL50-1800T1。

（6）挡板

挡板宽度 $W=\dfrac{1}{10}D_i=180mm$，挡板数为 $Z=4$，可实现全挡板化条件。

（7）接管、人孔、视镜、支座

接管选用板式平焊法兰，公称压力 1.6MPa。

为了方便安装、拆卸、清洗和检修设备，在封头上开人孔，选回转盖式板式平焊法兰人孔（HG/T 21516—2014）。

为了便于观察发酵罐内部情况，可以安装一对视镜。

支座选用 4 个 A5 耳式支座。

### 10.5.3 罐体和夹套强度设计

打开 SW6 软件立式容器程序模块，新建“发酵罐反应釜.ra2”文件。依次输入参数如下。

(1) 罐体设计参数

罐体工作压力为常压，取设计压力 $p=0.1\text{MPa}$，试验压力定为 0.25MPa，设计温度为 120℃。

罐体液柱静压力为

$$p_{液}=\rho g H_{液}=1050\times 9.8\times 3.02=0.03(\text{MPa})$$

罐体材料选择不锈钢 S30408，腐蚀裕量为 0，双面全焊透结构，焊接接头系数定为 0.85。

下封头液柱静压力为

$$p_{液}=\rho g(H_{液}+H_{封})=1050\times 9.8\times(3.02+0.475+0.025)=0.036(\text{MPa})$$

(2) 夹套设计参数

夹套工作压力为 0.2MPa，设计压力为 0.22MPa，试验压力定为 0.275MPa，设计温度为 50℃。

夹套液柱静压力为

$$p_{液}=\rho g H_{夹}=1000\times 9.8\times 2.5=0.025(\text{MPa})$$

夹套材料选择 Q235B，腐蚀裕量为 2mm，单面焊，焊接接头系数定为 0.8。

(3) 载荷工况

发酵罐罐体既承受内压，也要承受外压，正常工况下的最大压差为 0.22MPa，压力试验工况下的最大压差为 0.275MPa。发酵罐既要进行内压强度校核，也要进行稳定性校核。外压计算长度 $L=$夹套高度 2500mm。

夹套只承受内压，只需进行强度计算和校核。

圆筒和夹套校核过程可参照第 5 章进行。

运行设备计算（圆筒+上、下封头+夹套），发现罐体校核不合格，运算结果如下：

罐体：

① 内压圆筒：名义厚度 9mm。

外压圆筒校核：筒体许用外压为 0.1888MPa，但夹套水压试验时，内筒需充压 0.079MPa，否则将导致内筒失稳。

② 内筒上、下封头：名义厚度 3mm。

③ 夹套：名义厚度 9mm。

(4) 设计优化

若罐体壁厚为 9mm，夹套压力试验时，内筒需保持一定的内压，否则将导致内筒失稳。为避免压力试验时罐体失稳，将壁厚增加为 12mm，压力试验时罐体不用充压。

上封头有大量的开孔，且开孔较大，如人孔、轴封装置等，设计时将封头整体补强，壁厚同样取值为 12mm。

夹套壁厚为 6mm。

### 10.5.4 搅拌轴强度计算

在 SW6 程序模块中依次输入搅拌器设计参数，如图 10-34，预设搅拌轴直径为 80mm，并校核搅拌轴的强度。

因轴的转速较低，可不考虑临界转速。

运行计算，校核合格。

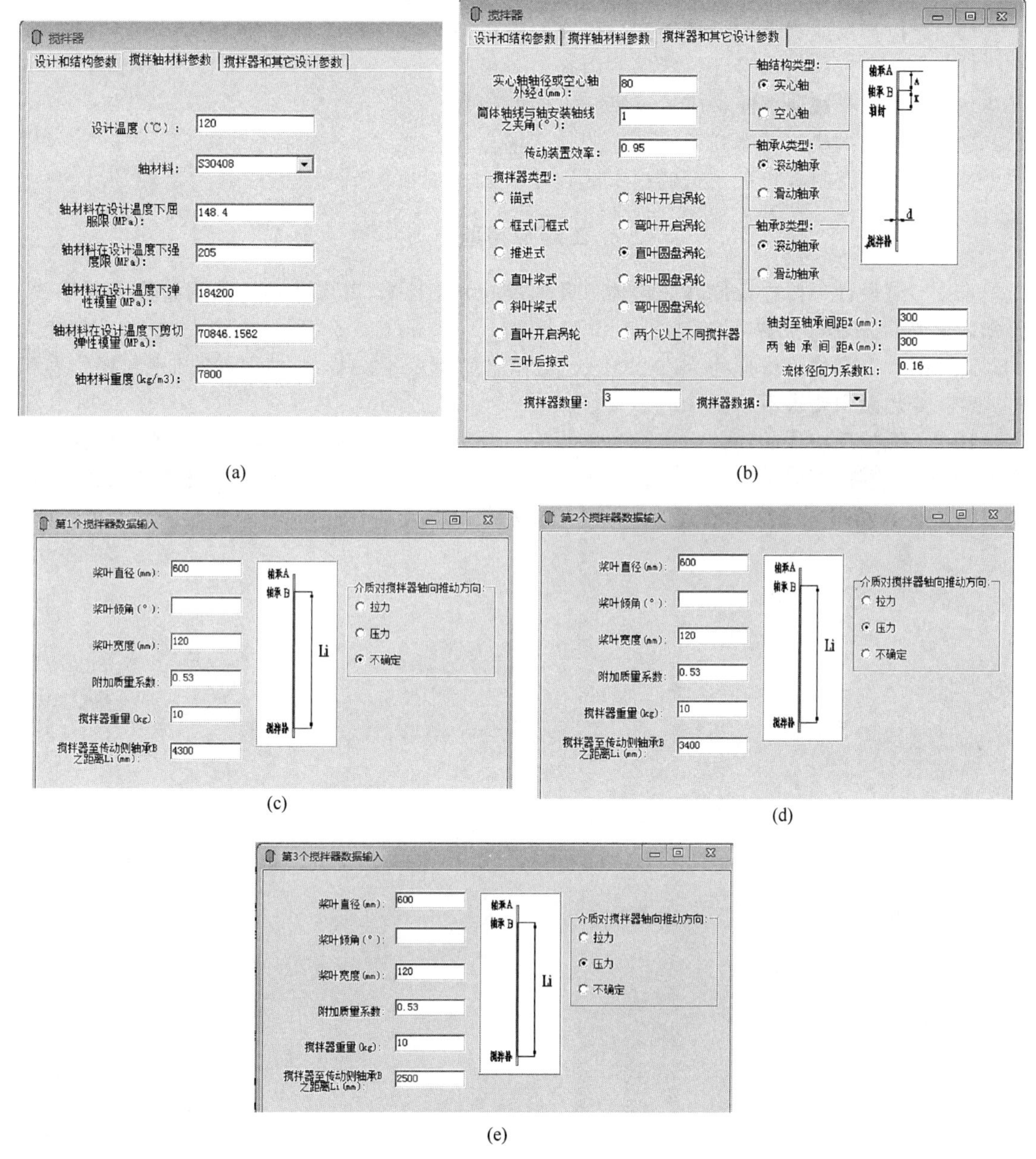


图 10-34 搅拌器设计参数输入

## 10.5.5 其他设计

支座选型可参照 6.5.2.2 节进行。

### 思考题

10-1 立式搅拌反应器主要由哪几部分组成？各部分的作用是什么？

10-2　搅拌反应器常用的传热结构形式有哪几种？各有什么特点？

10-3　搅拌反应器内装设档板和导流筒的作用是什么？

10-4　搅拌器的结构设计包括哪些内容？

10-5　在选择减速器时，应考虑哪几方面的因素？

10-6　常用的机架有哪几种？各适用什么场合？

10-7　填料密封和机械密封的根本区别是什么？

## 工程应用题

10-1　试设计一搅拌反应器的罐体（几何尺寸和壁厚），其传热结构采用整体夹套形式。已知内筒内工作压力为0.4MPa，工作温度为33～150℃，介质为味精发酵液，密度为1080kg/m$^3$；夹套内工作压力为0.2MPa，工作温度为20～30℃，介质为冷却水。操作容积2.5m$^3$，传热面积要求不小于3m$^2$。

10-2　搅拌反应器的筒体内直径为1800mm，采用六直叶圆盘涡轮式搅拌器，搅拌器直径600mm，搅拌轴转速160r/min。容器内液体的密度为1300kg/m$^3$，黏度为0.12Pa·s。试求：①搅拌功率；②搅拌轴直径。③选配电动机和减速器。

# 附录

## 附录 A　压力容器常用规程、标准

| 类别 | 标准号 | 标准名称 | 备注 |
|---|---|---|---|
| 条例、规范 | | 《特种设备安全监察条例》 | 中华人民共和国国务院令第 549 号修订 |
| | TSG 21—2016 | 《固定式压力容器安全技术监察规程》 | |
| 国家标准 | GB/T 150—2024 | 《压力容器》 | 2025 年 2 月 1 日起实施 |
| | GB/T 4732—2024 | 《压力容器分析设计》 | 代替 JB 4732 |
| | GB/T 151—2014 | 《热交换器》 | |
| | GB/T 12337—2014 | 《钢制球形储罐》 | |
| | GB/T 26929—2011 | 《压力容器术语》 | |
| | GB/T 9019—2015 | 《压力容器公称直径》 | |
| | GB/T 25198—2010 | 《压力容器封头》 | 代替 JB/T 4746—2002 |
| | GB/T 713—2014 | 《锅炉和压力容器用钢板》 | |
| | GB/T 3531—2014 | 《低温压力容器用钢板》 | |
| | GB/T 24511—2017 | 《承压设备用不锈钢和耐热钢钢板和钢带》 | |
| | GB/T 8163—2018 | 《输送流体用无缝钢管》 | |
| | GB/T 9948—2013 | 《石油裂化用无缝钢管》 | |
| | GB/T 14976—2012 | 《流体输送用不锈钢无缝钢管》 | |
| | GB/T 13296—2013 | 《锅炉、热交换器用不锈钢无缝钢管》 | |
| | GB/T 985.1—2008 | 《气焊、焊条电弧焊、气体保护焊和高能束焊的推荐坡口》 | |
| | GB/T 985.2—2008 | 《埋弧焊的推荐坡口》 | |
| | GB/T 30583—2014 | 《承压设备焊后热处理规程》 | |

续表

| 类别 | 标准号 | 标准名称 | 备注 |
| --- | --- | --- | --- |
| 化工行业标准 | HG/T 20668—2000 | 《化工设备设计文件编制规定》 | |
| | HG/T 20660—2017 | 《压力容器中化学介质毒性危害和爆炸危险程度分类标准》 | |
| | HG/T 20592～20635—2009 | 《钢制管法兰、垫片、紧固件》 | |
| | HG/T 20580～20585—2020 | 《钢制化工容器设计基础规范等六项汇编》 | |
| | HG/T 21514～21535—2014 | 《钢制人孔和手孔》 | |
| | HG/T 21594—2014<br>HG/T 21596～21600—2014<br>HG/T 21602～21604—2014 | 《衬不锈钢人孔和手孔》 | |
| | HG/T 21574—2018 | 《化工设备吊耳设计选用规范》 | |
| | HG/T 20569—2013 | 《机械搅拌设备》 | |
| 能源部标准 | NB/T 47041—2014 | 《塔式容器》 | 代替 JB/T 4710—2005 |
| | NB/T 47042—2014 | 《卧式容器》 | 代替 JB/T 4731—2005 |
| | NB/T 47003.1～47003.2—2009 | 《钢制焊接常压容器》 | |
| | NB/T 47065.1～47065.4—2018 | 《容器支座》 | 代替 JB/T 4712.1～4712.4—2007 |
| | NB/T 47002.1～47002.4—2019 | 《压力容器用复合板》 | |
| | NB/T 47008—2017 | 《承压设备用碳素钢和合金钢锻》 | 代替 JB 4726—2000、NB/T 47008—2010 |
| | NB/T 47009—2017 | 《低温承压设备用低合金钢锻件》 | 代替 JB 4727—2000、NB/T 47009—2010 |
| | NB/T 47010—2017 | 《承压设备用不锈钢和耐热钢锻件》 | 代替 JB 4728—2000、NB/T 47010—2010 |
| | NB/T 47017—2011 | 《压力容器视镜》 | |
| | NB/T 47020～47027—2012 | 《压力容器法兰、垫片、紧固件》 | 代替 JB/T 4700～4707—2000 |
| | NB/T 47013.1～47013.13—2015 | 《承压设备无损检测》 | 代替 JB/T 4730.1～4730.6—2005 |
| | NB/T 11025—2022 | 《补强圈》 | 代替 JB/T 4736—2002 |

# 附录 B 按介质选材

| 介质 | | 各材料介质浓度和温度 | | | | | | | |
|---|---|---|---|---|---|---|---|---|---|
| | | 碳素钢和低合金钢 | | 铬钢 | | 铬镍钢 | | 铬镍钼钢 | |
| | | % | ℃ | % | ℃ | % | ℃ | % | ℃ |
| 盐类 | 硝酸铵 | (稀) | (20) | (50) | (沸) | 90 | 130 | 90 | 130 |
| | 硫酸铵 | × | × | (饱) | (沸) | 饱 | 250 | 饱 | 250 |
| | 氯化铵 | 稀 | 20 | (25) | (沸) | 75<br>(50) | 100<br>(沸) | 饱 | 100 |
| | 碳酸铵 | 稀 | 20 | 饱 | 20 | 饱 | 100 | 饱 | 100 |
| | 硫酸钠 | (任) | (20) | 5 | 20 | 饱 | 沸 | 饱 | 沸 |
| | 硫酸锌 | | | 25 | 20 | 饱 | 沸 | 饱 | 沸 |
| | 硫酸铜 | | | 任 | 沸 | 任 | 沸 | 任 | 沸 |
| | 硫酸铁 | × | × | (20) | (沸) | 饱 | 沸 | | |
| | 硫酸亚铁 | | | 任 | (20) | 任 | 20 | | |
| | 氯化钠 | (稀) | (沸) | (饱) | (20) | 溶液 | 沸 | | |
| | 氯化铁 | × | × | × | × | (10) | (20) | | |
| | 硝酸钠 | | | 任 | 沸 | 任<br>溶液 | 沸<br>360 | 任<br>溶液 | 沸<br>360 |
| | 硝酸钾 | | | 50 | 20 | 溶液 | 550 | 溶液 | 500 |
| | 碳酸钠 | 稀 | 沸 | 饱 | 沸 | 饱 | 沸 | 饱 | 沸 |
| | 碳酸钾 | | | (溶液) | (沸) | 溶液 | 沸 | 溶液 | 沸 |
| | 碳酸氢钠 | 饱 | 沸 | 任 | 60 | 任 | 60 | 任 | 60 |
| | 漂白粉 | | | × | × | 溶液 | 20 | 溶液 | 100 |
| | 氯酸钾 | | | 饱 | 100 | 饱 | 100 | 饱 | 100 |
| 酸性气体 | 氯化氢 | (干燥气) | (200) | | | (干燥气) | (100) | 干燥气 | (100) |
| | 硫化氢 | 80 | 200 | | 100 | | 100 | | 100 |
| | 二氧化硫 | (干燥气) | (300) | | 纯 | 100～600 | | | |
| | 三氧化硫 | | | × | × | 湿 | 300 | 湿 | 300 |
| | 二氧化碳 | | | (湿) | (高温) | 干、湿 | 高温 | 干、湿 | 高温 |
| 卤素 | 氯 | (干燥气)<br>液体 | (100)<br>40 | | | 干燥气<br>(液体) | 20<br>(20) | 干燥气<br>(液体) | 20<br>(20) |
| | 溴 | × | × | × | × | 干燥气 | 20 | 干燥气 | 20 |
| | 碘 | 无水 | 20 | 干燥气 | 20 | 干燥气 | 20 | 干燥气 | 20 |
| | 氟 | (无水) | (200) | | | (无水) | (250) | | |
| 碱类 | 氢氧化钠 | ≤35<br>>35～70<br>>70～100 | 120<br>260<br>480 | (≤60) | (90) | ≤70<br>熔体 | 100<br>(320) | 20<br>(熔体) | 沸<br>(320) |
| | 氢氧化钾 | ≤35<br>>35～70<br>>70～100 | 120<br>260<br>480 | 25 | 沸 | (50)<br>20 | (沸)<br>沸 | 50 | 沸 |
| | 氢氧化钙 | 任 | 21 | 饱 | 100 | 饱 | 沸 | 饱 | 沸 |
| | 氨水 | | 60 | | | | 100 | | |
| | 液氨 | 耐 | 耐 | 耐 | 耐 | 耐 | 耐 | 耐 | 耐 |

续表

| 介质 | | 各材料介质浓度和温度 | | | | | | | |
|---|---|---|---|---|---|---|---|---|---|
| | | 碳素钢和低合金钢 | | 铬钢 | | 铬镍钢 | | 铬镍钼钢 | |
| | | % | ℃ | % | ℃ | % | ℃ | % | ℃ |
| 酸类 | 硝酸 | × | × | (<70) | (80) | <50<br>(60～80)<br>95 | 沸<br>(沸)<br>40 | <40<br>40～80 | 沸<br>(沸) |
| | 硫酸 | 70～100<br>(80～100) | 20<br>(70) | × | × | 80～100<br>(<10) | <40<br>(40) | 80～100<br>(<10) | <40<br>(40) |
| | 盐酸 | × | × | × | × | × | × | × | × |
| | 磷酸 | × | × | 10<br>70～100 | 80<br>80 | <70<br>80～100 | 105<br>80 | 任 | 90 |
| | 氢氟酸 | 60～100 | 沸 | × | × | × | × | 10 | 20 |
| | 甲酸 | × | × | 50 | 20 | (任) | (20) | 任<br>(任) | 35<br>(沸) |
| | 醋酸 | (<10)<br>(90～100) | (20)<br>(20) | 10 | 20 | 任 | 90 | 任 | 沸 |
| | 草酸 | × | × | (10) | (20) | ≤10 | 20 | (50) | (沸) |
| | 氢氰酸 | | (60) | × | × | | (60) | | |
| | 硼酸 | 4 | 20 | 50 | 100 | 饱 | 100 | 饱 | 100 |
| | 铬酸 | × | × | (10) | (沸) | (10) | (沸) | (10) | (沸) |
| 有机化合物 | 甲醛 | 尚耐 | 尚耐 | | | 40 | 沸 | 40 | 沸 |
| | 甲醇 | | 20 | | 20 | | 20 | | 20 |
| | 乙醛 | | 20 | | | | 20 | | |
| | 乙醇 | | 20 | 任 | 沸 | 任 | 沸 | 任 | 沸 |
| | 乙醚 | | | | | 耐 | 耐 | | |
| | 氯仿 | | (30) | | | | 100 | | |
| | 氯乙烯 | 尚耐 | 尚耐 | | | 纯 | 沸 | | |
| | 二氯乙烯 | 耐 | 耐 | | 沸 | | 沸 | | 沸 |
| | 四氯化碳 | 无水 | 沸 | 干燥 | 沸 | 干燥 | 沸 | 干燥 | 沸 |
| | 丙酮 | | 沸 | 耐 | 耐 | | 沸 | 耐 | 耐 |
| | 苯 | | 20 | 纯 | 沸 | 纯 | 沸 | 纯 | 沸 |
| | 甲苯 | | | | | | 沸 | | |
| | 汽油 | | 沸 | | 沸 | | 沸 | | 沸 |
| | 尿素 | × | × | 溶液 | 20 | | | 耐 | 耐 |
| 其他 | 过氧化氢 | 提纯工业 | 20<br>× | 20 | 80 | | 100 | | 100 |
| | 氨 | | (70) | 溶液与气体 | 100 | 溶液与气体 | 溶液与气体 | 溶液与气体 | 溶液与气体 |

注：1.此表中列出材料耐蚀的一般数据，即介质的最高浓度和温度的数值，“任”表示任意浓度，“沸”表示沸点，“饱”表示饱和浓度，“稀”表示稀溶液，“熔体”表示熔融体。

2.带括号者表示尚耐腐蚀，腐蚀深度为0.1～1mm/a；不带括号者表示耐蚀，腐蚀深度在0.1mm/a以下；有符号“×”者为不耐蚀或不宜用；空白为无数据。

# 附录 C　常用钢材的许用应力（摘自 GB/T 150. 2—2011）

表 C-1

| 钢号 | 钢板标准 | 板厚 | 常温强度指标 | | 在下列温度(℃)下的许用应力/MPa | | | | | | | | | | | | | | 注 |
|---|---|---|---|---|---|---|---|---|---|---|---|---|---|---|---|---|---|---|---|
| | | | $R_m$/MPa | $R_{eL}$/MPa | ≤20 | 100 | 150 | 200 | 250 | 300 | 350 | 400 | 425 | 450 | 475 | 500 | 550 | 600 | |
| 碳素钢和低合金钢板 | | | | | | | | | | | | | | | | | | | |
| Q245R（热轧、空轧或正火） | GB/T 713 | 3～16 | 400 | 245 | 148 | 147 | 140 | 131 | 117 | 108 | 98 | 91 | 85 | 61 | 41 | | | | |
| | | >16～36 | 400 | 235 | 148 | 140 | 133 | 124 | 111 | 102 | 93 | 86 | 84 | 61 | 41 | | | | |
| | | >36～60 | 400 | 225 | 148 | 133 | 27 | 119 | 107 | 98 | 89 | 82 | 80 | 61 | 41 | | | | |
| | | >60～100 | 390 | 205 | 137 | 123 | 117 | 109 | 98 | 90 | 82 | 75 | 73 | 61 | 41 | | | | |
| | | >100～150 | 380 | 185 | 123 | 112 | 107 | 100 | 90 | 80 | 73 | 70 | 67 | 61 | 41 | | | | |
| Q345R（热轧或正火） | GB/T 713 | 6～16 | 510 | 345 | 189 | 189 | 189 | 183 | 167 | 153 | 143 | 125 | 93 | 66 | 43 | | | | |
| | | >16～36 | 500 | 325 | 185 | 185 | 183 | 170 | 157 | 143 | 133 | 125 | 93 | 66 | 43 | | | | |
| | | >36～60 | 490 | 315 | 181 | 181 | 173 | 160 | 147 | 133 | 123 | 117 | 93 | 66 | 43 | | | | |
| | | >60～100 | 490 | 305 | 181 | 181 | 167 | 150 | 137 | 123 | 117 | 110 | 93 | 66 | 43 | | | | |
| | | >100～150 | 480 | 285 | 178 | 173 | 160 | 147 | 133 | 120 | 113 | 107 | 93 | 66 | 43 | | | | |
| | | >150～200 | 470 | 265 | 174 | 163 | 153 | 143 | 130 | 117 | 110 | 103 | 93 | 66 | 43 | | | | |
| Q370R（正火） | GB/T 713 | 10～16 | 530 | 370 | 196 | 196 | 196 | 190 | 180 | 170 | | | | | | | | | |
| | | >16～36 | 530 | 360 | 196 | 196 | 193 | 183 | 173 | 163 | | | | | | | | | |
| | | >36～60 | 520 | 340 | 193 | 193 | 180 | 170 | 160 | 150 | | | | | | | | | |
| 18CrMoNbR（正火加回火） | GB/T 713 | 30～60 | 570 | 400 | 211 | 211 | 211 | 211 | 211 | 211 | 211 | 207 | 195 | 177 | 117 | | | | |
| | | >60～100 | 570 | 390 | 211 | 211 | 211 | 211 | 211 | 211 | 211 | 203 | 192 | 177 | 117 | | | | |
| 13CrNiMoR（正火加回火） | GB/T 713 | 30～100 | 570 | 390 | 211 | 211 | 211 | 211 | 211 | 211 | 211 | 203 | | | | | | | |
| | | >100～150 | 570 | 380 | 211 | 211 | 211 | 211 | 211 | 211 | 211 | 200 | | | | | | | |
| 15CrMoR（正火加回火） | GB/T 713 | 6～60 | 450 | 295 | 167 | 167 | 167 | 160 | 150 | 140 | 133 | 126 | 122 | 119 | 117 | 88 | 58 | 37 | |
| | | >60～100 | 450 | 275 | 167 | 167 | 157 | 147 | 140 | 131 | 124 | 117 | 114 | 111 | 109 | 88 | 58 | 37 | |
| | | >100～150 | 440 | 255 | 163 | 157 | 147 | 140 | 133 | 123 | 117 | 110 | 107 | 104 | 102 | 88 | 58 | 37 | |

**表 C-2**

| 钢号 | 钢板标准 | 板厚 | 常温强度指标 | | 在下列温度(℃)下的许用应力/MPa | | | | | | | | | | | | | 使用温度下限/℃ |
|---|---|---|---|---|---|---|---|---|---|---|---|---|---|---|---|---|---|---|
| | | | $R_m$/MPa | $R_{eL}$/MPa | ≤20 | 100 | 150 | 200 | 250 | 300 | 350 | 400 | 425 | 450 | 475 | 500 | | |
| 低温压力容器用钢板 | | | | | | | | | | | | | | | | | | |
| 16MnDR（正火、正火加回火） | GB/T 3531 | 6～16 | 490 | 315 | 181 | 181 | 180 | 167 | 153 | 140 | 130 | | | | | | | −40 |
| | | ＞16～36 | 470 | 295 | 174 | 174 | 167 | 157 | 143 | 130 | 120 | | | | | | | |
| | | ＞36～60 | 460 | 285 | 170 | 170 | 160 | 150 | 137 | 123 | 117 | | | | | | | |
| | | ＞60～100 | 450 | 275 | 167 | 167 | 157 | 147 | 133 | 120 | 113 | | | | | | | |
| | | ＞100～120 | 440 | 265 | 163 | 163 | 153 | 143 | 130 | 117 | 110 | | | | | | | |
| 09MnNiDR（正火、正火加回火） | GB/T 3531 | 6～16 | 440 | 300 | 163 | 163 | 163 | 160 | 153 | 147 | 137 | | | | | | | −70 |
| | | ＞16～36 | 430 | 280 | 159 | 159 | 157 | 150 | 153 | 147 | 137 | | | | | | | |
| | | ＞36～60 | 430 | 270 | 159 | 159 | 150 | 143 | 137 | 130 | 120 | | | | | | | |
| | | ＞60～120 | 420 | 260 | 156 | 156 | 147 | 140 | 133 | 127 | 117 | | | | | | | |

高合金钢板

| | | | | | | | | | | | | | | | | | | | | | |
|---|---|---|---|---|---|---|---|---|---|---|---|---|---|---|---|---|---|---|---|---|---|
| S11306 | GB/T 24511 | 1.5～25 | 137 | 126 | 123 | 120 | 119 | 117 | 112 | 109 | | | | | | | | | | | |
| S30408 | GB/T 24511 | 1.5～80 | 137 | 137 | 137 | 130 | 112 | 114 | 111 | 107 | 103 | 100 | 98 | 91 | 79 | 64 | 52 | 42 | 32 | 27 | ① |
| | | | 137 | 114 | 103 | 96 | 90 | 85 | 82 | 79 | 76 | 74 | 73 | 71 | 67 | 62 | 52 | 42 | 32 | 27 | |
| S31603 | GB/T 24511 | 1.5～80 | 120 | 120 | 117 | 108 | 100 | 95 | 90 | 86 | 84 | | | | | | | | | | ① |
| | | | 120 | 98 | 87 | 80 | 74 | 70 | 67 | 64 | 62 | | | | | | | | | | |
| S32168 | GB/T 24511 | 1.5～80 | 137 | 137 | 137 | 130 | 122 | 114 | 111 | 108 | 105 | 103 | 101 | 83 | 58 | 44 | 33 | 25 | 18 | 13 | ① |
| | | | 137 | 114 | 103 | 96 | 90 | 85 | 82 | 80 | 78 | 76 | 75 | 74 | 58 | 44 | 33 | 25 | 18 | 13 | |

注：① 该行许用应力仅适用于允许产生微量永久变形的元件，对于法兰或其他有微量永久变形就引起泄漏或故障的场合不能采用。

**表 C-3**

| 钢号 | 钢板标准 | 使用状态 | 板厚 | 常温强度指标 |  | 在下列温度(℃)下的许用应力/MPa |  |  |  |  |  |  |  |  |  |  |  |  |  | 注 |
|---|---|---|---|---|---|---|---|---|---|---|---|---|---|---|---|---|---|---|---|---|
|  |  |  |  | $R_m$/MPa | $R_{eL}$/MPa | ≤20 | 100 | 150 | 200 | 250 | 300 | 350 | 400 | 425 | 450 | 475 | 500 | 550 | 600 |  |
| 碳素钢和低合金钢管 |  |  |  |  |  |  |  |  |  |  |  |  |  |  |  |  |  |  |  |  |
| 10 | GB/T 8163 | 热轧 | ≤10 | 335 | 205 | 124 | 121 | 115 | 108 | 98 | 89 | 82 | 75 | 70 | 61 | 41 |  |  |  |  |
| 20 | GB/T 8163 | 热轧 | ≤10 | 410 | 245 | 152 | 147 | 140 | 131 | 117 | 108 | 98 | 88 | 83 | 61 | 41 |  |  |  |  |
| Q345D | GB/T 8163 | 正火 | ≤10 | 470 | 345 | 174 | 174 | 174 | 174 | 167 | 153 | 143 | 125 | 93 | 66 | 43 |  |  |  |  |
| 10 | GB/T 9948 | 正火 | ≤16 | 335 | 205 | 124 | 121 | 115 | 108 | 98 | 89 | 82 | 75 | 70 | 61 | 41 |  |  |  |  |
|  |  |  | >16～36 | 335 | 195 | 124 | 117 | 111 | 105 | 95 | 85 | 79 | 73 | 67 | 61 | 41 |  |  |  |  |
| 20 | GB/T 9948 | 正火 | ≤16 | 410 | 245 | 152 | 147 | 140 | 131 | 117 | 108 | 98 | 88 | 83 | 61 | 41 |  |  |  |  |
|  |  |  | >16～36 | 410 | 235 | 152 | 140 | 133 | 124 | 111 | 102 | 93 | 83 | 78 | 61 | 41 |  |  |  |  |
| 20 | GB/T 6479 | 正火 | ≤16 | 410 | 245 | 152 | 147 | 140 | 131 | 117 | 108 | 98 | 88 | 83 | 61 | 41 |  |  |  |  |
|  |  |  | >16～40 | 410 | 235 | 152 | 140 | 133 | 124 | 111 | 102 | 93 | 83 | 78 | 61 | 41 |  |  |  |  |
| 16Mn | GB/T 6479 | 正火 | ≤16 | 490 | 320 | 181 | 181 | 180 | 167 | 153 | 140 | 130 | 123 | 93 | 66 | 43 |  |  |  |  |
|  |  |  | >16～40 | 490 | 310 | 181 | 181 | 173 | 160 | 147 | 133 | 123 | 117 | 93 | 66 | 43 |  |  |  |  |
| 12CrMo | GB/T 9948 | 正火加回火 | ≤16 | 410 | 205 | 137 | 121 | 115 | 108 | 101 | 95 | 88 | 82 | 80 | 79 | 77 | 74 | 50 |  |  |
|  |  |  | >16～30 | 410 | 195 | 130 | 117 | 111 | 105 | 98 | 91 | 85 | 79 | 77 | 75 | 74 | 72 | 50 |  |  |
| 碳素钢和低合金锻件 |  |  |  |  |  |  |  |  |  |  |  |  |  |  |  |  |  |  |  |  |
| 20 | NB/T 47008 | 正火加回火 | ≤100 | 410 | 235 | 152 | 140 | 133 | 124 | 111 | 102 | 93 | 86 | 84 | 61 | 41 |  |  |  |  |
|  |  |  | >100～200 | 400 | 225 | 148 | 133 | 127 | 119 | 107 | 98 | 89 | 82 | 80 | 61 | 41 |  |  |  |  |
| 16Mn | NB/T 47008 | 正火加回火 | ≤100 | 510 | 265 | 177 | 157 | 150 | 137 | 124 | 115 | 105 | 98 | 85 | 61 | 41 |  |  |  |  |
|  |  |  | >100～300 | 490 | 245 | 163 | 150 | 143 | 133 | 121 | 111 | 101 | 95 | 85 | 61 | 41 |  |  |  |  |
| 15CrMo | NB/T 47008 | 正火加回火，调质 | ≤300 | 480 | 280 | 178 | 170 | 160 | 150 | 143 | 133 | 127 | 120 | 117 | 113 | 110 | 88 | 58 | 37 |  |
|  |  |  | >300～500 | 470 | 270 | 174 | 163 | 153 | 143 | 137 | 127 | 120 | 113 | 110 | 107 | 103 | 88 | 58 | 37 |  |

# 附录 D　SW6 操作基础

## 附录 D.1　SW6 简介

化工设备强度计算软件包 SW6 由全国化工设备设计技术中心站组织有关单位开发而成，软件包以 Windows 为操作平台，通过输入设计参数和运行程序，屏幕窗口上可以直接显示容器参数和计算结果，方便设计者观察和调整设计参数，也可采用 Word 表格形式输出设计计算书，方便设计者查看设计过程，获取设计文件。使用 SW6 软件辅助设计和校核，可大大提高计算准确度，并提高设计速度，便于对设计方案进行比较分析，优化设计方案。

SW6-2011 包括有十个设备计算程序（分别为卧式容器、塔式容器、固定管板换热器、浮头式换热器、U 形管换热器、填料函式换热器、带夹套立式容器、球形储罐、高压设备及非圆形容器等），以及零部件计算程序和用户材料数据库管理程序。SW6-2011 作为一个工程设计计算软件在化工设备设计领域为广大工程师提供了巨大的帮助，已成为设备设计人员进行设备设计、方案比较、在役设备强度评定等工作所不可缺少的工具。

使用和数据存放都是以一个设备为基础。每一个设备计算程序既可以进行设备的整体计算，也可以进行该设备中某一个零部件的单独计算。为了便于用户保存管理文档，输入数据的文件主名由用户指定，该主名将包括存放路径。对每一种设备的输入数据文件都规定了一个后缀名。十个设备计算程序和一个 SW6 零部件计算程序及其输入数据文件的后缀名列表如表 D-1。

**表 D-1　计算程序数据文件的后缀名**

| 程序计算内容 | 输入数据文件后缀名 | 程序计算内容 | 输入数据文件后缀名 |
|---|---|---|---|
| 塔设备 | .col | 浮头式换热器 | .efe |
| 带夹套立式容器（带或不带搅拌） | .rec | 填料函式换热器 | .efe |
| 高压设备 | .hpv | U 形管换热器 | .uex |
| 卧式容器 | .htk | 非圆形容器 | .ncv |
| 球形储罐 | .sph | 零部件 | .par |
| 固定管板换热器 | .fix | | |

在程序运行时会形成一些结果数据文件，这些文件将被用来生成 Word 文档以打印输出。这些结果数据文件的主名将同用户指定的输入数据文件主名一样，但后缀名将由程序按一定的规则确定。

## 附录 D.2　DW6 文件操作

以立式容器设计计算程序为例说明文件操作的方法。单击“开始”按钮，单击 SW6 选项（图 D-1），单击“立式容器”选项，出现如图 D-2 所示的对话框。单击“文件操作”下拉菜单可以对文件进行新建、打开和保存等操作。为了避免在运算过程中由于不可预料的系统出错而使用户输入的数据丢失，在进行设备计算或任何一个零部件的单独计算之前，程序都将会自动将当前用户已输入的全部数据按用户在一开始指定的文件名存盘。因此，用户如想保存原有的数据，请在程序运行以前先做好该数据文件的备份。

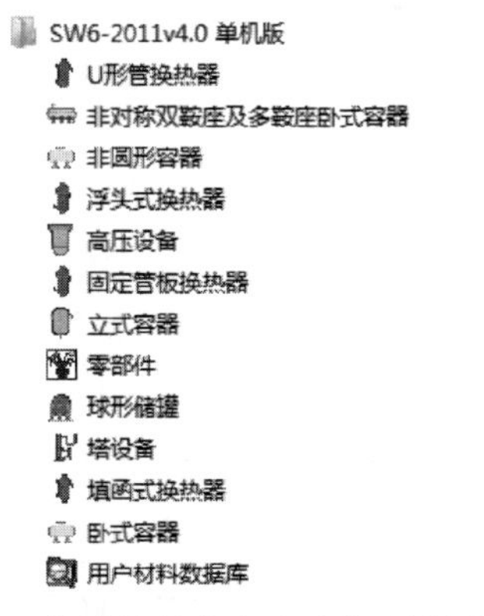


图 D-1　各计算程序启动时的对话框图

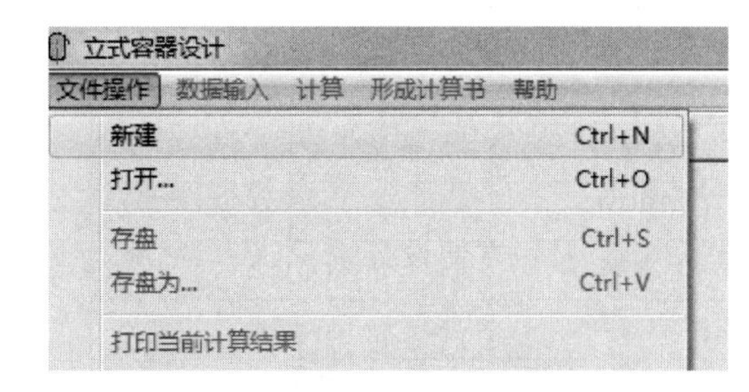


图 D-2　文件操作对话框

“打印当前计算结果”是指打印当前设备的设备级计算书。在“打印当前计算结果”下面显示的是用户最近操作过的文件名。按“退出”菜单项会先将当前设备的输入数据存盘，然后退出程序运行。

计算书可以通过菜单栏中的“形成计算书”来得到。“形成计算书”中包括“设备计算书”以及该设备各部件计算书几个子菜单项（如图 D-3），用户单击其中任何一项之后，首先出现如图 D-4 所示的对话框。在该对话框中有 3 个单选按钮，用户可选择用中文或英文来形成计算书以及生成中文简明格式的计算书。在该对话框中的“打印封面”选项让用户确定是否要打印封面。用户在按了“确认”按钮后，程序将自动启动 Word，并使 Word 打开已形成好的计算书文档。但这时，Word 所打开的文档名为“document1. doc”。用户如要存放该文件，请改名后存放，以免以后形成的计算书文档将该文档覆盖掉。用户如要打印计算书，可按照 Word 的打印方法进行打印。

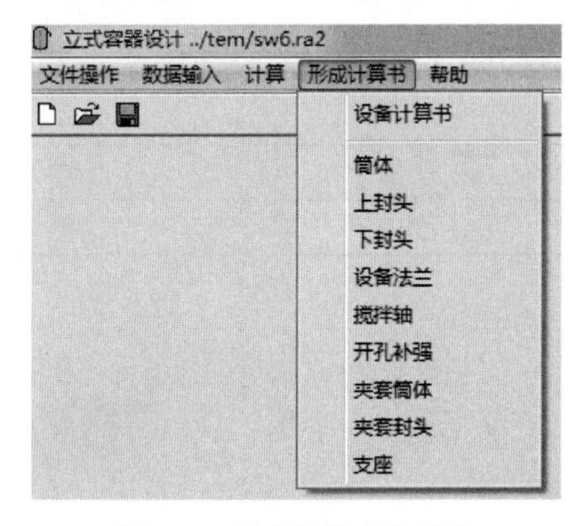


图 D-3　形成计算书菜单栏

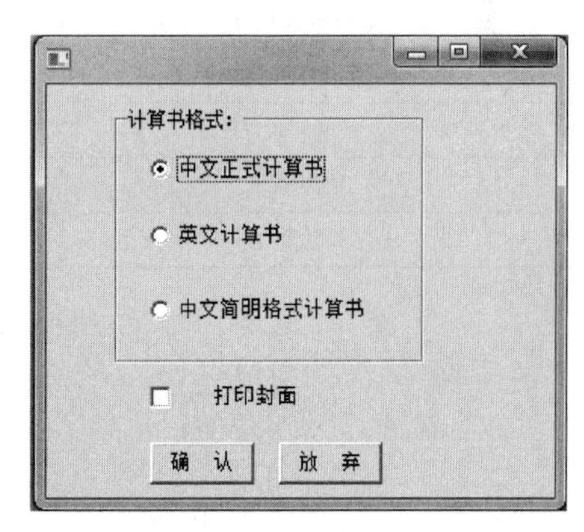


图 D-4　选择计算书文字和确定是否打印封面

# 附录 E 卧式容器设计

| 卧式容器 | | 计算单位 | | |
|---|---|---|---|---|
| 计算条件 | | | 简图 | |
| 设计压力 $p$ | 1.62 | MPa | 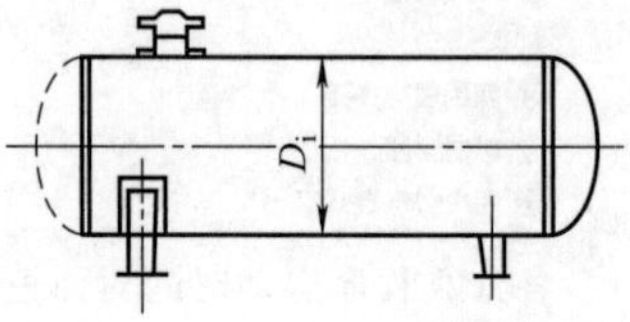 | |
| 设计温度 $t$ | 50 | ℃ | | |
| 筒体材料名称 | Q345R | | | |
| 封头材料名称 | Q345R | | | |
| 封头型式 | 椭圆形 | | | |
| 筒体内直径 $D_i$ | 1700 | mm | | |
| 筒体长度 $L$ | 6300 | mm | | |
| 筒体名义厚度 $\delta_n$ | | | 10 | mm |
| 支座垫板名义厚度 $\delta_{rn}$ | | | 8 | mm |
| 筒体厚度附加量 $C$ | | | 2.3 | mm |
| 腐蚀裕量 $C_2$ | | | 2 | mm |
| 筒体焊接接头系数 $\phi$ | | | 1 | |
| 封头名义厚度 $\delta_{hn}$ | | | 10 | mm |
| 封头厚度附加量 $C_h$ | | | 2.3 | mm |
| 鞍座材料名称 | | | Q235A | |
| 鞍座宽度 $b$ | | | 200 | mm |
| 鞍座包角 $\theta$ | | | 120 | (°) |
| 支座形心至封头切线距离 $A$ | | | 800 | mm |
| 鞍座高度 $H$ | | | 250 | mm |
| 地震烈度 | | | <7 | 度 |
| 试验压力 | | | 2.025 | MPa |

| 内压圆筒校核 | | 计算单位 | |
| --- | --- | --- | --- |
| 计算所依据的标准 | | | GB/T 150.3—2011 |
| 计算条件 | | | 筒体简图 |
| 计算压力 $p_c$ | 1.62 | MPa | 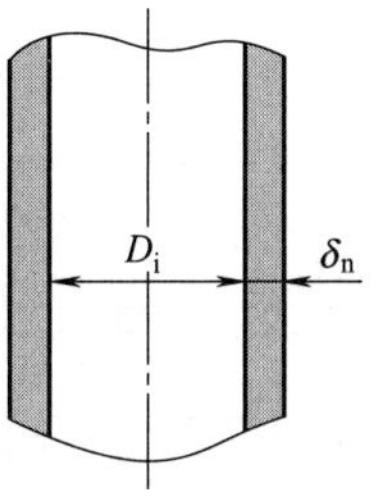 |
| 设计温度 $t$ | 50.00 | ℃ | |
| 内径 $D_i$ | 1700.00 | mm | |
| 材料 | Q345R(板材) | | |
| 试验温度许用应力$[\sigma]$ | 189.00 | MPa | |
| 设计温度许用应力$[\sigma]^t$ | 189.00 | MPa | |
| 试验温度下屈服点 $R_{eL}$ | 345.00 | MPa | |
| 负偏差 $C_1$ | 0.30 | mm | |
| 腐蚀裕量 $C_2$ | 2.00 | mm | |
| 焊接接头系数 $\phi$ | 1.00 | | |
| 厚度及质量计算 | | | |
| 计算厚度 $\delta$ | $\delta=\dfrac{p_c D_i}{2[\sigma]^t\phi-P_c}=7.32$ | | mm |
| 有效厚度 $\delta_e$ | $\delta_e=\delta_n-C_1-C_2=7.70$ | | mm |
| 名义厚度 $\delta_n$ | $\delta_n=10.00$ | | mm |
| 质量 | 2656.70 | | kg |
| 压力试验时应力校核 | | | |
| 压力试验类型 | 液压试验 | | |
| 试验压力值 $p_T$ | $p_T=1.25p\dfrac{[\sigma]}{[\sigma]^t}=2.0250$(或由用户输入) | | MPa |
| 压力试验允许通过的应力$[\sigma]_T$ | $[\sigma]_T\leqslant 0.90R_{eL}=310.50$ | | MPa |
| 试验压力下圆筒的应力 $\sigma_T$ | $\sigma_T=\dfrac{p_T(D_i+\delta_e)}{2\delta_e\phi}=224.55$ | | MPa |
| 校核条件 | $\sigma_T\leqslant[\sigma]_T$ | | |
| 校核结果 | 合格 | | |
| 压力及应力计算 | | | |
| 最大允许工作压力$[p_W]$ | $[p_W]=\dfrac{2\delta_e[\sigma]^t\phi}{(D_i+\delta_e)}=1.70440$ | | MPa |
| 设计温度下计算应力 $\sigma^t$ | $\sigma^t=\dfrac{p_c(D_i+\delta_e)}{2\delta_e}=179.64$ | | MPa |
| $[\sigma]^t\phi$ | 189.00 | | MPa |
| 校核条件 | $[\sigma]^t\phi\geqslant\sigma^t$ | | |
| 结论 | 合格 | | |

| 左封头计算 | | 计算单位 | |
|---|---|---|---|
| 计算所依据的标准 | | | GB/T 150.3—2011 |
| 计算条件 | | | 椭圆封头简图 |
| 计算压力 $p_c$ | 1.62 | MPa | |
| 设计温度 $t$ | 50.00 | ℃ | |
| 内径 $D_i$ | 1700.00 | mm | |
| 曲面深度 $h_i$ | 425.00 | mm | |
| 材料 | Q345R(板材) | | |
| 设计温度许用应力$[\sigma]^t$ | 189.00 | MPa | |
| 试验温度许用应力$[\sigma]$ | 189.00 | MPa | |
| 负偏差 $C_1$ | 0.30 | mm | |
| 腐蚀裕量 $C_2$ | 2.00 | mm | |
| 焊接接头系数 $\phi$ | 1.00 | | |
| 压力试验时应力校核 | | | |
| 压力试验类型 | 液压试验 | | |
| 试验压力值 $p_T$ | $p_T=1.25p\dfrac{[\sigma]}{[\sigma]^t}=2.0250$(或由用户输入) | | MPa |
| 压力试验允许通过的应力$[\sigma]_T$ | $[\sigma]_T \leqslant 0.90R_{eL}=310.50$ | | MPa |
| 试验压力下封头的应力 $\sigma_T$ | $\sigma_T=\dfrac{p_T(KD_i+0.5\delta_{eh})}{2\delta_{eh}\phi}=224.05$ | | MPa |
| 校核条件 | $\sigma_T \leqslant [\sigma]_T$ | | |
| 校核结果 | 合格 | | |
| 厚度及质量计算 | | | |
| 形状系数 $K$ | $K=\dfrac{1}{6}\left[2+\left(\dfrac{D_i}{2h_i}\right)^2\right]=1.0000$ | | |
| 计算厚度 $\delta_h$ | $\delta_h=\dfrac{Kp_cD_i}{2[\sigma]^t\phi-0.5p_c}=7.30$ | | mm |
| 有效厚度 $\delta_{eh}$ | $\delta_{eh}=\delta_{nh}-C_1-C_2=7.70$ | | mm |
| 最小厚度 $\delta_{min}$ | $\delta_{min}=3.00$ | | mm |
| 名义厚度 $\delta_{nh}$ | $\delta_{nh}=10.00$ | | mm |
| 结论 | 满足最小厚度要求 | | |
| 质量 | 251.62 | | kg |
| 压力计算 | | | |
| 最大允许工作压力$[p_W]$ | $[p_W]=\dfrac{2[\sigma]^t\phi\delta_{eh}}{KD_i+0.5\delta_{eh}}=1.70825$ | | MPa |
| 结论 | 合格 | | |

| 右封头计算 | | 计算单位 | |
|---|---|---|---|
| 计算所依据的标准 | | | GB/T 150.3—2011 |
| 计算条件 | | | 椭圆封头简图 |
| 计算压力 $p_c$ | 1.62 | MPa | 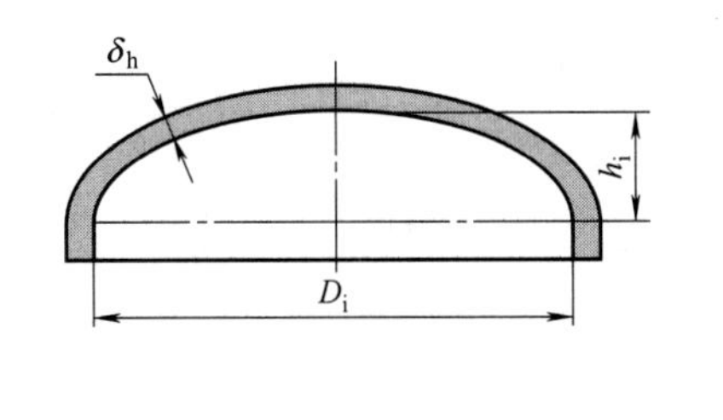 |
| 设计温度 $t$ | 50.00 | ℃ | |
| 内径 $D_i$ | 1700.00 | mm | |
| 曲面深度 $h_i$ | 425.00 | mm | |
| 材料 | Q345R(板材) | | |
| 设计温度许用应力$[\sigma]^t$ | 189.00 | MPa | |
| 试验温度许用应力$[\sigma]$ | 189.00 | MPa | |
| 负偏差 $C_1$ | 0.30 | mm | |
| 腐蚀裕量 $C_2$ | 2.00 | mm | |
| 焊接接头系数 $\phi$ | 1.00 | | |
| 压力试验时应力校核 | | | |
| 压力试验类型 | 液压试验 | | |
| 试验压力值 $p_T$ | $p_T=1.25p\dfrac{[\sigma]}{[\sigma]^t}=2.0250$(或由用户输入) | | MPa |
| 压力试验允许通过的应力$[\sigma]_T$ | $[\sigma]_T\leqslant 0.90R_{eL}=310.50$ | | MPa |
| 试验压力下封头的应力 $\sigma_T$ | $\sigma_T=\dfrac{p_T(KD_i+0.5\delta_{eh})}{2\delta_{eh}\phi}=224.05$ | | MPa |
| 校核条件 | $\sigma_T\leqslant[\sigma]_T$ | | |
| 校核结果 | 合格 | | |
| 厚度及质量计算 | | | |
| 形状系数 $K$ | $K=\dfrac{1}{6}\left[2+\left(\dfrac{D_i}{2h_i}\right)^2\right]=1.0000$ | | |
| 计算厚度 $\delta_h$ | $\delta_h=\dfrac{Kp_cD_i}{2[\sigma]^t\phi-0.5p_c}=7.30$ | | mm |
| 有效厚度 $\delta_{eh}$ | $\delta_{eh}=\delta_{nh}-C_1-C_2=7.70$ | | mm |
| 最小厚度 $\delta_{min}$ | $\delta_{min}=3.00$ | | mm |
| 名义厚度 $\delta_{nh}$ | $\delta_{nh}=10.00$ | | mm |
| 结论 | 满足最小厚度要求 | | |
| 质量 | 251.62 | | kg |
| 压力计算 | | | |
| 最大允许工作压力$[p_W]$ | $[p_W]=\dfrac{2[\sigma]^t\phi\delta_{eh}}{KD_i+0.5\delta_{eh}}=1.70825$ | | MPa |
| 结论 | 合格 | | |

| 卧式容器(双鞍座) | | 计算单位 | | | |
|---|---|---|---|---|---|
| 依据标准 | | | NB/T 47042—2014 | | |
| 计算条件 | | | 简图 | | |
| 设计压力 $p$ | 1.62 | MPa | | | |
| 计算压力 $p_c$ | 1.62 | MPa | | | |
| 设计温度 $T$ | 50 | ℃ | | | |
| 试验压力 $p_T$ | 2.025 | MPa | | | |
| 圆筒材料 | Q345R | | | | |
| 封头材料 | Q345R | | | | |
| 圆筒材料常温许用应力$[\sigma]$ | 189 | MPa | | | |
| 封头材料常温许用应力$[\sigma]_h$ | 189 | MPa | 圆筒内直径 $D_i$ | 1700 | mm |
| 圆筒材料设计温度下许用应力$[\sigma]^t$ | 189 | MPa | 圆筒平均半径 $R_a$ | 855 | mm |
| 封头材料设计温度下许用应力$[\sigma]^t_h$ | 189 | MPa | 圆筒名义厚度 $\delta_n$ | 10 | mm |
| 圆筒材料常温屈服点 $R_{eL}$ | 345 | MPa | 圆筒有效厚度 $\delta_e$ | 7.7 | mm |
| 圆筒材料常温弹性模量 $E$ | 201000 | MPa | 封头名义厚度 $\delta_{hn}$ | 10 | mm |
| 圆筒材料设计温度下弹性模量 $E^t$ | 199500 | MPa | 封头有效厚度 $\delta_{he}$ | 7.7 | mm |
| 操作时物料密度 $\rho_0$ | 1470 | kg/m³ | 两封头切线间距离 $L$ | 6350 | mm |
| 液压试验介质密度 $\rho_t$ | 1000 | kg/m³ | 圆筒长度 $L_c$ | 6300 | mm |
| 物料充装系数 $\phi_o$ | 0.9 | | 封头曲面深度 $h_i$ | 425 | mm |
| 焊接接头系数 $\phi$ | 1 | | 壳体材料密度 $\rho_s$ | 7850 | kg/m³ |
| 附件质量 $m_3$ | 500 | kg | | | |
| 鞍座结构参数 | | | | | |
| 鞍座材料 | Q235A | | 地脚螺栓材料 | 40MnB | |
| 鞍座材料许用应力$[\sigma]_{sa}$ | 160 | MPa | 地脚螺栓材料许用应力$[\sigma]_{bt}$ | 342.5 | MPa |
| 鞍座包角 $\theta$ | 120 | (°) | 鞍座中心线至封头切线距离 $A$ | 800 | mm |
| 鞍座垫板名义厚度 $\delta_{rn}$ | 8 | mm | 鞍座轴向宽度 $b$ | 200 | mm |
| 鞍座垫板有效厚度 $\delta_{re}$ | 7.7 | mm | 鞍座腹板名义厚度 $b_0$ | 8 | mm |
| 鞍座高度 $H$ | 250 | mm | 鞍座垫板宽度 $b_4$ | 390 | mm |
| 圆筒中心至基础表面距离 $H_v$ | 1110 | mm | 地震烈度 | $<7$ | |
| 腹板与筋板(小端)组合截面积 $A_{sa}$ | 14880 | mm² | 鞍座底板与基础间的静摩擦系数 $f$ | 0.4 | |
| 腹板与筋板(小端)组合截面抗弯截面系数 $Z_r$ | 286214 | mm³ | 鞍座底板对基础垫板的动摩擦系数 $f_s$ | | |
| 筒体轴线两侧螺栓间距 $l$ | 140 | mm | 地脚螺栓公称直径 | 20 | mm |

续表

| 承受倾覆力矩螺栓个数 $n$ | 2 | 个 | 地脚螺栓根径 | 17.294 | mm |
|---|---|---|---|---|---|
| 承受剪应力螺栓个数 $n'$ | 2 | 个 | | | |
| 支座反力计算 | | | | | |
| 圆筒质量(两切线间) | $m_1=\pi(D_i+\delta_n)L\delta_n\rho_s=2677.87$ | | | | kg |
| 封头质量(曲面部分) | $m_2=482.165$ | | | | kg |
| 附件质量 | $m_3=500$ | | | | kg |
| 封头容积(曲面部分) | $V_H=6.4311e+08$ | 容器容积 | $V=1.56995e+10$ | | $mm^3$ |
| 容器内充液质量 | 操作工况 | $m_4=V\rho_0\phi_o=20770.4$ | | | kg |
| | 液压试验 | $m_4=V\rho_T=15699.5$ | | | kg |
| 耐热层质量 | $m_5=0$ | | | | kg |
| 总质量 | 操作工况 | $m=m_1+m_2+m_3+m_4+m_5=24430.4$ | | | kg |
| | 液压试验 | $m'=m_1+m_2+m_3+m_4=19359.5$ | | | kg |
| 单位长度载荷 | 操作工况 | $q=\dfrac{mg}{L+\dfrac{4}{3}h_i}=34.65$ | | | N/mm |
| | 液压试验 | $q'=\dfrac{m'g}{L+\dfrac{4}{3}h_i}=27.4578$ | | | N/mm |
| 支座反力 | 操作工况 | $F'=\dfrac{1}{2}mg=119831$ | | | N |
| | 液压试验 | $F''=\dfrac{1}{2}m'g=94958.3$ | | | N |
| | $F=\max(F',F'')=119831$ | | | | N |
| 系数确定 | | | | | |
| 系数确定条件 | $A>R_a/2$ | | $\theta=120°$ | | |
| 系数 | $K_1=0.106611$ | $K_2=0.192348$ | $K_3=1.17069$ | | |
| | $K_4=$ | $K_5=0.760258$ | $K_6=0.047752$ | | |
| | $K_6'=0.0392519$ | $K_7=$ | $K_8=$ | | |
| | $K_9=0.203522$ | $C_4=$ | $C_5=$ | | |
| 筒体轴向应力计算及校核 | | | | | |
| 轴向弯矩 | 圆筒中间横截面 | 操作工况 | $M_1=\dfrac{F'L}{4}\left[\dfrac{1+2(R_a^2-h_i^2)/L^2}{1+\dfrac{4h_i}{3L}}-\dfrac{4A}{L}\right]=8.35496e+07$ | | N·mm |
| | | 水压试验工况 | $M_{T1}=\dfrac{F''L}{4}\left[\dfrac{1+2(R_a^2-h_i^2)/L^2}{1+\dfrac{4h_i}{3L}}-\dfrac{4A}{L}\right]=6.62076e+07$ | | N·mm |
| | 鞍座平面 | 操作工况 | $M_2=-F'A\left[1-\dfrac{1-\dfrac{A}{L}+\dfrac{R_a^2-h_i^2}{2AL}}{1+\dfrac{4h_i}{3L}}\right]=-1.41742e+07$ | | N·mm |
| | | 水压试验工况 | $M_{T2}=-F''A\left[1-\dfrac{1-\dfrac{A}{L}+\dfrac{R_a^2-h_i^2}{2AL}}{1+\dfrac{4h_i}{3L}}\right]=-1.12321e+07$ | | N·mm |

续表

| | | | | | |
|---|---|---|---|---|---|
| 轴向应力 | 操作工况 | 内压加压 | 圆筒中间横截面最低点处 | $\sigma_2=\dfrac{p_C R_a}{2\delta_e}+\dfrac{M_1}{\pi R_a^2\delta_e}=94.6686$ | MPa |
| | | | 鞍座平面最高点处 | $\sigma_3=\dfrac{p_C R_a}{2\delta_e}-\dfrac{M_2}{K_1\pi R_a^2\delta_e}=97.4637$ | MPa |
| | | 内压未加压 | 圆筒中间横截面最高点处 | $\sigma_1=-\dfrac{M_1}{\pi R_a^2\delta_e}=-4.72707$ | MPa |
| | | | 鞍座平面最低点处 | $\sigma_4=\dfrac{M_2}{K_2\pi R_a^2\delta_e}=-4.16924$ | MPa |
| | 水压试验工况 | 未加压 | 圆筒中间横截面最高点处 | $\sigma_{T1}=-\dfrac{M_{T1}}{\pi R_a^2\delta_e}=-3.74589$ | MPa |
| | | | 鞍座平面最低点处 | $\sigma_{T4}=\dfrac{M_{T2}}{K_2\pi R_a^2\delta_e}=-3.30385$ | MPa |
| | | 加压 | 圆筒中间横截面最低点处 | $\sigma_{T2}=\dfrac{p_T R_a}{2\delta_e}+\dfrac{M_{T1}}{\pi R_a^2\delta_e}=116.173$ | MPa |
| | | | 鞍座平面最高点处 | $\sigma_{T3}=\dfrac{p_T R_a}{2\delta_e}-\dfrac{M_{T2}}{K_1\pi R_a^2\delta_e}=118.388$ | MPa |
| 应力校核 | 许用压缩应力 | 外压应力系数 $B$ | $A=0.094\delta_e/R_o=0.000841628$<br>按 GB/T150.3 规定求取 $B=110.817$MPa，$B^0=111.751$MPa。 | | |
| | | 操作工况 | $[\sigma]_{ac}^t=\min\{[\sigma]^t,B\}=110.817$ | | MPa |
| | | 水压试验工况 | $[\sigma]_{ac}=\min\{0.9R_{eL}(R_{p0.2}),B^0\}=111.751$ | | MPa |
| | 操作工况 | 内压加压 | $\max\{\sigma_1,\sigma_2,\sigma_3,\sigma_4\}=97.4637<\phi[\sigma]^t=189$ | | 合格 |
| | | 内压未加压 | $\lvert\min\{\sigma_1,\sigma_2,\sigma_3,\sigma_4\}\rvert=4.72707<[\sigma]_{ac}^t=110.817$ | | 合格 |
| | 水压试验工况 | 加压 | $\max\{\sigma_{T1},\sigma_{T2},\sigma_{T3},\sigma_{T4}\}=118.388<0.9\phi R_{eL}(R_{p0.2})=310.5$ | | 合格 |
| | | 未加压 | $\lvert\min\{\sigma_{T1},\sigma_{T2},\sigma_{T3},\sigma_{T4}\}\rvert=3.74589<[\sigma]_{ac}=111.751$ | | 合格 |
| 圆筒切向剪应力及封头应力计算及校核 | | | | | |
| 圆筒切向剪应力 | 圆筒未被封头加强（$A>\dfrac{R_a}{2}$时） | | | $\tau=\dfrac{K_3F}{R_a\delta_e}\left(\dfrac{L-2A}{L+4h_i/3}\right)=14.6337$ | MPa |
| | 圆筒被封头加强（$A\leqslant\dfrac{R_a}{2}$时） | | | $\tau=\dfrac{K_3F}{R_a\delta_e}=$ | MPa |
| 封头应力 | 圆筒被封头加强（$A\leqslant\dfrac{R_a}{2}$时） | | | $\tau_h=\dfrac{K_4F}{R_a\delta_{he}}=$ | MPa |
| 应力校核 | 圆筒切向剪应力 | $\tau=14.6337<0.8[\sigma]^t=151.2$ | | | 合格 |
| | 封头应力 | 椭圆形 | $\sigma_h=\dfrac{Kp_cD_i}{2\delta_{he}}=$ | MPa | 其中 $K=\dfrac{1}{6}\left[2+\left(\dfrac{D_i}{2h_i}\right)^2\right]$ |
| | | 碟形 | $\sigma_h=\dfrac{Mp_cR_h}{2\delta_{he}}=$ | MPa | 其中 $M=\dfrac{1}{4}\left[3+\sqrt{\dfrac{R_h}{r}}\right]$ |
| | | 半球形 | $\sigma_h=\dfrac{p_cD_i}{4\delta_{he}}=$ | MPa | |
| | | 平盖 | $\sigma_h=\dfrac{Kp_cD_c^2}{\delta_{he}^2}=$ | MPa | 标准未给出，仅供参考 |
| | | $\tau_h=1.25[\sigma]^t-\sigma_h=$ | | | |

续表

| 圆筒周向应力计算及校核 | | | | | |
|---|---|---|---|---|---|
| 圆筒的有效宽度 | | | $b_2=b+1.56\sqrt{R_a\delta_n}=344.247$ | | mm |
| 鞍座垫板包角 | | | $132\geqslant\theta+12°$ | 取 $k=0.1$ | |
| 无加强圈圆筒 | 无垫板或垫板不起加强作用时 | 横截面最低点处 | | $\sigma_5=-\dfrac{kK_5F}{\delta_e b_2}=$ | MPa |
| | | 鞍座边角处 | 当 $L/R_a\geqslant8$ 时 | $\sigma_6=-\dfrac{F}{4\delta_e b_2}-\dfrac{3K_6F}{2\delta_e^2}=$ | MPa |
| | | | 当 $L/R_a<8$ 时 | $\sigma_6=-\dfrac{F}{4\delta_e b_2}-\dfrac{12K_6FR_a}{L\delta_e^2}=$ | MPa |
| | 垫板起加强作用时 | 横截面最低点处 | | $\sigma_5=-\dfrac{kK_5F}{(\delta_e+\delta_{re})b_2}=-1.71846$ | MPa |
| | | 鞍座边角处 | 当 $L/R_a\geqslant8$ 时 | $\sigma_6=-\dfrac{F}{4(\delta_e+\delta_{re})b_2}-\dfrac{3K_6F}{2(\delta_e^2+\delta_{re}^2)}=$ | MPa |
| | | | 当 $L/R_a<8$ 时 | $\sigma_6=-\dfrac{F}{4(\delta_e+\delta_{re})b_2}-\dfrac{12K_6FR_m}{L(\delta_e^2+\delta_{re}^2)}=-83.6203$ | MPa |
| | | 鞍座垫板边缘处 | 当 $L/R_a\geqslant8$ 时 | $\sigma_6'=-\dfrac{F}{4\delta_e b_2}-\dfrac{3K_6'F}{2\delta_e^2}=$ | MPa |
| | | | 当 $L/R_a<8$ 时 | $\sigma_6'=-\dfrac{F}{4\delta_e b_2}-\dfrac{12K_6'FR_m}{L\delta_e^2}=-139.482$ | MPa |
| 有加强圈圆筒 | 加强圈参数 | | | 加强圈材料： | |
| | | | $e=$ | $d=$ | mm |
| | | | | 加强圈数量，$n=$ | 个 |
| | | | | 组合总截面积，$A_0=$ | $mm^2$ |
| | | | | 组合截面总惯性矩，$I_0=$ | $mm^4$ |
| | | | | 设计温度下许用应力$[\sigma]_R^t=$ | MPa |
| | 加强圈位于鞍座平面内 | 鞍座边角处 | 圆筒周向应力 | $\sigma_7=\dfrac{C_4K_7FR_me}{I_0}-\dfrac{K_8F}{A_0}=$ | MPa |
| | | | 加强圈边缘周向应力 | $\sigma_8=\dfrac{C_5K_7R_mdF}{I_0}-\dfrac{K_8F}{A_0}=$ | MPa |
| 有加强圈圆筒 | 加强圈靠近鞍座平面 | 无垫板或垫板不起加强作用时 | 横截面最低点处 | $\sigma_5=-\dfrac{kK_5F}{\delta_e b_2}=$ | MPa |
| | | | 鞍座边角处，当 $L/R_a\geqslant8$ 时 | $\sigma_6=-\dfrac{F}{4\delta_e b_2}-\dfrac{3K_6F}{2\delta_e^2}=$ | MPa |
| | | | 鞍座边角处，当 $L/R_a<8$ 时 | $\sigma_6=-\dfrac{F}{4\delta_e b_2}-\dfrac{12K_6FR_m}{L\delta_e^2}=$ | MPa |
| | | 垫板起加强作用时 | 横截面最低点处 | $\sigma_5=-\dfrac{kK_5F}{(\delta_e+\delta_{re})b_2}=$ | MPa |
| | | | 鞍座边角处，当 $L/R_a\geqslant8$ 时 | $\sigma_6=-\dfrac{F}{4(\delta_e+\delta_{re})b_2}-\dfrac{3K_6F}{2(\delta_e^2+\delta_{re}^2)}=$ | MPa |
| | | | 鞍座边角处，当 $L/R_a<8$ 时 | $\sigma_6=-\dfrac{F}{4(\delta_e+\delta_{re})b_2}-\dfrac{12K_6FR_m}{L(\delta_e^2+\delta_{re}^2)}=$ | MPa |
| | | 靠近水平中心线 | 圆筒周向应力 | $\sigma_7=\dfrac{C_4K_7FR_me}{I_0}-\dfrac{K_8F}{A_0}=$ | MPa |
| | | | 加强圈边缘周向应力 | $\sigma_8=\dfrac{C_5K_7R_mdF}{I_0}-\dfrac{K_8F}{A_0}=$ | MPa |

续表

| | | | |
|---|---|---|---|
| 应力校核 | | $\lvert\sigma_5\rvert=1.71846<[\sigma]^t=189$ | 合格 |
| | | $\lvert\sigma_6\rvert=83.6203<1.25[\sigma]^t=236.25$ | 合格 |
| | | $\lvert\sigma_6'\rvert=139.482<1.25[\sigma]^t=236.25$ | 合格 |
| | | $\lvert\sigma_7\rvert=1.25[\sigma]^t=$ | |
| | | $\lvert\sigma_8\rvert=\ 1.25[\sigma]^t_R=$ | |
| 鞍座设计计算 | | | |
| 结构参数 | 鞍座计算高度 | $H_s=\min\{H,\frac{1}{3}R_a\}=250$ | mm |
| | 鞍座垫板有效宽度 | $b_r=b_2=344.247$ | mm |
| 腹板水平拉应力计算及校核 | | | |
| 腹板水平力 | | $F_S=K_9F=24388.3$ | N |
| 水平拉应力 | 无垫板或垫板不起加强作用 | $\sigma_9=\frac{F_S}{H_Sb_0}=$ | MPa |
| | 垫板起加强作用 | $\sigma_9=\frac{F_S}{H_Sb_0+b_r\delta_{re}}=5.24399$ | MPa |
| 应力校核 | | $\sigma_9=5.24399<\frac{2}{3}[\sigma]_{sa}=106.667$ | 合格 |
| 鞍座压缩应力计算及校核 | | | |
| 地震引起的腹板与筋板组合截面应力 | 水平地震影响系数 | 查表得，$\alpha_1=$ | |
| | 水平地震力 | $F_{Ev}=\alpha_1mg=$ | N |
| | | 当 $F_{Ev}\leqslant mgf$ 时，$\sigma_{sa}=-\frac{F'}{A_{sa}}-\frac{F_{Ev}H}{2Z_r}-\frac{F_{Ev}H_V}{A_{sa}(L-2A)}=$ | MPa |
| | | 当 $F_{Ev}>mgf$ 时，$\sigma_{sa}=-\frac{F'}{A_{sa}}-\frac{(F_{Ev}-F'f_s)H}{Z_r}-\frac{F_{Ev}H_V}{A_{sa}(L-2A)}=$ | MPa |
| 温差引起的腹板与筋板组合截面应力 | | $\sigma^t_{sa}=-\frac{F'}{A_{sa}}-\frac{F'fH}{Z_r}=-49.9209$ | MPa |
| 应力校核 | | $\lvert\sigma_{sa}\rvert=1.2[\sigma]_{sa}=$ | |
| | | $\lvert\sigma^t_{sa}\rvert=49.9209<[\sigma]_{sa}=160$ | 合格 |
| 地震引起的地脚螺栓应力计算及校核 | | | |
| 地脚螺栓截面积 | | $A_{bt}=$ | $mm^2$ |
| 倾覆力矩 | | $M^{0-0}_{Ev}=F_{Ev}H_v-m_0g\ \frac{l}{2}=$ | N·mm |
| 地脚螺栓拉应力 | | $\sigma_{bt}=\frac{M^{0-0}_{Ev}}{nlA_{bt}}=$ | MPa |
| 地脚螺栓剪应力 | | 当 $F_{Ev}>mgf$ 时 $\tau_{bt}=\frac{F_{Ev}-2F'f_s}{n'A_{bt}}=$ | MPa |
| 应力校核 | 拉应力 | $\sigma_{bt}=1.2[\sigma]_{bt}=$ | |
| | 剪应力 | $\tau_{bt}=0.8K_o[\sigma]_{bt}=$ | |

# 附录 F 卧式容器设计条件单

| 液氯卧式储罐设计条件图 | 容器设计条件图 | | |
|---|---|---|---|
| | 设计条件 | 编号 | |
| | | 第 页 | 共 页 |

| 设计参数及要求 | | | | | | |
|---|---|---|---|---|---|---|
| | | 内容器 | 夹套内 | 触媒容积 | | $m^3$ |
| 工作介质 | 名 称 | 液氯 | | 触媒密度 | | $kg/m^3$ |
| | 组 分 | | | 传热面积 | | $m^2$ |
| | 密 度 | $1470kg/m^3$ | | 安装地点 | | 荆门 |
| | 特 性 | 高度危害 | | 基本风压 | | $N/m^3$ |
| | 燃点或毒性 | | | 地震基本烈度 | | 6 |
| | 黏 度 | | | 环境温度 | | |
| | | | | 场地类别 | | Ⅱ |
| 设计压力 | | 1.62MPa | MPa | 操作方式 | | |
| 工作压力 | | 1.42MPa | MPa | 保温材料 | 名称 | |
| 安全装置 | 位 置 | 筒体上设置 | | | 厚度 | mm |
| | 型 式 | 全启式 | | | 容重 | $kg/m^3$ |
| | 规 格 | DN80 | | 密封要求 | | |
| | 数 量 | 1 | | 液面计 | | |
| | 开启压力 | 1.52MPa | | 紧急切断 | | |
| | 爆破力 | | | 除静电 | | |
| | 爆破压力 | | | 热处理 | | |
| 工作温度 | | −20～45℃ | | 安装检修要求 | | |
| 壁 温 | | | | 设计寿命 | | 10a |
| 设计温度 | | | | 设计规范 | | |
| 推荐材料 | 筒 体 | | | 其他要求 | | |
| | 内 件 | | | | | |
| | 衬 里 | | | | | |
| | | | | | | |
| 腐蚀裕度 | | 2mm | | 说明： | | |
| 腐蚀速率 | | | | | | |
| 全容积 | | $15m^3$ | | | | |
| 装量系数 | | 0.9 | | | | |

| 接管表 | | | | | |
|---|---|---|---|---|---|
| 符号 | 公称直径/mm | 公称压力/bar | 连接尺寸标准 | 连接面型式 | 用 途 |
| A | 50 | 25 | HG/T 20592 | | 排污口 |
| B | 50 | 25 | HG/T 20592 | | 放空口 |
| C | 50 | 25 | HG/T 20592 | | 进料口 |
| D | 50 | 25 | HG/T 20592 | | 备用口 |
| E | 20 | 25 | HG/T 20592 | | 温度计口 |
| F | 20 | 25 | HG/T 20592 | | 压力表口 |
| G | 80 | 25 | HG/T 20592 | | 安全阀口 |
| H | 65 | 25 | HG/T 20592 | | 出料口 |
| M1,M2 | 500 | 25 | HG/T 20592 | | 人孔 |
| LG1,LG2 | 20 | 25 | HG/T 20592 | | 液位计口 |

| 修改标记 | 修改内容 | 签 字 | 日 期 |
|---|---|---|---|
| | | | |
| | | | |
| | | | |

| 委托设计单位 | | | |
|---|---|---|---|
| 委托设计单位代表签字 | | | |
| 设计单位代表签字 | | | |
| 校核 | 年 月 日 | 审核 | 年 月 日 |

编号：

简图：

# 附录 G 液氯卧式储罐装配图

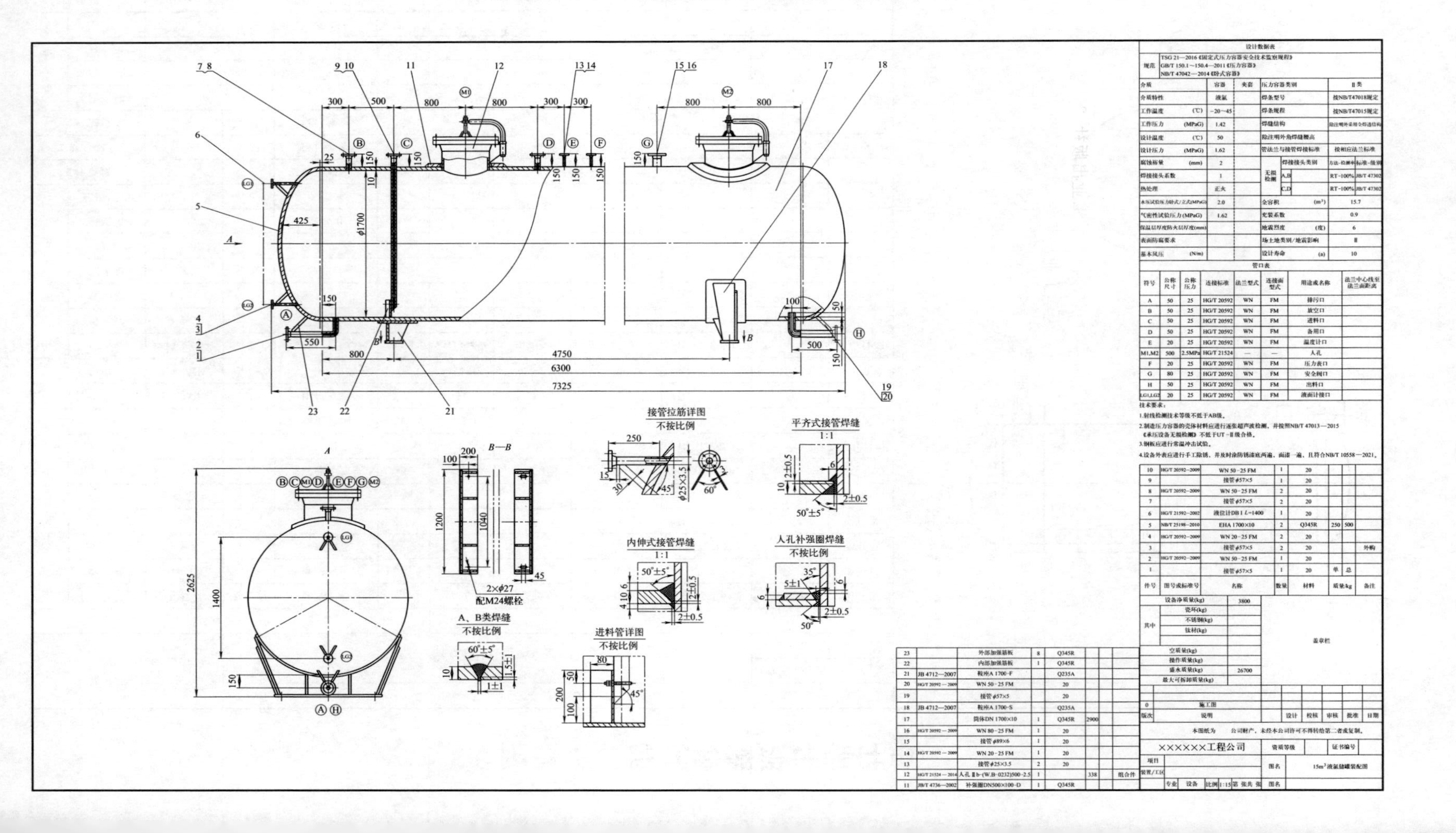

# 参考文献


［1］ 陈国桓，张喆，许莉，等.化工机械基础［M］.4版.北京：化学工业出版社.2021.
［2］ 郑津洋，桑芝富.过程设备设计［M］.4版.北京：化学工业出版社.2015.
［3］ 喻健良，王立业，刁玉玮.化工设备机械基础［M］.7版.大连：大连理工大学出版社.2013.
［4］ 朱财.化工设备设计与制造［M］.北京：化学工业出版社.2013.
［5］ 方书起，魏新利.化工设备机械基础［M］.2版.北京：化学工业出版社.2015.
［6］ 董大勤，高炳军，董俊华.化工设备机械基础［M］.4版.北京：化学工业出版社.2013.
［7］ 蔡纪宁，张莉彦.化工设备机械基础课程设计指导书［M］.2版.北京：化学工业出版社.2011.
［8］ 方书起.化工设备课程设计指导［M］.北京：化学工业出版社.2010.
［9］ 王非，林英.化工设备设计全书：化工设备用钢［M］.北京：化学工业出版社.2004.
［10］ 丁伯民，黄正林.化工设备设计全书：化工容器［M］.北京：化学工业出版社.2003.
［11］ 路秀林，王者相，等.化工设备设计全书：塔设备［M］.北京：化学工业出版社.2004.
［12］ 叶文邦，秦叔经.化工设备设计全书：换热器［M］.北京：化学工业出版社.2003.
［13］ 王凯，虞军.化工设备设计全书：搅拌设备［M］.北京：化学工业出版社.2003.